신철도공학 (상)

(New Railway Engineering)

	공학박사	우학	이종득	공학박사	중광	김해곤
공저	공학박사		이현정	공학박사		이성욱
	공학석사		신형하			

광명출판사

〈신 철도공학을 발행하면서〉

철도가 지구상에 기적을 처음 울린 지 올해로 197년을 맞으며 우리 철도는 교통기관으로 계속 발전을 거듭하여 세계 철도와 기술 경쟁에서 어깨를 나란히 해가고 있다.

철도는 마차철도로 시작하여 증기기관차, 디젤기관차시대를 거쳐 전기기관차에 이어 동력분산식 고속열차로 전환되어 가고 있으며 500km/h 자기부상열차시대의 전진을 위해 2027년 개통을 목표로 가속패달을 밟고 있다.

우리 철도도 프랑스, 독일, 일본, 스페인과 함께 2004년 4월 1일부터 세계 5번째 고속열차 보유국으로 300km/h의 KTX를 운행하고 있으며, 동력분산식 고속열차인 해무에 의한 421.4km/h의 시험속도를 기록하는 등 속도경쟁에 심혈을 기울이고 있으며 서울~부산간을 1시간 30분에 운행할 수 있도록 철도기술자들은 고심하며 연구를 계속하고 있다.

오늘날 철도는 국가발전의 주요한 교통수단으로서 환경오염, 에너지 효율성, 녹색성장, 도로 혼잡비 등을 고려해 볼 때 기후위기 대응을 위한 탄소중립•녹색성장을 위해서는 철도 교통만이 해결책이라는 생각이 범 세계적으로 이어지고 있다.

본서는 1997년 발행한 철도서적으로 계속 개정판을 발행해 오면서 2015년 한국철도학회에서 집필상을 수상한 바 있다. 2020년에 「철도의 건설 및 시설물유지 관리법」이 제(개)정되면서 궤도의 안전진단 및 성능평가를 시행하게 되었다.

정부의 탄소배출 억제정책으로 철도교통수단에 대한 국민의 관심도 날로 높아가고 있다. 그리고 날로 새로워지는 신기술을 신속하게 업데이트하고 개정판에 대응하기 위해 한국철도공사와 국가철도공단 중역을 역임한 분들과 함께 신 철도공학을 지속적으로 업데이트하여 발간할 것을 이 장을 빌어 약속드립니다.

또한 이 서적은 철도를 전문으로 가르치는 철도고등학교 및 대학교 및 대학원 그리고 철도토목기사, 기술사 시험 교재로 활용할 수 있도록 상,하 2권으로 편집하였다. 아무쪼록 철도관계자들께서 새로 발간되는 신철도공학 서적을 아껴주시고 사랑해주시기를 바라면서 이 책이 출간되도록 많은 수고를 아끼지 않은 광명출판사 임직원 여러분께 진심으로 감사를 드립니다.

2022년 2월 24일

공저	공학박사	우학	이종득	공학박사	중광	김해곤
	공학박사		이현정	공학박사		이성욱
	공학석사		신형하			

<목 차>

제 1 장 철도일반

1.1 철도의 의의(meaning of railway) ··7
  1.1.1 철도의 정의 ················7
  1.1.2 철도의 목적 ················7
  1.1.3 철도의 특징 ················7
  1.1.4 철도의 사명 ···············13
1.2 철도 구성요소 ···················14
1.3 철도의 분류 ·····················19
  1.3.1 철도의 종류 ···············19
  1.3.2 철도에 대한 민간투자방식 ···24
1.4 철도의 역사(history of railway) ···25
  1.4.1 철도의 기원 ···············25
  1.4.2 공공철도의 개통과 발달 ·······27
  1.4.3 세계최초 철도 (영국) ········29
  1.4.4 한국의 철도(Korea railway) ···33
1.5 철도의 채산 ·····················40

제 2 장 철도수송계획

2.1 철도계획의 전제조건 ···············41
2.2 철도계획의 분류 ··················42
  2.2.1 철도계획 ··················42
  2.2.2 철도영업계획 ···············42
  2.2.3 부대관련사업계획 ············42
  2.2.4 경영구조계획 ···············43
2.3 철도계획의 특징 ··················43
2.4 철도계획의 내용 ··················44
2.5 수송수요 예측 ····················44
2.6 수송능력 계획 ····················46
  2.6.1 수송능력의 설정 ·············46
  2.6.2 열차방식의 선정 ·············47
  2.6.3 열차단위와 회수의 결정 ······47
  2.6.4 열차종별의 산정 ············47
  2.6.5 열차속도의 산정 ············48

  2.6.6 수송량(Traffic) ············48
  2.6.7 열차운전(Train Operation) ···51
  2.6.8 차량보유추이 ···············53
2.7 노선 이용율 ·····················53
2.8 선로용량 ························54
  2.8.1 단선구간의 선로용량 ·········54
  2.8.2 복선구간의 선로용량 ·········55
  2.8.3 복복선의 선로용량 ···········57
2.9 정거장 포용량 ····················57
2.10 견인정수 ·······················59
2.11 투자비소요판단 ··················61
2.12 투자평가 ·······················61
2.13 효과분석 ·······················63
2.14 철도비지니스 ····················64

제 3 장 철도건설

3.1 철도건설의 준거법령 및 의의 ·····65
3.2 철도건설규칙 ·····················67
3.3 노선선정 ·························68
3.4 노선측량 ·························74
3.5 신선건설계획 ·····················76
  3.5.1 신선건설계획의 정의 ·········76
  3.5.2 신선건설계획의 필요성 ········76
  3.5.3 신선건설계획시 사전검토사항 77
  3.5.4 신설건설계획 기본방향 ········78
  3.5.5 단선철도 건설계획 ···········79
  3.5.6 복선철도 건설계획 ···········81
3.6 기존철도 개량계획 ················82
  3.6.1 개량계획의 정의 ············82
  3.6.2 개량계획의 필요성 ··········82
  3.6.3 개량계획시 사전검토사항 ·····83
  3.6.4 기존철도개량 ···············84

제4장 철도선로

- 4.1 철도선로 ····································86
  - 4.1.1 철도선로의 정의 ·····················86
- 4.2 선로 설계 ··································86
  - 4.2.1 설계속도 ·······························87
  - 4.2.2 곡선 ·····································87
  - 4.2.3 캔트(cant, superelevation) ········94
  - 4.2.4 직선 및 원곡선의 최소길이 ····104
  - 4.2.5 선로의 기울기(grade) ·············106
  - 4.2.6 종곡선(Vertical Curve) ··········113
  - 4.2.7 슬랙(slack) ····························118
  - 4.2.8 건축한계 ·······························126
  - 4.2.9 궤도의 중심간격 ····················134
  - 4.2.10 시공기면(Formation level) ····141
  - 4.2.11 구조물 설계시 유의사항 ········146
  - 4.2.12 철도횡단시설 ·······················148
  - 4.2.13 도로, 철도, 항공, 해상교통 ITS 연계 추진 ···························148
- 4.3 선로 구조 ·································150
  - 4.3.1 노반(road bed) ·······················150
  - 4.3.2 선로의 부담력 ························150
  - 4.3.3 분기기(turnout) ······················153
  - 4.3.4 크로싱(crossing) ····················161
  - 4.3.5 분기가드레일 ··························164
  - 4.3.6 선로의 부대설비 ·····················164
  - 4.3.7 건널목설비 ·····························171
  - 4.3.8 차량의 미끄럼방지 설비 ·········173
  - 4.3.9 선로의 보수 ····························173
  - 4.3.10 해외 궤도틀림 허용기준 ········183
  - 4.3.11 보수업무분담 ·························200
  - 4.3.12 레일연마 ·······························208
- 4.4 선로방비(defence of track) ·······209
  - 4.4.1 경계설비 ·································209
  - 4.4.2 비탈면보호(slope protection) ···209
  - 4.4.3 낙석방지 ·································209
  - 4.4.4 지활방지 ·································216
  - 4.4.5 철도방비림 ·····························216
- 4.5 방설설비 ···································217
  - 4.5.1 설해의 종류 ····························217
  - 4.5.2 제설(clearing the snow) ··········218

제5장 궤 도

- 5.1 서 론(introduction) ·····················219
  - 5.1.1 궤도의 의의 ····························219
  - 5.1.2 용어의 정의 ····························220
  - 5.1.3 궤도 구비조건 ·························225
  - 5.1.4 궤도의 분류 ····························226
  - 5.1.5 궤간(gauge or gage) ···············226
- 5.2 궤도구조(stractare of Track) ·······227
  - 5.2.1 궤도구조 ·································227
  - 5.2.2 궤도구조의 종류 ·····················227
  - 5.2.3 자갈 궤도구조 ·························227
- 5.3 설 계 ···229
  - 5.3.1 도상자갈계도 설계 기본방향 ··229
- 5.4 자갈궤도 ····································230
  - 5.4.1 R.L-F.L 적용 기준 ··················230
  - 5.4.2 자갈도상 표준단면 ··················231
- 5.5 궤도구조 역학 검토사항 ············231
  - 5.5.1 구조계산 구성 ·························231
  - 5.5.2 하중의 분류 및 적용 ···············232
  - 5.5.3 작용하중 ·································232
  - 5.5.4 궤도자재의 허용응력 ···············233
  - 5.5.5 궤도구조계산 ···························233
  - 5.5.6 궤도틀림 진행 검토 ·················234
- 5.6 콘크리트 궤도 ····························234
  - 5.6.1 콘크리트 궤도 일반사항 ·········234
  - 5.6.2 설 계 ·······································235
  - 5.6.3 콘크리트궤도 적용 대상 ·········235
  - 5.6.4 궤도설계 기본방향 ··················236
- 5.7 궤도 구조역학 검토 사항 ···········236
  - 5.7.1 하중의 분류 및 적용 ···············236
  - 5.7.2 적용하중 ·································237
  - 5.7.3 궤도자재의 허용응력 ···············238
  - 5.7.4 궤도구조계산 ···························238
- 5.8 콘크리트궤도 구조 ·····················239
  - 5.8.1 콘크리트 궤도구조 선정 ·········239
  - 5.8.2 콘크리트 궤도 선정절차 ·········240
  - 5.8.3 콘크리트 궤도 요구 조건 ·······241
  - 5.8.4 콘크리트 도상 표준단면 ·········241
  - 5.8.5 흙노반상 콘크리트 궤도 ·········242
  - 5.8.6 터널부의 콘크리트 궤도 ·········243
  - 5.8.7 기타 ···243

5.9 콘크리트 궤도 형식 ·············243
  5.9.1 콘크리트 궤도 형식 ·········243
5.10 세계각국의 궤도 ··············248
  5.10.1 프랑스 STEDEF 궤도 ·······248
  5.10.2 미국 L.V.T 궤도 ············251
  5.10.3 독일 레다(Rheda)-2000 궤도 253
  5.10.4 독일 Rheda ERS 궤도 ·······255
  5.10.5 독일 System 336 궤도 ······259
  5.10.6 호주 DELKOR(Alt-Ⅱ)궤도 ···260
  5.10.7 영국 Vangurd 궤도 ·········262
  5.10.8 부유식 슬래브궤도 ·········264
5.11 궤도재료 ······················266
  5.11.1 레일(궤조, rail)의 의의 ······266
  5.11.2 레일역할 및 구비조건 ······266
  5.11.3 레일의 형상 및 종류 ·······267
  5.11.4 레일의 발달 ················268
  5.11.5 평저레일 단면결정 요소 ····273
  5.11.6 레일의 무게 ················275
  5.11.7 레일의 길이 ················275
  5.11.8 레일의 구조 ················276
  5.11.9 레일종류의 변천 ············279
  5.11.10 레일의 기호 ···············281
  5.11.11 특수레일 ··················284
  5.11.12 레일의 재질 ···············287
  5.11.13 레일 시험 및 검사 ········288
  5.11.14 레일의 훼손 ···············290
  5.11.15 레일의 내구연한 ··········292
  5.11.16 장대레일 ··················295
  5.11.17 가드레일 ··················296
  5.11.18 레일이음매 기능 ··········297
  5.11.19 레일 이음매 종류 ·········297
  5.11.20 이음매판 ··················300
  5.11.21 이음매부 유간 ············304
  5.11.22 특수이음매 ···············305

  5.11.23 레일의 체결 ···············309
  5.11.24 타이 플레이트(좌철) ······318
5.12 궤도의 부속설비 ··············319
  5.12.1 복진방지장치 ···············319
  5.12.2 레일버팀쇠(rail brace) ······321
  5.12.3 게이지 타이롯트(궤간계재) ···322
  5.12.4 게이지 스트러트(궤간지재) ···323
  5.12.5 호륜레일(guard rail) ········323
  5.12.6 마모방지레일 ···············325
  5.12.7 건널목 호륜레일 ···········325
  5.12.8 주행성 향상 두부처리 ······326
  5.12.9 교량상 궤도설비 ···········326
5.13 침   목(tie, sleeper) ·········328
  5.13.1 침목역할 및 구비조건 ······328
  5.13.2 침목의 종류 ···············328
  5.13.3 목침목 ······················331
  5.13.4 콘크리트 침목(concrete tie) ··334
  5.13.5 유니온(연결,통일, H형)침목 ··338
  5.13.6 철침목 ······················344
  5.13.7 조합침목(composite tie) ·······345
  5.13.8 침목의 배치 ···············345
5.14 도   상(ballast) ···············346
  5.14.1 도상의 역할 ···············346
  5.14.2 도상의 종류와 재료 ········346
  5.14.3 도상의 단면형상 ···········348
  5.14.4 도상의 강도 ···············349
  5.14.5 보조도상(sub ballast) ·······350
  5.14.6 콘크리트도상(concrete bed) ··351
5.15 슬랙(slack)의 이해 ············353
  5.15.1 슬랙의 이해 ···············353
5.16 각국의 설정캔트 ·············358
  5.16.1 각국의 최대설정캔트 ·······358
  5.16.2 캔트 공식 유도 ············365

제 1 장
철도일반(Introduction)

1.1 철도의 의의(meaning of railway)

1.1.1 철도의 정의(definition of railway)

철도란 레일 또는 일정한 길잡이(Guide Way)에 따라 운행하는 육상교통기관의 총칭이다. 협의(좁은 뜻)의 철도는 전용용지에 토공, 교량, 터널, 배수시설 등 노반을 조성하여 그 위에 레일, 침목, 도상 및 그 부속품으로 구성한 궤도를 부설하고 선로 위를 기계적, 전기적 또는 기타 동력으로 차량을 운행하여 일시에 대량의 여객과 화물을 수송하는 육상 교통기관을 말하는 것으로 일반적으로 철도라 함은 좁은 뜻의 철도를 말하며 철도시스템이라고도 한다.

광의(넓은 뜻)의 철도는 여객 또는 화물운반용 차량을 일정한 길잡이에 따라 운행하는 교통시설을 말하며, 노면철도, 등산철도, 강색철도(ropeway), 모노레일(monorail) 및 트롤리버스(trolley Bus), 자기부상철도, 신교통시스템 등 특수철도를 포함한다.

철도산업발전기본법(법률 제11690호, 2020. 06. 09)에 의하면 "철도"라 함은 여객 또는 화물을 운송하는데 필요한 철도시설과 철도차량 및 이와 관련된 운영·지원체계가 유기적으로 구성된 운송체계라고 정의하고 있다.

1.1.2 철도의 목적(purpose of railway)

철도는 공익사업으로 다량의 여객과 화물을 안전, 신속, 정확하게 경제적으로 수송하여 공공의 편리, 국토의 개발, 산업의 발전을 도모하고 비상시에는 군대와 군수품을 수송하여 국토방위 업무를 수행한다.

1.1.3 철도의 특징(feature of railway)

철도수송이 육상교통기관 중에서 대량성, 안전성, 주행저항성, 전기운전성, 고속성, 정확성, 쾌적성, 저공해성 등 다른 교통기관에 비하여 우수한 점을 가지고 있다.

1) 대량수송성(mass tramsport)

철도는 레일로 안내를 받으며 장대 열차를 형성할 수 있어 대량수송이 가능하다. 대량수송에 있어서 선박에는 미치지 못하나, 육상교통중에서 철도는 많은 차량을 적은 에너지로 일시에 수송하는 것이 가능하고, 자동차와 달리 열차의 수송단위가 크다. 또 열차와 열차사이는 간격제어(폐색)에 의하여 안전하게 제어되므로 빠른 속도의 운행이 가능하게 되어 전체 수송력도 대단히 크다.

표 1.1 철도와 도로의 수송능력의 비교

교통기관별 비교		철도(복선)		자동차 (4차선)		
		여객열차	화물열차	버스	승용차	트럭
폭 원		9.3m		24.4m		
조건	정원 적재	12량 편성 1,000인	50량 편성 750t	40인	5인	10t
	운전시격	3분	4분	15초	3초	10초
	운행회수 (1시간당)	20	15	360	1,800	540
1시간당 수송력		20,000인	11,250t	14,400인	7,200인	5,400t
폭 1m당 수송력		2,151인	1,210t	590인	295인	221t

철도의 최대 장점은 대량수송 능력으로, 표 1.1과 같이 도로수송에 비해 수송량이 크다. 특히 토지의 점유면적당에 대한 수송력 격차가 크고, 대도시 지하철·근교선은 수송력·속도 등 대체할 수 있는 수송기관은 없다. 또한 2001. 6. 21 호주 BHP철광석회사는 서부 필바라(pilbara)지역의 헤들랜드 항구와 얀디(Yandi)광산 구간에서 682량으로 구성된 열차길이 7.3km, 열차총중량 99,734톤을 싣고 세계에서 가장 길고, 가장 무거운 화물열차 운행기록을 수립하였다.

2) 안전성(safety)

수송기관으로서 가장 먼저 요구되는 것은 안전성이다. 귀중한 인명과 재화를 안전하게 수송하는 것은 수송기업의 가장 주요한 문제다. 철도가 부지를 점유하고 레일에 의하여 그 주행이 유도되는 것은 다른 교통기관과 독특한 특징을 가지고 있는 동시에 수송기관으로서 안전성을 확보하는 기본이 되고, 이러한 설비조건은 또 각종의 보안설비를 동반하게 되므로 더욱 안전성을 높이게 된다.

표 1.2 교통수단별 교통사고 건수 현황

구분 년도	자동차 발생건수	철도 발생건수	지하철 발생건수	선박 발생건수	항공기 발생건수
2004	220,755	596	88	804	3
2005	214,171	386	92	658	10
2006	213,745	329	79	657	6
2007	211,662	429	83	566	8
2008	215,822	408	63	948	6
2009	231,990	382	60	1,815	13
2010	226,878	317	17	1,627	7
2011	221,711	277	-	1,809	14
2012	223,656	250	-	1,573	9
2013	215,354	232	-	1,093	13
2014	223,552	209	-	1,330	5
2015	232,035	138	-	2,101	11
2016	220,917	123	-	2,307	18
2017	216,335	105	-	2,582	10
2018	217,148	70	-	2,671	9

표 1.3 통계에서 철도의 사망자는 건널목사고가 대부분으로 철도이용자의 안전성은 자동차나 항공기에 비해 훨씬 높다. 자동차도 최근 도로와 자동차의 안전장치의 장착으로 사망자수는 줄어드는 추세이나 매년 3천명 이상의 자동차사고에 의한 사망자가 발생하고 있다. 최근 철도승객의 사망자는 없는 상태이다.

표 1.3 교통수단별 교통사고 사망 및 부상자 현황

(단위 : 명)

구분 년도	자동차 사망	철도 사망	지하철 사망	선박 사망	항공기 사망
2004	6,563	243	51	205	2
2005	6,376	201	55	186	5
2006	6,327	171	44	134	1
2007	6,166	192	59	136	4
2008	5,870	159	39	116	3
2009	5,838	161	34	148	14
2010	5,505	135	9	170	1
2011	5,229	124	-	158	14
2012	5,392	108	-	122	6
2013	5,092	96	-	101	12
2014	4,762	80	-	467	6
2015	4,621	76	-	100	3
2016	4,292	62	-	118	17
2017	4,185	51	-	145	4
2018	3,781	40	-	102	8

자료 : 국토해양부, 중앙해양안전심판원, 경찰청

3) 주행저항성

금속으로 만들어진 레일 위로 철차륜의 차량이 주행하기 때문에 주행저항이 대단히 적다. 열차의 주행저항은 평탄선에서 속도 20km/h 때 1-2kgf/t로, 고무타이어 자동차의 10 kgf/t(포장도로), 80kgf/t(보통도로)에 비해 작다. 영국에서 마차철도 말의 수송능력이 도로에서 말의 수송능력에 비해 약 10배가 된 것도, 주행저항의 차이 때문이었다. 이와 같이 수송능력을 크게 하기 위해서는 주행저항을 작게 해야 함을 알 수 있다.

표 1.4 각종 교통기관의 동력마력 비교

기 관 별	운전중량 (t)	적재중량A (t)	중력마력B (PS)	운행속도 (km/h)	B/A (PS/t)
철　　도	1,200	800	1,600	70	2
트　　럭	20	10	300	70	30
제 트 기	100	10	100,000	900	10,000
선　　박	15,000	10,000	10,000	25	1

최근의 통계실적에서도 수송인·km 또는 ton·km당의 에너지 소비가 철도를 1로 했을 때 버스 1.4, 승용차 7.1, 트럭 5.3으로, 철도가 에너지 절약면에서 현저하게 우위임을 알 수 있다. 이를 위해서는 석유 등의 에너지를 생산하지 않는 국가는 에너지의 효율적인 이용을 위해 철도의 정비를 중점적으로 하고 있다.(예 : 스위스, 뉴질랜드 등)

4) 전기운전성

레일에 의해 안내되고 외부로부터 전기를 공급받기 때문에 철도의 동력은 전기운전이 효율적이다. 철도창업부터 오랫동안 사용되어 온 증기기관차는 많은 장점을 갖고 있으나, 동력효율이 낮은 것이 치명적인 결점이었다. 그 결점을 보완하기 위해 디젤동력으로 대체되었고 최근에는 더욱 더 효율이 높은 전기동력으로 대체되고 있다. 디젤차량의 동력효율이 20%인 것에 대하여 전기운전의 동력효율은 약 30%로 훨씬 높다. 따라서 급전운전이 불가능한 자동차와 에너지효율 차이가 크다. 또한 전기차량은 외부로부터 동력을 공급받기 때문에 동력장치가 디젤차량에 비해 대폭 감소되어 축중이 가볍고 선로의 파괴를 감소시키므로, 최근 세계 각 국에서 초고속열차는 모두 전기운전시스템으로 하고 있다. 또한 최근 자동차의 급격한 증가로 인한 배기가스에 의한 대기오염 등의 공해문제를 유발하고 있어 큰 사회적인 문제로 부각하고 있어 철도의 전기운전은 환경대책을 위해서도 바람직한 선택이라 할 수 있다.

5) 고속성

철도차량은 안전한 레일로 안내되고 보안시설도 발전하여 철도의 안전운행이 거의 완벽하기 때문에 고속운전이 가능하다. 200km/h를 초월하는 고속운전은 자동차도 성능적으로 가능하나, 수송밀도가 높은 도로에서는 위험하다.

철도는 열차만을 운용하는 전용의 선로를 갖고 있고, 보안장치 및 안전대책이 거의 완벽하므로 고속운전이 가능하다. 한국고속철도 KTX의 305km/h, 프랑스 T.G.V 320km/h, 일본 320km/h, 중국 350km/h 상용운전도 시행되고 있다.

6) 정확성

항공기나 선박운행은 기상 영향을 받기 쉽고, 조그마한 기상변화에도 정확한 발착시간을 저해하는 일이 많다. 그러나 철도는 다른 교통기관의 운행을 중지하는 악천후하(惡天候下)에서도 거의 영향을 받지 않고, 정상적인 운전을 할 수 있으며 정시성이 높은 서비스를 제공한다. 도로를 주행하는 자동차도 폭우, 강설, 또는 노면 결빙에 대해 영향을 받으며, 또 고속도로 등 전용도로 이외에서는 그 속도를 일정하게 유지하기가 곤란하며, 특히 도시내 운행시 교통혼잡에 의한 정시성을 유지하기가 매우 어렵다..

7) 쾌적성

장시간 소요되는 여행은 차량동요가 적어야 하고 실내공간과 좌석폭이 넓고 승차감이 좋아야 하며 또 차내의 소음이 작아야 하는 것이 생리적으로 요구된다. 철도는 이러한 조건에 아주 적합하고, 동일시간 승차에서 자동차보다 피로가 적고 쾌적하다.

8) 저공해성

철도는 자동차, 항공기 등에 비해 교통공해인 배기가스에 의한 대기오염, 소음, 진동에 의한 연선 주민생활에 미치는 영향, 또는 자연환경의 파괴 등이 월등히 적다.

9) 기타 특성

철도는 상기와 같은 우수한 이점을 가지고 있는 반면에 약점도 있다. 즉 ① 소수

사람이나 소량 수송에 적합하지 않고, ② 자동차와 같이 기동성이 좋지 못하며, ③ 프라이버시를 확보하여 시간적·공간적으로 자유스러운 여행을 하고자 하는 여행목적을 만족시키지 못하고, ④ 또 화물수송시 고급·소량물품을 다방면으로 분산 집배수송 등에 적합하지 못한 점 등을 들 수 있다.

1.1.4 철도의 사명

철도수송 특성인 안전, 신속, 정확, 그리고 대량 및 저렴한 수송을 제공할 수 있다는 점은 철도의 공공성을 증명하는 것이다. 철도는 일정한 가이드웨이를 따라 차량을 운전하므로 다른 교통기관보다 안전·확실하게 고속성을 가지고 대단위 수송을 경제적으로 장거리까지 운행할 수 있다. 철도의 목적은 이러한 기능을 살림으로써 공공의 편리, 국토개발, 산업진흥, 지역간 문화교류, 국토방위 등을 수행한다. 따라서 철도수송은 다른 운송기관과 마찬가지로 영리적 기업인 이상 경영상 이익을 얻는 동시에 사회적으로 공익의 편의를 도모해야 하는 공익적 사업성을 가지고 있다.

한국의 경우, 1960년대 이후 급속한 경제성장에 따라 자동차 급증, 전국도로망 정비 및 고속도로 건설, 항공기 발달 등은 철도수송에 큰 영향을 주었고, 앞으로도 경제, 사회는 지속적·빠른 속도의 경제발전이 예측되므로, 한나라의 수송기관으로서 철도는 그 특성을 충분히 발휘할 수 있는 분야에서 활용되는 것을 기본으로 해야 함은 물론이나, 각 수송기관의 특성 또는 이점을 상호결합하여 종합시스템(total system)으로서 수송체계를 정비할 필요가 있다. 따라서 철도운송량 증가를 감안하여 금후의 철도 사명을 수송형태면에서 다음 몇 가지를 들 수 있다.

① 지방중핵도시간을 연결하는 고속수송체계 확립
② 지방시·대도시 근교 통근·통학·비지니스 수송 확보
③ 생산지와 소비지를 연결하는 중장거리 화물수송으로 대전환 및 고속화
④ 전국 철도망 정비에 의한 지역격차 해소

1.2 철도 구성요소

철도설비는 철도운영에 필요한 시설(facilities)과 장비(equipments)를 총칭하며, 다음과 같이 대별할 수 있다.

1) 용지 및 노반

노반과 정거장 및 차량기지를 조성하기 위해 필요한 부지를 용지라 하며, 용지는 노반을 조성하기 전에 반드시 확보해야 한다. 노반은 철도노선과 정거장 및 차량기지의 부지 위에 토공, 궤도 등을 구축하는 기반시설을 노반이라 하며 철도시스템의 주요한 구성요소이다.

2) 선로(permanent way)

철도 선로는 노반(roadbed, or formation) 위에 평활한 노면(roadway)을 가진 궤도를 부설하고, 그 상부공간에 어떤 것에도 점유되지 않는 일정한 건축한계(construction gauge, clearance limit)를 설정하여 차량을 안전·정확·신속하게 운행하기 위한 주행로(runway)를 말하며, 열차운행과 고속운전을 할 수 있음은 이 전용의 선로에 의하여 가능하며, 따라서 선로는 철도설비중 가장 기본적인 것이다. 선로를 형성하는 설비중 흙쌓기(성토), 땅깎기(절토), 비탈보호공으로 이루어지는 노반과 교량, 구교, 하수, 터널 등의 노반구조물, 궤도, 분기기는 물론, 선로방호설비, 방재설비 등 선로부속설비도 이에 속한다.

3) 차량(rolling stock)

철도차량은 일반 도로차량과 구조상·운전상 특이하며, 그 주요한 차이점은 차륜(車輪, wheel)에 윤연(輪緣, flange)이 있고, 차량과 차축(車軸, axle)은 결합되어 일체로 회전하며, 일반적으로 2축(또는 3축~4축)이 평행하게 고정축거(固定軸距, rigid wheel base)에 의하여 결합되어 있다. 연결기(coupler), 제동기(brake) 등의 구조도 철도차량의 독특한 장치이다. 차량은 직접 여객과 화물을 운송하는 기관차와 객차 및 화차를 총칭하고 동력을 장치한 기관차에 의하여 여객열차 또는 화물차를 견인하거나 다수의 차량(객차)에 동력을 분산시켜 주행한다.

4) 정거장(Station)

정거장은 여객 승강, 화물적하 등을 하고, 또 열차조성, 차량입환, 열차교행 및 대피 등 운전 및 보안상 필요한 작업을 하기 위하여 설치한 장소이다. 철도수송을 위한 작업 대부분은 이 정거장에서 이루어지므로 철도 경영상·승객의 이용면에서 중요한 시설이다. 정거장에는 법규상 역, 조차장, 신호장으로 구별되고 정거장 설비에는 일반적으로 궤도설비, 여객취급설비, 화물취급설비, 운전취급설비, 기타부속설비 등이 필요하다.

5) 차량기지(Depot)

차량기지는 차량을 점검·정비하고 열차편성 및 청소, 출발준비 등을 위해 정비공장과 유치선 및 기타 부대시설을 한 장소이다. 차량기지 위치는 열차운행상 터미널역에서 종점방향으로 근접거리에 있는 것이 가장 양호하나 소요부지면적이 약 30~50만평 정도가 필요하므로 이러한 입지를 대도시에서 구하기가 어렵다. 그러므로 가능한 대도시 정거장은 중간역 개념으로 생각하여 계획을 검토해야 한다. 이처럼 차량기지도 철도에 반드시 구비해야 하는 중요한 부문이므로 철도시스템의 주요한 구성요소이다.

6) 보안설비(safety appliance)

철도의 보안설비는 안전·신속·그리고 정확한 열차운행을 확보하기 위한 설비로서 다른 육상교통기간에서는 볼 수 없는 완벽한 설비이다. 철도 보안설비에는 신호장치, 연동장치, 폐색장치, 궤도회로, 열차운전제어장치(예, ATS = Automatic Train StopSystem, ATC = Automatic Train Control System, ATO = Automatic Train Operation System), MBS = Movable Block System 열차집중제어장치(CTC= Centralized Traffic Control System), 진로제어장치(예, PRC= Programmed Route Control System, ARC = Automatic Route Control System, FRC = Freightcar Route Control System, FTS = Freight Terminal Information Control System), 차량제어장치(예, Car-Retarder, Car Automatic Control System), 원격제어장치(RC = Remote Control System), 건널목 보안장치 등이 있다..

7) 통신설비(communication system)

철도 통신설비는 철도 시설이 지역적으로 광범위하고 장거리에 걸쳐 선으로 연속적으로 분포를 하고 있을 뿐만 아니라, 열차도 또한 그 전역에 항상 분산 이동되고 있으므로 열차운전의 안전하고 정확하게 영업 또는 각종 업무기관간 업무연결의 능률화와 합리적 운용, 열차사고 등 돌발사태에 대한 신속적응, 객화서비스 제공 등을 위한 통신수단으로서 철도의 신경계통이다. 철도사업을 원활하고 능률적으로 운영하기 위하여 각 기관정보를 유기적으로 또 신속하게 연결하는 것을 본래의 사명으로 하는 철도교통은 일반공중통신과 다른 특유한 통신계통을 구성하고 있는 것도 철도특징중 하나이다. 철도 통신설비에는 전신, 유선전화, 무선전화, 특수통신설비로서 전기시계, 좌석예약장치 등이 있다.

8) 전 기(Electric)

전기설비는 비전철인 경우 신호용 전기와 정거장 조명, 운전취급 및 여객, 화물취급시설의 기기 전원장치용으로 필요하고 전철인 경우 전기를 동력으로 한 전기기관차 및 전기동차의 전철선로, 송변전설비, 급전선, 정거장 및 차량기지 등에 전기설비를 해야 한다. 특히 직류전기나 교류전기냐에 따라 차량시스템과 전기설비 시스템이 다르기 때문에 철도시스템의 주요한 구성요소이다.

9) 기타 부대설비

철도설비에는 상기와 같은 주 설비 외에 다음과 같은 부대시설도 필요하다. 선로 및 궤도용품 제작 및 수리를 위한 제작설비 또는 보수 기타, 차량 및 기계류 제작 및 수리를 위한 공작기계설비 또는 차량 기타, 발전, 변전, 송전 및 수전 등의 전력설비, 자재·용품 보급과 보관을 위한 자재용품 보급설비, 철도기술 개발과 검사를 위한 기술연구시험설비, 직원양성, 교육, 훈련을 위한 교육훈련설비(인력개발원, 학교, 도서실, 자료전시실, 박물관 등), 사고시 응급치료 및 직원요양을 위한 병원요양설비, 사무용 건물설비 및 직원주거 기숙설비, 결빙, 오물처리, 청소, 냉난방, 조명, 환기, 조경 등 환경위생설비 등이 필요하다.

표 1.5 일반철도 건설사업 현황 (공사중 22개 사업 1,361.5km)

노선명	사업 구간	사업내용	연장(km)	총사업비(억원)
경전선	보성~임성리	단선전철	82.5	16,039
동해선	포항~삼척	단선철도	166.3	34,109
중앙선	원주~제천	복선전철화	44.1	12,000
경전선	부전~마산	복선전철 [BTL]	32.7	15,484
장항선	익산~대야	복선전철화	14.3	4,783
대구선	동대구~영천	복선전철화	38.6	7,633
평택선	포승~평택	단선철도	30.3	7,161
동해선	울산~포항	복선전철화	76.5	26,763

군산항선	대야~군장국가산단	단선철도	28.3	6,170
울산신항선	망양~울산신항	단선철도	9.3	2,232
동해선	부산~울산	복선전철화	65.7	28,362
서해선	송산~홍성	복선전철	90	40,991
중부내륙선	이천~문경	단선전철	93.2	25,246
장항선	신성~주포, 남포~간치	단선개량	33.0	8,831
경원선	동두천~연천	단선전철화	20.9	4,688
중앙선	도담~영천	복선전철화	145.1	41,338
서해선	대곡~소사	복선전철 [BTL]	18.3	15,768
중앙선	영천~신경주	복선전철화	20.4	5,630
경의선	문산~도라산	단선전철화	9.7	388
장항선	신창~대야	복선전철화	118.6	8,122
경전선	진주~광양	복선전철화	51.5	1,672
동해선	포항~동해	단선전철화	172.8	4,336

자료 : 국가철도공단 홈페이지(:2021년 11월 기준)

표 1.6 일반철도 설계중인 사업 : 6개 사업 359.6km

노선명	사업구간	사업내용	연장(km)	총사업비(억원)
경춘선	춘천~속초	단선전철	93.7	24,377
월곶판교선	월곶~판교	복선전철	34.2	21,768
경부/충북선	천안~청주공항	복선전철	59.0	8,217

노선명	사업구간	사업내용	연장(km)	총사업비(억원)
인덕원동탄선	인덕원~동탄	복선전철	39.0	28,137
경강선	여주~원주	복선전철	22.0	9,017
동해선	강릉~제진	단선전철	111.7	27.406

자료 : 국가공단 홈페이지(:2021년 11월 기준)

표 1.7 광역철도사업 추진 현황 (공사중 7개 사업 267.6km)

노선명	사업구간	사업내용	연장(km)	총사업비(억원)
수인선	수원~인천	복선전철	52.8	20,074
신분당선	용산~강남	복선전철	7.8	16,470
진접선	당고개~진접지구	복선전철	14.9	14,192
수도권 광역급행철도	삼성~동탄	복선전철	39.5	19,408
신안산선	안산~여의도	복선전철	44.7	43,907
대구권 광역철도	구미~경산	기존선 개량	61.9	1,851
수도권 광역급행	파주~삼성	복선전철	46.0	35,505

자료 : 국가공단 홈페이지(:2021년 11월 기준)

표 1.8 광역철도사업 추진 현황 (설계중 2개 사업 110.2km)

노선명	사업구간	사업내용	연장(km)	총사업비(억원)
충청권광역철도	계룡~신탄진	기존선개량, 2복선, 단선신설	35.4	2,694 (1단계)
수도권광역급행	양주~수원	복선전철	74.8	43,858

자료 : 국가시설공단 홈페이지(:2021년 11월 기준)

1.3 철도의 분류

1.3.1 철도의 종류
철도는 기술, 경제, 또는 사회상의 관점에서 이를 분류할 수 있고, 그 구별은 다음과 같다.

1) 기술상 분류
   (1) 동력에 의한 구별
      ① 증기철도(steam railway) : 증기기관차를 운행하는 철도
      ② 내연기철도(gasoline railway or diesel railway) : 휘발유 및 경유엔진 기관차로 운행하는 철도
      ③ 전기철도(electric railway) : 전기기관차를 운행하는 철도
   (2) 궤간크기에 따라 구분
      ① 표준궤간(standard gauge)철도 궤간이 1,435mm=4´-8$\frac{1}{2}$″ 철도
      ② 협궤(narrow gauge)철도 : 궤간이 표준궤간 1,435mm보다 좁은 철도
      1,067mm=3´-6″, 1,054mm=3´-5$\frac{1}{2}$″, 1,000mm=3´-3$\frac{3}{8}$″
      876mm=2´-10$\frac{1}{2}$″, 785mm=2´-6$\frac{9}{10}$″, 762mm=2´-6″
      750mm=2´-5$\frac{1}{2}$″, 600mm=1´-11$\frac{5}{8}$″ 로 구분한다.
      ③ 광궤철도(broad gauge railway)
      궤간이 표준궤간 1,435mm보다 넓은 철도를 말하며
      1,676mm=5´-6″, 1,670mm=5´-5$\frac{3}{4}$″, 1,600mm=5´-3″
      1,524mm=5´-00″, 1,500mm=4´-11″ 로 구분한다.
   (3) 선로수에 의한 구분
      ① 단선철도(single track railway) : 단선궤도를 부설하여 운행하는 철도
      ② 복선철도(double gauge railway) : 복선 부설, 상,하선 운행하는 철도
      ③ 3선철도(triple track railway) : 복선철도에 단선증설, 3선 운행하는 철도
      ④ 2복선철도(2 double track railway) : 복선철도로 선로용량이 부족, 복선을 증설하여 2개의 상선과 2개의 하선으로 운행하는 복선철도 또는 2개의 복선철도가 병행 할 경우

<예> 영등포~천안간 88.0km 2복선 전철화, 구로~인천간 27.0km 2복선 전철화
⑤ 3복선철도(3 double track railway) : 2복선철도에 선로용량이 부족, 복선을 증설하여 3개 하선과 3개 상선으로 운행하는 복선철도 또는 3개 복선철도가 병행 할 경우
<예> 용산~구로간 8.5km 3복선 전철화
⑥ 4복선철도(4 double track railway) : 3복선철도에 선로용량이 부족, 복선을 4개 하선과 4개 상선으로 운행하는 복선철도 또는 4개 복선철도가 병행 할 경우
※ 대도시 정거장일 경우 여러 노선의 철도가 집합 할 때 필요로 함.

(4) 구동 및 견인방식에 의한 구별
① 점착식 철도(adhesion railway) : 레일과 차량바퀴의 점착력으로 운행하는 철도를 말한다. 점착식철도는 차륜과 레일간의 마찰 즉 점착력에 의하여 차륜이 주행하는 것으로 최대기울기 35/1,000~50/1,000까지 사용되는 보통철도로서 기울기가 그 이상인 경우에는 치궤조(Gear rail)에 차량의 치차(gear wheel)가 걸려 주행하는 방법이 채택되며 더 급한 기울기에서는 강색(鋼索)으로 견인(牽引)하여야 한다. 또한 차륜과 레일간의 마찰계수는 보통상태에서는 0.15~0.25, 우천일 때에는 약 0.10, 모래를 뿌리면 0.33까지 될 수 있으나 열차의 속도가 빠르게 증가되면 차륜이 레일 위에서 공전하게 된다. 현재 점착식 철도의 최고속도는 300~600km/h이나 영업상으로 최고 360km/h 정도이다. 한편 세계각국의 주요 시험속도의 최고기록은 중국 최고속도 605km/h (2014년) , 프랑스 최고속도 574.8km/h(2007년), 일본 443km/h(1994년)를 달성했다.

② 치차레일식 철도(rack railway) : 궤간 내에 부설한 치차레일(gear rail)과 차량의 치차(gear wheel)가 서로 물려 점착식 레일보다 더 급한 기울기에도 운행 할 수 있는 철도

③ 인크라인 철도(inclined railway) : 점착식철도로 연결운행이 곤란한 낙차가 심한 급기울기 구간 높은 위치에 전기식 들어올리는 장치(hoist)를 설치하여 윈치(winch:와이어 등으로 들어올리는 장치)와 와이어로프로 기관차를 제외한 차량 1량을 하향으로 내리거나 상향으로 감아 올려 다시 기관차로 열차를 조성, 운행하는 철도를 말한다. 다시 말하면 호이

스트에 의해 차량 1량식 운행하는 구간철도를 인크라인 철도라 한다.

④ 강색 철도(cable railway) : 높은 산과 계곡에 철탑과 케이블을 설치하여 이 케이블에 차량 1량을 매달아 운행하는 철도
⑤ 자기부상열차(magnetic levitation train) : 자기 반발력을 이용해 레일에서 약 10센티 높이로 떠서 운행하는 철도
일반철도는 전기모터를 이용하여 바퀴의 추진력을 이용하여 레일 위를 마찰력에 의해 운행하는데 반해 자기부상열차는 부상하여 운행하기 때문에 레일과의 마찰이 없어 빠른 속도를 낼 수 있다. 자기부상열차는 사용되는 자석에 따라 전자석 방식, 영구자석 방식, 초전도자석 방식으로 나눈다. 전자석 방식은 주로 중저속에 이용된다. 영구자석 방식은 부상력이 약한 단점이 있다. 초전도자석 방식은 액체 헬륨 등을 냉각하여 강한 초전도자석을 만들 수 있어 650lm/h 이상 초고속으로 주행이 가능하다.

(5) 부설지역에 의한 구별
① 평지철도(plans railway) : 시공기면이 평탄한 지상에 놓여진 철도로 보통 철도를 말한다.
② 산악철도(mountainous railway) : 산악지대에 부설된 철도를 말한다.
③ 시가철도(street railway) : 도시 시가지에 도로를 따라 설치된 철도
④ 해안철도(seashore railway) : 해안선을 따라 부설된 철도를 말한다.
⑤ 교외철도(suburban railway) : 도시근교 교외에 부설된 철도를 말한다.

(6) 레일수에 의한 구분
① 모노레일(mono rail) : 부설레일이 단선 철도로서 상승식(上乘式) 또는 가좌식(架座式), 현수식(顯垂式)으로 구분한다.
② 레일 2선 철도(general railway) : 일반철도, 지하철, 고속철도와 같이 궤간 위에 차량이 점착력에 의해 운행하는 철도
③ 레일 3선 철도(3rd railway) : 차량을 운행하는 두 개 레일 외에 본선 레일과 나란하게 별개의 레일을 부설하여 급전용으로 사용되는 레일로 터널공간을 줄이는데 유용하며 주로 열차속도가 저속인 지하철도에 많이

이용된다.
　　※ 제3레일은 궤간 중심에 또는 궤간의 좌우에 부설한다
　④ 전차 버스(trolley bus) : 레일이 없는 도로 위에 가공전차선으로 급전하는 전기식 버스를 말한다.

(7) 시공기면 위치에 의한 구별
　① 지표철도(surface railway) : 시공기면이 지상에 있는 철도로서 보통철도를 말한다.
　② 고가철도(elevated railway) : 시공기면이 고가에 위치한 철도를 말한다.
　③ 지하철도(under ground railway) : 시가지의 지하철도나 평탄한 지역인데도 불구하고 민원에 의해 부득이 땅을 파서 지하에 선로를 설치하고 다시 되메우기 하는 철도 등을 말한다.

(8) 열차운전속도에 의한 구별
　① 일반철도(railway or railroad) : 열차가 주요구간을 시속200km 미만의 속도로 주행하는 철도를 말한다.
　※ 세계철도연맹 UIC-Code 776-2R, 200km/h이하를 일반철도로 분류 함.
　② 고속철도(high speed railway) : 열차운행 속도를 200km/h 이상으로 운행하는 철도. 고속철도라 함은 열차가 주요구간을 매시 200km 이상의 속도로 주행하는 철도를 말한다(철도건설규칙).
　③ 초고속철도(super high speed railway) : 일반적으로 300km/h 이상 열차 영업속도를 실현하는 새로운 형식에 유도(guid)되는 초고속육상교통기관(high speed ground transportation)을 말한다.

(9) 선로등급에 의한 구별
　① 고속선(high speed railway) : 설계속도 350km/h, 곡선반경 5,000m, 완화곡선길이 캔트의 2,500배 이상, 선로 기울기 25‰, 중곡선 반경 25,000m 이상 등에 적합한 선로등급의 선로를 말한다.
　② 1급선철도(tirst class track railway) : 설계속도 200km/h, 곡선반경 2,000m, 완화곡선길이 캔트의 1,700배 이상, 선로 기울기 10‰, 중곡선 반경 16,000m 이상 등에 적합한 선로등급의 선로를 말한다.
　③ 2급선철도(rapid second elass track railway) : 설계속도 150km/h, 곡선반경 1,200m, 완화곡선길이 캔트의 1,300배 이상, 선로 기울기 12.5‰, 중

곡선 반경 9,000m 이상 등에 적합한 선로등급의 선로를 말한다.

④ 3급선철도(third class track railway) : 설계속도 120km/h, 곡선반경 800m, 완화곡선길이 캔트의 1,000배 이상, 선로의 기울기 15‰, 중곡선 반경 6,000m 이상 등에 적합한 선로등급의 선로를 말한다.

⑤ 4급선철도(fourth class track railway) : 설계속도 70km/h, 곡선반경 400m, 완화곡선길이 캔트의 600배 이상, 선로 기울기 25‰, 중곡선반경 4,000m 이상 등에 적합한 선로등급의 선로를 말한다.

⑥ 공장선 및 자갈선철도(factory or ballast tansport railway) : 공장생산품이나 도상자갈 생산지에서 도상자갈을 수송할 목적으로 부설된 선로를 말한다.

2) 사업, 경영주체, 수송대상물에 의한 분류

(1) 사업에 대한 구분

① 철도운영과 유지보수가 동일 주체 : 철도운영과 철도시설을 보수, 관리하면서 운영·관리하는 철도

② 철도운영만 하는 철도 : 철도건설과 보수유지관리는 정부나 지방자치단체, 공공기관에서 시행하고 철도운영만을 하는 철도이며, 이때 철도시설 사용료를 철도운영회사가 지불해야 한다.

③ 철도건설과 보수유지관리만 하는 철도 : 정부나 지방자치단체 또는 주식 회사 등이 철도를 건설하고 보수유지관리를 하면서 철도영업 또는 운영만 제3자에게 위임 위탁하는 철도

(2) 사용목적에 따른 구분

① 공중용 철도(public railway) : 일반공중이 이용할 수 있는 철도

② 전용철도(exclusive railway) : 차량기지, 공장, 군수기지 등 특정한 목적물만 전용으로 이용하는 철도

(3) 경영주체에 의한 구분

① 국유철도 또는 국영철도(national railway or government railway) : 국가가 소유, 운영하는 철도

② 공유철도 또는 공영철도(public railway) : 지방자치단체가 소유, 지방자치단체나 공적출자의 공단 등이 운영하는 철도

③ 사유철도 또는 사영철도(private railway) : 국가와 지방자치단체의 소유가 아닌 일반 민간이 소유하여 운영하는 철도

④ 제3섹터철도(third sector railway) : 국영이나 공영 및 사영도 아닌 제3자의 경영방식의 철도이며 국가, 지방자치단체, 공적기관의 출자의 공단 등이 출자하여 운영하는 철도이다.

(4) 수송대상물에 따른 구분
① 여객철도(passenger railway) : 여객을 전용으로 수송하는 철도
② 화물철도(freight railway) : 화물을 전용으로 수송하는 철도
③ 광산철도(mining railway) : 광산전용으로 운행하는 철도
④ 산림철도(forest railway) : 산림전용으로 운행하는 철도
⑤ 군용철도(military railway) : 군사전용으로 운행하는 철도

3) 한국철도의 구분
(1) 국유철도(KNR : korean national railway) : 철도산업발전기본법이 시행되기 전 철도청시절에 철도법에 따라 국유철도 건설규칙, 국유철도 운전규칙 등 규정에 의하여 건설하고, 철도운송규정, 철도운송법에 따라 운송 및 영업을 하였다.
(2) 한국철도공사(korea rail road) : 철도산업발전기본법에 따라 설립된 철도 운영자로 철도운영에 관한 업무를 수행하는 자를 말한다.
(3) 공유철도(public railway) : 지방자치단체 또는 공기업이 지하철, 경전철 등 철도건설 및 운송, 영업을 정부의 허가를 받아 건설하고 공공을 위하여 운송, 영업하는 철도를 말한다. 철도재산의 소유권은 지방자치단체 또는 공기업의 소유이며, 지방자치단체 또는 공기업이 관장하고 있는 철도를 말한다.
(4) 사유철도(private railway) : 국가와 지방자치단체 및 공기업이 아닌 민간기업에서 어느 지역 및 어느 구간의 일반철도, 지하철, 경전철 등 철도건설 및 운송, 영업을 정부의 허가를 받아 건설하고 운송, 영업하는 철도를 말한다.
※예 : 신공항철도 : 철도재산의 소유권은 민간기업의 소유이며 조건에 따라 국유재산이나 지방자치단체 및 공기업의 재산을 활용할 수도 있다.

1.3.2 철도에 대한 민간투자방식
철도에 대한 민간투자방식은 사회간접자본시설에 대한 민간투자법에 따른 철도이며, 투자방식은 다음과 같다.

1) BTO(build-transfer-operate)방식 : 사회간접자본 시설준공과 동시에 당해 시설의 소유권이 국가 또는 지방자치단체에 귀속되며 사업시행자에게 일정기간 시설관리 운영권을 인정하는 방식
2) BOT(build-own-transfer)방식 : 사회간접시설 준공 후 일정기간 동안 사업시행자에게 당해 시설의 소유권이 인정되며, 그 기간이 만료시 시설소유권이 국가 또는 지방자치단체에 귀속하는 방식
3) BOO(build-own-operate)방식 : 사회간접자본 시설 준공과 동시에 사업시행자에게 당해 시설의 소유권을 인정하는 방식
4) BTL(build-transter-lease)방식 : 주무관청이 민간투자법에 따라 수립한 민간투자시설사업 기본계획에 제시한 방식이며, 주무관청은 민간부문이 사전에 알 수 있도록 당해 사업에 대한 추천방식을 민간투자시설사업 기본계획에 제시해야 한다. 사업시행자가 사회간접자본시설을 준공한 후 일정기간 동안 운영권을 정부에 임대하고 임대기간 종료 후 시설물을 국가 또는 지방자치단체에 이전하는 방식
5) ROT(rehabilitate-operate-transfer)방식 : 주무관청이 민간투자법에 따라 수립한 민간투자시설사업 기본계획에 제시한 방식이며, 주무관청은 민간부문이 사전에 알 수 있도록 당해 사업에 대한 추천방식을 민간투자시설사업 기본계획에 제시해야 한다. 국가 또는 지방자치단체 소유의 시설을 정비한 사업시행자에게 일정기간 동시설에 대한 운영권을 인정하는 방식
⑥ ROO(rehabilitate-own-operate)방식 : 주무관청이 민간투자법에 따라 수립한 민간투자시설사업 기본계획에 제시한 방식이며, 주무관청은 민간부문이 사전에 알 수 있도록 당해 사업에 대한 추천방식을 민간투자시설사업 기본계획에 제시해야 한다. 기존시설을 정비한 사업시행자에게 당해 시설의 소유권을 인정하는 방식

1.4 철도의 역사(history of railway)

1.4.1 철도의 기원

인류는 최초의 도로교통수단으로서 도로 위를 동물이 차량을 끌게 하여 사람

이나 화물을 운반하였다. 차량의 하중이 무거우면 바퀴자국이 남게 되고 여기에 자갈을 채우는 일은 고대의 희랍, 이집트 시대부터 시도되었다. 또 통나무를 쓴 굴림대나 목재로 바퀴둘레를 만든 차륜을 고안하는 동시에, 16세기경에는 차륜이 통하는 부분에 나무판자(목판)를 깔아 차륜의 통행을 원활하게 한 것이 철도의 최초의 형태라 할 수 있다. 이를 최초로 사용한 것이 독일의 Harz광산에서 사용하였고, 또 차륜에는 간단한 윤연(wheel flange)을 만들었다. 17세기경 영국의 북부탄광지대에서는 목제레일 위에 말이 끄는 석탄차를 운행하였다. 그러나 목제의 차륜은 주행로인 나무판자에 의한 손상이 자주 일어나므로 차륜에는 철제를 사용하였는데, 이는 다시 주행로인 나무판자를 손상시키는 결과가 되어 주행로에도 철판을 사용하게 되었고, 이 철판은 봉(棒)모양의 것으로 레일의 원조가 되었다.

그 후 1767년에는 영국의 레이놀즈(Raynolds)가 철로 만든 요형(凹型) 레일을 처음으로 만들었고, 1789년에 영국의 제숍(Ricolas Jessop)이 차륜에 플랜지를 붙인 레일을 고안하여 레일에 탈선방지용 플랜지가 불필요하게 되고, 레일은 I자형에 가까운 형상, 즉 철로 만든 철형(凸型) 레일을 만들게 되었다. 당시 동력은 인력 또는 가축의 힘이었고, 그 외에 경사면 등의 자연조건도 이용하는 경우도 있었다. 위의 인력을 이용한 철도를 인차철도라 부르고 가축의 힘으로서 말을 이용한 것이 마차철도이다. 특히 동력으로서 말을 이용한 철도의 경우에는 도로 위를 주행하는 마차보다도 약 10배 무거운 중량을 운반할 수 있게 되었다.

이상과 같은 원시적 철도가 크게 발전하는 단계에 이른 것은 1765년 왓트(J.Watt)가 증기기관을 발명한 이래 이를 차량의 동력으로 이용하려는 시도였으며, 그 예로는 1769년 프랑스의 꾸노(J.Cugnot), 또 동시대에 영국의 무르독(William Murdock)등에 의하여 이를 자동차로서 철로 위를 달리게 하고, 브렌킨숍(J. Blenkinsop)에 의해 기관차로서 레일 위를 달리게 하였으나 모두 성공하지 못하였다.

1804년 영국의 트레뷔딕(Richard Trevithick)에 의하여 레일 위에 증기기관차를 제작하여 10t의 철광석을 실은 화차를 끌고 시속 80km/h로 주행하는데 처음으로 성공하였고, 1813년에 영국의 헤드레이(William Hedley), 1814년에는 영국의 스티븐슨(George Stephenson)등에 의하여 증기기관차 제작에 성공하였다. 이들 기관차는 광산의 마차 철도에 널리 이용되었으나 모두 화물전용철도였으며, 이들이 동력상으로 본 철도의 기원이라 할 수 있다.

1.4.2 공공철도의 개통과 발달

세계에서 처음으로 철도가 공공용으로 탄생된 것은 1825년 9월 27일 영국 스톡턴 - 다알링턴 간 약 40km를 스티븐슨(Geroge Stephenson)이 제작한 증기기관차 로코모션(Locomotion)호를 스스로 운전하여 시승객과 석탄을 실은 35량(자중 90t)의 차량을 시속 16km/h로 주행한 것으로, 이 때에 사용한 레일은 1805년에 고안된 어복레일(fish-belly rail)이라 부르는 형상의 것이었으며, 동년 10월 10일부터 그 지방민의 요청에 따라 여객과 화물의 취급을 시작한 것이 최초의 철도영업개시였다. 그러나 이때는 간간이 말이 견인하는 경우가 많았고, 또 수송물도 주로 석탄운반이었다.

일반의 여객과 화물을 본격적으로 취급한 것은 1830년 9월 15일부터 리버풀-맨체스터 간 50km의 철도가 개업된 것이 최초의 여객수송용 철도였고, 이 때에는 스티븐슨 부자가 공동제작한 로켓(rocket)호가 최대 시속 46km/h를 기록하였으며 이것이 현재 도시간 철도와 거의 같은 형태를 갖춘 것이라 할 수 있다.

한편 1830년 영국에서는 우두레일(bull-head rail)이라 부르는 레일을 사용하였고, 1831년에 미국에서 현재와 같은 평저레일(Flat-Bollomed Rail)을 고안하였으며, 영국에서 처음으로 제작되었다. 1855년에는 강제(鋼製)레일이 제작됨으로써 레일의 길이 및 형상 모두 오늘날에 가까운 것이 제작되기 시작하여 이것이 철도의 발달에 크게 기여하였다.

그 후 유럽과 미국에서 철도가 계속 개업하게 되었고, 1828년에는 프랑스, 1830년에 미국에서 각각 철도를 개업하였고 그 후 각국에서 철도망이 확장되었다. 1850년대 영국에서 약 2만km, 미국에서 약 3만km의 철도가 보급되었고, 아시아에서는 1853년에 인도에 이어 오스트랄리아, 뉴질랜드, 세이론 등 영국의 식민지였던 지역에 철도가 개통되었다. 미국의 대륙횡단 철도가 처음으로 동서를 연결하게 된 것은 1869년이며, 또 세계최장의 단일철도인 시베리아 철도가 우라디오스토크(Vladiostok)까지 연결한 것은 20세기 초였고, 19세기 후반은 세계적인 철도의 약진시대였다. 이러한 철도건설의 세계적인 추세는 후진국에도 파급되어 남아메리카, 아시아, 아프리카의 각국에도 보급되었다.

이리하여 철도는 중요한 육상교통기관으로서 각국에서 발달되었고, 차량이나 선로의 개선과 진보도 급진전되어 사회·경제개발을 촉진하고, 현대사회생활에 있어서 불가결한 존재가 되었다.

한편, 1879년 독일 베를린공업전람회에서 지멘스(Siemens)에 의하여 처음으로 소형의 전기기관차로 객차 3량을 견인하여 운전하게 되었고, 이어 1881년 독일에서 전기기관차가 정식으로 일반여객 수송용으로 전기철도에 사용되어 영업을 개시하였다. 또 한편으로 디젤기관(diesel engine)을 중심으로 하여 내연기관이 동력으로서 사용되기 시작하였으며, 처음에는 전기기관차나 내연기관차로 객화차를 견인하였으나 전동기나 내연기관을 객차에 분산 탑재하는 소위 동력분산방식의 복합단위열차(multiple unit train)가 개발되어 철도의 근대화가 이룩되었다.

표 1.9는 세계의 철도개통년도를 보인 것으로 1960년대 말까지 전세계의 철도 영업 km는 약 130만km에 달하였다.

표 1.9 세계각국의 철도개통연도

년도	국 명	년 도	국 명	년 도	국 명
1825	영국	1848.	(영) 기니아	1870	에스토니아
1828	프랑스	1850	멕시코	1871	콜롬비아, 에콰돌, 타스마니아
1830	미국	1851	페루, 칠레		
1834	아일랜드	1853	인도	1872.	일본
1835.	벨기에	1854	노르웨이	1876	튜니지아
1835	독일	1854	브라질	1877	버마
1836	캐나다	1854	오스트라리아	1880	과테말라
1837	쿠바	1855	이집트, 파나마	1881	뉴파운드랜드,중국
1838	오스트리아	1856	폴트갈, 스웨덴	1882	엘살바돌
1838	러시아	1857	알젠틴	1885	말라야
1839.	체코슬로바키아	1859	룩셈부르크	1889	볼리비아
1839	네덜란드	1860	터키	1891	대만
1839	이탈리아	1860	라트비아	1892	필리핀, 이란
1842	북부아일랜드	1861	파라과이	1893	타일랜드
1844	스위스	1862	핀란드	1894	만주
1845.	폴랜드	1863	리투아니아	1899	한국
1846.	항가리, 유고	1863	뉴질랜드	1900	수단
1847	덴마크	1866	불가리아	1951	리베리아
1848	스페인	1869	그리스, 루마니아, 우루과이		

그러나 제2차 세계대전 후 자동차 및 항공기의 급속한 발전에 따라 1950년대까지 육상교통기관으로서 중요한 지위를 점하고 있던 철도는 여객과 화물을 이들에 빼앗기고 일시 침체하는 현상을 보이기도 하였다. 그러나 1960년대 중기부터 일본 신칸센을 비롯한 각국의 고속철도 개발로 각국의 철도 근대화나 경영의 합리화가 진전되어 철도수송은 다시 각광을 받기 시작하였고, 세계각국은 현재 고속철도 내지는 초고속철도의 개발에 성공하여 운행하고 있는 나라도 있다.

1.4.3 세계최초 철도 (영국)

18세기 중 후반부터 19세기 전반 공업화에 의한 산업혁명으로 원재료나 연료·제품 등 수송량이 격중되어, 종래 마차에 의한 철도수송수단으로 대응하기 어려워 수송기능을 호전시키기 위한 새로운 교통기관을 희망하게 되었다.

영국은 운하망이 적극적으로 건설정비 되었고, 하천도 모두 수운으로 이용되었다. 또한 내륙의 광산등으로부터 운하를 운송수단으로 하였으며, 레일을 사용한 궤도와 마차에 의한 방식(철도에서 말 1마리 견인능력은, 도로에서 말 약 10마리에 필적)이 채용되었다. 이 철도는 전용적인 것이 많았으나, 통행료 지불에 의해 누구나 이용할 수 있는 공적인 선로도 개통되었다. 이와 같이 말이 끄는 철도는 지형상으로, 운하건설이 어려운 지역이며, 수송 수요가 비교적 작은 지역에 적합한 교통기관으로 수운의 보완기관으로 사용되었다.

이러한 시기에, 증기기관차(축배치 B, 중량 4.5t, 그림 1.1 참조)를 시험 제작하여 1804년 최초로 레일위를 주행시킨 R·트래피딕이 탄생했다. 이 기관차는 남웰스 제철공장과 가까운 운하의 자재수송에 제공되었으나, 기관차와 레일 등에 많은 문제가 계속되었다. 그후 증기기관차는 개량되어 각지의 탄광선에 사용되었다. 기관차의 제작비가 비싸고 동력효율도 떨어졌기 때문에 수송 ton당 비용은 말의 견인에 비해 가치가 적어 보급이 잘 진행되지 않았다.

세계최초로 기계 동력방식에 의한 공공철도로 탄생된 것은 스톡턴 ~ 다알링턴 (Stockton ~ Darlington)간 약 40km는 석탄 반출을 주목적으로 처음에는 운하와 철도가 비교 검토되었다. 이 구간은 지형의 표고차가 크고, 건설비가 운하의 반액으로 가능했기 때문에 민영철도가 선정되었다. 동력은 말로 견인할 계획이었다. 또한, 철도의 건설 착공까지 연선의 수렵장을 잃은 귀족이나 운송업자 등 반대가 심하여 어려움을 겪었으나, 건설자금을 모으는데 년간 15%의 높은 이자를 지급하는 것을 선전하고, 인가를 담당하는 국회의원과 개개의 지주에 철도의 유리함을 설득시켜, 마침내 지지와 이해를 얻어 철도를 건설할 수가 있었다.

중량 4.5t (1804년 영국제)

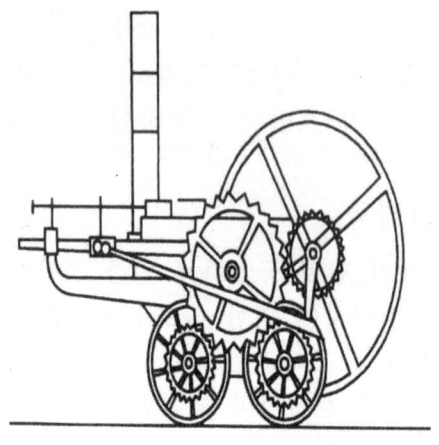

그림 1.1 트레비식 (Trevithick)의 증기기관차

그 시기에 조지 스티븐슨(Geroge Stephenson)은 증기기관차 실용화에 심혈을 기울여 개량을 거듭한 결과 증기기관차를 탄광철도에 납품하였다.

스티븐슨은 탄광철도 실험의 누적된 경험으로 스톡턴 ~ 다알링턴 철도에서 증기기관차를 이용하여 객화차를 견인하는 방식에 성공을 확신하고 증기기관차 사용을 적극적으로 요청하였다. 또한 명망있는 정치가, 은행장 등을 초청하여 탄광에서 증기기관차의 사용 상황을 견학하게 함으로써, 스티븐슨의 열의와 증기동력에 의한 경영예측을 받아들여, 1825년에 세계최초의 증기동력에 의한 공공철도가 탄생하였다.

개업일 기념열차는 스티븐슨 자신이 운전하여, "기관차(Locomotion)" (축배치 B, 중량 6.5t 그림 1.2 참조) 이라 명명한 기관차가 32량의 차량에 약 600명의 승객과 약간의 석탄을 탑재하고, 전구간을 약 7~12km/h로 주파하였다.

1.4 철도의 역사 31

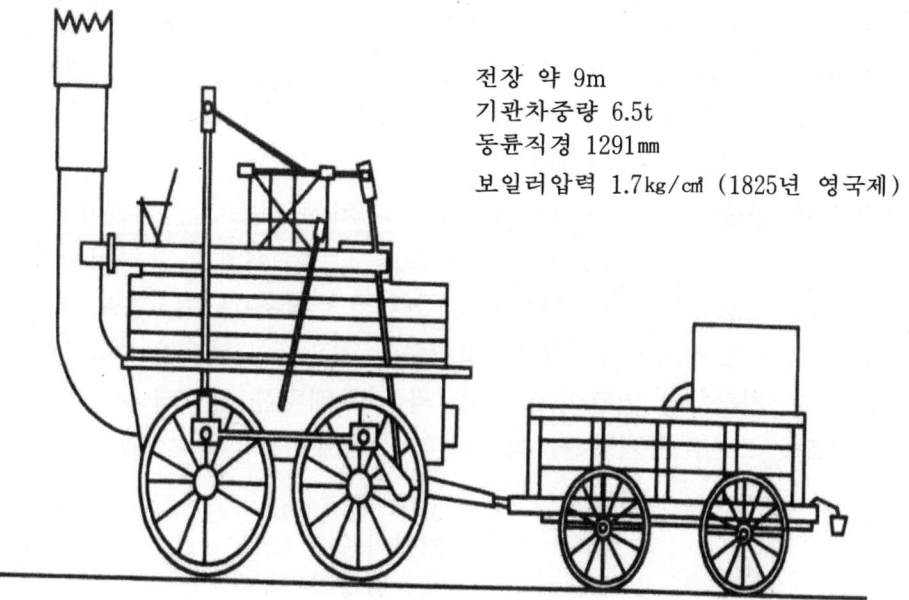

전장 약 9m
기관차중량 6.5t
동륜직경 1291mm
보일러압력 1.7kg/cm² (1825년 영국제)

그림 1.2 증기기관차 (Locomotion)호

　종래의 마차에 의한 공공철도는 수송용의 차량을 보유하지 못했으나, 스톡턴 ~ 다알링턴 철도는 기관차와 약 150량의 화차를 보유하여, 주로 석탄수송을 시작하였다. 당초에는 마차 업자에 의해 승합마차가 주 3~4회 운행될 정도로, 여객의 수요는 기대하지 않았다.

　그 후 여객수송을 위한 열차시간표가 설정되고 이용이 증가하여, 운행시간표의 조정이 불가피하였고, 1934년 여객·화물 수송도 차량에 의해 증기견인방식으로 6왕복 되었다. 그러나, 스톡턴 ~ 다알링턴 철도의 증기기관차에 의한 운행은 기관차 성능이나 비용에서 성공했다고 볼 수는 없었다. 기관차 형태는 보일러 위에 종모양의 실린더를 설치한 구조였다.

　당시 기관차는 고장도 많고 신뢰성이 떨어졌다. 서해안의 리버풀과 당시 세계 최대의 방적공업도시 맨체스터 구간은 18세기말에 건설된 운하가 있었지만 계속해서 증가하는 물동량을 운송하기 위해 더 빠른 운송기관을 필요로 했기 때문에 수송기관으로서 민영의 철도건설이 계획되어 1830년 리버풀-맨체스터 간 50km 철도를 개통했다.

그 때 사용할 기관차를 전국에 현상 공모하여 기관차 콘테스트를 실시하여 그 결과에 따라 기관차를 채택하기로 결정하게 되었다. 콘테스트에 참가할 기관차 사양조건은 중량 6.1t 이하, 증기압력 3.5kg/㎠이하, 가격은 550파운드 이하 20t의 열차를 16km/h이상으로 견인할 수 있는 것으로 당일 렌힐의 평탄구간 3km를 10왕복 주행할 수 있어야 참가가 가능했다.

전국적으로 많은 관중이 모인 세기의 유일한 기관차 콘테스트는 기관차 5량이 참가하였다. 2량은 사양조건에 실격하고, 2량은 고장으로 주행하지 못하였으며, 스티븐슨이 제작한 "로켓호"호 기관차(A1, 4.3t, 그림 1.3 참조)가 최고속도 35km/h 평균속도 22km/h의 굉장한 성능을 발휘하여 합격하여 기관차의 채용을 이의없이 결정했다. "rocket"호 기관차의 연관식 보일러, 좌석에 배치한 실린더와 크랭크 기구 등 합리적인 구조는, 그 후 증기기관차의 기본적 설계로서 최후까지 답습되었다.

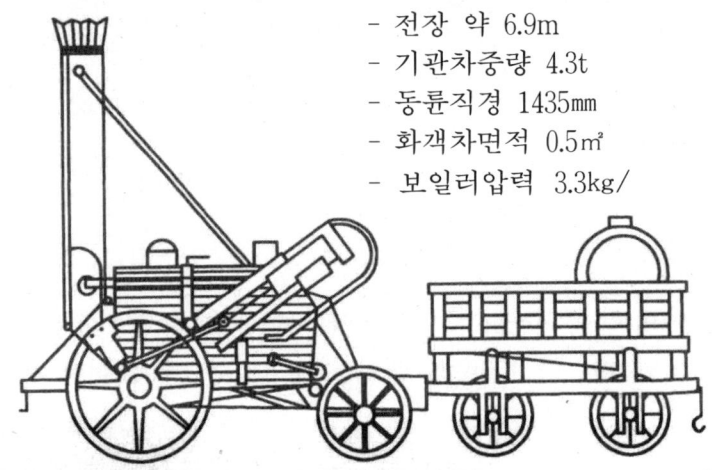

- 전장 약 6.9m
- 기관차중량 4.3t
- 동륜직경 1435mm
- 화객차면적 0.5㎡
- 보일러압력 3.3kg/

그림 1.3 로켓(Rocket)호 증기기관차

리버풀-맨체스터 간을 개업한 철도는 이용객이 예상을 상회하여, 그 수입이 화물의 2배 이상 되었다. 리버풀-맨체스터 간 증기동력의 철도는 수송력·속도·비용 등도 호전되어 영국 국내는 물론 해외에 보급되기 시작하여 영국에서는 20년후 영업키로가 1만km를 초월하였다.

1.4.4 한국의 철도(Korea railway)

1) 우리나라 철도 영업개시

구한말 개화초기 고종 26년 주한대리공사 이하영이 귀국할 때, 기차모형을 소개함으로써 우리나라에 철도를 알리게 되었고, 이에 대한 논의가 대두되기 시작하여, 1895년 미국, 영국, 프랑스를 비롯하여 러시아, 일본이 철도부설에 대한 제의를 해왔으며, 마침내 한국정부는 미국인 제임스 모르스(James R. Morse)에게 1896년 3월 29일 경인선 철도부설권을 주어 1897년 3월 22일 기공식을 하였으나, 그 후 자본난으로 1898년 5월 10일 일본인의 경인철도 합자회사에 인계되어 1899년 9월 18일 제물포~노량진간 33.2km의 경인선이 개통되었다. 당시 기관차 4대, 객차 6량, 화차 28량, 역수 7개소의 설비를 갖추고 1일 4개열차를 운행하는 영업을 개시하였는데, 이는 1825년 영국에서 세계최초의 철도가 개통된 후 74년만이며 한국철도의 효시가 되었다.

그 후 1905년 1월 1일에 경부선 전구간이 개통되었고, 이어서 1906년 4월에 경의선, 1914년 1일에 호남선, 같은 해 8월에 경원선이 각각 개통되었으며, 1927년 9월에는 함경선, 1936년 12월에는 전라선, 1942년 4월 중앙선이 개통됨으로써 대체로 국내주요 간선망이 형성되었고, 1945년 광복을 맞이하였다.

광복당시 남북한 철도는 영업 km 6,362km, 역수 762개소, 기관차 1,166대, 객차 27,027량, 화차 15,352량의 설비를 갖추고 종사원은 100,527명에 이르렀다. 그러나 국토의 분단으로 남한에는 영업 km 2,642km, 역수 300개소, 기관차 517대, 객차 1,280대, 화차 8,424량만 확보되고 종사자는 55,960명이었다.

1948년 대한민국정부가 수립되자 국가산업부흥계획의 일환으로 철도건설 연차계획을 세워 1949년부터 영암선, 영월선, 문경선 등 3대 산업선 건설에 착수하였으나 1950년 6·25동난으로 공사가 중단되었을 뿐만 아니라 전국철도의 시설과 장비가 많은 전쟁의 피해를 입었다. 그 후 1955년 7월에 문경선 22.5km가 개통되었으며, 1955년 12월 영암선 86.4km가 전부 개통되었고, 1957년 3월 영월선(현 태백선 영월~함백간 22.6km)이 개통되었다.

1961년 5·16혁명 이후 1962년부터 본격적인 국가경제개발 5개년계획이 추진되어 철도부문에 있어서도 근대화작업이 시작되었다. 1963년 9월 철도경영체제면에서 건설교통부로부터 철도청을 분리시켜 독립채산제에 의한 철도수송운영을 전담토록 하였다. 같은 해에 국산화차를 제작함으로써 철도차량의 국산화를 시도하였다. 1965년 1월 경인선 동인천~주안간 4.5km와 9월에 영등포~주안간 23.3km를 각각 복선화하였고, 1965년 1월에 태백선(예미~증산~고한간 34.3km)을 개통하였다. 한편, 1966년 10월에 경북선(예천~영주간 29.7km)을 개통하여 동년 1월에 개통한 점촌~예천간 28.9km와 함께 경북선을 완전개통 시킴으로써 경북선과 중앙선을 연결시킴은 물론 영동선(1955년 당시 영암선 영주~철암간 86.4km)과 직결시켰다.

한편, 1967년 9월부터 전영업선에 증기기관차의 운전을 중지함과 함께 동력차의 완전디젤화를 기하였고, 1968년 2월에 경전선(진주~순천간 80.5km)을 완전개통 하였다. 철도의 열차안전운행과 수송력증강을 위해 1968년 6월에 중앙선(망우~봉양간)에 열차집중제어장치인 C.T.C를 설치하였고, 1969년 4월에 경부선에 열차자동정지장치인 ATS를 설치하였다. 또한 1969년 6월에는 경부선에 초특급(관광호, 현 새마을호)을 서울~부산간 4시간 50분에 운행하여 열차속도를 종전 대비 1시간 단축하였다. 이어 1970년 2월 호남선, 경원선, 중앙선 등에 ATS의 설치가 확장되었다. 한편 1971년 9월부터 철도청에 컴퓨터가 설치 연동되어 철도업무의 E.D.P.S화가 추진되었다.

1972년 9월부터 철도콘테이너 화물수송을 개시하였으며, 1973년 3월에 국내 협궤선 2개선구중 수여선(수원~여주간 73.4km)이 폐선되었다. 철도근대화의 일환으로 중앙선(청량리~제천간 155.2km)이 전철화 되었다. 또 1974년 8월, 수도권(경부선 서울~수원간, 경인선 구로~인천간, 경원선 용산~성북간) 전철 98.6km가, 서울 지하철1호선(종로선) 서울~청량리간 9.5km와 함께 개통되어 1975년 11월부터 호남선에「새마을」호 운행을 개시하였고, 1975년 12월에 영동선(철암~북평간) 및 태백선(황지~백산간)의 전철화로 중앙선을 포함한 산업선 320.8km의 전철화가 완성되었다.

1977년 1월에는 수도권전철구간에 C.T.C를 설치함으로써 도시철도로서의 안전설비 구축에 완벽을 기하였고 또한 경부선에 마이크로웨이브통신망이 개통되었다. 1977년 3월에 철도종사원의 양성을 위한 철도전문학교가 설립되었으며, 기존 철도고등학교와 함께 철도전문직원을 양성하게 되었으며, 철도전문학교는 1979년 1월에 철도전문대학으로 승격되었다.

1978년 3월에 1968년 1월 착공된 호남선(대전~이리간 88.6km)이 완전복선화되었다. 최근에는 1980년 10월 충북선(조치원~봉양간 126.9km)의 복선화가 개통되었다. 2004년 4월 1일 경부고속철도(KTX)가 시속 300km/h 운행을 개시하여 기술혁명·물류혁명·수송혁명을 이룩하였고, 1970년 이후 고속도로의 개통 등으로 화물교통수단과 상호경쟁체재로 들어가면서 철도청은 경영에 어려움에 직면하게 되었으며, 이를 타개하기 위해 2차에 걸쳐 공사화를 시도한 바 있었으나 제반여건이 미비되어 실행되지 못하고 경영개선을 위한 자구노력을 계속하는 가운데, 2003년 철도산업구조 개혁을 위해 시설과 운영을 분리하는 철도산업기본법과 철도시설공단법 및 철도공사법이 제정되어 이 법률에 따라 2004. 1. 1 한국철도시설공단이 발족하였으며, 2005. 1. 1 철도청에서 한국철도공사로 새로운 출발을 하였다.

2017년 말 현재 철도키로 3,873km 연간여객 1,269,417천명 수송화물 40,343천톤을 수송하고 있다.

표 1.10 연도별·노선별 철도현황

• 1950년대

선 별	구 간	착공일	준공일	비 고
경인선	노량진~제물포	1897. 3.22	1899. 9.18	
경부선	서울~부산(초량)	1901. 8.20	1904.12.27	1905.1.1(개통)
경의선	서울~신의주	1902. 3	1906. 4. 3	지정열차운행 (1905.3.10)
호남선	대전~목포	1910.10	1914. 1.11	
경원선	용산~원산	1910.10	1914. 8.16	1914.9.6 개통
충북선	조치원~충주	1920. 3	1929.12.25	
금강산선	철원~내금강	1920. 3	1931. 7. 1	
장항선	천안~장항	1920.12. 1	1931. 8. 1	
전라선	익산~여수	1929. 4.18	1936.12.16	
수인선	수원~인천항		1937. 8. 6	
동해남부선	부산진~경주	1930. 7.10	1937.12. 1	
경춘선	성동~춘천	1936	1939. 7.25	1946.5.10 국유화
중앙선	청량리~경주	1936.12	1942. 4. 1	
경의선	서울~신의주		1943. 5.15	복선
경부선	서울~부산	1936	1945. 3. 1	복선
가은선	점촌~가은	1953. 1.18	1955. 9.15	복선
영동선	영주~철암	1949. 4. 8	1955.12.31	-구영암선-'63.5영동선통합

• 1960년대

선 별	구 간	착공일	준공일	비 고
교외선	능곡~의정부	1959.10.14	1963. 8.20	최초명칭 능의선
경인선	영등포~인천	1963.11.22	1965. 9.18	복선
고한선	예미~고한	1963.11.22	1966. 1.19	현 태백선
경북선	영주~예천	1962. 5.10	1966.10.10	1966.11.9 개통
정선선	증산~정선	1962. 5.10	1967. 1.20	
경전선	진주~광양	1964. 4.29	1968. 2. 7	

• 1970년대

선 별	구 간	착공일	준공일	비 고
중앙선	청량리~제천	1968. 5.29	1973. 6.20	전철
고한선	고한~황지	1969. 8.23	1973.10.16	현 태백선
태백선	제천~고한	1969. 7. 9	1974. 6.20	전철
영동선	철암~북평	1970.10. 5	1975.12. 5	전철
호남선	대전~익산	1968. 1. 4	1977.12.31	1978.3.30 복선개통

• 1980년대

선 별	구 간	착공일	준공일	비 고
충북선	조치원~봉양	1975.10.20	1980.10.17	복선
경부선	영등포~수원	1977. 6. 8	1981.12.23	2복선
호남선	익산~정읍	1981. 2. 4	1985.11.15	복선
경원선	성북~의정부	1982. 1.28	1986. 9. 2	복선전철
광양제철선	광양~제철소	1985. 7. 1	1987. 9.22	
호남선	정읍~송정리	1982. 3.25	1988. 9. 6	복선
안산선	금정~안산	1986. 2.28	1988.10.25	복선전철
중앙선	제천~영주		1988.12.23	전철

• 1990년대

선 별	구 간	착공일	준공일	비 고
경부선	영등포~구로	1988. 7. 2	1991. 3.31	3복선개통
경부선	용산~영등포	1988. 7. 2	1997.12.30	3복선개통
동해선	덕하~호계	1987.12.27	1992. 8.20	철도이설
울산항선	울산~울산항	1987.12.27	1992. 8.20	신설
선 별	구 간	착공일	준공일	비 고
장생포선	울산~장생포	1987.12.27	1992. 8.20	신설
중앙선	금장~황성	1990. 2.12	1992.11. 1	철도이설
과천선	금정~인덕원	1989.12.29	1993. 1.15	부분개통
과천선	남태령~금정	1989.12.29	1994. 3.31	신설
분당선	수서~오리	1990. 3.24	1994. 8.31	신설
일산선	지축~대화	1990.12.31	1996. 1.29	복선전철
중앙선	금교~치악	1992. 8.22	1996. 7.12	철도이설
경인선	구로~부평	1991.11.23	1999. 1.28	2복선
경부선	물금~구포	1995.12.26	1999. 3.10	철도이설
전라선	신리~동순천	1989.11.18	1999. 5.17	전라선 개량 1단계
경전선	유수~다솔사	1994.11. 2	1999. 7.10	철도이설

• 2000년대

선 별	구 간	착공일	준공일	비 고
안산선	안산~오이도	1995. 9.18	2000. 7.27	신설
경전선	효천~송정리	1995.12	2001. 8.28	철도이설
호남선	송정리~임성리	1995. 9.20	2001.12.17	복선화
경인선	부평~주안	1996. 9.12	2002.10.31	2복선전철
경부선	수원~병점	1996. 9. 6	2003. 4.30	2복선전철
경부선	병점~천안	1996. 9. 6	2005. 1. 2	2복선전철
분당선	선릉~수서	1995. 3.29	2003. 9. 3	신설
경의선	문산~군사분계선	2000. 9.18	2003.12.31	철도복구

선별	구간	착공일	준공일	비고
호남선	일로~대불공단	1997. 9. 5	2004. 3.12	단선신설
호남선	대전~목포	2001. 7.31	2004. 3.24	전철화
호남선	임성리~목포	1999. 5.20	2004. 4. 1	복선화
전라선	임실~금지	1998. 6.12	2004. 8.30	전라선개량2단계
전라선	압록~구례구	1998. 6.12	2004. 8.30	전라선개량2단계
충북선	조치원~봉양	1999. 6.14	2004.12.31	전철화
경부선	천안~조치원	2000. 6. 1	2004.12.31	전철화
경부선	병점~천안	1996. 9. 6	2005. 1.20	2복선전철
호남선	안평~화물기지	2002.11.25	2005. 6.15	내륙화물기지 신설
경부선	조치원~대전	2002. 2	2005. 9. 5	전철화
영동선	동해~강릉	2002. 5	2005. 9. 8	전철화
대구선	동대구~청천	1997. 8.27	2005.11. 1	철도이설
동해선	저진~군사분계선	2002. 9.18	2005.12.12	철도복구
경인선	주안~동인천	1996. 9.12	2005.12.21	2복선전철
중앙선	청량리~덕소	1997.10. 8	2005.12.16	복선전철
경부선	대전~대구	2002. 7	2006.12. 8	전철화
경원선	의정부~소요산	1997.10. 8	2006.12.15	단선(동안~소요산)
인천공항철도	김포공항~인천공항	2003. 4	2007.3.23	복선전철
장항선	천안~온양온천	2000. 5	2007.3.30	단선 비전철
장항선	신창~신례원	2001. 3	2007.12.21	단선 비전철
장항선	주포~남포	2001. 3	2007.12.21	단선 비전철
분당선	오리~죽전	2002. 9	2007.12.24	복선전철
중앙선	덕소~팔당	2001. 3	2007.12.27	복선전철

• 2010년대

선 별	구 간	착공일	준공일	비 고
경부선	당정역사	2008.5.8	2010.1.21	신설
경부선	서동탄역사	2008.8.4	2010.2.26	신설
경부고속선	동대구~부산	2002.7.8	2010.11.1	대구~부산 신설 *오송역, 김천(구미역), 신경주역, 울산역 개통

부산신항	진례~부산신항	2003.12.8	2010.12.13	복선 비전철
경전선	삼랑진~마산	2003.12.8	2010.12.15	복선전철
경춘선	상봉~춘천	1999.12.29	2010.12.21	복선전철 *일반 64.2km, 광역 17.1km
중앙선	오빈역사	2009.2	2010.12.21	신설
인천공항철도	김포공항~서울역	2004.1.1	2010.12.29	복선전철(BTO사업)
중앙선	제천~도담	2002.9.10	2011.3.31	복선전철
전라선	익산~신리	2007.7.31	2011.10.5	복선전철(BTL사업)
전라선	신리~순천	2005.5.12	2011.10.5	복선전철
전라선	순천~여수	2003.11.20	2011.10.5	복선전철
신분당선	강남~정자	2005.7.21	2011.10.28	복선전철(BTO사업)
부산신항	진례~부산신항	2003.12.4	2011.11.1	복선전철
경전선	동순천~광양	2004.7.7	2011.11.21	복선 비전철
분당선	죽전~기흥	2004.10.13	2011.12.28	복선전철
전라선	동순천~광양	2004.7.7	2012.6.21	전철화
영동선	동백산~도계	1999.12.20	2012.6.27	단선전철
수인선	오이도~송도	2004.12.29	2012.6.29	복선전철
중앙선	용문~서원주	2002.4.3	2012.9.25	복선전철
분당선	왕십리~선릉	2003.06.20	2012.10.6	복선전철
경원선	신탄리~철원	2007.12.31	2012.11.20	철도복구
분당선	기흥~망포	2004.12.31	2012.12.01	복선전철
경전선	마산~진주	2003.12.23	2012.12.05	복선전철
경의선	공덕~DMC	2000.12.21	2012.12.14	복선전철
중앙선	문수~마사	2011.8.5	2013.3.28	단선이설
망우선	상봉~광운대	2012.6.18	2013.9.30	단선전철개량
태백선	제천~입석리	2004.11.24	2013.11.14	복선전철
분당선	망포~수원	2005.4.8	2013.11.30	복선전철
경춘선	천마산역	2012.3.27	2013.11.30	신설

경춘선	신내역	2011.10.26	2013.12.28	신설
인천공항철도	인천공항-수색	2012.5.29	2014.6.30	시설개량
경의선	강매역	2013.7.10	2014.10.25	신설
경의선	용산-공덕	2005.3.22	2014.12.27	복선전철
일산선	원흥역	2011.10.21	2014.12.27	신설

1.5 철도의 채산

철도경영은 이용운임 등 수입으로 운영경비를 충당하는 것이 원칙이다. 철도는 거액의 투자를 요하며, 이용객 증가에 따른 채산성이 맞추기까지 기간을 필요로 한다. 철도는 운송수입만으로 채산성을 맞추기 힘들며, 간접적인 수익 즉 철도 부대사업을 통하여 채산성을 종합적으로 맞추어가는 특별한 수송기업이다. 철도 초기투자가 거액인 것은 고정적 시설이 많기 때문에 철도채산은 어느 정도 수송량이 확보되지 않으면 안 된다.

수입은 이용여객 km 또는 화물 ton·km에 운임단가를 곱하여 구한다. 이를 위해서는, 이용객의 많고 적음과 운임단가가 수입을 좌우한다. 일반상품 가격은 취급하는 기업 측의 원가가 기준이 되는 것에 반하여 공공성이 높은 철도 운임단가는, 철도기업에서 결정할 수 없는 경우가 많다.

경비의 주요한 부분은 열차운행을 위한 인건비, 동력비, 차량 정비보수비·선로·전화설비·신호설비·교량·Tunnel·역·차량기지 시설보수비 등 직접경비와 시설 차량 자본경비 (이자·감가상각비·자산세) 등이 있다.

새로운 간선을 건설하는 경우 자본경비가 전체경비의 반 이상을 차지한다. 자본경비 대부분은 고정적인 것이기 때문에, 일반이용객 증가에 따라 채산은 좋아진다. 경비와 수입이 균형을 이루는 채산가능 수입(수송량)의 경계선은, 시설비 단가나 운임단가에 의해 변동되므로 일률적이지 않다. 철도경영의 역사를 조사해 보면, 철도 건전경영의 경계는 투자회전율(수입을 투자액으로 나눈 비율)의 20% 이상, 수지계수(직접경비를 수입으로 나눈 비율)의 약 50%로 보고 있다. 즉. 이 이상의 수입은 채산성이 좋고, 이 이하의 수입은 채산성이 맞지 않는다. 이러한 철도 건전경영의 경계선에서도 특히 높은 건설비가 투입되는 지하철 등에는 상당한 이용객이 있어도 채산을 맞추기 위해서 건설비 등 공적보조를 하고 있다.

제 2 장
철도수송계획

2.1 철도계획의 전제조건

　　철도는 본래 공공적 성격이 강하다. 세계의 대부분의 국가는 철도를 국영사업으로 경영하고 있었으나 요즘은 대부분의 국가들이 공영철도나 사영철도로 전환되어 운영하고 있다. 한국철도도 국유철도에서 2005. 1. 1부터 한국철도공사로 전환 운영되고 있다. 지방철도(예 : 서울특별시의 지하철도, 부산광역시, 인천광역시, 대구광역시, 대전광역시, 광주광역시 도시철도) 또는 궤도 등 사유철도라 할지라도 국가의 허가에 의하도록 되어 있다. 이는 국가전체로서의 교통의 system을 혼란시키지 않는 범위에서 수송기관으로서의 국영사업으로 독점적, 관료적인 폐단을 방지하기 위함이다. 사유철도도 일종의 공공사업으로서의 어느 정도의 제약을 받는 것이 당연하다.

　　철도를 운영하는 계획의 첫걸음은 수송계획이다. 새로운 철도를 건설하는 경우, 또는 기설 철도를 개량하는 경우에도

　① 무엇을 운반할 것인가, 무엇을 늘릴 것인가(객화와 그질, 내용)
　② 어는 정도의 양인가(인, 인·km, ton, ton·km)
　③ 열차의 속도는(km/h), 서비는?
　④ 열차의 빈도는(열차단위와 열차회수)
　⑤ 채산은(운임, 경영수지, 투자효율)

을 가상으로부터 시작된다. ⑤는 결과이나, 수송계획시에도 작으나마 예측하지 않으면 안된다. 철도의 운영은 채산을 취하는 것이 원칙이지만, 주행투자의 경우에는 장기적인 수지를 미루어보아 산정한다. 또한 건설비가 거액으로 채산성이 없는 경우는 공공적 사명등에 의해 어느정도의 공적조성을 전제로 하지 않으면 얻지 못한다. 즉, 대도시 근교선로는 자동차의 격증과 도로정체등으로, 철도는 지하철을 포함하여 대도시의 기능유지에 불가결한 교통기관이 되었다.

　　그러나, 이런 종류의 철도의 건설이나 증강은 거액의 투자를 필요로 하기 때문에, 지하철 건설공사는 공사비의 약 50%를 공적조성으로 하며, 해외에서도 같은 시책을 쓰고 있다. 또한 최근의 monorail이나 신교통 System도 infra 부분등의 건설비는 공적 보조를 받는 것과 같은 것으로 하고 있다.

이러한 일련의 계획을 기초로, 소요시설·차량등의 구체적계획을 하고 있다.

철도는 사회의 변혁이나 기술혁신등의 변화로부터 실제의 계획작업에서는 새로운 철도를 건설하는 경우보다도, 기설철도를 개량하는 경우가 당연히 많다.

2.2 철도계획의 분류

2.2.1 철도계획

철도계획은 철도투자계획과 철도영업계획으로 대별된다.

1) 철도투자계획

　① 수송력증강투자계획

수송력증강은 차량의 신조 또는 개조에 의해서 해결하는 수도 있으나, 일반적으로는 복선화, 복복선화의 배선의 변경, 전철화 등의 모든 공사계획이 포함된다.

　② 기존설비의 근대화투자계획

노후화된 설비의 갱신으로 수송력과는 관계없으나 운전의 안전을 확보하기 위하여 필요한 투자계획이다.

　③ 수송서비스개량투자계획

쾌적성의 향상을 주로 한 투자계획으로, 차량 및 역의 냉난방화, 에스컬레이터의 설치, 승강장의 헛간, 대합시설의 정비, 맹인등 지체장애자용 시설의 충실 역의 미화 등을 들 수 있다.

　④ 신선건설계획

수요가 증대하여 기존시설의 공급력으로 감당할 수 없을 때 신선건설계획을 하게 된다.

2.2.2 철도영업계획

　① 여객유치를 촉진하는 판매계획
　② 철도영업시설투자의 효율적 운용을 도모하기 위한 역구내영업·수탁 광고영업계획
　③ 생력화를 주체로 하는 영업합리화계획
　④ 화물영업계획
　⑤ 운임요금의 설정계획 등

2.2.3 부대관련사업계획

1) 철도시스템의 운영을 생산면에서 지원하기 위한 사업

　① 철도건설을 위한 토목건축업 및 차량 등의 제조업
　② 차량 또는 궤도의 보수업

2) 연선주민의 편의를 확대시킴과 동시에 철도 system도 보완하기 위한 사업

2.2.4 경영구조계획

경영구조계획은 영업의 지침, 목표치 등을 부여하여 그 달성을 추진하기 위한 철도계획, 부대관련사업계획이다. 철도계획을 요소별로 분류하면 다음과 같다.

1) 계획형성단계면에서 본 분류
   ① 구상(whole picture)…… 기본구상, 방침
   ② 기본계획(master plan)
   ③ 정비계획(arrangement plan)…… 5개년계획
   ④ 실시계획(executive plan)…… 연차계획, 상세계획
   ⑤ 관리계획(management plan)…… 변경계획, 수정계획

2) 내용 및 방법에 의한 분류
   ① 신설계획(new construction plan)
   ② 증설(확장)계획(increasing, enlargement, reinforcing or strengthening plan)
   ③ 개량계획(improvement plan)
      ㉠ 근대화계획(modernizatoon plan)
      ㉡ 이설계획(transfer plan)
      ㉢ 대체계획(replacement plan)
   ④ 보수계획(maintenance plan)
   ⑤ 복구계획(restoration plan)
   ⑥ 폐지(철거)계획(abolition or removal plan)
   ⑦ 복합계획(compoundplan)

3) 시행기간에 의한 분류
   ① 단기계획(short-term plan)…… 1~2년 이하
   ② 중기계획(mid-term plan)…… 3~7년
   ③ 장기계획(long-term plan)…… 8년

2.3 철도계획의 특징

철도계획은 기타의 토목계획에서와 마찬가지로 다음과 같은 특징을 가지고 있다.
1) 장기간에 걸쳐 라이프사이클(life cycle)을 가진다.

2) 많은 사람들과 직접간접으로 이해관계를 가진다.
3) 대규모의 투자를 필요로 한다.
4) 효과, 영향이 지역사회에 광범위하고 또 복잡하게 미친다.

2.4 철도계획의 내용

철도계획의 내용은 대체로 다음과 같은 사항을 열거할 수 있다.
1) 목표설정
2) 세력권의 설정
3) 경영조사 및 현황분석
4) 수송수요예측
5) 설비기준책정
6) 운전계획 및 수송능력검토
7) 투자비소요판단
8) 투자평가
9) 효과분석
10) 종합판단

2.5 수송수요 예측

1) 수송수요의 요인
수송요소의 요인에는 다음과 같이 3종으로 대별된다.
   (1) 인구, 생산, 소득, 소비 등의 사회적 경제적 요인…… 자연요인
   (2) 열차횟수, 속도, 차량수, 운임 등의 철도자체의 수송서비스…… 유발요인
   (3) 자동차, 선박, 항공기 등의 철도이외의 교통기관의 수송서비스…… 전가요인

2) 수송수요의 구분
수송수요의 구분방법은 정기여객(통근, 통학)과 부정기여객(특급, 급행, 보통=완행)으로 구분하고, 특별한 경우에 부정기여객을 업무, 관광, 사용, 군용등으로 나누는 수도 있으며, 시간적으로는 연간, 일간, 때로는 1일의 파동경향이 심한 경우에 시간단위로 하는 경우(예 : 지하철의 러쉬아워의 경우)도 있다.

3) 수송수요예측을 위한 설명변수
수송수요예측을 위한 설명변수로 사용되는 경영지표는 다음과 같은 것이 있다.
   (1) 인구 : 전국인구, 지역인구 또는 세력권인구, 취업인구 및 취학인구 등
   (2) 생산 : 국민총생산(GNP), 국민 1인당 GNP 주민총생산(GDP), 주민 1인당 GDP, 산업생산지수 등

4) 수송수요예측방법의 분류
수요예측방법은 이를 대별하면 ① 시계열분석법 ② 요인분석법 ③ 원단위법 ④ 중력

모델법 ⑤ OD표작성법 ⑥ 구조분석모델법 ⑦ 직접예측법 등이다.

5) 예측시행의 기본적 단계

A.D Hall에 의하면 예측시행에 있어서 다음과 같은 단계를 제시하고 있다.
  (1) 과거의 경향과 장래의 예측에 관한 기본적 사실을 구명한다.
  (2) 과거의 수요의 변동요인을 분석한다.
  (3) 이전에 행한 예측과 현재의 수요가 다른 요인을 해명한다.
  (4) 장래의 수요에 영향을 줄 것으로 생각되는 인자(factor)를 탐색한다.
  (5) 장래의 수요를 예측한다.
  (6) 예측의 정밀도와 그 오차의 원인을 검토한다.
  (7) 필요에 따라 가까운 장래의 예측을 수정한다.

6) 수송수요 예측방법

대상은 도시간교통(여객, 화물), 도시교통(여객), 지방교통(여객)으로 대분류되며, 수송계획의 기본은, 그 노선의 장래수송수요(소요 수송량)을 예측하는데 있다.

종래선로 개량의 경우는, 과거의 수송량 통계수치의 추이나 연선인구·산업의 예측 등으로, 비교적 높은 정도의 예측이 가능하다. 또한, 유사한 과거의 예 등을 참고로 하는 경우가 많다. 즉, 과거 각 년도별, 수송량 실적에 의한 최소자승법에 의한 계수식을 구해 산정한다.

이 식은 단년도의 계획에는 사용할 수 있으나, 사회의 변동이 큰 장기계획에는 사용되지 않는다. 수요예측이 어려운 것은 특히 신선을 건설한다던지, 전화, 전차화, 직행화물수송등 대폭적인 수송개선을 하는 경우나, 병행고속도로의 개통등으로 경쟁기관의 변화가 일어나는 경우가 있다.

교통수요의 예측방법에 필요로 하는 정도에 대해서는 일정한 것이 없으나, 한가지 방법으로 다음과 같은 것이 있다.
  ① 예측하는 지역의 설정과 지역의 분할
  ② 기본년차에 있어서 교통유동의 실태, 사회경영활동 및 교통시설에 관한 조사
  ③ 교통기관의 교통수요를 표현하기 위한 모델의 구축과 파라미터의 설정
  ④ 목표연차에 있어서 사회경제활동, 교통시설등의 조건 설정
  ⑤ 목표연차에 있어서 교통수요 예측

이상의 논리적인 방법은 신뢰성이 높은 원시데이타의 수집이 용이하지 않고 또한 영향이 큰 사회경제변화의 예상이 곤란하므로, 실제로 채용되는 수요의 예측은 유사 실적등을 참고로 하는 경우가 많다. 일반적으로 장래 수송증가에 대한 증강등에 대한 대응가능은 어느 정도의 시설여유가 바람직하다.

대도시근교 통근선의 수송계획의 열쇠는 통근이 가장 집중되는 아침 러시아워시간의 수송량의 실정으로 시설·차량의 규모는 이것에 의해 결정한다.

일본의 국철시대의 폐지후보로 된 적자선인 지방선의 경우, 폐지 경계선의 수송밀도를 종합적으로 본 경지에서 4,000인/km·일 이하이었다. 그러나 상당한 시설투자를 필요로 하는 철도로서는 적어도 Europ의 평균수송밀도로 10,000인/km·일 이상이 바람직하다고 본다.

2.6 수송능력 계획

철도의 수송능력(transport capacity)은 일반적으로 1일 최대설정 가능한 열차회수를 나타내는 선로용량(track capacity)으로 표시되고, 선로용량은 열차의 종별, 열차계통, 운송파동, 열차단위, 열차횟수 열차시격, 열차다이어 등의 운송계획과 밀접한 관계가 있다.

2.6.1 수송능력의 설정

수송에는 계절파동, 주일파동, 시간파동 등의 파동을 피할 수가 없다.

아무리해도 파동피크시의 1시간 또는 1일당의 수송인수·ton 수를 산정하여, 평균승차효율(고속열차에서는 70%, 통근열차에서는 150%)로 차량정원 또는 적재ton수로부터 수송차량수를, 다음으로 열차편성과 열차차수를 산정한다.

여객수송에 있어서도 좌석의 평균승차효율은 60% 정도로 보고 있으나, 원가도 감안하여 70%로, 통근러시아워 수송의 효율은 좀 더 낮추는 것이 바람직하나, 단시간으로 보는 대폭적인 수송력을 설정할 때에는 원가의 증가로 채산적인 면에서의 실현은 용이하지 않다. 돌발적인 변동은 별도로 하여, 주말이나 추석, 설날등의 정상적인 변동에 대해서는 충분히 대응할 수 있는 수송력의 설정이 좋다.

1) 용량 산정시 고려사항
  (1) 열차의 속도(운전 시분) (2) 열차의 속도차
  (3) 열차의 종별 순서 및 배열 (4) 역간 거리 및 구내 배선
  (5) 열차의 운전 시분 (6) 신호현시 및 폐색방식
  (7) 열차의 유효 시간대 (8) 선로시설 및 보수시간
  (9) 열차 운전 여유 시분

2) 용량 변화 요인
  (1) 열차설정을 크게 변경 시켰을 경우
  (2) 열차속도를 크게 변경 시켰을 경우

(3) 폐색방식이 변경되었을 경우

(4) A.B.S 및 C.T.C구간 폐색 신호기 거리가 변경되었을 경우

(5) 선로 조건이 근본적으로 변경되었을 경우

2.6.2 열차방식의 선정

철도창업시부터 오랜 세월에 걸쳐 증기동력방식열차로 동력집중의 기관차 견인열차 방식으로 해왔으나, 전철화·디젤화에 의한 동력분산방식의 전차·디젤동차가 탄생하였다. 대도시근교의 열차는, 고밀 Dia의 운전 가능한 고가감속의 전철이 세계적으로 채용되었다. 우리나라에서도 본선열차에도 전차·디젤동차의 분산열차 보급이 활기차게 되었다. 양방식은 각각 일장일단이 있으나 동력분산열차의 뛰어난 고속성능·기동성을 살리는 대책으로, 해외 본선열차는 거주성을 중시하여, 차량원가를 경감시키기 위하여 동력집중열차가 많다.

2.6.3 열차단위와 회수의 결정

열차의 빈도는 이용선택등이 많은 것이 바람직하나, 열차회수의 증가는 승무원의 증원을 초래한다. 선로용량 등으로 부터는 열차단위의 증가가 바람직하나, 타교통기관과의 경쟁도 감안하여 적정한 빈도가 선정된다. 열차시격의 최대는, 지방의 보통열차의 경우에도 서비스 면으로부터 30분 정도가 바람직하다.

대도시 통근선구에서는 수송력의 증강을 위해서도, 열차시격을 될 수 있는 한 축소시켜, 러시아워의 최소 2분 정도로 하고 있다. 외국에서는 1분40초 전후도 있으나, 결국 6량편성 정도로 러시아워시에도 역의 정차시간 20초가 지켜진다. 그러나, 대도시의 통근대책으로서, 최근에는 전차의 가감속성능이나 출입문수의 증가 신호방식의 개선으로 한층, 열차시격의 단축에 의한 수송력 증강책이 연구되고 있다.

일반선구의 여객열차는 최대편성 17량, 대도시 근교에서는 최대 15량, 일반적으로 역의 홈 설비와 함께 최대 10~12량 정도가 실적으로, 이 이상의 열차단위의 증강은 역 홈이나 차량기타의 유치선 유효장의 연장에 거액의 비용을 요하는 경우가 많다.

화물열차의 단위는 최대 1,300ton으로 하고 있다. 이것은 증기기관차 견인시대의 기관차성능 등으로부터 결정된 것으로, 앞으로는 근대화기관차의 성능강화와 역유효의 연장에 의해 증강될 것이다. 미국, 중국 등에서는 수천 ton의 열차단위가 채용되고 있으나 일차산업품이 적은 경우와 화물의 내용이나 용지취득난의 사정등으로 열차단위를 대폭적으로 증강시키는 계획은 무리일 것이다.

2.6.4 열차종별의 산정

운전기간에 의해 정기·계절·임시등의 열차가 있고, 수송사명에 의한 여객열차로는

특급·급행·보통·특수(단체등)·회송등의 열차가 있고, 화물열차로는 급행·콘테이너·전용·일반등의 열차가 있다. 운전기간에 의한 열차는 수송의 파동에 대응하여, 수송사명에 의한 열차는 이용의 종별에 따라 산정한다.

2.6.5 열차속도의 산정

교통기관으로서 속도는 생명과 같다. 속도가 열악한 교통기관은 도태의 운명에 처해 있는 것은 교통의 역사가 이야기하고 있다.

속도는 차량성능·선로규격·전차선설비·보안설비등에 관련되며, 또한 비용에도 관계되는 것으로서, 대량교통기관의 동향과도 병행하여 종합적으로 사정할 필요가 있다. 또한 실질의 도달시간의 단축은 열차빈도나 직행되지 않는 경우의 갈아타는 접속시분 등에도 관련되므로 Dia구성도 고려하지 않으면 안된다.

2.6.6 수송량(Traffic)

1) 수송총괄추이

단위:수송량-천
수송밀도-(인키로+톤키로)/철도키로

Unit:Traffic-Thousand
Traffic Density-Passenger & Ton-km

연도 Year	철도키로 Rallway km	역수 Stations	여객수송 Passenger Traffic		화물수송 Freight Traffic		수송밀도 Traffic Density
			인원 Passenger	인키로 Passenger -km	톤수 Tons	톤키로 Ton-km	
2005	3,392.0	649	950,995	31,004,212	41,669	10,108,279	11,588.130
2006	3,392.0	643	969,145	31,415,956	43,341	10,553,676	12,120.428
2007	3,399.1	640	989,294	31,595,987	44,530	10,927,050	12,373.123
2008	3,381.2	639	1,018,977	37,073,994	46,806	11,565,634	12,510.087
2009	2,377.9	639	1,020,318	31,299,105	38,897	9,273,133	14,385.315
2010	3,557.3	652	1,060,941	33,012,479	39,217	9,452,396	12,011.083
2011	3,558.9	652	1,118,621	33,012,478	40,012	9,996,738	11,937.389
2012	3,571.8	662	1,149,339	41,909,268	40,309	10,271,230	14,584.845
2013	3,587.8	666	1,224,820	38,531,500	39,822	10,458,879	14,772.325
2014	3,590.0	669	1,263,471	39,499,629	37,379	9,563,602	13,654.713
2015	3,873.5	673	1,269,417	40,343,345	37,094	9,749,257	12,932.129

(1) 여객수송

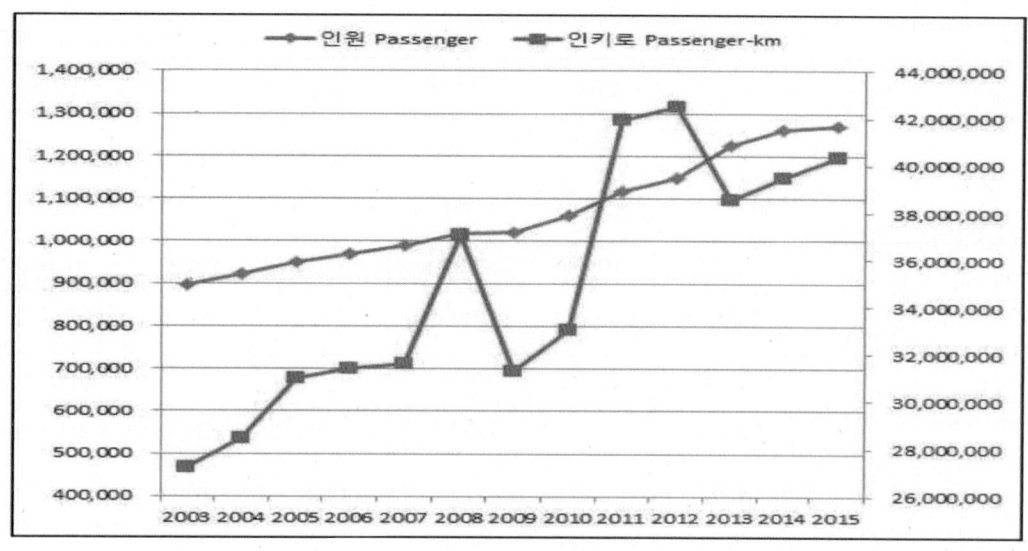

『한국철도통계』 통계정보보고서 2019. 2

(2) 화물수송

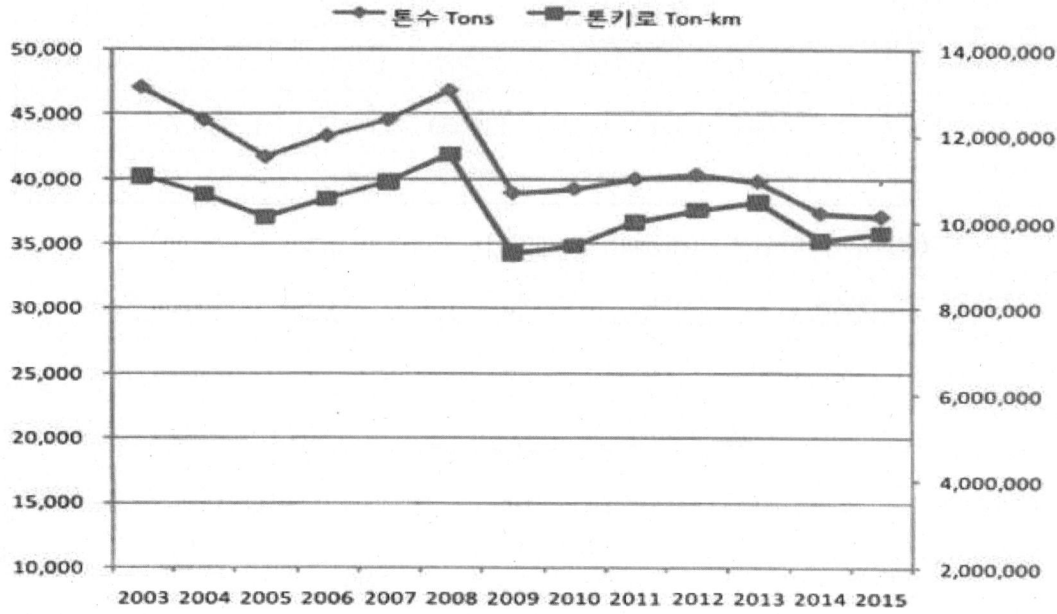

2) 차종별 여객 수송실적

단위 : 천 Unit : Thousand

종별 \ 연도		2011	2012	2013	2014	2014	2015
KTX	인원 Passenger	40,765	49,646	52,362	54,100	56,294	59,891
	인키로 Passenger-km	10,822,565	13,374,958	14,082,529	14,271,948	14,712,827	15,390,051
새마을 Saemaeul	인원 Passenger	10,845	10,136	9,379	9,004	9,825	10,040
	인키로 Passenger-km	1,654,832	1,463,242	1,242,668	1,170,126	1,285,223	1,351,162
무궁화 Mugunghwa	인원 Passenger	58,263	80,232	63,333	66,944	66,775	64,919
	인키로 Passenger-km	6,286,782	6,502,985	6,766,163	6,936,004	6,846,453	6,480,828
통근 Commuter	인원 Passenger	1,255	743	742	1,023	670	503
	인키로 Passenger-km	33,815	19,466	20,621	30,884	22,261	17,394
수도권전철 SMESRS	인원 Passenger	948,848	996,852	1,023,523	1,092,786	1,129,029	1,133,922
	인키로 Passenger-km	13,993,862	20,306,065	20,380,580	15,905,066	16,428,240	16,893,777
건설 Other	인원 Passenger	965	1,013	1,020	896	842	866
	인키로 Passenger-km	220,622	242,551	245,565	215,309	203,477	209,561
계 Total	인원 Passenger	1,060,941	1,118,622	1,150,359	1,224,753	1,263,435	1,270,141
	인키로 Passenger-km	33,012,478	41,909,267	42,738,126	38,529,337	39,498,481	40,342,773

(1) 차종별 수송 인원추이(Growth Traffic by Classification)

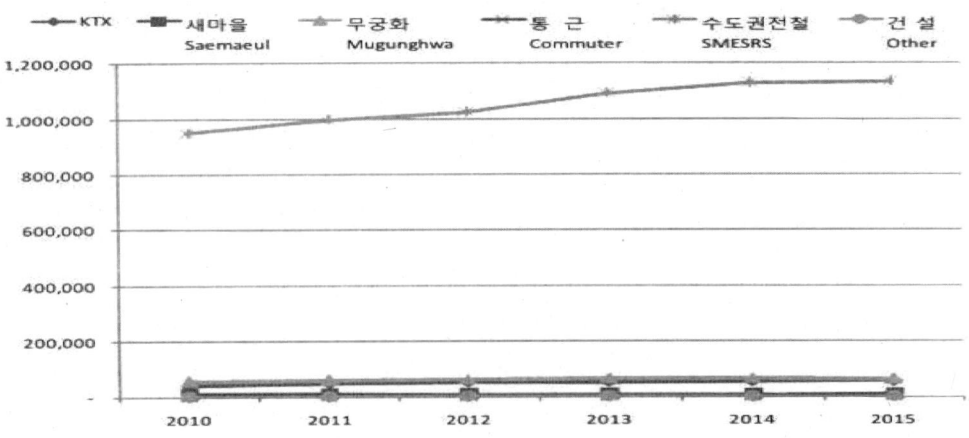

(2) 차종별 수송 인키로 추이(Growth Traffic by Classificaion)

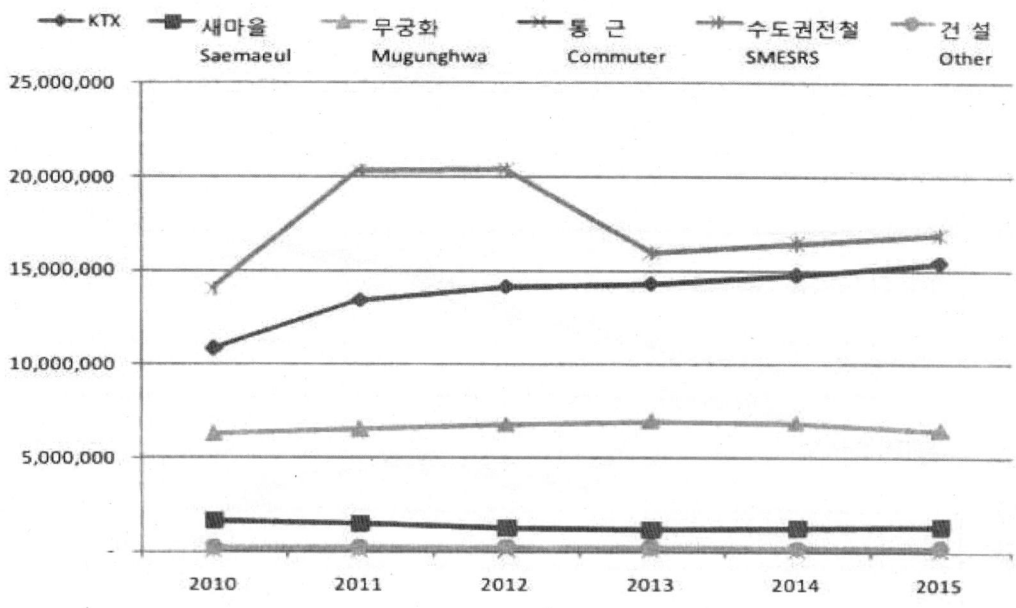

2.6.7 열차운전(Train Operation)

단위:천키로   Unit:Thousand-km

연도 Year	운행횟수 Number of Operating		열차키로 Train-km				기관차 키로 Engine-km	차량키로 car-km		
	여객 Passenger	화물 Freight	여객 Passenger	화물 Freight	기타 Other	계 Total		객차 Passenger Car	화차 Freight Car	계 Total
2005	2,648	373	90,546	25,774	80	116,400	827,621	982,448	452,509	1,434,957
2006	2,662	353	89,697	26,349	144	116,190	838,164	978,115	463,569	1,441,684
2007	2,717	353	89,996	27,693	175	117,864	861,589	987,641	486,184	1,473,825
2008	2,684	325	92,311	28,354	63	120,728	876,871	1,010,179	508,746	1,518,925
2009	2,834	300	95,148	24,014	80	119,242	885,084	1,034,703	428,338	1,463,041
2010	2,928	299	97,994	24,314	139	122,447	902,666	1,042,056	433,299	1,475,355
2011	3,018	294	103,512	24,911	196	128,599	968,684	1,105,024	445,366	1,550,390
2012	3,083	289	105,597	24,785	706	131,088	984,874	1,289,292	461,974	1,751,266
2013	3,075	289	109,153	23,567	411	133,131	994,602	1,323,536	452,816	1,776,352
2014	2,851	284	109,313	19,869	571	129,753	1,000,434	1,316,082	412,056	1,728,138
2015	2,889	275	112,265	19,576	618	132,459	1,045,010	1,346,706	404,920	1,751,626

52 제2장 철도수송계획

(1) 열차키로 추이(Growth of Train-km)

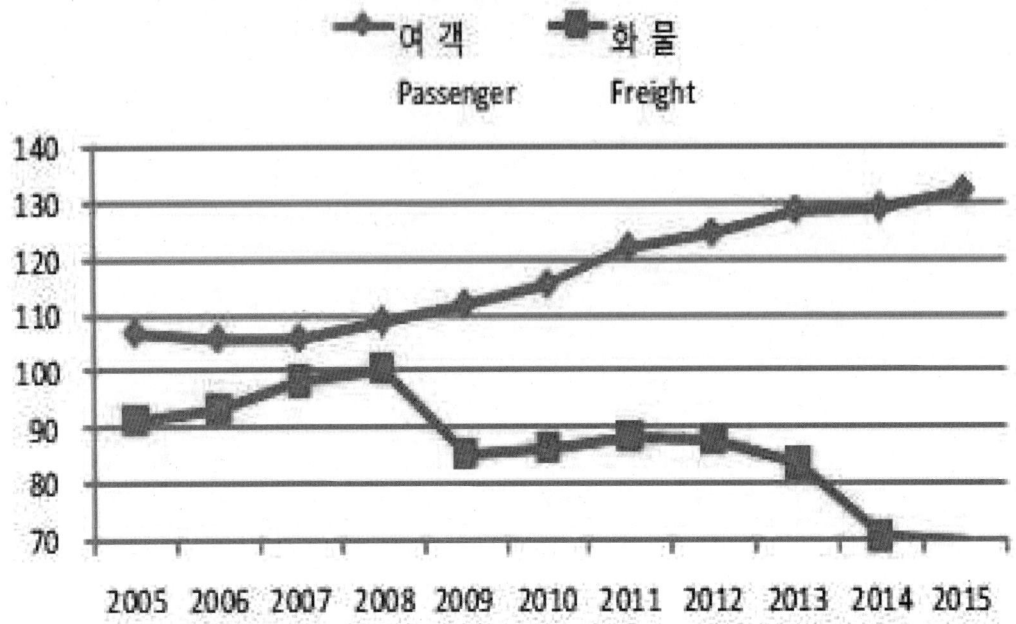

(2) 차량키로 추이(Growth of Train-km)

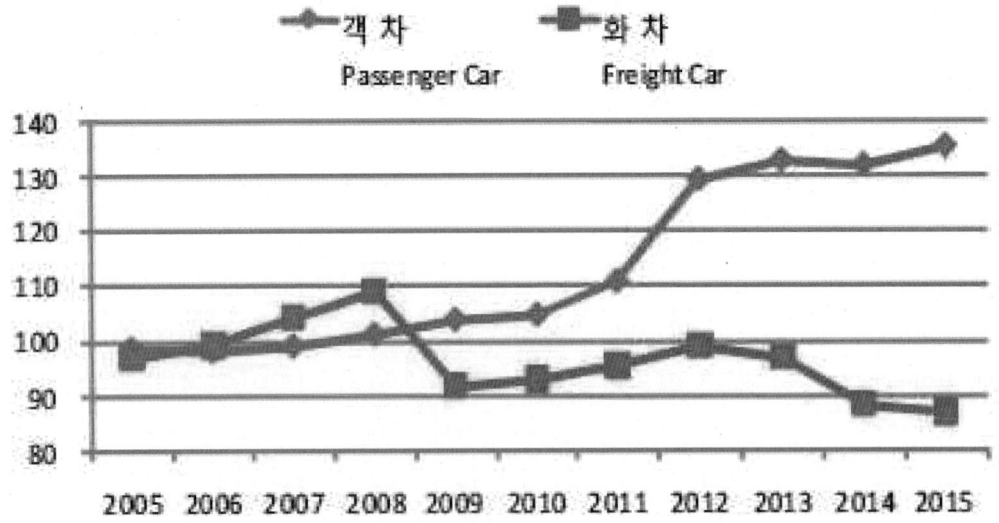

2.6.8 차량보유추이(Growth of Rolling Stock)

종별 Sort / 연도 Year	KTX	기관차 Locomotive				동차 Rail Car						객차 Paseng er Car	회차 Freight Car	기타 = 기중기등 Other
		디젤 Diesel	전기 Electric	증기 Steam	계 Total	디젤 Diesel	전동차 Electric	무궁화전동차 Mugunghwa Electric	통일호전동차 Tong-il Electric	ITX청춘 Cheongchun	계 Total			
2005	920	455	131	1	587	592	1,850	-	-	-	2,442	1,474	13,817	19
2006	920	438	151	1	590	576	2,086	-	-	-	2,662	1,439	13,178	18
2007	920	422	151	1	574	566	2,086	-	-	-	2,652	1,411	13,183	19
2008	920	396	179	1	576	500	2,088	-	-	-	2,588	1,313	13,105	19
2009	920	335	179	-	514	476	2,216	-	-	-	2,692	1,346	12,843	19
2010	1,110	330	179	-	509	471	2,287	-	-	-	2,779	1,127	12,755	17
2011	1,110	321	177	-	498	444	2,344	-	-	16	2,836	1,080	12,705	16
2012	1,160	315	207	-	522	397	2,381	-	-	64	2,786	1,057	12,570	16
2013	1,160	286	209	-	495	303	2,449	-	-	64	2,854	1,208	12,192	16
2014	1,160	309	204	-	513	204	2,458	-	-	64	2,726	992	11,413	16
2015	1,380	292	201	-	493	201	2410	-	-	64	2,675	969	11,076	16

2.7 노선 이용율

열차운전은 수요특성 및 선로보수등에 따라 유효 운전시간대가 제약되어, 실제이용 가능한 총 열차횟수와 계산상 가능한 열차 횟수에는 차이가 있다.

따라서 선구별로 특성에 따라 선로이용율을 결정, 이용가능한 열차횟수를 산정하는데 사용한다.

$$선로이용율 = \frac{임의, 선구의 사용상 가능한 총 열차회수}{임의, 선구의 계산상 가능한 총 열차회수}$$

1) 선로이용율에 영향을 주는 인자
   ① 선구 물동량의 종류에 따른 성격
   ② 주요 도시로 부터의 시간과 거리

③ 여객열차와 화물열차의 횟수비
④ 열차의 시간별 집중도
⑤ 인접역간 운전시분의 차
⑥ 열차횟수
⑦ 인위적 및 기계적 보수시간
⑧ 열차운전의 여유 시분

2.8 선로용량

수송력의 열차설정은 하루에 열차를 몇회 주행시킬 수 있느냐 하는데서 선구의 열차설정 능력을 보여주는 수치척도가 선로용량이다. 이 경우, 대도시의 전차선구등에서는 러시아워 시의 열차설정 능력이 문제되기 때문에, 그 선로용량은 피크 1시간당 몇 개 열차로 표시된다.

2.8.1 단선구간의 선로용량

단순구간에서 선로용량은 일반적으로 다음과 같은 간이산정식이 사용된다.

$$N = (1440/t + S) \times d$$

여기서
  N : 선로용량
  t : 역간평균 운전시분
  S : 열차취급시분, 대항열차가 통과하고 분기기·신호기를 전환하여 발차할 수 있는 상태가 되기까지의 소요시간(자동신호구간에서는 1분, 비자동구간에서는 약 2.5분으로 하고 있다.)
  d : 선로이용율

1일24시간중, 열차를 운행시키는 시간대 비율로, 설정열차의 사명이나 시설보수등으로부터 55～75%를 취하여 표준 60%로 한다. 기다리는 시간의 증가는 좋지 않아 이런 열차설정이 많은 경우는 이용율이 떨어진다.

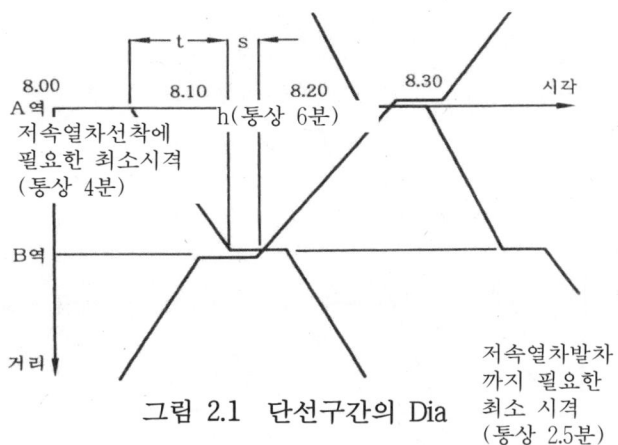

그림 2.1 단선구간의 Dia

위 식을 분석하면, 역간거리가 길면 t의 시분이 증가하여 선로용량 N이 감소하고, 자동신호화·CTC에 의한 S의 열차취급 시간을 감하면 N의 선로용량이 증가한다. 또한 전화나 차량선능의 향상등에 의해 열차속도를 올리는 구간에 시분t를 짧게 하면 N가 증가한다.

선로이용율 d는, 전술한 조건이나 열차설정의 유효시간대등에 의해 영향을 받는다.

역간거리에 의한 다소의 차이는 있으나, 일반적으로 단선의 선로용량은 60~80이 되며, 고속열차의 저속열차가 혼재하던가, 설정열차회수가 많고 행선지가 다르며, 기다리는 시간이나 대피로 손실 시간이 많게 되면, 서비스상 좋지 않은 열차가 증가한다. 또한, 실제열차의 운전이나 다소의 지체등은 대피를 하지 않기 위하여, 어느정도 열차 Dia의 혼란을 흡수할 수 있는 것이 실용적인 선로용량으로, 이론산정의 용량보다 약간 하회한다.

2.8.2 복선구간의 선로용량

통근선구등의 동일속도 열차설정의 평행 Dia의 경우는, 열차최소 시격의 t분과, 선로이용율 d로부터 N=2×(1440/t)×d로 산정 하는 것이 가장 많다.

최소시격은 본선주행에서는 폐색신호기의 시격을 좁혀 1분이하로 단축가능하나 승강이 특히 많은 역(착발선 1본의 경우)에서 정차시분, 되돌아오는 역에서의 분기점 지장시분등으로 좌우되며, 10량편성의 통근전차선구에서 여유도 포함하여 2분정도 하고 있다.

고속열차와 저속열차가 설정된 일반선구의 경우에는

h : 속행하는 고속열차 상호의 시간

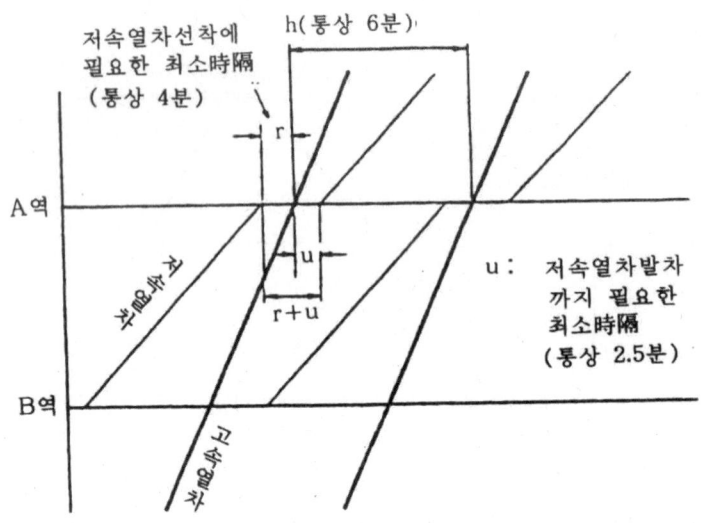

그림 2.2 복선구간의 Dia

  r : 저속열차 선착과 속행하는 고속열차와의 필요한 최소시격
  u : 고속열차 통과후 저속열차 발차까지 필요한 최소시격
  V : 전열차에 대한 고속열차의 비율
  V´ : 전열차에 대한 저속열차의 비율

라 하면, 선로 용량의 간이식은

$$N = 2 \times [1{,}440/\{hv + (r+u)V´\}] \times d$$

된다.(그림 2.2 참조)

  기존선에서는 h=6분, r=4분, u=2.5분으로 하고 있으나, 최근에는 폐색신호기의 증설개량에 의해, h=3분, r,u=2분정도로 압축시켜, 선로용량을 대폭 증가시키고 있다.

  일본의 신칸센에서는 h는 약 4분으로 r,u는 각각 2분으로 하여, 1시간 편도 최대 15개 열차가 가능하도록 하고 있다.

  또한, 고속선은 야간에 시설보수의 타이밍으로 약 6시간을 취하고 있으므로, 선로 이용율 d는 약 75%가 된다.

  종래는 복선의 선로용량은 단선의 배정도로 보고 있었으나, 차량성능의 개선, 신호방식의 개량등에 의해 약 3배의 200회 이상으로 가능해졌다. 기타 터미널역·중간역에서의 열차착발선의 다소나, 역출입의 분기기 배치·제한속도에 의해서도 선로용량은 변한다.

2.8.3 복복선의 선로용량

대도시근교에서는 수송력의 증강을 위하여 복복선화가 진행되고 있다. 선로별 복복선화는 선로용량이 복선의 2배가 되지만, 같은 방향의 이용자 편에서는 좋지 않다. 방향별 복복선에서 고속선과 저속선으로 나누어지는 경우 용량은 복선의 2배이상 되며, 이용자의 편에서도 좋다.

2.9 정거장 포용량

1) 수송량

수송량은 여객수송량과 화물수송량으로 여객수송량은 수송인원 및 수송인 km로 표시한다. 화물수송량은 발송화물톤수 및 수송톤·km로 표시한다. 철도여객 및 화물을 수송하기 위해 여객열차, 화물열차 또는 여객·화물 혼용열차를 운행한다.

2) 정거장 수용능력과 운전취급시설

① 정거장시설은 철도를 이용하는 고객의 편의를 제공하기 위한 시설로서 여객과 화물수송 수요의 수송능력과 수송을 감당할 수 있는 정거장 구내 배선설비를 갖추어야 하고, 그 배선설비의 크기를 차수로 표시한 수송능력이다.

② 정거장 수송수요와 수용능력, 배선설비, 운전취급시설 등을 토대로 열차운행계획을 수립한다.

3) 정거장 포용량 표시

(1) 유효장

① 유효장이라 함은 선로에 열차 또는 차량을 수용함에 있어서 그 선로의 수용가능 최대 길이를 말하고, 인접선로에 대한 열차착발 또는 차량출입에 지장 없이 수용할 수 있는 최대의 차장률로 표시한다. 다만, 본선의 유효장은 인접측선에 대한 열차착발 또는 차량출입에 제한 받지 않으며 표시 예는 다음과 같다.

㉠ 차량을 유치하는 선로의 양끝 차량접촉한계표지 상호간

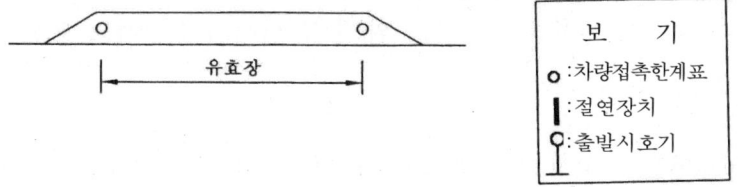

ⓛ 출발신호기가 설치되어 있는 선로의 경우

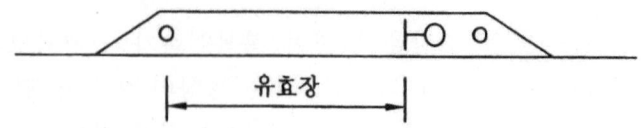

ⓒ 궤도회로의 절연장치가 차량접촉한계표지 내방 또는 출발신호기의 외방에 설치되었을 경우

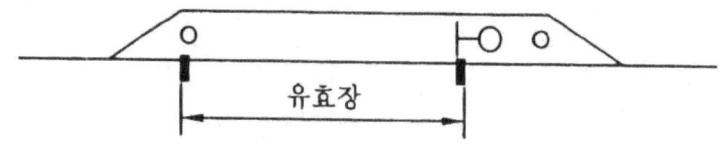

ⓔ 본선과 인접측선의 경우 본선 유효장(측선을 열차 착발선으로 사용하지 않는 경우)

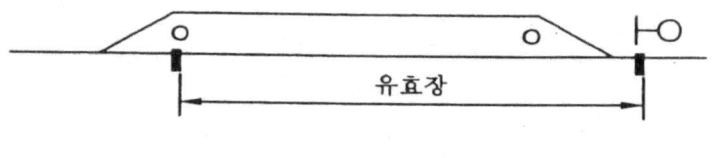

그림 2.3 유효장 표시예

② 유효장의 단위는 차장률 산정기준(14m)에 의한다.
③ 선로별 유효장을 계산할 때 소수점 이하는 버린다.
④ 인접선로를 지장하는 다음 각호의 유효장은 괄호 ( )로서 표시한다.
 • 주본선으로서 인접 부본선에 착발하는 열차를 지장하는 경우
 • 측선으로서 인접 측선에 출입하는 차량을 지장하는 경우
⑤ 동일선로로서 상하행 열차용으로 공용하는 선로는 상하란에 각각 그 유효장을 표시한다.
⑥ 측선을 열차 착발선으로 사용할 때 본선에서 착발하는 열차가 이에 지장을 받게 되는 경우 그 본선의 유효장은 위 ①항 단서에 불구하고 측선의 제한을 받는다.
(2) 포용량
① 정거장 유효장은 운영상 구내선로에 차량을 수용할 수 있는 차량수로 표시

하고, 선로 건설시는 m 단위로 표시한다.
② 차량의 길이가 모두 일정하지 아니하므로 화차길이 14m를 1차량으로 하는 차장률에 의하여 계산 표시하고 있다.

- 포용량수(량)= $\dfrac{선로유효장}{차장률(14m)}$
- 소수점 이하는 절하하고 포용량의 70%를 입환가능량수라고 한다.

③ 정거장 수용능력은 구내선로에 차량을 수용할 수 있는 차량수로 표시하고 있다.

포용량 표시(예)

선 별	상본선	하본선	1	4	5	6	합 계
포용량(량)	38	39	29	32	28	23	189

2.10 견인정수

1) 견인정수 표시

열차속도 종별(약 20종)에 따라 동력차를 운전하는 선구에 견인차량의 중량한도를 환산량수로 표시하며 이를 견인정수라 한다.

견인정수는 정해진 시간에 안전하게 운전할 수 있는 동력차의 차량견인능력을 차량환산량수로 표시한 것이다.

동력분산식 차량일 경우는 1개 편성열차로서 운전할 수 있는 차량중량한도 뿐만 아니라 열차편성비율로 표시한다.

철도수송열차의 기준은 견인정수와 표준운전시분이다. 그러므로 견인정수와 표준운전시분은 차량의 성능, 즉 동력차의 견인력, 열차저항, 제동성능, 기기용량, 선로의 완급, 하중의 과다 등에 따라 결정된다. 열차편성은 차량의 성능과 선로조건에 적합한 견인정수로 환산하여 편성하며, 기관차 견인열차는 동력차의 형식과 견인차량의 환산량수로 표시하고, 전동열차는 차량의 형식과 편성비율 및 편성량수로 표시한다.

2) 열차속도종별

동력차의 견인력과 열차저항이 동일값일 때의 속도인 균형속도를 21종으로 구분하여 구분속도마다 문자로 기호화한 것을 속도종별이라 한다.

속도종별 구성(균형속도값)

표 2.1 속도종별

구 분	갑(甲)	을(乙)	병(丙)	정(丁)
고속(高速)	185			
특(特)	105	100	95	90
급(急)	85	80	75	70
보(普)	65	60	55	50
혼(混)	45	40	35	30
화(貨)	25	20	18	15

※ "특갑, 특을, 특병, 특정, 급갑, 급을, 급병, 급정, 보갑, 보을, 보병, 보정, 혼갑, 혼을, 혼병, 혼정, 화갑, 화을, 화병, 화정" 의 21종으로 구분한다.

견인정수 결정시에 견인정수 사정기울기에서 균형속도는 다음 속도 이상이라야 한다.
• 증기기관차 : 최저속도 18km/h
• 디젤기관차 : 최저속도(7,500호대) 24km/h
• 전기기관차 : 최저속도 1시간 정격범위의 속도
• 디 젤 동 차 : 최저속도 20km/h
• 기   타 : 최저속도 15km/h

3) 견인정수
  (1) 견인정수는 동력차가 정해진 속도종별에 해당하는 열차중량을 견인하고, 정해진 운전시간에 안전하게 운전하도록 열차중량을 일정단위 견인중량(견인용량)을 환산량수로 표시하는 중량이다.
  (2) 일정단위 견인중량은 기관차의 견인능력을 견인중량으로 표시하고 견인되는 차량 즉 객차 및 화차 등 차중률로 각각 환산하여 기관차의 견인능력 범위내의 중량이 되도록 열차편성을 한다.
  (3) 차중률 : 차중률이라 함은 열차 운전상의 차량 중량의 단위로서 차중 환산법에 의하여 환산하여 표시한다. 차중률은 1.0량 총 중량(자중 및 실적재중량, 다만, 동력차는 관성중량을 부가함)이 기관차는 30톤, 동차 및 객차는 40톤, 화차는 43.5톤을 기준으로 환산한다. 차중률을 계산할 때 소수점 이하는 2위에서 반올림(공차일 때에는 끊어 올림)한다.
  (4) 환산량수 환산(예) : 환산량 1량의 견인중량을 객차 40톤, 화차 43.5톤, 기관차의 견인능력 400톤일 경우 1개 열차 편성 환산량수를 계산하면
    객차일 경우 = 400톤/40톤=10량 환산 10량으로 표시한다.

4) 견인정수 계산

  (1) 견인중량과 동력차, 열차저항과의 상관관계

$$T = RW$$

$$W = \frac{T}{R}$$

    T : 동력차의 인장봉 인장력(kg)
    W : 견인중량(kg)
    R : 열차주행저항(kg)

  (2) 견인중량과 선로기울기, 균형속도와의 상관관계

$$W = \frac{T - W_1(r_1 + r_g)}{r + r_g}$$

    W_1 : 동력차의 정비중량(톤)
    r_1 : 동력차의 출발저항 또는 주행저항 (kg/톤)
    r : 객·화차의 출발저항 또는 주행저항 (kg/톤)
    r_g : 선로기울기저항(kg/톤)

2.11 투자비 소요판단

철도의 신설 또는 개량에 소요되는 투자비(investment)는 대체로 다음과 같은 비용으로 분류하여 산출한다.

(1) 용지비   (6) 전력비   (11) 조경 및 환경비
(2) 노반비   (7) 전철설비비   (12) 비품비
(3) 건물비   (8) 통신비   (13) 부대비
(4) 궤도비   (9) 차량비
(5) 수도 및 난방비   (10) 기계비

2.12 투자평가

투자의 평가(appraisal or evaluation of project)는 정해진 기준(criteria)에 따라 그 투자의 실시가치의 여부, 또는 실시가능의 여부에 대한 판단을 보이는 것이다.

투자평가에 평가항목 및 평가내용은 다음과 같은 4항목이 있다.
① 기술평가(trannicla apprasal)   ③ 재무평가(finanrcial appraisal)
② 경제평가(economic appraisal)   ④ 경영평가(managerial appraisal)

1) 기술평가

기술평가는 ① 투자의 내용이 기술적으로 최적성(optimality)을 달성할 수 있는가 ② 투자가 기술적으로 타당성(feasibility)이 있는가를 평가하는 것이다.

2) 경제평가

경영평가는 투자의 경제적 목적의 달성여부를 판단하는 것이며, 경제적 목적은 많은 경우에 보다 큰 국민소득 내지는 소비를 의미하고, 투자의 경제편익이 경제비용에 비하여 크면 클수록 좋다.

(1) 경제평가의 수식표현 : 투자의 경제평가는 투자에 의한 비용(cost)과 투자에 의한 편익(benefit)와의 비교이고, 그 양적 비교방법에는 투자의 평가기준(appraisal criteria), 곧 투자결정준칙(project decision rule)이 이용되고 이를 분류하면 다음과 같다.
① 수익률(rate fo return)
② 수익액(profits)
③ 회수기간(payback period, 또는 pay off period)

(2) 경제평가에 있어서의 비용과 수익 : 경제평가를 위한 비용은 설비비와 운영비로 구성된다.

3) 재무평가

재무평가는 투자기관의 현금유통, 상환능력 및 사업수지성을 재무회계의 측면에서 평가하는 것이다.

재무평가의 주요사항은 다음과 같다.
① 재무수익률(FRR : financial rate of returrn)
② 대차대조표(balance sheet)
③ 손익계산서(income statement)-수입지출표
④ 자금운용표(cash flow statement)
⑤ 연차별부채상환표

4) 경영평가

경영평가는 투자주체가 완성후의 운영의 원활한 인력조직, 재정사정, 경영기술 등에 의하여 좌우되고, 최근에는 이러한 경영평가가 중요시되고 있다.

5) 감도분석

감응도분석은 경제평가시 불확실성에 대한 사전가정하에 동시 실시하는 경우가 대부분이며, 때로는 경제평가후에 불확실성이 예상되는 경우에 별도로 행하는 경우도 있다.

감응도분석의 대상이 되는 것은 일반적으로 ① 가격의 변동, ② 투자기간의 변동, ③ 비용의 초과현상, ④ 수송서비스의 오차 등이다.

2.13 효과분석

1) 투자의 단계별 기간에 따른 효과
    ① 계획단계의 효과
    ② 건설단계의 효과
    ③ 이용단계의 효과

2) 투자의 효과대상에 따른 효과
    ① 수송시설의 경영주체에 대한 효과
    ② 수송시설의 이용자에 대한 효과
    ③ 수송시설의 투자에 의하여 연선지역주민에 대하여 주어지는 효과

3) 투자의 효과성질에 따른 효과

투자의 효과성질에 따라 투자효과와 형성효과로 구분되고, 구체적으로 시설의 직접이용자와 간접이용자에 대한 효과로 구분할 수 있다.

  (1) 직접효과 : 직접효과에는 경영주체자로서 기업영위, 수송력의 증대, 수송속도의 향상, 열차운용효율의 향상, 안전성의 증가, 균형있는 철도수송망의 형성 등 생산효과와 서비스의 질적 향상, 유통의 원활화, 수송유발 등 소비효과를 들 수 있다.

  (2) 간접효과 : 간접효과는 수송시설의 연선지역 및 일반사회에 대한 경제효과로 산업 입지조건의 개선을 기초로 하여 그 지역의 주민이나 기업에 주어지는 영향이다.

지역경제개발효과, 사회자본축적효과, 수요와 고용효과, 사회적 편익의 증대, 사회적 비용의 경감, 도시재개발촉진, 산업구조 및 소비구조의 변화 등을 들 수 있다.

간접효과는 장기에 걸쳐서 발생하므로 일종의 복합효과이다.

2.14 철도비지니스

철도 수송인원은 광역철도의 영향으로 높은 수준이며 우리나라 철도가 주로 여객 중심으로 운영되기 때문에 스웨덴, 미국 등 화물 중심 운영 국가보다 조금 나은 수준임

표 2.2 각국의 수송인원

(단위:백만)

국가	2013	2012	2011	2010	2009	2008	2007	2006	2005	2004	2003	2002	2001
일본	8,819	8,819	8,819	8,841	8,985	9,026	8,907	8,778	8,684	8,617	8,642	8,634	8,654
독일	2,008	1,966	1,981	1,950	1,908	1,906	1,835	1,850	1,785	1,695	1,682	1,657	1,700
영국	1,570	1,523	1,467	1,352	1,243	1,275	1,230	1,163	1,093	1,095	1,000	982	965
중국	1,522	1,522	1,543	1,509	1,525	1,456	1,457	1,260	1,107	1,173	936	1,017	1,017
프랑스	1,114	1,114	1,151	1,139	1,139	1,136	1,097	1,001	963	931	879	889	863
러시아	1,059	1,059	993	948	1,133	1,296	1,280	1,320	736	1,299	1,299	1,271	683
한국	1,225	1,150	1,019	1,061	1,021	1,019	989	969	921	921	1,022	984	913
스웨덴	28	30	31	38	36	40	38	37	35	35	61	36	31
미국	27	27	27	27	27	29	26	25	25	25	23	23	24

자료 : UIC 철도통계, 한국 2008~2013년 : 철도공사 통계

제 3 장
철도건설

3.1 철도건설의 준거법령 및 의의

철도건설(railway construction)은 광의로는 종래 철도선로가 없던 2지점간을 연결하여 그 지역의 경제개발이나 지역사회의 격차해소를 목적으로 하는 신선건설(new railway construction)과, 기설철도의 수송력이 한계에 달했기 때문에 선로를 증설하여 복선화를 하거나, 곡선 및 기울기를 개량하여 수송력의 증강을 도모하는 선로개량(track improvement)을 포함한다. 다만 좁은 뜻으로는 전자의 신선건설만을 철도건설의 개념으로 취급되는 경우도 있다.

철도건설의 준거되는 법령은 「철도건설법」 2004.12.31 법률제7384호 제정, 「도시철도법」(1979.4.17) 법률제3167호제정 및 「철도건설규칙」 2005.7.6 건설교통부령제453호 제정, 「도시철도건설규칙」 1994.5.9 교통부령제1025호 제정에 따른다.

사설철도와 전용철도를 경영하고자 하는 자(사인, 지방자치단체, 법인)는 건설교통부장관의 면허를 받도록 되어 있다.

철도건설에 있어서 철도의 건설체계는 철도건설기본계획에 다음 사항이 포함된다.
　① 장래의 철도교통수요예측
　② 철도건설의 경제성, 타당성 그 밖의 관련사항의 평가
　③ 개략적인 노선 및 차량기지 등의 배치계획
　④ 공사내용, 공사기간 및 사업시행자
　⑤ 개략적인 공사비 및 재원조달계획
　⑥ 연차별 공사시행계획
　⑦ 환경보전 관리에 관한 사항
　⑧ 지진대책
　⑨ 그 밖에 대통령령이 정하는 사항

그리고 철도건설에 관련된 용어의 정의를 다음과 같이 한다.
　(1) "철도"라 함은 여객 또는 화물을 운송하는 데 필요한 철도시설과 철도차량 및 이와 관련된 운영·지원체계가 유기적으로 구성된 운송체계를 말한다.

(2) "고속철도"라 함은 열차가 주요구간을 시속 200킬로미터 이상으로 주행하는 철도로서 건설교통부장관이 그 노선을 지정·고시하는 철도를 말한다.

(3) "광역전철"이라 함은 대도시권 광역교통관리에 관한 특별법에 규정한 2개 이상의 시·도에 걸쳐 운행되는 도시철도 또는 철도로서 대통령령이 정하는 요건에 해당하는 도시철도 또는 철도(이하「광역전철」이라 한다)를 말한다.

(4) "일반철도"라 함은 고속철도와 도시철도법에 의한 도시철도를 제외한 철도를 말한다.

(5) "철도망"이라 함은 철도시설이 서로 유기적인 기능을 발휘할 수 있도록 체계적으로 구성한 철도교통망을 말한다.

(6) "철도시설"이라 함은 다음 각 목의 어느 하나에 해당하는 철도의 시설(부지를 포함한다)을 말한다.

① 철도의 선로(선로에 부대되는 시설을 포함한다), 역시설(물류시설·환승시설 및 역사와 동일 건물안에 있는 판매시설·업무시설·근린생활시설·근린공공시설·숙박시설·관람집회시설 및 전시시설 등을 포함한다) 및 철도운영을 위한 건축물·건축설비

② 선로 및 철도차량을 보수·정비하기 위한 선로보수기지, 차량정비기지 및 차량유치시설

③ 철도의 전철전력설비, 정보통신설비, 신호 및 열차제어설비

④ 철도노선간 또는 다른 교통수단과의 연계운영에 필요한 시설

⑤ 철도기술의 개발·시험 및 연구를 위한 시설

⑥ 철도경영연수 및 철도전문인력의 교육훈련을 위한 시설

⑦ 그 밖에 철도의 건설·유지보수 및 운영을 위한 시설로서 대통령령이 정하는 시설

(7) "철도건설사업"이라 함은 새로운 철도의 건설, 기존 철도노선의 직선화·전철화 및 복선화, 철도차량기지의 건설과 철도역시설의 신설·개량 등을 위한 다음 각 항목의 사업을 말한다.

① 철도 시설의 건설사업

② 철도시설의 건설사업으로 인하여 주거지를 상실하는 자를 위한 주거시설 등 생활편익시설의 기반조성사업

③ 대체공공시설 등의 설치규정에 의하여 설치하는 공공시설·군사시설 또는 공용건축물(철도시설을 제외한다)의 건설사업

(8) "역세권개발사업"이라 함은 역시설을 중심으로 그 주변지역을 역시설과 연계하여 체계적으로 개발함으로써 철도이용증진과 당해 지역의 발전을 도모하는 개발사업을 말한다.

(9) "역세권개발구역"이라 함은 역세권개발사업을 시행하기 위하여 역세권개발구역지정 규정에 의하여 지정된 구역을 말한다.

(10) 예정선 … 철도계획의 단계이전에 장래 철도건설의 필요가 있다고 인정되는 선구

(11) 조사선 … 철도계획의 대상이 되어 예정선중에서 기본계획(예측 또는 실측까지 포함되는 경우도 있다)을 작성하여 타당성분석을 완료한 선구

(12) 공사선 … 조사선 중에서 공사의 실시계획을 작성하여 착공을 진행중에 있거나 공사중에 있는 선구

3.2 철도건설규칙

철도건설에 관한 규칙은 「철도건설규칙」(2005.7.6 건설교통부령 제453호)을 사용하여 왔으나 2009. 9 급선별 구별을 속도별 구분으로 개정하였다. 개정 2013.3.23 국토교통부령 제1호(국토교통부와 그 소속기관 직제시행규칙)에 따라 교정하였다. 지방자치단체인 서울특별시, 부산광역시, 대구광역시, 인천광역시, 광주광역시, 대전광역시는 도시철도건설규칙에 따라 도시철도를 건설한다.

이러한 규칙들은 해당 철도의 건설에 있어서 절대준수하지 않으면 안되는 최저기준이다.

「철도건설규칙」의 내용은 다음과 같이 구성되어 있다.

제1장 총칙(정의, 목적 및 이 규칙에서 정하지 아니한 전기동차전용선에 관련 사상은 「도시철도건설규칙」을 전용한다)

제2장 선로
- 설계속도, 궤간, 곡선반경, 캔트, 완화곡선의 삽입, 직선 및 원곡선의 최소길이, 선로의 기울기, 종곡선, 슬랙, 건축한계, 궤도의 중심간격, 시공기면 폭, 선로 설계시 유의사항, 철도횡단시설, 선로 표지

제3장 정거장 및 기지
- 정거장의 설치, 정거장 및 신호소의 설비, 정거장 안의 선로 배선, 승강장, 승강장의 편의·안전설비, 전차대, 차막이 및 구름방지설비 등

제4장 전철전력
- 수전전압, 수전선로, 전철변전소의 위치, 전철변전소의 용량, 전철변전소 등의 형식, 급전계통구성, 전철변전소 등의 제어, 전차선로의 공칭전압, 전차선로의 가선 방식, 전차선로의 설비 표준화 등, 전차선의 높이, 전차선의 편위, 접지시설, 절연 이격거리, 가공 급전선의 높이, 가공 전차선로 설비의

강도, 전기적 구분장치, 가공 송배전 전선과의 교차, 건널목 및 과선교의 안전시설, 터널조명,
제5장 신호 및 통신
- 신호기장치, 선로전환기장치, 궤도회로의 설치, 연동장치, 열차제어시스템, 열차 자동 정지장치, 폐색장치, 열차집중제어장치 등, 건널목 보안장치, 신호기기의 보호, 신호설비의 전원방식, 통신설비 등, 전송설비, 열차 무선설비, 역무 자동화설비, 통신설비의 보호

부　　칙

3.3 노선선정

1) 노선선정의 의의 및 목적

철도신선건설의 노선은 그 선로의 사명에 따라 지역사회에의 편익이 크고, 사업주체의 이익도 높도록 고려되어야 하며, 그러기 위해서는 많은 비교안을 검토하여 가장 양호한 노선을 선택하는 작업을 노선선정(route location)이라 부른다. 가장 양호한 노선이란 철도를 건설하여 선로나 차량을 설비하는데 필요한 건설비(투자비)와 개업후 열차를 운전하여 여객과 화물의 수송을 하고 또 이들 제설비를 유지수선하는데 필요한 영업비(운영비)가 모두 최소로 되도록 하는 선구를 말한다. 일반적으로 건설비와 영업비는 경합하는 관계에 있다. 곧 건설비를 절약하면 기울기나 곡선이 급하게 되어 개업후의 수송력이 저하하고, 또 보수비의 증대를 초래하여 영업비가 증대하는 반면에, 영업비를 경감시키기 위해서는 초기투자로서의 건설비에 부담을 이루게 된다.

양자의 어느 쪽에 중점을 두는가는 철도계획에 있어서의 수송수요, 경제평가에서 그 선구의 사명과 목적에 가장 적합한 선정을 하는 것이 노선선정의 기본이 된다.

다만 금후의 노선선정에 있어서는 다소의 건설비가 많이 투자되더라도 최근의 철도에 있어서의 기술수준을 참작하고 경제사회의 발전에 대응할 수 있도록 건설선의 등급을 격상시키는 것이 좋다.

2) 노선선정의 순서

철도건설에 있어서의 노선선정을 위해서는 기술적으로 보아 합리적이고, 또 편리한 방법이면 본질적으로 어떤 순서와 방법을 채택하더라도 지장이 없으나 보통사용되는 순서와 방법은 사업주체에서 정해진 일정한 사무절차의 형식과 현재로서 노선측량에 사용될 수 있는 측량기계의 종류와 성능에 따라 달라지며 특히, 근년에는 항공사진측량 기계의 발달로 노선선정의 순서나 방법에 많은 변화를 가져오고 있다.

현재 보통으로 사용되고 있는 노선선정의 순서와 방법은 계획의 시기와 작업의 정

도(상세도)에 따라 다음의 4단계로 구분된다.

(1) 도상선정(paper location)

도상선정은 철도계획의 단계에서 가장 근원적으로 시행하는 노선선정의 방법으로, 일반적으로 국토지리정보원발행의 1/50,000, 또는 1/25,000, 1/5000 등 지형도상에서 계획예정경유지를 연결하고 정해진 선로등급의 제조건을 만족하도록 몇 개의 비교선을 삽입하여 도상에서 각 안에 대하여 어느 노선이 종합적으로 경제적이고 합리적인가를 개략 검토하는 작업이다.

철도계획의 단계에서 후술하는 답사와 함께, 예측을 할 시간적 여유가 없는 경우에 취하는 노선선정의 전형적 방법일 뿐만 아니라, 예측, 실측의 순으로 단계적으로 노선선정을 시행하는 경우는 물론, 예측없이 바로 실측을 시행하는 경우에 본격적 예측이나 실측의 현장작업을 위한 준비로서도 반드시 실시하는 작업이다. 예측의 경우에는 지형도에 몇 개의 비교안이 선정되면 비교선마다 선로종단면도(profile)를 작성하고 그 축척은 횡방향 1/25,000일 때 종방향 1/2,500~1/2,000정도가 적당하다. 이 선로종단면에 있어서는 평면도에서 야기되지 않은 문제점, 예를 들면 성토량과 절토량과의 현격한 차이, 교량의 하부공간, 터널의 길이 등의 이상점을 발견할 수 있고, 따라서 비교선에 수정이 가해지고, 비교안의 수도 줄게 된다. 철도계획의 단계에서 시급성에 따라 이 도상선정만으로 철도건설의 투자비를 개략 산정하여 투자평가(경제평가 등)를 시행하는 경우도 있다.

(2) 답사(reconnaissance)

도상선정에서 선정된 몇 개의 비교선에 대하여 실제로 현지를 답사하여, 도상에서는 검토할 수 없었던 지형·지질 등에 대하여 기술적으로 예정노선의 양부를 조사비교하는 작업을 말한다.

전술한 바와 같이 철도계획의 단계에서 도상선정에 의하여 노선과 이에 따른 건설비와 영업비를 추정하여 경제평가를 시행할 수도 있으나, 비교선 상호간의 우열을 명료하게 구별할 수 없는 경우도 많다. 또 현지는 도상에서 상상할 수 없는 상위점이 있는 경우도 있다. 따라서 도상에서 선정한 비교선에 대하여 한번쯤 현지를 답사하여 명백히 확인한 다음 철도계획에 임하는 것이 여러모로 보아 필요하다.

그리고 예측, 실측 등의 현지측량을 위한 도상선정시에도 측량전에 답사를 하여 도상 선정과 현지를 비교할 필요가 있다.

현지답사에서는 예정노선전반에 대하여 정거장의 위치, 건조물(교량, 터널 등)의 적부, 지질의 양부(지질조사시행), 지세의 난이, 도로기타의 교통시설상황, 경제활동상황, 기후기상, 공사용자재의 유무, 공사용자재의 수송로의 유무, 하천횡단지점의 세굴정도, 중요문화재의 소재지, 광구, 고압송전선, 골재원, 토취장 등 다각적인 방면에 걸쳐 이를 조사하여야 한다. 특히 측량실시를 위한 준비로서의 답사시에는 축사의 상태, 강우의 상황, 인부동원의 상태, 인부임금, 독충의 유무 등에 이르기까지도 조사해둘 필요가 있다.

이상과 같은 답사의 결과 예정노선의 기본조건을 확인하고, 도상선정의 변경 또는 수정을 가하고, 극히 난공사가 예상되거나 경제성이 없는 비교안은 포기한다.

또한 후일의 측량대편성, 측량예정일수의 결정, 건설비산출의 기초가 되므로 노선선정의 주무자와 수인으로 구성된 1개의 답사반을 조직하여 노선의 전구간을 일관된 주지하에 판단하는 것이 좋고, 만일 답사기간을 단축할 목적으로 2개반 이상으로 구분하여 답사하는 경우도 있다.

(3) 예측(예비측량, 개략측량, preliminary surveying)

예측은 도상선정과 답사에 의하여 거의 타당하다고 판단되는 비교안에 대하여 보다 상세한 비교를 하기 위하여 현지에서 개략측정을 하는 것을 말한다. 예측을 하는 방법에는 항공사진측량에 의한 예측과 예정노선에 따라 실시하는 지상측량에 의한 예측이 있다.

예측은 예정노선을 따라 좌우 약 100~300m의 범위에 걸쳐서 축척 1/10,000~ 1/5,000의 지형도(선로평면도), 선로종단면도(횡방향 1/1,000~1/5,000, 종방향 1/1,000~ 1/800), 50~100m마다의 선로횡단면도(1/100)를 작성하고, 주요구조물의 개략설계도도 작성하여 각 비목별로 수량을 산출한 다음 건설비를 계산한다. 비교선마다 같은 작업을 시행하여 각 비교선의 우열을 검토하여 가장 양호한 노선을 선택한다. 원래 철도계획에서의 수송능력검토, 투자비소요판단, 투자평가(경제평가) 등도 이러한 예측결과의 바탕위에 실시하는 것이 원칙이다.

그리고 예측에 의한 투자비에 기초를 두고 그 타당성분석과 함께 철도건설의 사업결정을 할 수 있고, 예산편성, 차관교섭, 사설철도 또는 지방철도의 부설면허를 주무부장관에 신청 등을 할 수 있다.

3) 노선선정의 요령

(1) 정거장의 위치

정거장의 위치는 지형, 전후의 선로상황, 운전조건 등의 기술적인 면과 그 지방의 경제, 교통상황을 종합고려하여 결정하여야 한다. 정거장의 위치는 될 수 있으면 시가지 또는 교통중심점에 가깝게 할 필요가 있으며 장래의 도시계획상의 확장범위도 충분히 참작하여야 한다. 그리고 화물 등의 적하를 위한 광장의 여부도 고려하여야 한다.

역간거리는 선로용량을 제한하고 선로의 수송능력을 결정하는 가장 중요한 요소가 된다. 역간거리가 길게 되면 이용자에 의해서는 불편하고, 짧게 되면 정차회수가 많게 되어 열차의 표정속도가 저하하여 운전영업상의 경비가 증가한다. 일반으로 전차운전 구간에서는 가속도 및 감속도가 크므로 역간거리는 1~3km정도이고, 그밖의 열차운전 구간에서는 4~6km정도가 좋다.

단선의 경우에는 노선용량을 증대시키기 위하여 일반으로 역간거리를 짧게 하거나, 중간에 신호장을 설치하는 수도 있다.

역간에 자동폐색신호장치(ABS)를 등간격으로 설치하는 경우에는 특별히 역간거리는 문제가 되지 않는다.

(2) 기울기의 선정

기울기는 열차의 속도 및 견인력, 곧 선로의 수송능력에 크게 영향을 미치므로, 기울기의 선정에는 충분하고 신중한 비교 검토를 해야 한다. 특히 제한기울기는 전선을 통하여 일관된 취지하에 선정하고, 지형과 건설비·운전비를 고려하여 결정하여야 한다. 최근에 열차의 고속화와 대량수송에 의한 생산성의 향상이 요청되고, 또 시공기술도 현저하게 발전되고 있으므로, 장대터널이 비교적 용이하게 건설될 수 있고 금후에 있어서의 철도수송의 구조적 변화(부담률의 증가)를 고려하면, 선로등급별의 최급기울기가 건설규칙에 규정되어 있으나 지형에 따라 경제적으로 허용하는 한 느린기울기로 하는 것이 바람직하다.

① 제한기울기(ruling gradient)

제한기울기는 기관차의 견인정수를 제한하는 기울기로서 반드시 최급기울기와 일치하지는 않는다. 기관차가 견인정수에 상당하는 중량을 견인하여 주행하는 경우에 견인력과 열차저항이 소정의 균형속도에 달하여 평형을 이루고, 소정의 균형속도 이상으로 되지 않는 기울기를 말한다. 이 기울기보다도 급한 기울기에서도 기울기구간을 짧게 하여 열차의 타력으로 균형속도 이상으로 주행가능한 기울기도 있으므로 어떤 구간의 최급기울기가 반드시 제한기울기인 것은 아니다. 따라서 선로의 기울기는 최급기울기와 동시에 제한기울기가 중요한 요소가 된다. 이 제한기울기는 전구간을 통하여 일관된 취지하에 결정하고, 수송량과 사용기관차의 견인력을 고려하여 선정하여야 한다.

제한기울기를 결정할 때에는 동시에 곡선저항, 터널내의 공기저항도 고려하여야 한다. 이들 저항을 기울기저항으로 환산한 것을 환산기울기라 부르고, 실제의 기울기에 환산기울기를 가산한 것을 보정기울기라 부른다.

② 기울기의 변화와 길이

기울기를 변화시켜 시공기면을 될 수 있으면 지표면에 평행하게 접착되도록 하면 토공, 기타의 공사량이 감소되나, 극단적으로 세분된 기울기로 변화시키는 것은 견인정수에 영향을 주지 않는 정도일지라도, 그 정도와 조합에 따라서는 열차의 속도가 항상 변화하고 운전 보안상의 문제가 되며 경비에도 영향을 미치므로, 1개 동일열차가 3개 이상의 기울기에 걸치는 것은 좋지 않으며 동일기울기의 길이는 1개 열차의 길이 이상으로 하여야 한다.

한편, 제한기울기의 길이는 이론상으로는 무한으로 동일한 기울기가 연속되더라도 일정한 균형속도로 운전할 수 있으나, 실제로는 제한기울기가 무한으로 길게 연속되면 기관차의 동력약화시에는 곤란하고, 따라서 증기기관차 운전구간에서 제한기울기의 길이는 보통 3km 이하로, 또 부득이한 경우에도 5km 정도를 최대한도로 한다. 전차운전구간의 경우에는 크게는 문제가 되지 않으나 연속부하에 의한 온도상승, 연속정격속도의 유지, 타력운전 등을 고려하면 7km~10km를 한도로 한다.

③ 기울기에 관한 기타사항
- 터널내의 기울기

터널내에서는 일반으로 온기에 의하여 레일과 차륜과의 점착력이 감소하는 일이 많고, 또 공기저항도 크므로, 가속중의 기관차가 공전하여 감속될 가능성이 많기 때문에 제한기울기보다 10‰ 정도 완한 기울기로 할 필요가 있다. 또 터널은 공사중 또는 완성후의 배수상 적어도 3‰ 이상의 기울기를 두는 것이 필요하다.

- 교량상의 기울기

교량상에서는 제동을 거는 것은 구조물에 제동하중을 가하게 되므로 급한기울기로 하지 않는 것이 좋고, 또 개상식교량상에서는 종곡선의 보수가 곤란하므로 기울기의 변경점을 두지 않는 것이 좋다.

- 하향기울기에서의 급기울기의 변경

하향기울기의 급기울기에서 기울기변경점을 설정하는 것은 열차운전상 대단히 불리하므로 이를 피하는 것이 좋다.

(3) 곡선의 선정

곡선은 열차저항을 크게 하고 기관차의 견인정수를 저하시킬 뿐만 아니라, 차량의 고정축거를 제한하여 대형차량의 사용을 제한한다. 또 운전속도를 제약하는 근본요인이 되고, 또 궤도 및 차량의 손상을 크게 하여 보수비를 증대시킨다. 따라서 곡선반경은 될 수 있으면 크게 하고, 곡선 길이는 될 수 있으면 짧게 하는 것이 좋다. 그러나 지형에 따라서는 곡선반경을 크게 하고, 곡선길이를 짧게 하므로써 많은 공사비를 요하는 경우에는 건설비와 운전비를 비교 검토하여 곡선반경을 선정할 필요가 있다.

그리고 곡선중에는 될 수 있으면 장대교량, 장대터널, 사각교량이 개재하지 않도록 유의하는 것이 좋다.

(4) 선로중심선 및 시공기면 높이

(i) 선로중심선에 대한 제약

① 열차운전상 될 수 있으면 직선에 가까운 월활한 선로로 한다. 다만 지장물의 이설, 철거, 보상 등에 다액의 비용을 요하는 건물, 문화재, 묘지, 공장 등은 될 수 있으면 피하도록 한다.

② 궤도보수상 일반으로 직선의 선로가 좋으나, 지형상 장래의 보수가 곤란한 곳(예를 들면 4계절 동안 음지, 습지, 홍수범람지역 등)은 피한다.

③ 터널은 값비싼 구조물이므로 일반적으로 짧게 되도록 유의하고, 시공상 및 장래의 보수상 지질이 양호한 곳을 택한다.

④ 시가지, 기타 환경조건에 대하여 충분히 검토를 한다.

⑤ 하천을 횡단하는 교량은 유수를 저해하거나 기초 세굴의 우려가 있으므로 하천횡단 지점은 신중히 결정한다.

(ii) 시공기면높이에 대한 제약

① 도로 외의 교차지점은 될 수 있으면 입체교차화하고 형하공간을 취할 수 있도록 필요한 고저차를 확보한다. 다만 부득이 평면교차로 하는 경우에는 도로와 동일한 높이가 되도록 한다.

② 하천을 횡단하는 경우에는 하천의 최대홍수위 또는 계획고수위와 형하와의 사이에 보통 1m 이상, 장대교량, 기타 특수한 곳에서는 1.5m 이상의 여유높이를 둔다.

③ 정거장에서는 도로와의 연결이 용이해야 한다.

(iii) 깎기와 쌓기의 균형

경제적인 토공은 토공량을 적게 하는 것은 물론, 깎기와 쌓기의 량이 유용될 수 있는 범위내에서 균형을 이루어야 한다. 깎기량과 쌓기량의 균형을 위하여 선로중심선과 시공기면높이를 변경시킬 수 있으므로 시행법(trial method)을 써서 결정한다. 이 때에 토공유용곡선(또는 토공균형곡선, earth work balancing curve)이 이용된다.

(5) 교량의 경간비(span ratio of bridge)

교량은 선로구조물중에서도 고가인 것이므로 경간비에 따라 크게 공사비에 차이가 생긴다. 하천에 따라서는 교각에 의하여 유수를 저해하므로 경간은 될 수 있으면 크게 하는 것이 좋으나, 교량상부구조의 비용은 경간길이의 거의 2승에 비례하므로 경간길이에는 경제적 한도가 있다. 따라서 경간비는 상부구조와 하부구조의 비용을 종합적으로 고려하여 될 수 있으면 최소의 공사비가 되도록 정한다.

(6) 터널의 위치 및 단면

터널의 위치는 전후의 선로기울기가 완만하게, 될 수 있는 한 그 연장이 짧은 것이 이상적이나, 터널지점의 지질조사에 의하여 갱구의 지형, 갱내의 지질이 양호한 곳을 선정한다. 터널에 편압을 받을 우려가 있는 산허리, 단층지대, 애추지대 등에 주의하여야 한다.

터널의 단면은 「철도건설규칙」에 의거한 건축한계외 가공선, 전등선 등을 첨가하는데 필요한 여유가 보수작업에 필요한 여유를 가지도록 한다. 일반적으로는 사업주체에서 정해 놓은 규정도 및 표준도에 의한 터널 단면을 사용하는 것이 통례이고, 특수한 경우에 특수설계를 할 수도 있다.

복선구간에서 터널지질이 경암의 경우에는 복선터널단면을 사용하는 것이 공사비도 저렴하고 시공·보수양면에서 유리하고, 지질이 불량한 경우에는 단선터널 단면을 2열로 하는 경우가 시공상 유리한 경우가 있다.

3.4 노선측량

1) 측량일반

노선측량은 「측량법」(1961.12.31 법률 제938호 제정, 1980.1.4 법률 제3249호 개정)에 기초를 두고, 「선로측량지침」(개정 2005.12.13)에 준거하여 실시하여야 한다.

그리고 측량결과에 의한 모든 토공 및 구조물의 설계에 있어서는 철도설계기준(노반편, 철도교편) 및 고속철도 설계기준(노반편) 등에 따른다.

2) 노선측량

(1) 측량작업

측량작업은 외업과 내업으로 대분되고 작업별로는 철도기준점설치 및 측량, 지형도 제작, 도상(圖上)노선선정, 답사, 예측, 설계측량, 용지측량, 공사(시공)측량의 순서로 이루어지나, 노선의 특성 및 선로종별 시행부서의 형편에 따라 순서를 달리 할 수 있다.

참고로 현지측량을 위한 측량대편성에 있어서는 사업주체의 직영의 경우와 용역도급의 경우에 관계없이 현행정부표준품셈에 의하여 시행한다.

(2) 철도기준점측량

① 철도기준점 설치장소는 지반이 변위할 우려가 없어야 하고 후속 측량을 위하여 시계가 양호하여야 하며 GPS 장비 등을 사용하기 위하여 전파수신장애가 없는 곳을 선정하여야 한다.

② 철도기준점 설치간격은 선로조사 결과를 토대로 선정된 예정노선을 따라 약 500미터 간격으로 설치하는 것을 원칙으로 하며 산악지, 도심지 등에서 일정간격으로 설치할 수 없는 경우 감독자와 협의 하여 기준점설치 간격을 조정할 수 있다.

(3) 선로의 측량

① 줄자(대나무, 스틸, 인바테이프 등)는 수시로 그 거리 혹은 잣눈을 검사하여 이상유무를 확인하고, 늘어지거나 표준길이와 다를 경우 조정 및 보정하거나 교체하여 사용한다.

② 중요한 거리측정은 GPS 또는 광파(또는 전파) 거리측정기로 측정토록 하고, 수시점검 후 사용한다.

③ 관련기관 및 이해관련 주민과의 충돌을 방지하기 위하여 사전협의를 함으로써 작업중 지장을 초래하지 않고 원활한 측량작업이 이루어지도록 한다.

④ 측량 작업시 수목의 벌채는 최소화하고 공작물의 피해가 없도록 주의하여야 하며, 부득이한 경우 토지소유자 및 관련기관의 허락을 받은 후 시행한다.

(4) 답사

답사는 철도노선을 선정하는데 필요한 개략적인 조사를 하며, 다음 사항을 준수한다.

① 국토지리정보원 또는 공공기관 등이 제작한 지형도상에 계획(예정)한 철도건설노선의 시·종점, 통과지, 거리 및 최급기울기, 곡선최소반경, 터널 및 교량 등 주요 구조물 위치 등의 제조건을 현장과 대조하여 선로답사 평면도 및 종단면도를 선로 및 건조물제도요령에 의하여 작성한다. 특별한 경우외에는 도상조사만으로 한다.

② 실지답사를 할 경우 간단한 지형측량이 필요할 때는 줄자, 핸드레벨, 경사계, 나침반 등을 사용한다. 이때 거리 및 고저 등을 측정할 때에는 특히, 시각오차가 발생하지 않도록 주의하여야 한다.

③ 답사가 끝나면 답사도, 개략예산 및 교통, 기타 산업·경제적으로 미치는 영향 등을 검토하여 선로답사보고서에 수록한다.

(5) 예 측

① 예측은 평면위치측량, 수준측량, 현황측량 등을 실시하여 선로중심선, 시공기면, 제 건조물, 정거장, 신호소 기타 필요한 시설의 개략적인 계획을 하고, 계획선로의 등급, 종류 등을 적합한 철도 건설방안의 선정자료로 활용될 수 있도록 한다.

② 예측은 다음 각 호의 사항을 준수하여야 한다.

㉠ 중심선의 측정은 40미터 간격으로 하되 산지 등의 경사지역 또는 곡선부 기타 예측에 필요한 지점은 20미터로 하고 트랜싯, 거리측정기, TS, GPS 등을 사용하여 측정한다.

㉡ 예측지점은 말뚝, 페인트 등으로 표시하며, 계속조사를 요하는 장소, 교점(I.P) 및 기타 필요하다고 인정되는 개소에는 본 말뚝을 사용할 수 있다.

㉢ 중심선 및 중요지점의 고저측정은 철도기준점 또는 수준점(BM)을 기준으로 하여 측정한다. 이때 급경사지역, 산아지역과 같은 직접수준측량이 난이한 지역에서는 트랜싯과 거리측정기·TS·GPS 등에 의한 간접수준측량을 수행할 수 있다.

㉣ 수준표고는 국토지리정보원이 고시한 표고에 100미터를 더하여 기준표고로 사용하며, 기존선로와 연결될 때에는 기존선의 시공기면과의 관계를 명확히 하여야 한다.

㉭ 임시수준점(TBM)은 약 1km 간격으로 설치하며, 가급적 예측선로에 근접한 지역내에서 침하변위의 우려가 없는 콘크리트 구조물, 암석 등에 페인트로 번호 및 표고를 기록·설치한다.

3.5 신선건설계획

3.5.1 신선건설계획의 정의

신선건설계획이란 국가의 교통정책에 따라 새로운 단선철도건설, 복선철도건설, 단선전기철도건설, 복선전기철도건설 등을 신선건설을 위해 건설사업계획에 따라 건설하는 철도건설계획을 말한다. 기존철도개량사업 이외의 신선을 건설하기 위해 건설방법을 조사·검토하고 건설사업계획에 반영하여 사업을 추진할 수 있도록 추진하는 업무를 말한다.

3.5.2 신선건설계획의 필요성

국가교통정책과 국토종합개발계획에 따라 지역간, 도시간, 철도신설이 필요할 때, 21세기를 대비한 남북철도연결과 국가경쟁력강화를 위해 철도수송능력을 증강하고 철도기술수준향상과 철도시설 및 장비를 현대화하여 철도서비스 수준을 향상하기 위해 새로운 철도건설이 필요할 때, 기존철도를 개량하는 것 보다 새로운 구간에 신선건설이 필요할 때, 기존철도를 개량하고 또 개량하여 개량의 한계에 도달로 더 이상 개량할 수 없을 경우 신선건설이 필요할 때 신선을 건설한다.

1970년대 이후 도로 및 자동차 산업의 급격한 발달로 우리나라 경제사회 발전에 주요한 역할을 하여 왔으나, 도로체증에 따른 교통혼잡비용이 1991년에 4조 6천억원으로 국내총생산(GDP : gross domestic product)의 2.2% 수준에서 1996년은 3.6%에 해당하는 14조원으로 경제적 손실이 막대하여 교통혼잡은 물류비의 증가로 경제사회 발전에 엄청난 지장을 초래하고 있다.

우리 나라 물류비는 GDP 대비 점유율기준 미국의 1.6배(미국 GDP의 10.5%)나 높게 나타내어 수출품의 경쟁력을 저하하고 있다.

경제사회발전 5개년 계획을 시작한 1962년부터 6차 계획 기간인 1991년까지 30년간 교통부문의 투자비중면에서 철도는 소외되어 60.6%에서 10.1%로 감소한 반면 도로는 17.2%에서 79.6%로 크게 증대하였으며, 그나마 철도투자는 간선철도망 확충보다 도시철도(지하철)의 신설과 차량 및 운용부문에 투자를 우선하여 일반철도는 점점 더 침체하게 되었다.

1992~1996년 5년간 사회간접자본 투자비 비중을 보면 철도는 1992년 16.4%에서

1996년 18.5%, 수준인데 비하여 도로는 1992년에 61.1%, 1996년에 55.6%로 경부고속철도를 포함한 철도보다 3배 이상 투자하였다.

철도는 위축하여 철도시설의 수송능력은 한계에 도달하여 철도수송능력증강을 위한 새로운 철도의 신선건설이 필요하다.

1961년 국내여객수송 수단별 분담을 보면 철도가 53.0%, 공로가 45.5%, 해운이 1.3%, 항공이 0.2%의 수송량을 분담하였으나 경제성장에 따른 자동차산업의 발달과 고속도로의 건설 등 공로교통산업이 발달됨에 따라 1976년에는 철도가 25.1%로 감소된 반면 공로는 74.0%나 증가되어 철도수송이 얼마나 위축되었는가를 알 수 있다.

3.5.3 신선건설계획시 사전검토사항

1) 신선건설목적과 대상지역 파악

(1) 신선건설목적 파악

무연탄, 양회 등 자원개발을 위한 철도건설인지, 수출입 물동량을 수송하기 위한 항만을 연결하기 위한 철도인지, 도시교통을 위한 지하철, 교외전철 등 여객전용을 위한 철도인지, 남북철도를 연결, 관련사업의 요구사항 등 신선건설의 목적을 우선 파악하여 검토할 자료를 수집한다. 언제까지 건설하여 개통해야 하는지 등 목적을 파악한다.

(2) 신선건설 대상지역 파악

신선건설을 필요로 하는 지역이 국토 어느 지역에 위치하는지 위치 및 구간을 파악한다.

위치 및 구간을 파악한 후 5만분지 1 지도 또는 2만5천분지 1 지도에 표시하여, 기존철도 어느 정거장에서 분기 또는 기점으로 하고 어느 지역에 종점으로 해야하는지 파악한다.

기종점이 파악되면 중간경유도시, 특정지역, 큰 하천과 산악, 농·경지, 개발계획지역, 도로와 철도횡단 등 국토자연조건과 현황을 파악한다.

2) 신선건설 투자정책

(1) 재원염출방안 파악

정부 일반회계에서 총 사업비를 투자하는 것인지 총 사업비 중 일부만 일반회계에서 지원하고 나머지는 한국철도시설공단 자체부담인지 아니면 지방자치단체에서 분담하는 것인지 재원염출방안을 파악한다.

총 사업비를 일반회계 지원 없이 한국철도시설공단 자체자금으로 투자하는 것인지, 총 사업비 중 차량장비 등 외자재는 차관자금으로 투자하는 것인지 파악한다.

SOC 사업으로 민간인 또는 제3자가 투자건설하고 정부에서 연차적으로 몇 년 동안

상환하는 것인지 등 정부의 투자정책을 파악한다.

　　(2) 연차별 투자전망

신선건설 사업기간 동안 순조롭게 투자가 가능한지 재원염출방안에 따라 투자가 가능한지 등을 투자전망을 파악한다.

　차량, 장비 등 외자재는 차관자금 투입규모, 차관국, 투입절차 등 관계기관의 실무자와 사전의견교환, 가능성 여부를 파악한다.

　3) 신선건설의 철도시스템

단선철도냐, 복선철도냐, 단선전철 또는 복선전철이냐, 복선전철을 고려한 단선비전철이냐 등을 검토하여 신선건설 방향을 정한다.

　4) 기존철도와 연결

신선건설이 기존철도와 연결될 경우 신선철도는 기존철도와 어떻게 연결운영 될 것인가를 생각하여 관련자료를 파악하여 분석한다.

　신선건설은 기존철도 현 운행시스템에 맞추어 건설할 것인가, 기존철도 장래계획에 맞추어 건설할 것인지, 관련자료와 계획을 파악한다.

　별도 신선을 건설할 경우도 시점 및 종점은 기존철도 어느 정거장이되기 때문에 반드시 기존철도와 연결운행 등 철도시스템을 종합검토해야 한다.

3.5.4 신설건설계획 기본방향

　1) 단선철도 건설계획 기본방향

기존철도를 어느 구간 연장하기 위한 신선건설인지, 어느 지역을 개발하기 위한 산업선 철도인지 도시철도인지 그 목적과 필요성을 확실히 구분하여 비전철이냐, 전철이냐 등을 생각하여 건설사업계획을 검토한다.

　장차 복선화를 생각한 단선철도인지, 단선철도로만 계획해야 하는지를 생각하여 건설사업계획을 검토한다.

　여객열차와 화물열차의 혼용철도인지, 화물열차만 전용으로 운행 할 철도인지 생각하여 건설사업계획을 검토한다.

　건설기준의 선로등급 중 어느 등급을 적용할 것인지 생각하여 건설사업계획을 검토한다.

　신선건설사업 투자비를 전액 정부에서 투자하는 것인지, 정부에서 일부투자하고 나머지 일부는 지방자치단체인지 아니면 민간투자인지, 채권발행으로 자체투자인지를 생각하여 건설사업계획을 검토한다.

　2) 복선철도 건설계획 기본방향

기존 복선철도를 어느 구간 연장하는 것인지, 새로운 복선철도를 건설하는데 비전철이냐, 전철화냐 등을 생각하여 건설사업계획을 검토한다.

여객열차만 운행하는 복선철도이냐, 화물열차만 운행하는 복선철도이냐, 여객과 화물을 혼용운행하는 복선철도이냐, 장거리여객열차의 급행과 완행 또는 도시형 전동열차와 혼용운행하는 것이지, 건설목적과 필요성의 어느 것인지 생각하여 건설사업계획을 검토한다.

장차 속도향상을 생각하여 가능한 선로등급 1급선을 생각하여 건설사업계획을 검토한다.

기존 주요간선과 새로운 복선철도와 연결 또는 분기하는 철도는 삼각선 건설을 생각하여 건설사업계획을 검토한다.

건설사업 투자방법과 투자시기, 투자규모 등 재원대책을 생각하여 건설사업계획을 검토한다.

3.5.5 단선철도 건설계획

1) 산업선 철도건설계획

(1) 산업선 철도건설사업 구상

① 건설목적 및 필요성 정리

산업선 철도건설은 대부분 정부의 산업개발 또는 산업육성 정책에 따라 기간 산업선 철도를 건설하고 있다.

정부산업정책과 개발시기, 규모 등 상위계획이 이미 해당 산업개발기관에서 계획하고 있으므로 이를 토대로 산업선 철도건설의 목적과 필요성을 정리한다.

② 구간연장 및 노선구상

1/50,000 ~ 1/25,000 지도 또는 수치해석지도를 이용하여 산업선 지역에 대한 도상검토를 한다.

산업선 철도는 대부분 여객열차와 화물열차를 혼용하므로 철도건설 선로등급을 몇 등급으로 할 것인지 일정한 기준 안을 설정하고 타당성 조사에서 건설규모 면에서 상세히 검토하여 최종선로등급을 설정한다.

건설기준 안 설정에 따라 노선구상은 평면선형과 종단선형, 정거장위치를 도상으로 검토한다.

노선구상은 대안노선을 개략비교 검토하여 대안노선별 열차운행 컴퓨터 시뮬레이션(T.P.S)을 검토하고 대안노선별 구간연장, 정거장수, 정거장간 거리, 열차운행 소요시분 등을 검토한다.

③ 산업선 철도시스템 구상

기존철도 시스템을 기준으로 철도시설을 개선하고, 차량을 개선할 필요성이 있으면 이를 검토대상으로 한다.

　산업선 철도를 운행할 차량형식과 차량의 성능, 차량한계 등을 검토하고, 기존철도와 호환성을 검토한다.

　산업선 철도를 전철로 할 것인가, 아니면 비전철로 할 것인가, 만약 비전철인 경우는 장차 전철화를 생각하여 설정해야 할 것인지 구상한다.

　차량형식에 따른 선로시설조건, 신호, 전기, 통신 등 시설조건을 실용성, 경제성 기술성을 검토할 수 있도록 구상한다.

　　　④ 사업규모면 사업기간 등 구상

　앞에서 구상한 자료를 토대로 노반공사의 토공, 교량, 터널, 정거장 등 규모를 검토하고 세부사업별로 용지, 노반, 궤도, 건축, 전기, 신호, 통신, 신규장비도입 등 총 사업비용과 규모를 개략 추정한다.

　세부사업별 사업규모 자료를 토대로 사업기간을 개략 추정한다.

　2) 항만, 공장 등 인입선 건설계획
　　(1) 인입선 건설사업 구상
　　　① 건설사업목적 및 필요성 정리

　인입선 건설사업은 대부분 항만 및 공장을 건설하는 자가 수탁사업으로 요청하는 경우와 정부에서 지원사업으로 시행하는 경우로 대별할 수 있다.

　인입선 건설의 시기와 어느 구간 등 상위계획에서 계획하고 있으므로 이를 토대로 철도전문기관에서 목적과 필요성을 검토 정리한다.

　　　② 구간연장 및 노선구상

　1/50,000 ~ 1/25,000 지도 또는 수치해석지도를 이용하여 인입선지역에 대한 노선을 도상에서 검토한다.

　인입선 철도는 대부분 화물열차 전용선으로 검토해야하나 공장 또는 항만에서 종사하는 직원 및 근로자들의 출퇴근을 위한 통근열차를 요구할 때가 있으므로 출퇴근 열차운용계획을 같이 구상한다.

　철도건설 선로등급은 대부분 4급선으로 하나 구간연장이 긴 구간 또는 열차운행 빈도가 높을 경우는 3급선으로 구상한다.

　건설기준 안 설정에 따라 평면선형과 종단선형, 분기정거장 위치, 공장 및 부두인입선을 검토한다.

　인입선의 노선선형과 열차운행 소요시분 등을 검토한다.

　출퇴근용 통근열차의 운행구간 및 연장, 열차편성 등을 구상한다.

　　　③ 인입선 철도시스템 구상

산업선 철도시스템 구상항목과 같이 검토하고 구상한다.

④ 인입선 화물적하장설비 및 조차장 구상

철도수송량과 열차운행빈도 등을 검토하여 조차장을 시설해야 하는지 또는 규모를 어느 정도 할 것인가, 위치 등 시설조건도 한다.

공장 또는 부두의 화물적하시스템을 기술성, 경제성, 사용성 등을 구상한다.

⑤ 사업규모 및 사업기간 등 구상

앞에서 구상한 자료를 토대로 인입선 노반공사와 조차장 노반공사의 규모를 검토하고 세부사업별로 용지, 노반, 궤도, 건축, 전기, 신호, 통신, 신규장비, 적하설비의 부담 한계 등 총사업비용과 규모를 개략 추정한다.

세부사업별 사업규모자료를 토대로 사업기간을 개략 추정한다.

3.5.6 복선철도 건설계획

1) 지역간 복선철도 건설계획

(1) 복선철도 사업구상

① 건설목적 및 필요성

지역간 장거리 복선철도 건설은 아직 철도의 혜택이 없는 지역에 새로운 철도가 필요로 할 경우 건설하는 사업이다.

이러한 사업은 철도자체의 투자가 곤란하기 때문에 정부정책에 따라 건설하는 사업으로 추진된다.

그러나 필요에 따라 철도자체사업으로 추진할 경우도 있다.

② 구간연장 및 노선구상

복선철도 신선건설계획은 주요간선철도이므로 선로등급을 1급선으로 하고, 여객열차와 화물열차가 혼용운행을 기준하여 여객열차는 운행최고속도 200km/h 수준의 노선을 구상해야 한다.

③ 철도시스템 구상

주요간선철도를 운행할 차량형식과 차량의 성능, 차량한계 등을 검토하고 기존철도와 호환성을 검토한다.

복선철도 시스템은 장거리 여객열차와 화물열차가 혼용하여 급행, 완행체제로 운행할 것인지 종합적으로 검토할 수 있도록 구상한다.

2) 대도시 교외 복선전철 신선계획

(1) 대도시 교외 복선전철 사업구상

① 건설목적 및 필요성

대도시 교외 복선전철 건설은 수도권전철과 같이 아침, 저녁 출퇴근 시 혼잡한 교통난을 해소하고 평상시 도시주변 대중교통을 위해 건설하는 사업이므로 철도자체가 투자하거나 지방자치단체와 공동으로 부담하는 등 사업이다.

또한 신도시 건설계획에 따라 복선전철을 건설하는 경우도 있다.

② 구간연장 및 노선구상

기존도시형 전철이나 지방자치단체의 지하철과 연결운행해야 하는 경우는 연결조건에 따라 검토한다.

③ 복선전철 시스템구상

기존 복선전철 시스템을 기준으로 철도시설을 개선하고 차량, 장비를 개선할 필요성이 있으면 이를 검토대상으로 한다.

복선전철을 운행할 차량형식과 차량의 성능, 차량한계 등을 검토하고, 기존 도시형 전철과 호환성을 검토한다.

복선전철 시스템은 도시형 전철의 기능을 위주로 할 것인가, 아니면 도심에서 교외 광역전철과 연결운행 할 것인가, 새로운 신도시와 연결운행 할 것인가, 급행·완행 체제로 운행할 것인지 종합적으로 검토한다.

이러한 시스템에 만족할 수 있는 선로조건, 정거장조건, 신호체계, 전기·통신 등 시설조건을 실용성, 경제성, 기술성을 검토한다.

3.6 기존철도 개량계획

3.6.1 개량계획의 정의

현재 운행 중에 있는 기존철도의 철도수송능력을 증강하거나 열차운행속도를 향상하기 위해 기존철도의 노반, 궤도, 신호, 전기, 통신, 정거장, 차량기지, 역사 등 철도시설을 개량하는 계획을 기존철도 개량계획이라 한다.

또한 기존철도시설을 개량하기 위해 개량방법을 조사, 검토하고 건설사업계획에 반영하여 사업을 시행할 수 있도록 추진하는 업무를 말한다.

3.6.2 개량계획의 필요성

우리 나라 철도는 1899. 9. 18 경인선 노량진~인천간 33.2km를 개통한 이래 1927. 8. 1 시베리아 경유 아시아, 유럽 여러 나라들과 여객과 화물수송을 개시하였으며, 2차대전이 종전될 때까지 18년간 철도는 국제여객 및 화물수송을 담당하였다.

우리 나라 철도는 유라시아철도와 연결을 위해 종관철도를 주요간선 축으로 하여 건설을 하였으며 경부선, 경의선, 중앙선만 국영철도이고 그 이외 철도는 사설철도로 철도건설을 하였으며, 1926년부터 국가에서 철도건설사업을 추진하게되어 국가에서 사설철도를 매수 운영하기 시작하였다.

  1945. 8. 15 광복당시 남북철도 총 영업 6,362km 중 남한이 2,642km(41.5%) 정거장 총 762개소 중 300개소(39.4%) 남한철도 2,642km 중 사설철도가 721.8km(27.3%)이며, 사설철도 중 일부는 표준궤간(1,435mm)이고 일부는 협궤(762mm)로서 광복당시 남한의 사설철도는 721.8km이었다.

  기존철도는 사철을 매수하여 국유철도로 하는 한편 궤도구조를 개량하는 등 그때 경제형편에 적정한 수준에서 개량한 열악한 선로상태이므로 기존철도를 개량해야 했다.

  1960년대부터 경제개발계획에 따라 경제성장으로 교통량이 증가하여 날로 심각한 교통체증은 경제사회는 물론이고 국가경쟁력을 저해하고 있어 신속, 정확, 안전, 대량 수송체제인 철도의 기능을 더욱더 강화하여 철도수송능력을 증강해야하는 시대적 사명이 도래하였다.

  특히 2004년에는 열차운행 최고속도 300km/h의 경부고속철도가 개통되면서 호남고속철도, 동서고속철도를 위시하여 주요간선철도와 서로 연결 운행해야 하므로 주요간선철도는 200km/h 수준으로 속도향상을 하고 남북철도와 연결하는 대륙연결철도는 콘테이너 수송을 주력으로 하는 철도로 개량을 해야하나 여객, 화물 혼용철도로 개량해야할 것이다.

  또한 수도권과 대도시를 중심으로 위성도시간 광역철도망을 구성하여 도심부는 100km/h 미만의 속도, 도심부외곽 위성도시간은 150 ~ 200km/h의 속도로 운행하여 시간단축과 인구분산의 역할을 담당하는 철도로 개량해야 할 것이다.

3.6.3 개량계획시 사전검토사항

1) 기존철도의 열차운행체계 및 철도시스템
  (1) 열차운행체계

여객전용열차와 화물전용열차, 여객·화물혼용열차 구분, 통근열차 또는 전동차운행, 장거리열차의 급행, 완행체계 및 직통열차운행, 여객화물열차의 운행종별, 운행속도 등 열차속도조건, 동력차의 견인능력, 견인정수, 1개 열차편성 등 열차수송조건

  (2) 철도시스템

단선철도, 복선철도, 부분복선화, 2복선철도, 비전철, 전철화와 전철시스템, 신호보안시스템과 설비상태, 정보처리 종합시스템 설비상태

2) 기존철도의 선로조건
  (1) 선로선형

주요구간의 역간 거리 및 평면선형, 종단선형, 곡선반경별 개소 및 곡선연장, 종단기울기별 개소 및 기울기별연장, 완화곡선 부설조건 및 종곡선 부설조건

(2) 궤도구조

궤간, 레일, 침목, 체결구, 도상, 장대레일 부설현황, 정거장 분기기 종별 및 부설현황

(3) 정거장조건

지상, 지하, 고가 등 정거장 입지조건, 시종점역, 분기역, 중간역, 여객전용역, 여객·화물혼용역, 기지인입역, 정거장 배선상태와 승강장, 적하장, 역사위치 등 설비, 정거장 유효장 및 구내 신호보안설비와 구내확장조건, 정거장 접근도로와 타교통과 연계시스템, 역전광장, 정거장 입지 자연조건과 주변환경, 도심부와 이격거리

(4) 기지 등

차량기지, 화물기지, 조차장 등 진출입 정거장과 진출입 선로조건, 각 기지 및 조차장의 시설규모와 1일 취급능력, 장래확장조건과 전망

3) 기존철도의 수송능력

(1) 수송실적

주요선구별 1일 또는 연간 여객, 화물수송과 열차운행 현황, 정거장별 1일 또는 연간 여객, 화물수송 현황

(2) 수송수요와 수송능력판단

수송수요예측치와 정거장별 수송수요, 기존시설의 수송능력과 과부족실태, 단선철도, 복선철도, 부분복선 등 선로조건별 선로용량과 정거장 구내용량 검토

3.6.4 기존철도개량

1) 단선철도개량

우리 나라 철도는 대부분 단선철도이고 건설당시 철도기술수준, 사회환경, 재정형편 등 조건에서 건설한 것이므로 현재사회, 기술 수준 면에서는 열악한 철도이기 때문에 종합적으로 검토하여 가능한 최소의 투자비로 단기간 내에 효과를 얻을 수 있는 방향으로 개량한다.

재원형편과 투자비 면을 생각하여 일시에 많은 투자비를 투자하지 않고 가능한 연차별로 투자하여 단계별로 효과를 얻을 수 있는 단계별개량 방향으로 개량한다.

교행역 신설, 정거장구내확장, 노선평면선형과 종단선형개량, 신호개량 CTC, 전철화 등 개량계획은 2중투자를 최소화하고 단기간 내에 효과를 얻을 수 있는 방향으로 개량한다. 기존철도 선로조건이 열악하여 교행역 신설, 유효장 확장 등 정거장구내개량, 선로 평면선형 및 선로종단선형개량, 신호개량 CTC, 전철화 등 단계별 개량이 2

중투자가 많을 경우는 과감하게 복선화로 개량한다.

2) 복선철도개량

열차운행 최고속도를 얼마로 운행할 수 있는 선로로 개량할 것인지 가능한 열차운행속도 향상방향으로 개량한다.

장거리열차 전용철도, 대도시권 도시형 전용철도, 장거리열차와 도시형 열차의 혼용철도인지 열차운행계획을 바탕으로 개량한다.

장거리열차는 여객전용인지, 화물전용인지 여객, 화물혼용인지 열차운행계획을 바탕으로 개량한다.

남북철도연결과 유사시 특수열차운행 등을 생각하여 가능한 고속열차와 저속열차가 혼용운행할 수 있는 방향으로 복선철도노선과 정거장을 개량한다. 신호개량 ATS(automatic train stop), ATP(automatic train protection), CTC, 전철화, 정거장 구내확장, 노선평면선형과 종단선형 구간별 개량 등 단계별개량이 2중 투자가 많을 경우는 과감하게 새로운 철도를 개설하거나 2복선화로 개량한다. 3.6.5 기존철도 개량방안 구분

기존철도 개량방안은 사전 검토해야 할 사항을 현재 선로조건을 정확하게 판단하고 그 자료를 토대로 개량방안을 설정해야 한다.

개량방안은 크게 1개 열차 수송량 증대방안과 1일 열차운행회수(선로용량) 증대방안으로 구분할 수 있다. 1일 열차운행회수(선로용량) 증대방안은 단선철도인 경우 폐색구간연장을 단축하는 방안과 정거장간 부분복선하는 방안, 속도향상방법으로 폐색구간 운행시간을 단축하는 방안, 전철화하는 방안, 단선철도를 복선화하는 방안, 단선전철을 복선전철화하는 방안으로 구분할 수 있다.

제4장
철도선로

4.1 철도선로

4.1.1 철도선로의 정의

 철도선로(roadway, permanent way)라 하면, 열차 또는 차량을 운행하기 위한 전용통로의 총칭이며 궤도(Track)와 이것을 지지하는데 필요한 기반을 포함한 지대를 말한다. 궤도는 도상, 침목, 레일과 그 부속품으로 이루어지며 선로의 중심부분으로서, 기반과 도상을 직접 지지하는 노반(roadbed)과 이에 부속된 선로구조물로 구성된다.

1) 궤도 : 레일, 침목, 도상 그리고 체결구로 구성된다.
2) 노반
3) 선로구조물 : 측구, 철주, 전차선, 조가선, 급전선, 고압선(동력·신호),터널, 교량, 구교, 옹벽, 하수, 특별고압선, 통신선, 부급전선, 신호기, ATS지상자, 임피던스본드, 기울기표, km 표, 방음벽 등 철도선로를 건설할 때에는 시공기면을 천연지면과 일치되게 할 수는 없으며 지형에 따라 깎기와 돋기를 하여야 한다. 특히 선로가 산악, 하천, 도로 및 시가지를 횡단하거나 입체교차를 하는 곳에는 터널, 교량, 구교(溝橋), 하천, 고가교 등의 각종 구조물을 설치한다. 철도선로는 지형의 고저로 기울기(句配)가 생기게 되며 방향을 전환시키기 위하여 곡선이 생기게 되나 열차운전의 안전을 위하여 일정한도가 철도건설규칙에 규정되어 있다.

4.2 선로 설계

 선로건설과 보수는 수송량과 열차속도에 따라 선로의 등급을 정하고 그 등급에 해당하는 선로구조로 하여 경제적인 건설과 유지보수를 하는 방법과 그 선구의 속도별에 따라 선로구조를 정하여 철도건설과 유지보수를 하는 방법이 채용되고 있다. 최근 철도건설규칙에서는 2009. 9월 부터 속도별 구분으로 개정되었다.

4.2.1 설계속도

설계속도는 해당 선로의 경제·사회적 여건, 초기 건설비, 유지보수비용, 운행할 차량성능 및 노선의 기능 등을 감안하여 설정하며 장래 교통수요 등을 함께 고려하여야 한다. 단, 산악부 등 지형적 여건 혹은 기타 부득이한 경우에는 해당 노선의 구간별로 설계속도를 달리 정할 수 있다.

1) 설계속도 지침

신설 및 개량노선의 설계속도를 정하기 위해 속도별 비용 및 효과분석을 실시하여야 하며 특히 다음 사항을 중점적으로 고려하여 정한다.

(1) 초기 건설비, 운영비, 유지보수비용 및 차량구입비 등 총비용 대비 효과 분석
(2) 역간 거리
(3) 해당 노선의 기능
(4) 장래 교통수요 등 적정 효과분석을 위해 운행시간 및 운행비용 절감, 사고 및 환경비용 절감 등 변수를 감안할 수 있다. 산악부, 시·종점부, 정거장 전후, 시가화 및 도심지 통과구간 등 노선 내에서 다른 구간과 동일한 설계속도를 유지하기 어렵거나 동일한 설계속도 유지에 따르는 경제적 효용성이 낮은 경우에는 열차성능 모의시험 등 결과를 검토한 후 구간별로 설계속도를 달리하여 비용대비 투자효과를 극대화 할 수 있다.

4.2.2 곡선(curve)

1) 곡선의 종류

평면곡선에서 단곡선(silmple curve), 복심곡선(compound curve), 반향곡선(reverse curve), 완화곡선(transition cruve)등이 있으며 철도에서는 단곡선과 완화곡선이 많이 이용되고 기울기의 변화점에는 종곡선을 삽입한다.

2) 곡선의 표시(indication of curve)

철도선로는 가능하다면 직선이라야 하나 지형과 구조물 등으로 방향을 전환하는 지점에는 곡선을 설치하여야 한다. 곡선은 보통 원곡선을 사용하며 일반적으로 곡선반경 R로 표시한다. 미국에서는 곡선도(degree of curve)즉, 100ft의 현으로 형성되는 중심각 θ°로 표시하며 R(m)와 θ°와의 관계는 다음과 같다.

$$R = 50/\sin\frac{\theta}{2}\,(\text{ft}) = 50\cosec\frac{\theta}{2}\,(\text{ft}) \tag{4.1}$$

$$= 15.24\cosec\frac{\theta}{2}\,(\text{m}) \tag{4.2}$$

3) 곡선반경

(1) 본선의 곡선반경은 설계속도에 따라 다음 표의 값 이상으로 하여야 한다.

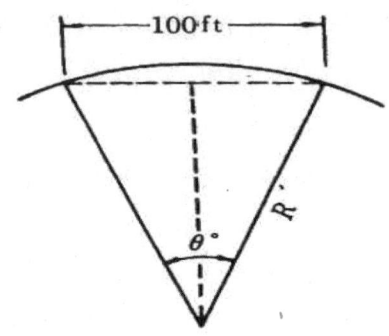

그림 4.1 곡선반경과 곡선도

표 4.1 설계속도별 최소 곡선반경

설계속도 V(km/시간)	최소 곡선반경(미터)	
	자갈도상 궤도	콘크리트도상 궤도
350	6,100	4,700
300	4,500	3,500
250	3,100	2,400
200	1,900	1,600
150	1,100	900
120	700	600
$V \leq 70$	400	400

이외의 값은 설정캔트와 부족캔트를 적용하여 다음 공식에 의해 산출한다.

$$R \geq \frac{11.8 V^2}{C_{max} + C_{d,max}}$$

여기서 R : 곡선반경(미터)

V : 설계속도(km/시간)

C_{max} : 최대 설정캔트(mm)

$C_{d,max}$: 최대 부족캔트(mm)

(2) 본선이 다음과 같이 특수한 경우에는 (1)에도 불구하고 다음에서 정하는 크기까지 곡선반경을 축소할 수 있다.
① 정거장의 전후 구간 등 부득이한 경우

표 4.2 부득이한 경우 최소 곡선반경

설계속도 V (km/시간)	최소 곡선반경(미터)
200 < V ≤ 350	운영속도고려 조정
150 < V ≤ 200	600
120 < V ≤ 150	400
70 < V ≤ 120	300
V ≤ 70	250

② 전동차전용선로 : 설계속도에 관계없이 250미터
(3) 부본선, 측선 및 분기기에 연속되는 곡선반경은 200미터까지 축소할 수 있다. 다만, 고속철도 전용선의 경우에는 다음 표와 같이 축소할 수 있다.

표 4.3 고속철도 전용선 최소 곡선반경

구 분	최소 곡선반경(미터)
주본선 및 부본선	1,000(부득이한 경우 500)
회송선 및 착발선	500(부득이한 경우 200)

4) 완화곡선(transition curve)

열차가 직선에서 원곡선으로 바로 진입하거나 원곡선에서 바로 직선으로 진입할 경우에는 열차의 주행방향이 급변함으로써 차량의 동요가 심하여 원활한 운전을 할 수 없으므로 직선과 원곡선사이에 $y = ax^3$ (3차포물선 : cubic parabola)의 완화곡선(transition curve)을 삽입하며, 그외에 곡률이 곡선장에 비례해서 체감되는 크로소이드곡선(clothoid curve)극좌표의 장현에 비례해서 직선체감을 하는 레므니스케이드곡선(lemmiscate spiral), 사인반파장완화곡선(sine curve) 4차포물선, 3차나선(cubic spiral), searles나선(Searles spiral), AREA 나선(AREA tenchord Spiral)등을 사용하는 나라도 있다. 완화곡선의 삽입은 본선의 직선과 원곡선 사이 또는 두 개의 원곡선

사이에는 열차의 주행안전성과 승차감 확보를 위하여 완화곡선을 두어야 한다. 다만, 곡선반경이 큰 곡선 또는 분기기에 연속되는 경우와 그밖에 완화곡선을 두기 곤란한 구간에 필요한 조치를 하는 경우에는 그러하지 아니하다. 완화곡선의 길이는 통상 다음의 세 가지 조건을 고려하여 결정된다.

(1) 차량의 3점지지에 의한 탈선을 방지하기 위한 안전한도
(2) 캔트의 시간변화율을 고려한 승차감 한도
(3) 부족캔트에 의해 열차가 받는 초과 원심력의 시간변화율을 고려한 승차감 한도로 결정되며, 완화곡선의 삽입은 다음 지침에 따른다.

① 본선의 경우 설계속도에 따라 다음표값 미만의 곡선반경을 가진 곡선과 직선이 접속하는 곳에는 완화곡선을 두어야 한다. 다만, 분기기에 연속되는 경우 및 기존선을 고속화하는 구간에서는 제2항의 부족캔트 차량 한계값을 적용할 수 있다.

표 4.4 다음표값 미만의 곡선반경에는 완화곡선 삽입

설계속도 V(km/시간)	곡선반경(미터)
250	24,000
200	12,000
150	5,000
120	2,500
100	1,500
$V \leq 70$	600

(주) 이외의 값을 다음의 공식에 의해 산출한다.

$$R = \frac{11.8 V^2}{\Delta C_{d,lim}}$$

여기서 R : 곡선반경(미터)
V : 설계속도(km/시간)
$\Delta C_{d,lim}$: 부족캔트 변화량 한계값(mm)

부족캔트 변화량은 인접한 선형간 균형캔트 차이를 의미하며, 이의 한계값은 다음과 같고, 이외의 값은 선형 함수값 추정에 의해 산출한다.

표4.5 고속철도전용선

설계속도 V(km/시간)	부족캔트 변화량 한계값(mm)
350	25
300	27
250	32
200	40
150	57
120	69
100	83
V≤70	100

(주) 중간값은 선형함수값 추정에 의해 구한다.

② 분기기 내에서 부족캔트 변화량이 다음 표의 값을 초과하는 경우에는 완화곡선을 두어야 한다.

표4.6 분기기 속도별 부족캔트 변화량 한계값(고속철도전용선)

분기속도 V (km/시간)	V≤70	70<V≤170	170<V≤230
부족캔트 변화량 한계값(mm)	120	105	85

표4.7 분기기 속도별 부족캔트 변화량 한계값 (기타 일반선)

분기속도 V (km/시간)	V≤100	100<V≤170	170<V≤230
부족캔트 변화량 한계값(mm)	120	141-0.21V	161-0.33V

③ 본선의 경우 두 원곡선이 접속하는 곳에서는 완화곡선을 두어야 하며, 이때 양쪽의 완화곡선을 직접 연결할 수 있다. 다만 부득이한 경우에는 완화곡선을 두지 않고 두 원곡선을 직접 연결하거나 중간직선을 두어 연결할 수 있으며, 이때 아래 각 호에서 정하는 바에 따라 산정된 부족캔트 변화량은 제1항 표의 값 이하로 하여야 한다.

a. 중간직선이 없는 경우

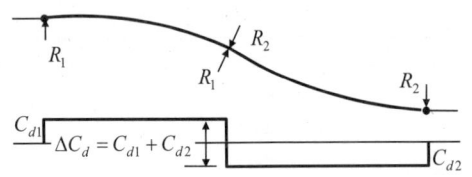
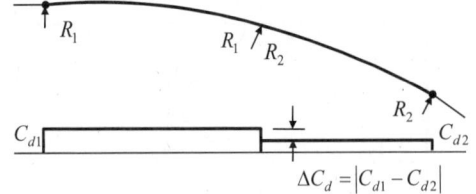

b. 중간직선이 있는 경우, 중간 직선의 길이가 기준값보다 작은 경우

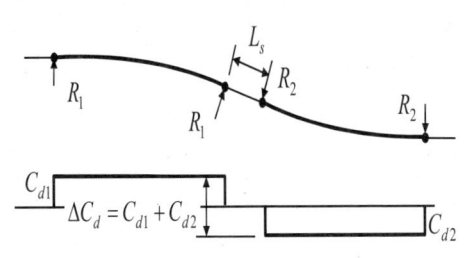
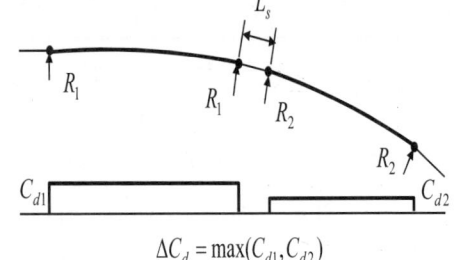

중간직선이 있는 경우, 중간직선 길이의 기준값($L_{s,lim}$)은 설계속도에 따라 다음 표와 같다.

설계속도 V(km/시간)	중간직선 길이 기준값(미터)
200〈V≤350	0.5 V
100〈V≤200	0.3 V
70〈V≤100	0.25 V
V≤70	0.2 V

c. 중간직선이 있는 경우로서 중간 직선의 길이가 제2호에서 규정한 기준값 보다 크거나 같은 경우는 직선과 원곡선이 접하는 경우로 보아 제1항에 따른 기준에 따른다.

d. 제1항에 따른 완화곡선의 길이(미터)는 다음 공식에 의하여 산출된 값 중 큰 값 이상으로 하여야 한다. 다만 제6조제2항 각 호의 경우에는 곡선반경에 따라 축소할 수 있다.

$$L_{T1} = C_1 \Delta C \qquad L_{T2} = C_2 \Delta C_d$$

L_{T1} : 캔트 변화량에 대한 완화곡선 길이(미터)

L_{T2} : 부족캔트 변화량에 대한 완화곡선 길이(미터)

C_1 : 캔트 변화량에 대한 배수

C_2 : 부족캔트 변화량에 대한 배수

ΔC: 캔트 변화량(mm)

ΔC_d : 부족캔트 변화량(mm)

설계속도 V (km/시간)	캔트변화량에 대한 배수	부족캔트 변화량에 대한 배수
350	2.50	2.20
300	2.20	1.85
250	1.85	1.55
200	1.50	1.30
150	1.10	1.00
120	0.90	0.75
V≤70	0.60	0.45

(주) 이외의 값은 다음의 공식에 의해 산출한다.

캔트 변화량에 대한 배수 : $C_1 = \dfrac{7.31 V}{1000}$

부족캔트 변화량에 대한 배수 : $C_2 = \dfrac{6.18 V}{1000}$

여기서 V : 설계속도(km/시간)

⑤완화곡선의 형상은 3차 포물선으로 하여야 한다.

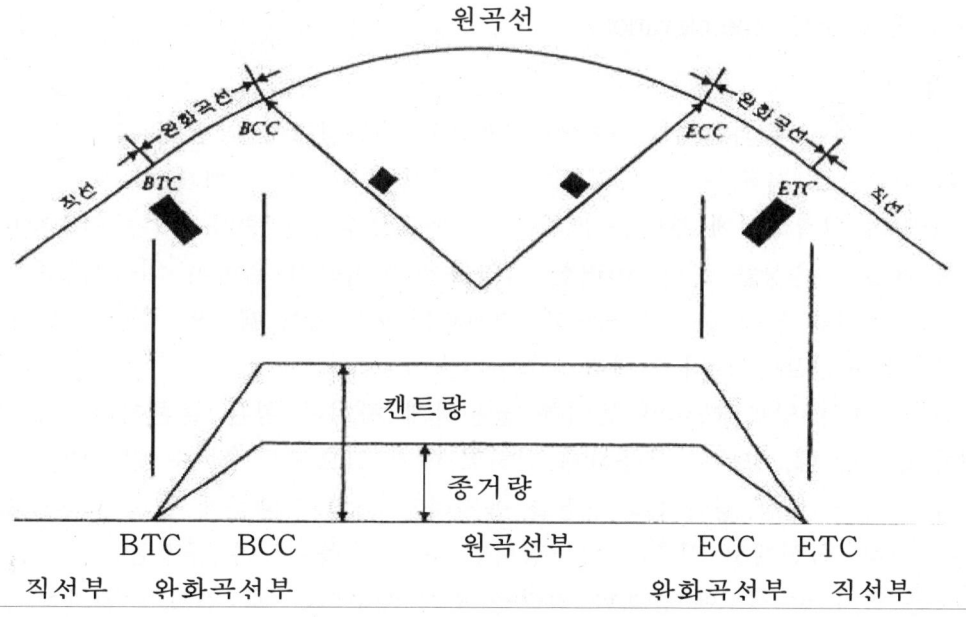

그림 4.2 완화곡선의 개념

94 제3장 철도건설

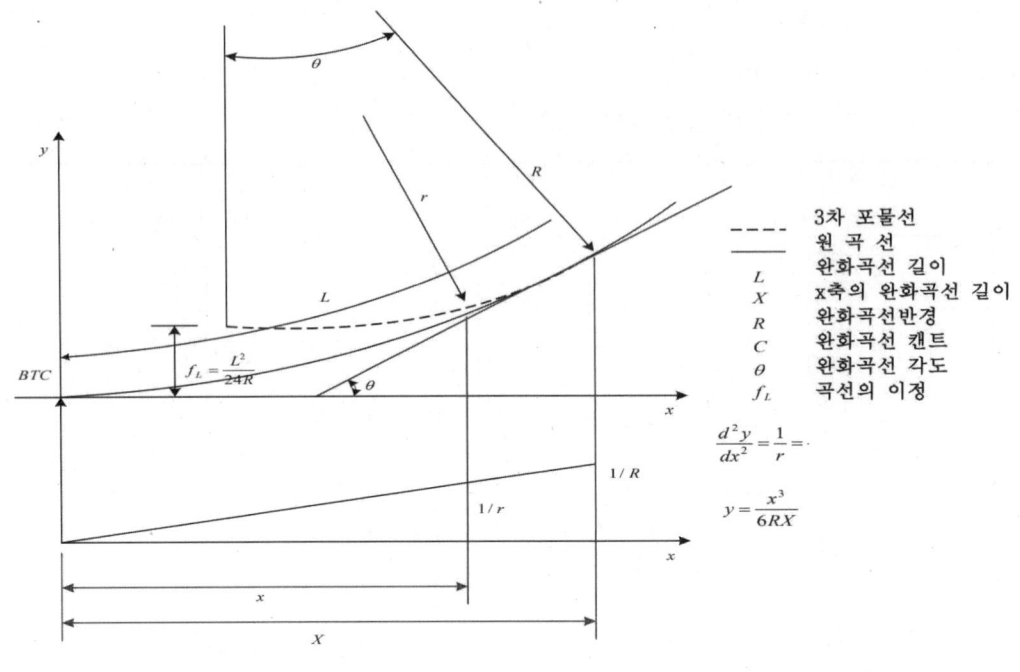

그림 4.3 3차 포물선 완화곡선

4.2.3 캔트(cant, superelevation)

1) 정 의

열차가 곡선을 통과할 때 차륜에서 발생하는 원심력이 곡선 외측에 작용하여 차륜이 외측으로 전복, 승객이 외측으로 쏠리어 승차감을 나쁘게 하고, 차량의 중량과 횡압이 외측레일에 부담을 크게 주어 궤도보수량을 증가시키는 악영향이 발생하며 레일에 손상을 준다. 이러한 악영향을 방지하기 위하여 내측레일을 기준으로 외측레일을 높게 하여 원심력과 중력과의 합력선이 궤간의 중앙부에 작용토록 하는 것을 캔트(cant)라고 한다.

직선구간에서 양쪽 레일의 높이를 균등하게 하여야 함은 물론이다. 레일위를 차량이 통과할 때, 양쪽이 부등하게 침하할 때가 있으므로, 될 수 있는 한 수평이 되어야 하지만, 항상 정확하게 수평을 유지하기 어렵기 때문에 틀림의 한도를 규정해야 한다. 곡선에서 외측레일에 상당한 캔트를 붙이도록 규정한 것은 캔트의 적당량은 열차 및 궤도에 중대한 영향을 주기 때문이다. 즉 캔트가 열차속도보다 과대할 때는 열차하중은 내측레일에 편의하여 내측레일에 손상을 크게 주며,

레일의 경사 및 궤도의 틀림을 조장하여 승차감을 불쾌하게 한다. 또한 캔트가 열차속도에 비하여 과소할 때에는 열차하중이 원심력의 작용으로 외측레일에 편의하여 외측레일의 손상을 크게하여 차량이 레일위로 승상탈선할 위험이 있게 된다. 여기서 말하는 상당한 캔트란 열차에 대하여는 탈선전복의 위험 및 승차감에 영향을 미치는 동요의 정도가 각 열차하중이 모두 허용할 수 있는 일정한 범위내에 있도록, 궤도에 대하여는 전 열차하중이 좌우 균등하게 걸려서 궤도의 손상 및 틀림이 최소로 되는 것을 말한다.

2) 캔트설치 궤도
　(1) 곡선구간에는 열차의 주행안전성 및 승차감을 확보하고 궤도의 부담력 균등화를 위하여 곡선반경 및 주행속도 등에 대응한 캔트를 두어야 한다.
　(2) 분기기내 곡선, 그 전 후 곡선, 측선과 그 밖에 캔트를 부설하기 곤란한 개소에 열차의 주행안전성을 확보한 경우에는 예외로 할 수 있다.
　(3) (1)에 의한 캔트는 열차의 주행안전성 및 승차감을 확보할 수 있도록 일정 길이 이상에서 체감하여야 한다.

3) 캔트의 설치는 다음 지침에 따라야 한다.
　(1) 곡선구간의 궤도에는 다음 공식에 의하여 산출된 캔트를 두어야 하며, 이때 설정캔트 및 부족캔트는 다음 값 이하로 하여야 한다.

$$C = 11.8 \frac{V^2}{R} - C_d$$

여기서　C : 설정캔트(mm)
　　　　V : 설계속도(km/시간)
　　　　R : 곡선반경(미터)
　　　　C_d : 부족캔트(mm)

설계속도 V (km/시간)	자갈도상 궤도		콘크리트도상 궤도	
	최대 설정캔트 (mm)	최대 부족캔트[1] (mm)	최대 설정캔트 (mm)	최대 부족캔트[1] (mm)
200 < V ≤ 350	160	80	180	130
V ≤ 200	160	100[2]	180	130

[1] 최대 부족캔트는 완화곡선이 있는 경우 즉, 부족캔트가 점진적으로 증가하는 경우에 한한다.
[2] 선로를 고속화하는 경우에는 최대 부족캔트를 120mm까지 할 수 있다.

(2) 열차의 실제 운행속도와 설계속도의 차이가 큰 경우에는 다음 공식에 의해 초과캔트를 검토하여야 하며, 이때 초과캔트는 110mm를 초과하지 않도록 하여야 한다.

$$C_e = C - 11.8 \frac{V_o^2}{R}$$

여기서 C_e : 초과캔트(mm)

C : 설정캔트(mm)

V_o : 열차의 운행속도(km/시간)

R : 곡선반경(미터)

(3) 분기기내 곡선, 그 전 후의 곡선, 측선과 그 밖에 캔트를 부설하기 곤란한 개소에 있어서 열차의 주행안전성을 확보한 경우에는 캔트를 두지 않을 수 있다.

(4) 캔트는 다음의 구분에 따른 길이로 체감하여야 한다.

① 완화곡선이 있는 경우 : 완화곡선 전체 길이

② 완화곡선이 없는 경우 : 최소 체감길이(미터)는 $0.6\Delta C$ 보다 작아서는 아니 된다. 여기서 ΔC는 캔트변화량(mm)이다.

구 분	체감 위치
곡선과 직선	곡선의 시·종점에서 직선구간으로 체감[1]
복심곡선	곡선반경이 큰 곡선에서 체감

(1) 직선구간에서 체감을 원칙으로 한다. 다만, 기존선 개량 등으로 부득이한 경우에는 곡선부에서 체감할 수 있다.

4) 캔트의 해설

(1) 열차가 곡선을 통과하는 경우 열차에서 발생하는 원심력이 곡선외측으로 작용하기 때문에 다음과 같은 현상이 발생한다.

㉠ 승객의 몸이 곡선외측으로 쏠림에 따른 승차감저하

㉡ 외측레일에 열차의 중량과 횡압 증가에 따른 궤도의 보수량 증가

㉢ 곡선외측으로 열차의 전복 위험 증가

이러한 원심력에 의한 악영향을 방지하기 위하여 열차의 주행속도에 따라 곡선의 외측레일을 높여주는 것을 "캔트(cant)"라고 하며, 높여 주는 량을 "캔트량" 이라 한다.

① 균형캔트

캔트는 선로의 곡선반경과 곡선구간을 주행하는 열차의 속도에 따라 정해진다. 열차가 반경 R(m)의 곡선을 속도 V(km/h)로 통과하는 경우 궤도면이 캔트 C만큼 기울어져 있다고 하면 열차중심에 작용하는 곡선 외측으로 발생하는 원심력과 중력 및 이들의 합력($\overline{OR}$)과 그 합력($\overline{OR}$)에 의해 생기는 궤도면에 평행한 횡가속도 성분 $\overline{MR}=p$는 아래의 그림에서 처럼 다음과 같이 구할 수 있다.

$$\overline{MR} = \overline{NR}\cos\theta = \left(\frac{V^2}{R} - g\tan\theta\right)\cos\theta \tag{4.3}$$

여기서 $\overline{NR} = f - \overline{WN}$

$\overline{WN} = g\tan\theta$

$f = \dfrac{V^2}{R}$: 원심가속도

R : 곡선반경

V : 열차속도

g : 중력가속도

θ는 미소하므로, $\tan\theta \approx \sin\theta = \dfrac{C}{G}$, $\cos\theta \approx 1$ 이다. 따라서 $p = \overline{MR} = \dfrac{V^2}{R} - \dfrac{C}{G}g$ 이다. 여기서 G는 레일의 좌우 접촉점간 거리이다.

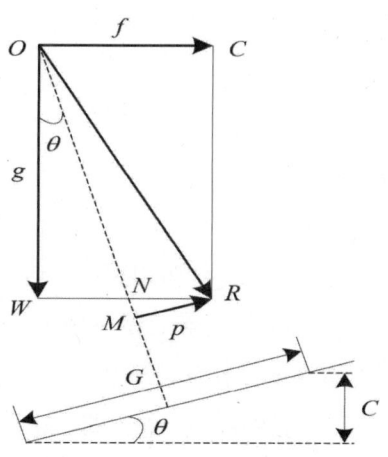

그림 4.4 균형캔트

열차속도 V에 대해서 횡가속도 p가 0일 경우, 즉 원심가속도와 중력가속도와의 합력이 궤도중심을 향하는 가장 바람직한 상태가 되는 때의 캔트를 균형캔트(C_{eq}) 또는 평형캔트라 하며, 이때의 열차속도 V를 균형속도라 한다.

$$\frac{V^2}{R} = \frac{C_{eq}}{G} g \tag{4.4}$$

$$C_{eq} = \frac{GV^2}{gR} \tag{4.5}$$

이 식에서 중력가속도 g=9.8m/sec², 레일의 좌우 접촉점간 거리 G=1,500mm라 하고, 각 기호의 단위를 맞추면,

$$C_{eq} = \frac{1500(\text{mm}) \times V(\text{km/hr})^2}{9.8(\text{m/sec}^2) \times 3.6^2 \times R(\text{m})} \approx 11.8 \frac{V^2}{R} \tag{4.6}$$

여기서, C_{eq} : 균형캔트(mm)
　　　　V : 열차속도(km/h)
　　　　R : 곡선반경(m)

② 설정캔트

일반적으로 곡선부에서 통과열차의 속도와 선로상태가 일정하지 않으므로, 아래의 식과 같이 고속 및 저속열차에 대한 불균형과 승객의 승차감, 그리고 현장 실정을 고려하여 캔트를 조정하도록 조정치 즉, 부족캔트 C_d을 두어 설정캔트를 결정한다. 따라서 균형캔트 C_{eq}는 설정캔트 C와 부족캔트 C_d의 합이다.

$$C = 11.8 \frac{V^2}{R} - C_d \tag{4.7}$$

여기서 C : 설정캔트(mm)
　　　　V : 열차속도(km/h)
　　　　R : 곡선반경(m)
　　　　C_d : 부족캔트(mm)

Ril 800.0110(독일)에서는 승강장 또는 열차가 자주 정지하거나, 특정구간의 허용속도를 극히 열차 일부만 달성하는 곡선구간에서는 캔트를 최소캔트(C_{min})와 아래의 표준캔트(C_s)사이의 값으로 설정하도록 하고 있으며, 모든 열차가 거의 동일한 속도로 주행하는 선로구간에서는 캔트를 표준캔트(C_s)와 균형캔트(C_{eq}) 사이의 값으로 설정하도록 하고 있다.

$$C_s = \frac{7.1 V_d^2}{R} (\text{mm}) \tag{4.8}$$

여기서, V_d : 설계속도(km/h)

③ 최대설정캔트

캔트가 설정되어 있는 곡선부에서 차량이 정지한 경우 혹은 곡선부를 서행으로 주행하는 경우에는 균형캔트가 0이므로 설정캔트가 그대로 캔트 초과량이 된다. 이러한 경우에는 외측으로부터의 풍하중에 의한 차량의 내측 전도에 대한 안전과 차체 경사에 의한 승객의 승차감을 고려하여 최대설정캔트를 설정할 필요가 있다.

$$\frac{x}{H} \approx \frac{C}{G} \tag{4.9}$$

$$x = \frac{C}{G}H \tag{4.10}$$

최대설정캔트는 곡선 내 열차 정차 시 내측으로의 전복에 대한 안전율을 3.5 즉, $x \leq \frac{G}{7}$ 이내에 들도록 하면 최대설정캔트는 다음과 같이 정의된다.

$$C_{lim} = \frac{G^2}{7H} \tag{4.11}$$

여기서 C_{lim} : 최대설정캔트(mm)

G : 궤간, 좌우접촉점간 거리(mm, 1,500mm)

H : 레일 면으로부터 차량 무게 중심까지의 높이(mm)

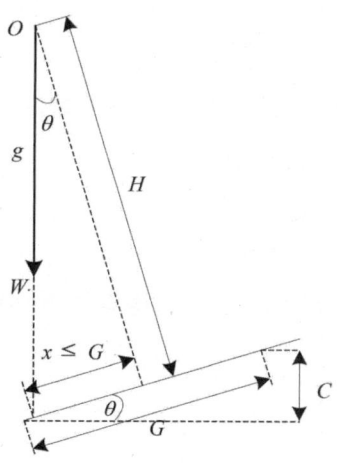

그림 4.5 설정최대캔트

기존 건설규칙에서는 안전율 3.5와 레일 면으로부터 차량 무게 중심까지의 높이를 기존선에 대해서는 2,000mm와 고속선에 대해서는 1,800mm를 식 (4.10)에 적용하여 각각 최대설정캔트를 160mm와 180mm로 규정하여 적용하고 있다.

④ 부족캔트

부족캔트 결정에 미치는 가장 중요한 요소는 곡선부 주행시 승객이 느끼는 원심가속도 즉, 궤도면에 평행한 횡가속도 성분 $\overline{MR}=p$이다.(그림 4.4 참조)

$$a_q = \frac{V^2}{R} - \frac{gC}{G}$$

(4.12)

여기서 a_q : 부족캔트에 의한 원심가속도
  V : 열차속도
  R : 곡선반경
  g : 중력가속도
  C : 설정캔트
  G : 궤간(좌우접촉점간 거리)

이 식에서 중력가속도 $g=9.8m/sec^2$, 좌우 접촉점간 거리 $G=1,500mm$라 하고, 각 기호의 단위를 맞추면,

$$a_q = \frac{V^2}{12.96R} - \frac{C}{153}$$

(4.13)

여기서 a_q : 부족캔트에 의한 원심가속도(m/sec^2)
  V : 열차속도(km/hr)
  R : 곡선반경(m)
  C : 설정캔트(mm)

설정캔트 식으로부터 부족캔트 C_d를 정리하면 아래의 식과 같다

$$C_d = 11.8\frac{V^2}{R} - C$$

(4.14)

부족캔트에 의해 발생하는 불평형 횡가속도 a_q와 차량 바닥면에서의 가속도 a_l와의 관계는 다음 식과 같으며, 이때 바닥면에서의 최대 허용 가속도는 $1.0m/sec^2$에서 $1.5m/sec^2$까지로 규정하고 있다. 아래의 식에서 s는 열차의 롤

링 강성계수(=0.4, 특수한 경우 0.2~0.25 까지 감소)이다.

$$a_i = (1+s)a_q$$

(4.15)

Ril 800.0110(독일)에서는 부족캔트 한계값($C_{d,lim}$)으로 130mm를 적정한계값으로 적용하고 있다. 한편, TSI(유럽)의 부족캔트 한계값은 아래의 표와 같다.

표 4.5 TSI(유럽)의 부족캔트 한계값

속도(km/h)	I [a]		II	III
	추천값(mm)	최대값(mm)	최대값(mm)	최대값(mm)
$V \leq 160$	160	180	160	180
$160 < V \leq 200$	140	165	150	165
$200 < V \leq 230$	120	165	140	165
$230 < V \leq 250$	100	150	130	150
$250 < V \leq 300$	100	130[b]	-	-
$300 < V$	80	80	-	-

a 제한조건 때문에 추천값을 만족하지 못하는 경우 최대값 적용
b 슬래브 궤도인 경우 150mm 적용

일본의 철도에 관한 기술기준에서는 곡선부에서 주행시 외측 전복에 대한 안전성을 고려하여 안전율 4를 적용 아래의 공식에 의해 부족캔트 한계값($C_{d,lim}$)을 규정하고 있다.

$$C_{d,lim} = \frac{G^2}{8H}$$ (4.16)

$$C_e = C - 11.8 \frac{V_{min}^2}{R}$$ (4.17)

일반적으로 설계자는 부족캔트를 최소화하기 위하여 어느 정도까지는 캔트를 증가시킨다. 그러나 이러한 캔트의 증가는 저속 열차에 대해서 초과캔트를 유발시키며, 이에 따라 곡선 내측 레일에 대한 준 정적하중의 증가를 초래한다. 즉 내측 레일에 대한 횡방향 하중이 수직하중에 비례해서 증가하며, 결과적으로 레일의 마모를 촉진시킨다. 따라서 설계자는 캔트와 부족캔트, 초과캔트에 대해서 최적의 조건이 되도록 노력하여야 한다.

기존 건설규칙에서는 초과캔트에 대한 기준이 정립되어 있지 않았다. 그러나 유럽을 중심으로 상기와 같은 이유로 초과캔트에 대한 기준을 적용하고 있다. ENV 13803-1:2002(유럽)에서는 초과캔트 한계값($C_{e,lim}$)으로 다음과 같이 규정하고 있다.
- 추천 한계 값 : 110mm
- 최대 한계 값 : 130mm(여객열차 : 초과캔트가 110mm를 초과해서는 안됨)

UIC 703R:1989(국제철도연맹)에서 규정하고 있는 초과캔트 한계값은 아래의 표와 같다.

표 4.6 UIC 703R:1989(유럽)의 초과캔트 한계값

구 분 속도(km/h)	I 80~120			II 120~200			III ≤250				IV 250~300	
							FS		DB		SNCF	
	표준	최대	극한	표준	최대	극한	표준	최대	표준	최대	표준	최대
C_e(mm)	-	50	70	90	70	90	110	100	-	50	70	-	110

· 극한값(exceptional values) : 위의 조건에서 안전 및 승차감 확보가 가능한 특수열차에 대해서 예외적으로 적용되는 한계값

본 개정(안)에서는 열차의 운행속도(V_o)에 대해 ENV 13803-1:2002(유럽)의 추천 한계 값 110mm를 참고하여 개정(안)의 초과캔트 한계값으로 적용하였다.

분기기내 곡선, 그 전 후의 곡선, 측선과 그 밖에 캔트를 부설하기 곤란한 개소에 있어서 열차의 주행안전성을 확보한 경우에는 캔트를 두지 않을 수 있도록 하였다.

캔트체감은 직선 또는 곡선체감을 하여야 하며 체감길이는 다음과 같도록 하였다.
㉠ 완화곡선이 있는 경우 : 완화곡선 전체 길이
㉡ 완화곡선이 없는 경우(곡률이 급격이 변화하는 경우)

이러한 경우에 대한 鐵道に關する技術基準(일본)의 캔트체감 기준은 3점지지 탈선 사례를 참조하여 정립되었다. 3점지지로 인한 탈선사고 조사 결과 한쪽 바퀴 부상량을 20mm 이내로 제한하도록 하였다. 일본에서는 평면성틀림 한계를 9mm로 보고, 캔트체감에 의한 평면성 틀림의 한계값을 20-9=11mm로 하고 있다. 이렇게 하면 차량의 고정축거에 따라 캔트체감길이의 최소값을 다음과 같이 결정할 수 있다.

$$\frac{C}{L_1} = \frac{d_a}{A}$$

(4.18)

$$L_1 = \frac{A}{d_a} C$$

(4.19)

여기서 A : 차량의 고정축거

d_a : 3점지지 탈선방지를 위한 평면성 틀림의 한계, d_a = 20-9 = 11mm

 기존 건설규칙에서도 국내의 당시 차량의 최대 고정축거 4.75m, 최소 플랜지 깊이 25mm, 평면성틀림 한계 9mm에 안전율 2.0을 적용하여 캔트변화량의 600배를 캔트체감 길이로 결정하였으며, 차량의 최대 고정축거의 축소에도 불구하고 안전측 개념으로 이 값을 그대로 적용하고 있다.

 본 개정(안)에서는 완화곡선이 없는 경우 캔트체감 방법 및 길이로 직선체감의 경우 기존 건설규칙을 준용하였으며, 이에 곡선체감의 경우를 추가하여 캔트의 최급 기울기가 1/600 이하가 되도록 캔트체감 길이를 제안하였다. 또한 곡선부에서 캔트를 체감하는 경우 3점지지에 의한 윤중감소에 곡선부 횡압이 더해져 주행 안전상 불리한 조건이 되므로 직선부에서 체감하는 것을 원칙으로 하였으며, 기존선 개량 등으로 부득이한 경우에는 곡선부에서 체감할 수 있도록 하였다.

표 4.7 각국의 캔트량 산출공식

국 명	캔 트 공 식	최대캔트량	최대캔트 부족량
미 국	$C = 0.00066DV^2 (in), V = mile/h$ 미터법으로는 $C = 11.3 \frac{V^2}{R}$	150mm	76mm
영 국	$C = \frac{GV^2}{127R}$ $V = mile/h$	150	89-51
불 란 서	$\frac{0.5 \times 11.8 V^2}{R} < C < \frac{0.7 \times 11.3}{R}$	180 (실용 160)	150 (실용 130)
일 본	일반 $C = 10 \frac{V^2}{R}$, V = 최대속도 최소 $C = 8 \frac{V^2}{R}$ 신간선 $C = 11.8 \frac{V^2}{R}$	협궤 115 광궤 170 최대 180	100

국 명	캔 트 공 식	최대캔트량	최대캔트 부족량
독 일	표준 $C = 8\dfrac{V^2}{R}$, $V = $ 최대속도 최소 $C = 11.8\dfrac{V^2}{R} - 90$	150	100
스 위 스	$C = \dfrac{8(V+5)^2}{R}$	150	121-96
호 주	$\dfrac{9\dfrac{V^2}{R}}{1+0.025\dfrac{V^2}{R}} < C < \dfrac{13\dfrac{V^2}{R}}{1+0.025\dfrac{V^2}{R}}$	150	90 (실용 60)
한 국	$11.8\dfrac{V^2}{R} - C'$, $C' = 0 \sim 100$	160	100

4.2.4 직선 및 원곡선의 최소길이

본선에 있어서 직선과 원곡선은 설계속도를 고려하여 일정길이 이상으로 하여야 한다.

1) 직선 및 원곡선의 최소길이 지침

(1) 본선의 직선 및 원곡선의 최소 길이는 설계속도에 따라 다음 표의 값 이상으로 하여야 한다. 다만 부본선, 측선 및 분기기에 연속되는 경우에는 직선 및 원곡선의 최소 길이를 다르게 정할 수 있다

설계속도 V(km/시간)	직선 및 원곡선 최소 길이(미터)
350	180
300	150
250	130
200	100
150	80
120	60
$V \leq 70$	40

(주) 이외의 값은 다음의 공식에 의해 산출한다.

$L = 0.5V$

여기서 L : 직선 및 원곡선의 최소 길이(미터)

  V : 설계속도(km/시간)

(2) 본선에 있어서 인접한 두 원곡선이 있는 경우에는 각 원곡선에 대한 캔트를 체감한 후 두 원곡선 사이에 (1)의 규정에 의한 길이 이상의 직선을

삽입하여야 한다. 다만, 지형 상 부득이한 경우에는 양쪽의 완화곡선을 직접 연결할 수 있고, 완화곡선이 없는 경우에는 바로 연결할 수 있다.
(3) 분기기에 연속되는 경우에는 (1) 및 (2)의 규정에 의하지 아니할 수 있다.

2) 직선 및 원곡선의 최소길이 해설
(1) 급격한 직선과 곡선의 연결은 승차감을 저해하게 된다. 특히 횡방향 불평형 가속도 변화에 의해 열차의 좌우 움직임을 일으키는 가진 진동수와 차량의 고유진동수와 일치하게 되면 공진에 의해 열차의 동요가 커지고 승차감이 급격히 저하하게 된다. 따라서 가진 진동수가 차량의 고유진동수보다 작도록 원곡선과 직선의 최소길이를 설정해야 한다. 즉

$$f = \frac{1}{T} = \frac{V_{max}}{3.6\,L} < f_n = \frac{1}{T_n}$$

(4.20)

여기서, f, T : 열차의 좌우 움직임을 일으키는 가진 진동수(Hz)와 가진 주기(sec)
f_n, T_n : 차량의 고유진동수(Hz)와 진동주기(sec)
V_{max} : 최대운행속도(km/h)
L : 원곡선 또는 직선 구간의 길이

따라서 원곡선 또는 직선의 최소 길이는 다음과 같이 주어진다.

$$L > T_n \frac{V_{max}}{3.6}$$

(4.21)

열차의 고유진동주기는 열차마다 다르지만 통상 최대 1.5초 이내로 보고 있고, 고속철도의 경우 일본은 1.5초, 독일 ICE는 1.8초로 좀 더 큰 값을 적용하고 있다. 종래 건설규칙에서는 차량 고유주기를 다소 여유있게 보아 1.8초를 하고 급선별 최고속도를 적용하여 고속선 180m, 1급선 100m, 2급선 80m, 3급선 60m, 4급선 40m로 직선과 원곡선의 최소 길이를 제시하고 있으나 급선별 최고속도에 대해 규정함으로써 속도가 낮은 구간에 대해서는 과도한 규정이 된다. 이를 개선하기 위해 속도에 대한 함수로 최소길이 산식을 제시하는 것으로 하되 기존의 규정대로 차량 고유주기를 1.8초로 적용하였다. 아울러 최소값으로 EN 규격을 인용하여 30m를 제시하였는데, 이것은 일본 국철기준 20m보다는 크지만 종래 건설규칙의 최소값인 40m보다는 작은 값이 된다.
(2) 기존 건설규칙에서는 원곡선이 만나는 경우는 어떤 경우라도 최소 길이

이상의 직선을 삽입하도록 규정하고 있었으나, 실제 설계에서 많은 어려움이 있었다. 따라서 개정안에서는 국외 규정을 검토하여 지형상 부득이한 경우에는 연속된 완화곡선으로 연결할 수 있도록 허용하는 것으로 하였다. 반면 완화곡선이 없는 경우에는 완화곡선을 두지 않아도 되는 예외규정에서 원곡선 사이에 삽입하는 중간직선의 길이에 대한 사항을 포함하고 있으므로 이 규정을 적용하였다. 이 규정에 종래의 복심곡선에 대한 규정도 함께 포함하고 있다.

(3) 선로전환기에서 연속되는 구간에서는 대부분 저속구간이므로 안전상의 문제는 없을 것으로 보아 특별히 직선길이를 규정하지 않고있다.

4.2.5 선로의 기울기(grade)

1) 기울기의 표시(indication of grade)

선로의 기울기는 최소곡선반경보다도 수송력에 직접적인 영향을 줌으로 가능한 한 수평에 가깝도록 하는 것이 좋으나 수평으로 하면 큰 토공과 장대터널을 필요로 하게 되어 건설비가 많이 소요되므로, 우리나라와 같은 산악이 많은 지역에서는 기울기(grade)도 많아진다. 그러나 10‰정도보다 완만한 기울기는 기관차의 견인력에 큰 영향을 주지 않으며 배수상으로도 필요한 것이다.

기울기의 표시는 각국에 따라 다르나 한국철도에서는 다음의 3가지중 천분율을 많이 사용하고 있다.

(1) 천분율(permillage of permill)(‰)

수평거리 1,000에 대한 고저차로 20/1,000 또는 20‰로 표기하고 한국, 프랑스, 독일, 일본 등 세계 각국 철도에 널리 사용되고 있다.

(2) 백분율(percentage or percent)(%)

수평거리 100에 대한 고저차로 표시하며 2/100 또는 2%로 표기하고 미국철도에 사용되고 있으며 한국에서도 도로에서는 철도와는 달리 백분율을 사용하고 있다.

(3) 고저차

1에 대한 수평거리를 표시하며 영국에서 사용되고 있다. 일반적으로 고저차는 분자로 하고 수평거리를 분모로 하여 고저차와 수평거리의 비율로 표기하고 있다.

2) 기울기의 분류(classification of grade)

기울기는 열차운전계획상 다음과 같이 분류한다.

(1) 최급기울기(maximum grade)

열차운전구간중 가장 물매가 심한 기울기를 말한다. 장대터널 내부는 습기가 많아 레일이 미끄럽기 때문에 기관차의 견인력이 감소되고 열차에 대한 공기저항이 증대되므로 최급기울기를 규정하고 있다.

(2) 제한기울기(ruling grade)

기관차의 견인 정수를 제한하는 기울기를 말하며 반드시 최급기울기와 일치하는 것은 아니다.

(3) 타력(惰力) 기울기(momentum grade)

제한기울기보다 심한 기울기라도 그 연장이 짧은 경우에는 열차의 타력에 의하여 이 기울기를 통과할 수가 있다. 이러한 기울기를 타력기울기라 한다.

(4) 표준기울기(standard manimum grade)

열차운전 계획상 정거장 사이마다 조정된 기울기로서 역간에 임의·지점간의 거리 1km의 연장중 가장 급한 기울기로 조정된다.

(5) 가상기울기(virtual grade)

기울기선을 운전하는 열차의 베로시티 헤드(velocity head)의 변화를 기울기로 환산하여 실제의 기울기에 대수적으로 가산한 것을 가상기울기라 하고 열차운전·시분에 적용된다.

3) 선로의 기울기 설치지침

선로의 기울기는 해당선로의 성격과 기능 및 운행차량의 특성을 고려하여 정한다.

(1) 본선의 기울기는 설계속도에 따라 다음 표의 값 이하로 하여야 한다.

설계속도 V(km/시간)		최대 기울기 (천분율)
여객전용선	$250 < V \leq 350$	$35^{(1),(2)}$
여객화물 혼용선	$200 < V \leq 250$	25
	$150 < V \leq 200$	10
	$120 < V \leq 150$	12.5
	$70 < V \leq 120$	15
	$V \leq 70$	25
전기동차전용선		35

[1] 연속한 선로 10km에 대해 평균기울기는 1천분의 25이하여야 한다.
[2] 기울기가 1천분의 35인 구간은 연속하여 6km를 초과할 수 없다.
(주) 단, 선로를 고속화하는 경우에는 운행차량의 특성 등을 고려하여 열차운행의 안전성이 확보되는 경우에는 그에 상응하는 기울기를 적용할 수 있다.

(2) (1)에도 불구하고 부득이한 경우 최대 기울기 값을 다음에서 정하는 크기까지 다르게 적용할 수 있다.

설계속도 V(km/시간)	최대 기울기(천분율)
200 < V ≤ 250	30
150 < V ≤ 200	15
120 < V ≤ 150	15
70 < V ≤ 120	20
V ≤ 70	30

(주) 단, 선로를 고속화하는 경우에는 운행차량의 특성을 고려하여 그에 상응하는 기울기를 적용할 수 있다.

(3) 본선의 기울기 중에 곡선이 있을 경우에는 (1) 및 (2)에 따른 기울기에서 다음 공식에 의하여 산출된 환산기울기의 값을 **뺀** 기울기 이하로 하여야 한다.

$G_c = \dfrac{700}{R}$

G_c : 환산기울기(천분율)

R : 곡선반경(미터)

(4) 정거장의 승강장 구간의 본선 및 그 외의 열차정차구간 내에서의 선로의 기울기는 (1)부터 (3)까지의 규정에도 불구하고 1천분의 2이하로 하여야 한다. 다만, 열차를 분리 또는 연결을 하지 않는 본선으로서 전기동차전용선인 경우에는 1천분의 10까지, 그 외의 선로인 경우에는 1천분의 8까지 할 수 있으며, 열차를 유치하지 아니하는 측선은 1천분의 35까지 할 수 있다.

(5) 종곡선 간 직선 선로의 최소 길이는 설계속도에 따라 다음 값 이상으로 하여야 한다.

$L = 1.5 V/3.6$

L : 종곡선 간 같은 기울기의 선로길이(미터)

V : 설계속도(km/시간)

(6) (1)(2) 및 (4)에도 불구하고 운행할 열차의 특성을 고려하여 정지 후 재기동 및 설계속도로의 연속주행 가능성과 비상 제동시 제동거리 확보 등 열차운행의 안전성이 확보되는 경우에는 본선 또는 기존 전기동차 전용선에 정거장을 설치 시 기울기를 다르게 적용할 수 있다.

4) 선로의 기울기 해설

(1) 기울기는 선로의 종방향 선형에 있어서의 높이 변화를 의미하는 것으로 일정구간을 기준으로 시점부보다 종점부의 위치가 높을 경우, 상향 기울기로, 시

점부보다 종점부의 위치가 낮을 경우, 하향 기울기로 정의한다.

기울기 결정 대상구간의 기본특성이 결정된 이후, 상향기울기 부분에 대해서는 등판능력(정지시의 재가동 여부를 포함)에 대한 검토가 수행되어야 하며, 하향 기울기 부분에 대해서는 비상제동시 제동거리의 확보 여부에 대한 검토가 수행되어야 한다. 이는 곧 운행할 차량의 차량 특성요소(열차중량, 견인력, 제동력, 제동초기속도, 공주시간, 출발저항, 주행저항, 기울기저항, 곡선저항 등)에 대한 종합적인 고려가 수반되어야 함을 의미한다.

80년대 초반 일본에서 제정/적용하고 있던 "속도정수사정기준규정"을 준용하여 당시 운행차량에 대한 포괄적인 검토를 통하여 본선 기울기의 제한값을 제시한 바 있다. 원칙적으로는 현재시점을 기준으로 운행차량의 특성에 대한 포괄적인 검토와 함께 관련계수 값들에 대한 국내 적용시 적정성 검토가 병행되고, 이에 기초하여 본선 기울기의 제한값이 다시 제시되어야 한다.

표 4.8 유럽 각 국의 최급기울기 현황

국가	프랑스		독일			이태리		스페인		벨기에	TSI(안)
속도 (km/h)	300	350	300	300	350	300	350	300	350	300	350
구분	여객	여객	여객 화물	여객	여객	여객 화물	여객 화물	여객	여객	여객	여객
최급 기울기 (‰)	35	35	20	40	40	12 (6)	12 (6)	12.5	25	15-21 (6)	35 (<6km)

속운행차량 주행조건을 기준으로 한국, 일본, 유럽의 최급기울기 제한값을 비교하면 다음 표와 같다. 운행차량 특성 및 선로의 지형적 특성이 상이하므로 단순비교 자체가 무의미할 수 있으나, 고속 선로의 확대제한값을 기준으로 한국과 일본의 제한값은 25.0‰ 이하로 동일한 반면, 유럽 고속선은 40.0‰의 다소 높은 값을 일부 국가(독일)에서 적용하고 있음을 확인할 수 있다.

표 4.9 선로의 최급기울기 제한값 국내외 비교 (고속운행차량 주행조건 기준)

국가 (설계속도 or 운행속도)	최급기울기 제한값
한국 (200km/h~350km/h)	25.0 (‰) 이하
일본 (신간선)	25.0 (‰) 이하
유럽 (300km/h~350km/h)	12.5 ~ 40.0 (‰)

(2) 예외구간에 대한 기울기 결정

예외구간은 크게 정거장 전후구간, 전동차전용선, 곡선구간 등으로 구분되며, 이 부분 역시 1.에 대해 상술한 바와 같이 기존 건설규칙을 큰 변경 없이 적용하는 것으로 개정(안)의 방향을 설정하였다.

① 정거장 전후구간 등 부득이한 경우

정거장 전후구간의 경우, 지형조건 등 차량특성 등에 따라 1.에 의해 결정된 최급기울기가 너무 낮아 급격한 기울기 조정이 발생되고, 그에 따라 용지비 및 건설비 등의 과다 소요의 발생을 방지하고자 하는 것이 그 취지이다.

일본(철도기술기준성령)의 경우, 신간선을 대상으로 "지형 상 등의 이유로 25/1000이 곤란한 구간에 있어서는 열차의 동력발생 장치, 동력전달 장치, 주행장치 및 브레이크 장치의 성능을 고려하여 35/1000로 할 수 있다."라고 규정하고 있으며, 실제 운행차량에 대한 포괄적인 검토결과에 기초한 것으로, 설계속도 200~350km/h에 대한 국내 확대제한값 30‰보다 높은 값을 적용하고 있다.

Ril 800.0110의 경우, 터널구간을 예외구간으로 고려하여 터널 내에서의 최급기울기를 다음과 같이 제한하고 있다.

㉠ 터널연장 1km 이하인 경우, 최소 2‰

㉡ 터널연장 1km 초과인 경우, 최소 4‰

② 전동차 전용선인 경우

전동차 전용선의 경우, 전동차의 높은 등판능력, 가/감속 능력 등을 고려하여 35‰까지 기울기의 제한값을 확대하였다.

일본(철도기술기준성령)의 경우, 보통철도에 대해 "전동차 전용선로 등에 대해서 35/1000으로 한다"라고 규정하고 있으며, 이는 실질적으로 전동차 전용선에 대한 규정이라고 판단된다. 현행 운행차량을 기준으로 35‰의 하향기울기에서 100km/h로 운전한 경우에도 비상 제동거리가 600m 이상 확보되는 것을 기준으로 하였으며, 국내 기준과 동일한 확대제한값을 적용하고 있다.

(3) 곡선구간의 기울기

차량이 곡선인 선로구간을 주행할 경우 관성에 의하여 곡선의 접선방향으로 직진하려 하므로 차량바퀴의 플렌지(flange)가 궤도에 횡압을 가하게 되고, 또 곡선구간의 선로에는 내외측 레일간 길이의 차이가 있어 근소하지만 차량바퀴의 미끄럼이 발생하므로 캔트량과 관련하여 원심력에 의한 횡압으로 저항력이 발생한다. 이와 같이 곡선을 주행할 때 일어나는 주행저항을 제외한 마찰에 의한 저항을 "곡선저항"이라 한다. 곡선저항은 곡선반경·캔트량·슬랙량·대차구조·레일형상 및 운전속도 등의 인자에 의하여 변화한다. 이 곡선저항에 대하여는 "모리슨"의 실험식을 적용하는 것이 일반적이며, 크게 4축 2대차와 2축차의 경우로 구분된다.

$$r_c = \frac{1000 \cdot f \cdot (G+l)}{R} \quad \text{(4축 2대차인 경우)}$$

(4.22)

$$r_c = \frac{1000 \cdot f \cdot (G+l)}{2R} \quad \text{(2축차인 경우)}$$

(4.23)

여기서, r_c : 환산기울기(‰)
f : 레일/차륜 간의 마찰계수 (0.10~0.30 적용)
G : 궤간(m)
l : 고정축거길이(m)
R : 곡선반경(m)

이 부분에 대해서는 관련 국외규정이 없는 것으로 파악된다.

(4) 정거장 내에서의 기울기 결정

열차의 정지 및 차량의 주박 또는 입환 작업 등에 대해서는 열차의 전동 위험성 방지 측면에서 기울기를 최대한으로 완만하게 하는 것이 바람직하다. 정거장 내 본선 및 측선의 기울기는 열차의 출발저항을 고려한 상태에서, 차량을 인력으로 견인할 경우 작업중 차량이 중력에 의하여 전동되지 않아야 한다는 전제조건 하에서 2‰로 규정하였다. 차량을 해결하지 않을 경우에는 전동차 및 견인차의 등판능력을 고려하되 최소규정을 8‰로 제한하였고, 차량을 유치하지 않는 측선에 대해서는 35‰까지 확장하였다.

일본(철도기술기준성령)의 경우, 보통철도에 대해서는 "정지구역에 대해 5/1000"으로, "차량의 주박 및 해결을 하지 않는 구역에 있어서는 열차의 발착에 지장을 미칠 우려가 없는 경우에 한하여 10/1000"으로 규정하고 있으며, 신간선에 대해서는 "정지구역에 대해 3/1000"으로 규정하고 있다. 경험적 규정으로 추정되며, 보통철도 및 신간선 공히 핸드브레이크 등과 같은 전동방지조치의 확보를 제안하고 있다.

반면, Ril 800.0110의 경우, 신설 역사에 대해서만 2.5‰로 제한하고 있다.

정거장 안 등 특수구역을 대상으로, 선로의 최급기울기 제한값을 비교하면 다음과 같다. 정거장 안(역사)의 경우, 국내 규정값이 가장 작고(일본의 경우에는 핸드브레이크 등과 같은 전동방지조치의 확보를 부가적으로 추천하고 있어 다소 큰 값을 적용함) 차량을 해결하지 않는 구간에 대해서는 일본(철도기술기준성령)과 국내 규정값이 유사함을 확인할 수 있다.

표 4.10 선로의 최급기울기 제한값 국내외 비교 (정거장 안 등 특수구역)

기준	세분 및 최급기울기 제한값(‰)			
철도건설 규칙	정거장 안	차량을 해결하지 않는 본선		차량을 유치하지 않는 측선
		전동차 전용선	그 외 선로	
	2.0	10.0	8.0	35.0
일본 철도기술 기준성령	보통철도 정지구역	신간선 정지구역	보통철도 차량의 주박/해결을 하지 않는 구역	
	5.0	3.0	10.0	
Ril 800.0110	신설역사			
	2.5			

(5) 같은 기울기의 선로길이에 대한 제한

같은 기울기를 갖는 선로의 길이는 최소한 1개 열차길이 이상이 되도록 하여야 한다는 규정으로서, 기존선 개량 등 부득이한 경우에는 차량의 고유진동주기를 고려한 최소한의 길이로 축소될 수 있으나, 인접한 두 종곡선 상에서 승차감에 대한 고려가 필수적으로 수반되어야 함을 의미한다.

(6) 일반적인 기울기의 결정

(1)~(5)를 통해 상술한 바와 같이, 선로의 기울기에 관한 제한규정값이 있으나, 지형적 조건이나 특수상황 등에 따라 제한규정이 적용되지 못하는 경우에는 제반 상황에 대한 고려를 통해 예외적인 기울기를 허용할 수 있다. 다만 이 경우에는 철도 건설주체 및 운영주체에 의해 관계부처를 대상으로 예외적 기울기에 대한 공식적 허용이 인정되어야 한다.

기본적으로는 해당선로 및 운행할 열차의 특성을 고려하여 정지 후 재기동 및 설계속도로의 연속주행 가능성과 비상 제동 시 제동거리 확보 등을 합리적인 절차와 방법을 통해 객관적으로 확인한 경우에는 그에 상응하는 기울기를 적용할 수 있다.

4.2.6 종곡선(Vertical Curve)

선로의 기울기가 변화하는 개소에는 열차의 운전속도 및 차량의 구조 등을 고려하여 열차의 주행안전성 및 승차감에 지장을 미칠 우려가 없도록 종곡선을 설치하여야 한다. 다만, 기울기의 변화가 작은 경우나 운전속도가 낮은 경우 및 그 밖에 열차의 안전한 주행에 지장을 미칠 우려가 없는 경우는 예외로 할 수 있다.

1) 종곡선의 설치지침

(1) 선로의 기울기가 변화하는 개소의 기울기 차이가 다음의 크기 이상인 경우에는 종곡선을 설치하여야 한다.

설계속도 V(km/시간)	기울기 차(천분율)
200< V ≤350	1
70< V ≤200	4
V ≤70	5

(2) 종곡선의 최소 곡선반경은 설계속도에 따라 다음 표 이상으로 한다.

설계속도 V(km/시간)	최소 종곡선 반경(미터)
265≤ V	25,000
200	14,000
150	8,000
120	5,000
70	1,800

이외의 값은 다음의 공식에 의해 산출한다.

$$R_v = 0.35 V^2$$

여기서 R_v : 최소 종곡선 반경(미터)

V : 설계속도(km/시간)

200< V ≤350의 경우, 종곡선 연장이 $1.5V/3.6$(미터)미만이면 종곡선 반경을 최대 4만미터까지 할 수 있다.

(3) 제2항에도 불구하고 도심지 통과구간 및 시가화 구간 등 부득이한 경우에는 설계속도에 따라 다음 표의 값과 같이 최소 종곡선 반경을 축소할 수 있다.

설계속도 V(km/시간)	최소 종곡선 반경(미터)
200	10,000
150	6,000
120	4,000
70	1,300

이외의 값은 다음의 공식에 의해 산출한다.

$$R_v = 0.25 V^2$$

여기서 R_v : 최소 종곡선 반경(미터)

V : 설계속도(km/시간)

(4) 종국선은 직선 또는 원의 중심이 1개인 곡선구간에 부설해야 한다. 다만, 부득이한 경우에는 콘크리트도상 궤도에 한하여 완화곡선 또는 직선에서 완화곡선과 원의 중심이 1개인 곡선구간까지 걸쳐서 둘 수 있다.

2) 종곡선 설치 해설

(1) 선로의 기울기 변화가 크면, 차량의 연직방향가속도가 증가되어 승차감을 악화시키며, 윤중의 감소에 의하여 탈선을 초래할 우려가 있다. 또한 차량의 상하방향 동요에 의한 변위로 인하여 건축한계와 차량한계의 확보에 영향을 줄 수 있다. 뿐 만 아니라 차량의 전후방향으로 인장력과 압축력이 크게 발생되어 연결기의 파손위험이 발생할 수 있으므로 이러한 악영향을 완화시키기 위하여 기울기의 변화점에 종곡선을 설치한다. 종곡선의 설치를 위한 기울기변화의 한계기준은 차량한계와 건축한계의 여유와 차량의 주행안전성과 승차감을 고려하여 결정한다. 차량의 주행안전성과 승차감은 기울기의 변화량 보다는 종곡선 반경에 의한 영향이 상대적으로 크기 때문에 종곡선의 설치여부가 결정된 후에 종곡선 반경을 결정할 때 상세하게 고려되므로 종곡선의 설치조건은 기울기의 변화에 따른 차량한계와 건축한계의 여유, 즉 차량하부와 레일사이의 접근량을 우선적으로 고려하여 결정한다.

기울기의 변화가 큰 경우에는 오목형 종곡선의 경우에는 차량중앙하부, 볼록형 종곡선의 경우에는 차량연단에서 차량과 레일의 여유간격이 감소하게 된다.(그림 4.6) 따라서 먼저 종곡선을 설정하지 않는 경우의 선로기울기의 변화량과 차량하부와 레일면과의 접근량과의 관계에 대해서 검토하여 종곡선의 설치가 필요한 선로기울기 변화량의 최소기준을 결정한다. 일본의 경우, 일반선로의 최대 10‰의 기울기변화에 대해서는 종곡선을 설치하지 않고 있다.

국내에 운행되는 차량이 일본 일반철도에서 운행되는 차량보다 대차중심간 거리와 차량의 길이가 길고, 또한 일본 차량과 국내 차량의 스프링 특성이 상이하기 때문에 일본의 기준을 채택할 수는 없다. 따라서 국내에 운행 중인 차량 중에서 최대 대차중심간격과 차량길이를 가진 KTX 동력객차의 제원을 기준으로 선로 기울기 변화량과 접근량의 관계를 알아보면 다음 그림 4.7과 같다.

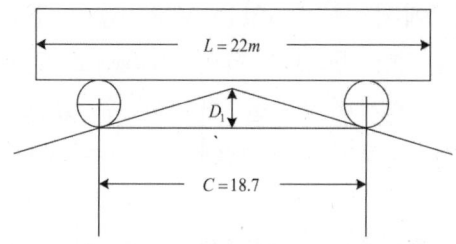

a) 차량중앙 하부에서의 접근량   b) 차량연단 하부에서의 접근량

그림 4.6 기울기 변화와 차량의 접근량

$$D_1 = \frac{m/2}{1000} \times \frac{C}{2}, \quad D_2 = \frac{m/2}{1000} \times \frac{l-C}{2}$$

(4.24)

여기서 m : 기울기 변화량(‰)

l : 차량길이 (m)

C : 대차중심간격(m)

D_1, D_2 : 접근량(m)

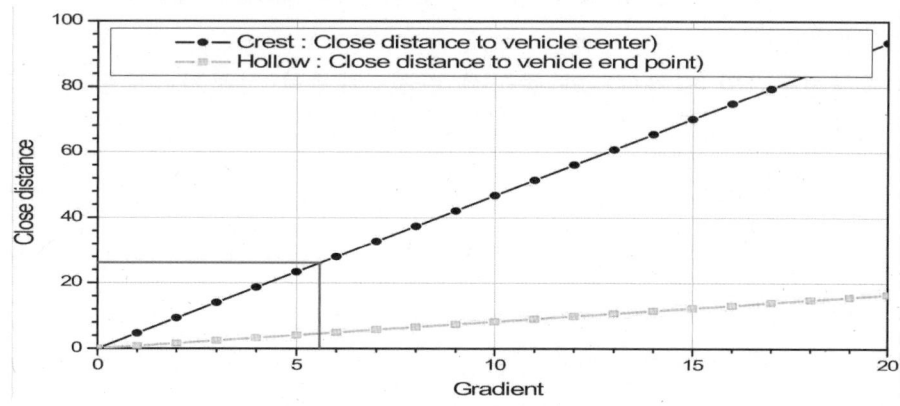

그림 4.7 기울기 변화와 차량 접근량과의 관계

일본의 경우는, 일본철도술기준성령에 접근량의 상한값(15mm)에 레일의 휨변위에 의한 여유량(12.5mm)과 차량스프링 휨에 의한 여유량(25mm)을 감안하여 일반철도의 경우, 기울기변화가 10‰ 미만인 경우에는 종곡선을 생략하도록 하고 있다. 한편 유럽의 Euro Code (ENV 13803-1)에서는 속도가 230km/h 이하일 때는 선로기울기의 변화가 2‰ 이상일 경우와 230km/h를 초과할 때는 선로기울기 변화가 1‰ 이상일 경우에 종곡선을 부설하도록 하고 있다. 이는 일본의 검토방법에 따르면 보수적인 기준이라고 판단된다.

우리나라의 경우, 접근량의 기준을 그림 4.7에서 볼 수 있는 바와 같이 접근량의 상한값(15mm)과 레일의 휨변위에 의한 여유량(12.5mm)의 합인 27.5mm로 일본보다 보수적으로 고려하더라도 약 6‰ 정도의 기울기변화량을 허용할 수 있으므로 기존 철도건설규칙에서 제시하고 있는 종곡선 설치기준을 그대로 사용하여도 무방할 것으로 보인다.

고속선의 경우를 살펴보면, 일본 신간선의 경우에는 구배변화의 크기에 관계없이 반경 10,000m 이상(열차운행속도 250km/h 이하인 경우에는 5,000m)의 종곡선을 설치하도록 하고 있고, 유럽의 Euro Code (ENV 13803-1)에서는 속도가 230km/h 이상이고 선로기울기의 변화가 1‰ 이상일 경우에 종곡선을 설치하도록 규정하고 있다. 국내의 경우, 고속선에 대하여 유럽의 경우와 같이 선로기울기의 변화가 1‰ 이상일 경우에 종곡선을 설치하도록 규정하고 있고 또한 경험적으로 현재까지의 운행에 있어서 기존의 종곡선 설치기준에 의한 문제가 발생되지 않았으므로 개정 규칙에서도 기존의 기준을 그대로 적용한다. 즉, 종곡선 설치기준에 있어서 기존의 철도건설규칙의 기준을 그대로 유지하는 것이 바람직할 것으로 보인다. 다만 종곡선의 길이는 유럽의 기준과 같이 최소 20m 이상으로 하는 것을 추가로 규정한다.

   (2) 종곡선구간의 열차속도와 종곡선 반경, 차체의 상하가속도의 관계식은 다음과 같다.

$$R_v = \frac{V_{max}^2}{12.96 a_v}$$

(4.25)

여기서 R_v : 종곡선 반경(m)

V_{max} : 최대운행속도(km/h)

a_v : 차체의 상하방향가속도(m/sec²)

위의 식에서 차체의 상하방향 가속도는 차량의 승차감과 주행안전성(탈선)을 고려하여 결정하게 되는데, 일반적으로 차량의 탈선을 방지하기 위한 차체상하방향 가속도의 한계값보다 승차감을 확보하기 위한 가속도의 값이 더욱 엄격하므로 승차감 기준을 만족시키기 위한 가속도값을 적용한다.

일본의 경우, 차량의 부상을 고려하여 차체상하 진동가속도를 0.1g(종래에는 신간선에 대해 승차감측면에 0.05g 적용)로 적용하여 최소 종곡선 반경을 산정하고 있다. 평면곡선과 종곡선을 함께 부설하는 경우에 있어서는 캔트를 고려한 별도의 검토를 통하여 한계값을 제시하고 있다. 일본 철도기술기준성령에 제시된 종곡선과 관련한 해석기준은 다음과 같다.

- 종곡선은 아래에 나타낸 반경 이상으로 할 것. 단, 운전속도 등에 대응하여 차량의 주행안전성을 확보할 수 있음을 확인한 경우는 예외로 한다.
  (1) 보통철도(신간선 제외)에 있어서는 반경 2,000m(반경 600m 이하인 곡선의 개소에 있어서는 3,000m). 단, 기울기의 변화가 10/1000미만인 개소는 삽입하지 않을 수 있다.
  (2) 신간선에 있어서는 반경 10,000m (열차를 250km/h이하의 속도로 운행하는 개소에 있어서는 5,000m).

Euro Code에서 허용하고 있는 최소 평면곡선반경에 따른 캔트의 효과가 이미 고려되어 있기 때문에 허용된 범위의 평면곡선과 종곡선을 함께 부설하는 것에 제약을 두지 않고 있는 것으로 보인다. ENV 13803-1:2002에 제시된 종곡선 반경의 결정과 관련된 규정을 요약하면 다음과 같다.

종곡선 반경 $R_v = \dfrac{V^2_{max}}{12.96 a_v} \geq (R_v)_{lim}$ (m)

(4.26)

여기서 V_{max} : 최대운행속도(km/h)

a_v : 차체의 연직방향가속도(m/sec²)

$(R_v)_{lim}$: 종곡선 반경의 한계값(m)

차량의 연직가속도 $a_v = \dfrac{V^2_{max}}{12.96 R_v} \geq (a_v)_{lim}$ (m/sec²)

(4.27)

① 차량의 연직가속도 a_v의 최대값은 승차감을 고려하여 결정할 수 있다.

② 또한 험프(hump)를 넘어갈 때 윤중 감소에 의한 탈선을 방지할 수 있는 안전한계를 고려하여야 한다. 그러나 a_v의 최대값을 초과하지 않는 경우에는 이러한 안전한계를 고려할 필요가 없다.

4.2.7 슬랙(slack)

1) 슬랙의 의의

철도차량은 자동차와 달리 2개 또는 3개의 차축을 대차에 강결시켜 고정차축이 구성되어 있다. 이것이 곡선을 통과할 때 전후 차축의 위치이동이 불가능할뿐더러 차륜에는 플랜지(輪縁 flange)가 있어 곡선부를 원활하게 통과하지 못한다.

그러므로 곡선부에서는 직선부보다 궤간을 확대시켜야 한다. 이와같이 곡선부에서의 궤간확대를 슬랙(slack)이라 하고 일반적으로 곡선의 내측레일을 궤간외측으로 확대한다.

원곡선에는 선로의 곡선반경 및 차량의 고정축거 등을 고려하여 궤도에 과대한 횡압이 가해지는 것을 방지할 수 있도록 슬랙을 두어야 한다. 다만, 곡선반경이 큰 경우나 차량의 고정축거가 짧은 경우 및 그 밖에 궤도에 과대한 횡압이 발생할 우려가 없는 경우는 예외로 한다.

슬랙은 차량의 고정축거 등을 고려하여, 열차의 안전한 주행에 영향을 미칠 우려가 없도록 체감거리를 확보하여야 한다.

2) 슬랙 설치지침

(1) 반경 300미터 이하인 곡선구간의 궤도에는 궤간에 다음의 공식에 의하여 산출된 슬랙을 두어야 한다. 다만, 슬랙은 30mm 이하로 한다.

$$S = \frac{2400}{R} - S'$$

여기서 S : 슬랙(mm)
R : 곡선반경(미터)
S' : 조정치(0 ~ 15mm)

(2) (1)에 의한 슬랙은 캔트의 체감과 같은 길이내에서 체감하여야 한다.

3) 슬랙 설치해설

(1) 슬랙량 결정

① 슬랙의 필요성

차량이 곡선을 통과하는 경우 차량이 안전하고 원활하게 주행하기 위해서는 차축이 곡선의 중심을 향하고 있는 것이 바람직하다. 그러나 곡선부에 차량이 주행할 때는 차량의 차축 중에 2축 또는 3개의 차축이 대차에 강결되어 고정된 프레임으로 구성되어 있다. 따라서 이 차량이 곡선을 통과할 경우는 전후 차축의 위치이동이 불가능 할 뿐 아니라 플랜지(flange)가 있어 원활한 통과가 어렵고 차축의 한쪽 또는 양쪽 모두가 궤도 진행방향과 직각이 될 수 없다. 차륜은 레일과 어떤 각도로 접촉하면서 진행하게 되는데 차축의 간격이 클수록 차륜이 레일에 닿는 각도가 크게 된다. 만약 각도가 크게 되면 원활한 주행이 어렵다. 그 결과, 차량의 동요, 횡압이 증대하며 보수 측면에 있어서도 궤간 및 줄 틀림의 증가와 레일마모에도 영향을 주게 된다. 이러한 영향을 최소화하기 위해서는 곡선부에서는 곡선반경의 대소에 따라서 궤간을 확대하는데 이를 "슬랙(gauge widening 또는 slacking)" 이라 하고, 이 넓히는 량을 "슬랙량" 이라고 한다.

② 슬랙량 산정

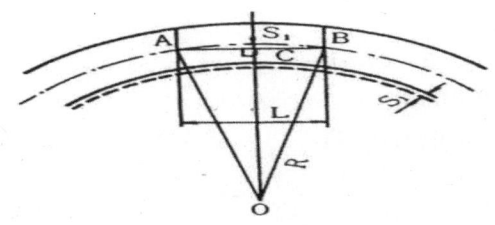

그림 4.8 슬랙의 산정

위 그림에서 A,B는 고정축거의 중심점, C, L, R, S_1는 현의 중심점, 고정축거(m), 곡선반경(m), 편기량이다. 위 그림에서 차량중심과 선로중심과의 최대편기는 A, B점의 중앙인 C점에서 발생한다. 이 편기량을 S_1이라 하면,

$$\overline{AC}^2 = \overline{AO}^2 - \overline{CO}^2$$

(4.28)

여기서, $\overline{AC} = \dfrac{L}{2}$, $\overline{AO} = R$, $\overline{CO} = (R - S_1)$을 대입하면, $\left(\dfrac{L}{2}\right)^2 = R^2 - (R - S_1)^2$, $\dfrac{L^2}{4} = 2RS_1 - (S_1)^2$이다. 또한 S_1^2은 RS_1에 비하여 매우 작으므로 무시 할 수 있다. 그러므로

$$S_1 = \dfrac{L^2}{8R}$$

(4.29)

이다. 위 식은 이론적으로 구한 슬랙량이다. 3축차인 경우에는 고정축거 사이의 최대편기는 $\overline{AB}$의 중앙에서 생기지 않고, $\overline{AB}$의 3/4 위치에서 생긴다고 가정하여 고정축거를 길게 하여 슬랙량을 구할 수 있다. 슬랙량 산출식에서 고정축거를 디젤기관차 7000대를 기준하여 3.75m로 정하였는데, 곡선부를 열차가 주행할 경우에 차륜과 레일의 접촉점이 차륜의 플렌지에 의해 앞 축에서는 좀 더 앞에, 뒤 축에서는 좀 더 뒤에 접촉점이 생기는 것을 고려하여 축거에 0.6m를 연장하여 계산하였다. 고정축거 $L = 3.75m + 0.6m = 4.35m$로 정하고 위 식에 대입하면,

$$S_1 = \frac{L^2}{8R} = \frac{4.35^2}{8R} = \frac{2.365}{R}(m) \fallingdotseq \frac{2,400}{R}(mm)$$

(4.30)

따라서, 슬랙량의 기본공식은 현장실정을 고려하여 다음과 같이 선정되었다.

$$S = \frac{2,400}{R} - S'$$

(4.31)

여기서 S : 슬랙(mm)
R : 곡선반경(미터)
S' : 조정치

③ 국외 슬랙량 기준 검토

곡선반경에 따른 슬랙적용, 슬랙 최대값 선정 등을 검토하기 위하여 UIC, 일본 그리고 국내 기준을 검토하였다. UIC 710 기준은 곡선반경에 따라서 레일 안측면 사이의 폭(width of the track between the inner faces of the rails)을 다음과 같이 정하고 있으며 곡선반경 150m 이하에서 슬랙을 적용하고 있다.

㉠ $175 > R \geq 150m$: 1435mm
㉡ $150 > R \geq 125m$: 1440mm
㉢ $125 > R \geq 100m$: 1445mm

일본에서는 보통철도의 슬랙은 곡선반경과 해당곡선을 주행하는 차량의 고정축거(B) 및 축 수 등을 고려하여 다음과 같이 정하고 있다.

㉣ 2축 차량이 주행하는 구간 $S = 1000\frac{B^2}{2R} - n$

㉤ 이외 구간 $S = 1000\frac{9B^2}{32R} - n$

여기서 S : 슬랙의 상한치(mm)

B : 해당곡선을 주행하는 차량의 최대 고정축거(미터)

R : 곡선반경(미터)

η : 가동 여유분(mm)

슬랙의 최대값은 1972년 3월 제20호 규정에 의해 25mm로 되었으나, 1987년에 20mm로 변경되었고, JR에서는 유지보수 공사 등의 기회마다 순차적으로 축소하고 있다.

표 4.11 일본의 슬랙 변천 현황

곡선반경	1943년 4월	1972년 3월	1987년 2월	
			3차축	2차축
$R < 170$	30	25	20	5
$170 \leq R < 200$	25	25	20	5
$200 \leq R < 240$	20	20	15	-
$240 \leq R < 320$	15	15	10	-
$320 \leq R < 440$	10	10	5	-
$440 \leq R < 600$	5	5	-	-

일본의 국유철도와 지방철도 건설규정에서 각각 30mm, 25mm로 되어 있으며 이는 당시의 국철이 고정축거가 긴 대형 증기기관차를 고려하였기 때문이다. 슬랙 하한 값을 정할 때 최대 값만을 고려하는 것은 슬랙을 0mm으로 하여도 레일과 차륜의 가동여유 때문에 곡선통과가 가능한 것으로 판단했기 때문이다. 차량축거길이 감소와 슬랙 축소의 효과 등을 고려하여 현재 JR 각 사에서는 보통철도(신간선 제외) 슬랙량을 아래 표와 같이 정하고 있다.

표 4.12 JR 각 사의 보통철도(신간선 제외) 슬랙량

곡선반경(m)	슬랙량	
	3차축	2차축
$R < 200$	20	5
$200 \leq R < 240$	15	-
$240 \leq R < 320$	10	-
$320 \leq R < 440$	5	-

선로정비규칙에서는 곡선반경 300m 이하의 원곡선에는 슬랙표에 의하여 슬랙을 붙이도록 하고, 곡선반경 300m 이상의 곡선이라 할지라도 필요에 따라 4mm까지 슬랙을 붙일 수 있게 하였다.

표 4.13 슬랙

(단위:mm)

곡선반경 (m)	S		곡선반경 (m)	S	
	최소 ($S' = 15$)	최대 ($S' = 0$)		최소 ($S' = 15$)	최대 ($S' = 0$)
90~120	12	27	190~209	0	13
120~169	5	20	210~249	0	11
179~189	0	14	250~300	0	9

국내의 도시철도 표준화 기준에서는 슬랙 감소추세를 반영하였는데 표준 전동차의 축거(2.1m)를 반영하여 슬랙량이 계산되었다. 대차 전후의 접촉점간 거리에 0.6을 두어 고정축거 l의 여유값 1.5는 과다하다고 판단하였으며 이를 중복으로 판단하여 계산하였다. 슬랙량 계산식에서는 확대궤간은 반경 300m 이하의 곡선 내측에 두되, 확대궤간의 치수는 다음 산식에 의한 값 이하로 정하였다.

$$S = \frac{1250}{R} - S'$$

(4.32)

여기서, S : 확대궤간 (mm)
R : 곡선반경 (m)
S' : 조정치 (mm, 0~4mm)

도시철도 건설규칙에 의하면 확대궤간(슬랙)의 최대값은 24mm를 초과해서는 안된다고 규정하고 있다. 또한 도시철도 선로시스템 표준규격(안) 및 해설편에서는 선로시스템의 확대궤간을 합한 궤간의 총 확대량은 30mm를 초과해서는 안 되는 것으로 규정하고 있다.

④ 슬랙의 효과

슬랙을 축소할 경우의 그 효과를 확인하기 위해 일본에서는 주행안정성에 관한 시뮬레이션과 각종 현차 주행시험 및 유지보수량을 조사하였다. RTRI의 시뮬레이션 결과(1984년)에 의하면 슬랙을 축소할 때 좌우가속도 일정하였던 반면, 횡압은 미세하게 증가하였고, 윤중변동률은 미소하게 감소하였다. 현차 주행 시험(EF58, EF60, EF65)을 R=400m 곡선에서 수행하여 궤도에서 윤중 및 횡압을 측정하였는데 평균적으로 횡압은 슬랙 70mm가 되면 횡압이 감소하였다. 205계 전차시험과 콘테이너 열차시험을 400m≤ R ≤600m에서 슬랙을 5mm 축소하여 시험을 했는데 횡압의 절댓값 측면에서 검토한 결과 큰 차이는 없었다.

1970년부터는 3년간 산요오 본선을 시작으로 R=300m, 600m의 곡선에서 슬랙을 5~10mm 축소한 경우의 유지보수량을 조사하였다. 그 결과 현장상태가 일정하지 않아 측정 값의 분산은 있었지만 레일 마모량과 궤간 틀림 진행 측면에서 검토하였을 때 개선되는 경향이 있었다.

⑤ 슬랙을 적용하는 곡선반경 검토

슬랙을 적용하는 곡선반경은 UIC기준에서는 R=150m이하에서 적용하고 있다. 일본에서와 국철에서는 2축차의 경우 $R<200m$와 3축차의 경우는 $R<440m$에 대해서만 적용하고 있으며 일본 JR의 경우도 이와 동일하다. 국내외 기준을 검토한 결과 슬랙을 적용하는 곡선반경이 점차 감소되고 있다. 국내외의 급곡선부 부설 개소와 곡선반경 감소추세를 반영하여 R≤300m에 대해서 슬랙을 적용하는 것으로 제안했다.

⑥ 슬랙의 최대값 검토

최대 슬랙량(S_{max})은 기하학적으로 유도된 슬랙량(S_1)에서 슬랙조정치(S')를 감한 최대슬랙량이다. 궤간 확대로 인하여 차륜이 주행중에 레일 두부에서 탈락하는 것을 방지하기 위해 최대 슬랙량의 제한이 필요하다. 일본에서는 슬랙과 궤간변위의 한계를 고려하여 궤간의 한도 값을 제시한 바 있다. 일본의 구 국철에서는 1972년 이후 이 최대값을 25mm, 1987년에는 20mm로 변경하기도 하였고 JR등에서도 계속 축소하고 있다. 국내의 기존 건설규칙에서는 슬랙의 최대값을 30mm 이하로 정하고 슬랙과 궤간변위의 한계를 고려하였고, 도시철도 건설규칙 제7조에서는 25mm로 정하고 있다. 그림 4.9는 궤간한도를 나타내고 있으며 그림 4.10은 슬랙의 최대값 검토를 나타내고 있다.

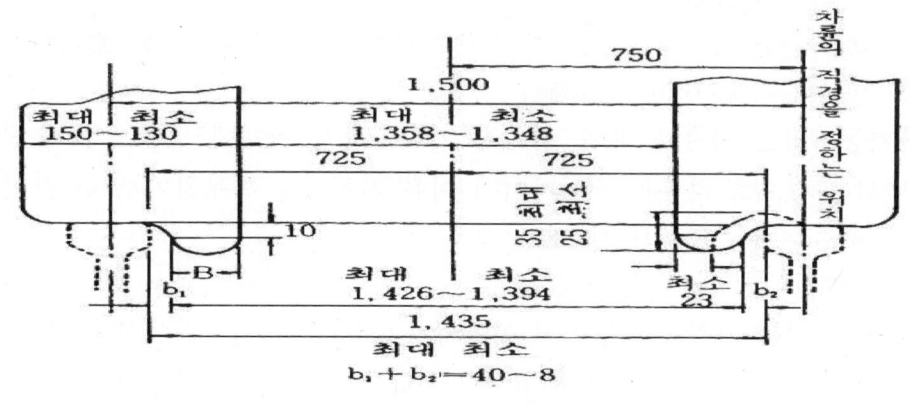

그림 4.9 궤간한도

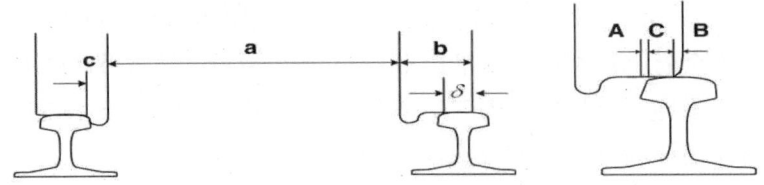

a : 차륜 내면간 거리(최소) b : 차륜의 두께(최소)
c : 플랜지 두께(최소)
A : 마모된 레일의 궤간 측정위치와 차륜과 레일 접촉점의 최소거리
B : 차륜단면 단부 면따기 길이
C : 차륜의 레일두부 이탈방지를 위한 차륜의 걸림 거리

그림 4.10 슬랙의 최대값 검토

 슬랙량의 최대한도는 차륜과 레일이 접촉하고 있는 상태에서 차륜 두께, 차륜 간 거리, 플렌지의 두께 등의 기하학적 관계를 고려하여 열차의 차륜이 레일에서 탈락되지 않은 최대범위를 검토하여 결정한다. 그림에서 차륜 내면 거리 (a)는 1,352 ~ 1,356mm, 차륜의 두께 (b)는 130 ~ 150mm, 플렌지 두께 (c)는 23 ~ 34mm 이며 각 부품의 조립공차를 반영하였다.

　㉠ 차륜-레일 접촉점간 최소거리 : 1,352(a) + 130(b) + 23(c) = 1,505mm
　㉡ 궤간 : 1,435mm
　㉢ 차륜이 편측레일에 접촉하는 영역 범위 δ : 1,505 - 1,435 = 70mm
　㉣ 마모레일의 궤간측정위치와 레일두부상면과의 이격거리(A) : 15mm (편마모 한계값)
　㉤ 차륜답면 단부의 면따기 최대거리(B) : 5mm (KNR 차륜 호이만식 경우)
　㉥ 여유가동거리(D) : 10mm

여유가동거리는 차륜과 레일 접촉시 기하학적인 관계에서 유도된 슬랙량(S_1)과 구별되는 값으로 차륜과 레일사이의 여유 가동량을 확보하기 위한 값이다.

　C = δ - A - B - D 이므로,
　C = 70 - 15 - 5 - 10 = 40mm

 여기서 C는 열차차륜이 레일에서 이탈되지 않는 차륜 걸림길이의 한도값이다. 실제 현장에서는 유지 보수시 궤간공차(궤간확대)가 최대 10mm가 허용되므로 이를 고려

하면,

ⓐ 슬랙의 최대한도(S_{max}) : 40 - 10 = 30mm

그러므로 슬랙의 최대한도는 30mm가 합리적인 것으로 판단된다.

⑦ 슬랙의 조정값 결정

슬랙의 조정값은 철도현장의 차륜-궤도 인터페이스 상태, 통과차량의 종류 등을 현장의 여건을 반영하여 슬랙의 최대값을 줄일 수 있도록 해야 한다. 슬랙량의 조정값은 크게 2가지 측면에서 검토가 필요하다. 첫째 차륜과 레일의 접촉상태에서 차륜 접촉점의 최대거리와 궤간의 여유량, 현장 오차 등을 고려하여 슬랙의 조정량(S'_1)을 결정할 수 있다. 둘째 통과하는 차량의 축간거리를 반영하여 슬랙의 조정량(S'_2) 고려할 수 있어야 한다. 이 값을 모두 고려하면 실제 슬랙의 조정값을 결정할 수 있다. 국내의 철도건설규칙에서는 슬랙조정치(S')를 0~15mm를 두고 있으며 도시철도 기준은 최대 4mm까지의 여유분을 두고 있다. 일본에서는 슬랙조정치와 비슷한 개념으로 가동여유분을 7mm까지 두어 슬랙량을 조정할 수 있도록 하였다.

○ S'_1의 결정

먼저 차륜과 레일의 접촉을 고려하여 슬랙의 조정값에 영향을 줄 수 있는 차륜 접촉점 간의 최대거리를 검토하였다. 차륜간 거리의 범위는 1,352~1,356mm, 플랜지 두께는 23~34mm 이다.

㉠ 차륜 최대거리 : 1356mm
㉡ 플랜지 최대 두께 : 34mm
㉢ 궤간의 선로정비규칙 최소값 : -2mm
㉣ 궤간에서의 여유 : 1435 - 1356 - (34 × 2) -2 = 9mm

그러므로, 슬랙의 조정값 S'_1의 최대값은 9mm이다.

○ S'_2의 결정

곡선부를 통과하는 차량의 축거가 짧은 차량으로 한정되어 있다면 이를 고려할 필요가 있다. 최대 슬랙량을 구하기 위해서 고정축거를 4.35m를 가정하여 식 (4.31)를 도출하였으나 고정축거(L)가 3.0m의 차량만이 곡선부를 통과하는 경우엔 슬랙량이 과다할 수 있으므로 이를 슬랙 조정량을 통해 조정할 수 있어야 한다. 고정축거가 3.0m인 경우의 슬랙식은 다음과 같다.

$$S_2 = \frac{L^2}{8R} = \frac{3.0^2}{8R} = \frac{1.125}{R}(m) ≒ \frac{1,125}{R}(mm) \tag{4.33}$$

이 때 S_2와 S_1의 슬랙량 차이는 최소곡선반경 200m를 고려할 때 최대 6mm차이가 발생한다. 그러므로 S_1과 S_2를 모두 고려하면 15mm이며 슬랙의 조정량의 최대값은 15mm까지가 합리적이라고 판단된다. 슬랙량에는 실제 가동여유가 고려되어 있으므로 슬랙량을 높여도 곡선통과가 가능하다. 그러므로 S'을 0-15mm의 범위 안에서 합리적인 결정을 하여 선택을 할 수 있도록 슬랙 조정량을 제안하였다.

(2) 슬랙체감

일본의 철도성령기준에서는 다음과 같이 슬랙 체감을 하도록 하고 있다.

① 완화곡선이 있는 경우 : 완화곡선 전체의 길이

② 완화곡선이 없는 경우에는 캔트의 체감길이와 같은 길이로 하고, 캔트가 없는 경우에는 원곡선 양단으로부터 직선구간에 각각 4m로 한다.

③ 복심곡선안의 경우에는 두곡선 사이 캔트차이의 600배 이상 길이에서 체감하며, 이 경우 두 곡선사이의 슬랙의 차이를 체감하되 곡선반경이 큰 곡선에서 체감한다.

4.2.8 건축한계(Construction Gauge, Clearance Limit)

1) 한계의 의의(definition of gauge)

철도차량은 고속도주행이므로 그 통로에 접근하여 건축되는 각종 구조물과 주행하는 차량과의 상간에는 상당한 여유를 두어 주행차량의 동요에 대하여서도 위험이 없도록 하여야 한다. 따라서 엄중한 공간의 제한을 설정하여 운전의 안전을 기한다.

건축한계 안에는 건물 또는 그 밖의 구조물을 설치하여서는 아니 된다. 다만, 가공전차선 및 그 현수장치와 선로보수 등의 작업상 필요한 일시적인 시설로서 열차 및 차량운전에 지장이 없는 경우에는 그러하지 아니하다.

곡선구간의 건축한계는 캔트에 의한 편기량 및 슬랙 등을 고려하여 확대한다.

곡선구간의 건축한계는 캔트의 크기에 따라 경사시켜야 한다.

2) 건축한계 지침

(1) 직선구간의 건축한계는 그림 4.11에 따른다.

(2) 건축한계 내에는 건물이나 그 밖의 구조물을 설치해서는 아니된다. 다만, 가공전차선 및 그 현상장치와 선로 보수 등의 작업에 필요한 일시적인 시설로서 열차 및 차량운행에 지장이 없는 경우에는 그러하지 아니한다.

(3) 곡선구간의 건축한계는 직선구간의 건축한계에 다음의 공식에 의하여 산

출된 양과 캔트에 의한 차량경사량 및 슬랙량을 더하여 확대한다. 다만, 가공전차선 및 그 현수장치를 제외한 상부에 대한 건축한계는 이에 따르지 아니한다.
    ① 곡선에 의한 확대량
$$W=\frac{50,000}{R} \text{ (전동차전용선인 경우 } W=\frac{24,000}{R} \text{)}$$
        여기서 W : 선로중심에서 좌우측으로의 확대량(mm)
               R : 곡선반경(미터)
    ② 캔트 및 슬랙에 따른 편기량
        곡선 내측편기량 $A=2.4C+S$
        곡선 외측편기량 $B=0.8C$
        여기서 A : 곡선 내측편기량(mm)
               B : 곡선 외측편기량(mm)
               C : 설정캔트(mm)
               S : 슬랙(mm)

  (4) (3)에 의한 건축한계 확대량은 다음 각 구분에 따른 길이로 체감하여야 한다.
    ① 완화곡선의 길이가 26미터 이상인 경우 : 완화곡선 전체의 길이
    ② 완화곡선의 길이가 26미터 미만인 경우 : 완화곡선구간 및 직선구간을 포함하여 26미터 이상의 길이
    ③ 완화곡선이 없는 경우 : 곡선의 시점·종점으로부터 직선구간으로 26미터 이상의 길이
    ④ 복심곡선의 경우 : 26미터 이상의 길이. 이 경우 체감은 곡선반경이 큰 곡선에서 행한다.

  3) 건축한계 해설
  (1) 건축한계란 열차 및 차량이 선로를 운행할 때 주위에 인접한 건조물 등이 접촉하는 위험성을 방지하기 위하여 일정한 공간으로 설정한 한계를 말한다. 여기에서 건조물이란 정거장·사무실·창고 및 주택 등의 건축물 및 각종 시설물 등을 말하며 건축한계 내에는 상기의 건조물을 설치하여서는 아니된다. 다만, 가공전차선 및 그 현수장치와 선로보수 등의 작업상 필요한 일시적 시설로서 열차운행에 지장이 없을 경우에는 그러하지 아니하다.
  (2) 직선구간의 건축한계는 아래의 그림 4.11과 같다.

128 제4장 철도선로

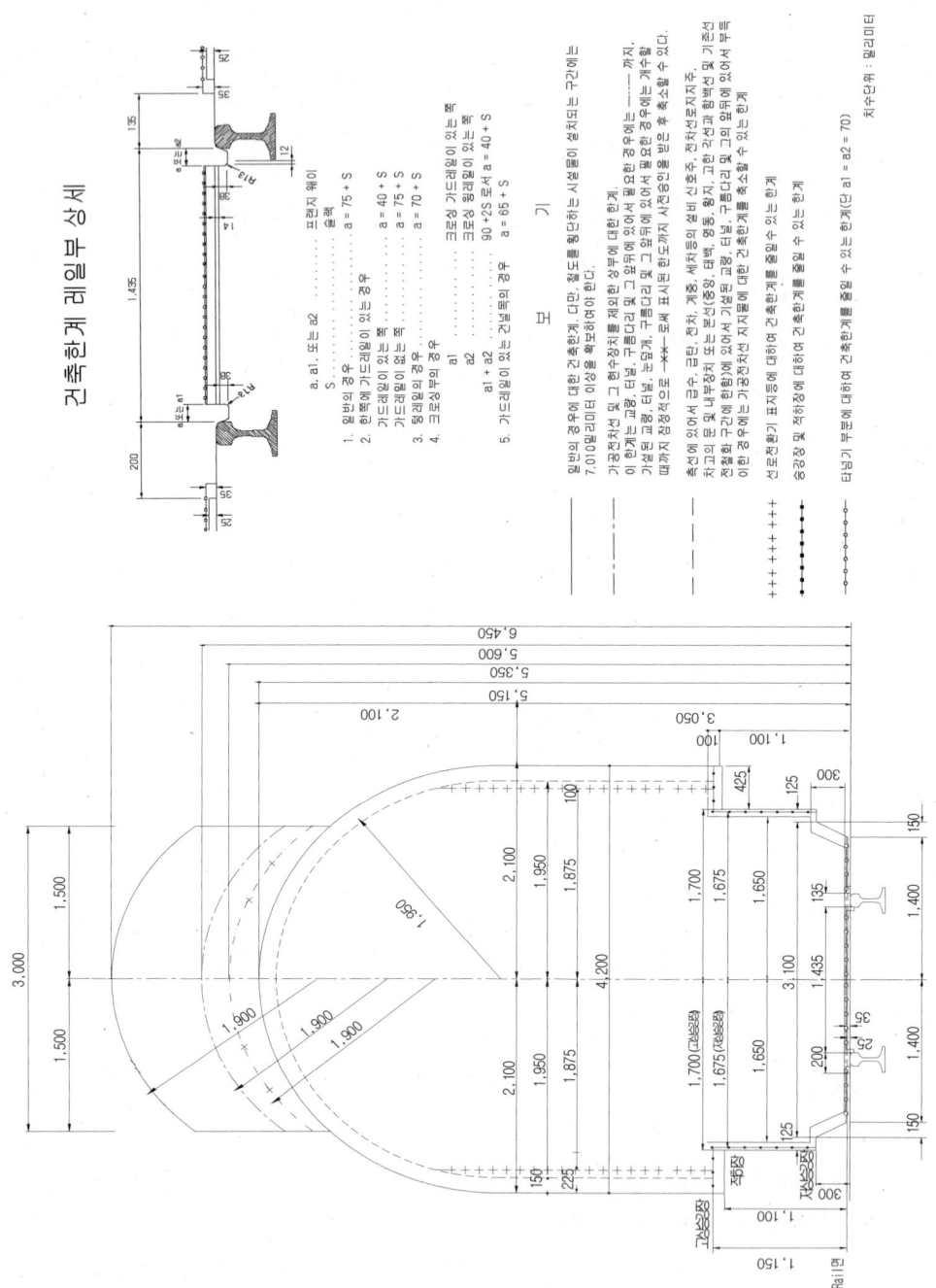

그림 4.11 직선구간의 건축한계

───── 표시는 일반의 경우에 대한 건축한계이며 차량한계에서 상당한 여유거리를 두어 그 치수를 정한 것이다. 그 상부 원호부의 정점 높이는 차량한계의 레일면상 높이 4,800mm에 350mm의 간격을 두어 5,150mm로 하였고, 폭은 차량한계의 폭 3,600mm에서 양측으로 300mm의 여유를 두어 4,200mm로 하였다.

승강장 및 적하장이 근접한 부분은 차량한계 3,200mm에 양측으로 75mm의 여유거리를 두어 3,350mm로 한 것이다.

다만, 철도를 횡단하는 시설물이 설치되는 구간의 건축한계의 높이는 전차선 가설높이(7,010mm)에 지장이 없도록 건축한계의 높이를 7,010mm이상 확보하도록 규정한 것이다.

─·─ 표시는 전기차전용선로구간의 일반한계이다. 다만, 가공전차선 및 그 현수장치는 이 한계내에 저촉되어도 무방하다.

한계의 높이 6,450mm는 가공전차선의 표준높이 5,400mm에 현수 장치가 필요한 치수 300mm, 조가선과 급전선의 이격거리 550mm, 여유거리 200mm를 가산한 것이다.

폭은 집전장치 양측에 520mm씩 여유를 두어 3,000mm로 정한 것이다.

- - - 표시는 측선에서 축소할 수 있는 한계로 급수·급유·전차·계중·세차대 등의 설비, 신호주, 전차선로지지주, 차고의 문 및 내부장치 또는 본선(중앙, 태백, 영동, 황지, 고한 각선과 함백선에 한함)에 있어서 이미 설치된 교량, 터널, 구름다리 및 그 앞뒤에 있어서 부득이한 경우에는 전차선로 지지물에 대한 건축 한계를 축소할 수 있는 한계이며 건축한계를 150mm씩 축소하여 차량한계와의 간격을 250mm로 정한 것이다.

++++ 표시는 측선에서 선로전환기의 표지 등에 대하여 축소할 수 있는 한계로 특수시설 등을 감안 255mm를 축소하여 차량한계와의 간격을 175mm로 정한 것이다.

─••─ 표시는 저상 승강장 및 적하장에 대하여 축소할 수 있는 한계이다. 저상 승강장 및 적하장을 설치하는 위치는 궤도 중심에서 1,675mm이므로 25mm의 여유를 두어 한계를 정하였음. 레일윗면으로부터의 높이는 고상 승강장인 경우 적하장 보다50mm의 여유를 두어 1,150mm로 그 높이 한계를 정한 것이다.

이 축소한계에 대하여 차량한계와의 간격은 폭 50mm, 높이 50mm이다. 이 간격은 여객의 승강시 편리성과 안전성을 고려하고 화물적하시의 편리성을 생각하여 차량통과에 지장이 없는 범위에서 좁게 정한 것이다. 곡선승강장인 경우에는 여객의 안전을 최대한 감안하여 곡선의 반경 등을 설정하여야 한다.

–o-o– 표시는 승월선로전환기에 대하여 축소할 수 있는 한계이다. 레일상면에서 35mm까지 축소한 것은 승월선로전환기가 레일상면에서 30mm이므로 이에 5mm의 여유를 가산한 것이다. 전동차전용선인 경우에는 도시철도건설규칙이나 지방자치단체에서 시행하는 지하철 및 도시 철도와의 연계성 등을 고려하여 건축한계 및 구축한계의 기준을 설계기준 등에서 각 선로 구간의 특성에 맞도록 별도로 정하여 적용하여야 한다. 기존의 건축한계에서는 승강장(저상승강장)의 높이를 500mm로 하여 차량한계의 350mm로 중복되는 영역이 있어 승강장(저상승강장)의 높이를 300mm로 변경 조정하였다.

(3) 곡선구간의 건축한계는 $W = \dfrac{50,000}{R}$ 으로 산출된 확대량과 캔트에 의한 차량 경사량 및 슬랙량을 더하여 확대하여야 한다. 다만, 가공전차선 및 그 현수장치를 제외한 상부에 대한 한계는 이에 따르지 않을 수도 있다는 것이다.

① 곡선반경과 차량 편기량, 차량길이와의 상관관계

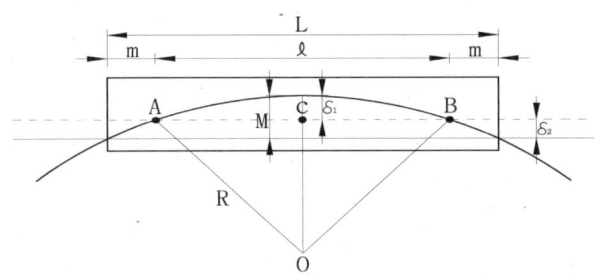

그림 4.12 곡선에서의 차량편기

차량 중앙부에서의 편기량

$\overline{AC}^2 = \overline{AO}^2 - \overline{CO}^2$, $M = \delta_1 + \delta_2$

$\left(\dfrac{\ell}{2}\right)^2 = R^2 - (R - \delta_1)^2$ 이므로,

$R^2 = \left(\dfrac{\ell}{2}\right)^2 + (R - \delta_1)^2 = \dfrac{\ell^2}{4} + R^2 - 2R\delta_1 + \delta_1^2$

δ_1^2은 미소하므로, $\delta_1^2 = 0$으로 보면,

$2R\delta_1 = \dfrac{\ell}{4}^2$

$$\delta_1 = \frac{\ell^2}{8R}$$

(4.34)

차량 전·후부에서의 편기량

$$\delta_2 = M - \delta_1 = \frac{(\ell + 2m)^2}{8R} - \frac{\ell^2}{8R}$$
$$= \frac{m(m+\ell)}{2R}$$

(4.35)

R : 곡선반경(m)
m : 대차중심에서 차량 끝까지 거리(m)
δ_1 : 곡선을 통과하는 차량 중앙부가 궤도중심 내방으로 편기하는 량(mm)
δ_2 : 곡선을 통과하는 차량 양끝이 궤도중심 외방으로 편기하는 량(mm)
M : 선로중심선이 차량 전후부 교차점과 만나는 선에서 곡선 중앙종거(mm)
l : 차량의 대차 중심간 거리(m)
L : 차량의 전장(m)

건축한계 확대량은 식 (4.35), 식 (4.36)에 차량제원을 대입하여 계산하면 특수장물차량의 대차중심간 거리는 $L=18.0$m이고 대차중심에서 차량 끝까지의 거리는 $m=4.0$m 이므로,

내측편기량 $\delta_1 = \frac{18^2}{8R} \times 1,000 = \frac{40,500}{R}$ (mm)

외측편기량 $\delta_2 = \frac{4(4+18)}{2R} \times 1,000 = \frac{44,000}{R}$ (mm)

차량이 곡선구간을 안전하게 주행할 수 있도록 하기 위해 다소 여유를 주어 $W = \frac{50,000}{R}$ 으로 하였다.

② 캔트에 의한 차량경사량

곡선에서는 캔트가 설치되며 내측레일을 기준으로 외측레일을 상승시키게 되므로 내측레일 정점부를 기준하여 내측으로 경사된다. 이때 곡선구간의 건축한계는 차량의 경사에 따라 캔트량만큼 경사되어야 하나, 실제 구조물의 시공은 경사 시킬 수 없으므로 편기되는 양만큼 확대하여 주되 선로중심에서 구조물까지의 이격거리는 차량의 상부와 하부가 달라지게 된다.

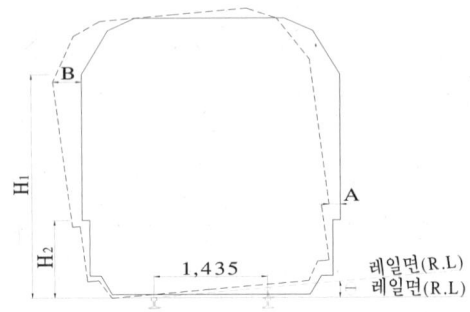

그림 4.13 캔트에 의한 차량의 경사

그림 4.13에서 캔트에 의해 차량이 θ만큼 경사되었다고 하면,

$\tan\theta = \dfrac{C}{G} = \dfrac{B}{H_1} = \dfrac{A}{H_2}$ 에 의해서,

내측편기량 $B = C \times \dfrac{H_1}{G} = C \times \dfrac{3,600}{1,500} = 2.4 \times C$

외측편기량 $A = C \times \dfrac{H_2}{G} = C \times \dfrac{1,250}{1,500} = 0.8 \times C$ 가 되며

내측으로는 확대, 외측으로는 축소가 되는 수치이다.

③ 슬랙에 의한 건축한계 확대

슬랙은 R=600m 이하의 곡선에 설치하여야 하고 최대 30mm로 제한되어 있으며 곡선의 내궤측을 확대하도록 되어있다. 따라서, 슬랙에 의한 건축한계의 확대는 곡선의 내궤측에만 적용한다.

④ 건축한계의 설정

앞에서 검토한 내용을 정리하면 곡선부의 건축한계는

내궤에서는 $W_i = 2,100 + \dfrac{50,000}{R} + 2.4 \times C + S$

외궤에서는 $W_o = 2,100 + \dfrac{50,000}{R} - 0.8 \times C$ 가 된다.

전동차전용선의 선로중심에서 각 측으로 확대 할 치수(W)는 전동차의 대차중심간 거리 (13.8m)와 대차중심에서 차량 양쪽 끝까지의 거리(2.85+2.85)를 감안하여 차량 전후부 에서의 편기량을 기준으로 $W = 24,000/R$까지 축소할 수 있도록 한 것이다.

차량제원을 대입하여 계산하면 대차중심간 거리 L=13.8m, 대차중심에서 차량 끝까지의 거리 m=2.85m 이므로,

외측편기량 $\delta_1 = \dfrac{13.8^2}{8R} \times 1,000 = \dfrac{23,805}{R}$ (㎜)

내측편기량 $\delta_2 = \dfrac{2.85(2.85+13.8)}{2R} \times 1,000 = \dfrac{23,726.25}{R}$ (㎜)

차량이 곡선구간을 안전하게 주행할 수 있도록 하기 위해 다소 여유를 주어 $W = \dfrac{24,000}{R}$ 으로 하였다. 가공전차선 및 그의 현수장치를 제외한 상부의 한계를 곡선부의 확대치수로 확대하지 않도록 한 것은 집전장치가 차량의 대차 중심 부근에 있으므로 곡선의 편기량이 극히 작기 때문이다.

(4) 확대치수량의 체감방법은 특수장물차량의 대차중심간거리(18.0m)와 대차중심에서 차량 끝까지의 거리(4.0m)를 합한 26.0m 이상의 길이로 하여야 한다. 그 방법을 그림으로 설명하면, 그림 4.14와 같이 완화곡선의 길이가 26.0m 이상인 경우에는 완화곡선 전체길이에 걸쳐서 체감하고, 그림 4.15와 같이 완화곡선의 길이가 26.0m 미만인 경우에는 완화곡선과 직선 길이를 합한 길이가 26.0m 이상이 되도록 체감하여야 하며, 그림 4.16과 같이 완화곡선이 없는 경우에는 곡선 시·종점의 직선구간으로 26.0m 이상의 길이에서 이를 체감하여야 한다. 그림 4.17과 같이 복심곡선안의 경우에는 두곡선 확대량의 차이값을 반경이 큰 곡선에서 체감하여야 한다.

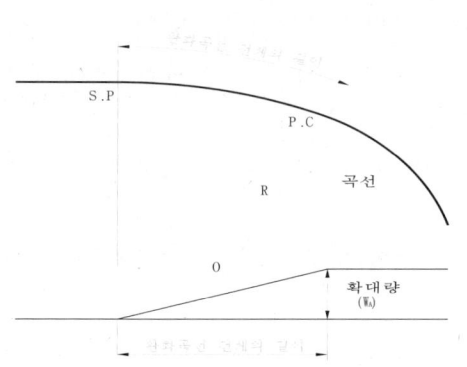

그림 4.14 완화곡선의 길이가 26m 이상인 경우

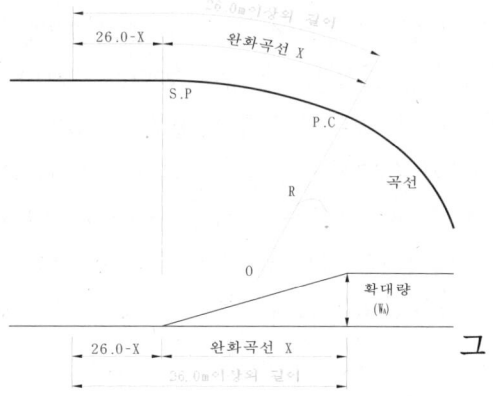

림 4.15 완화곡선의 길이가 26m 미만인 경우

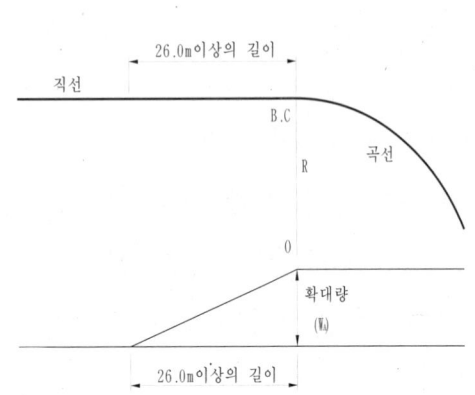

그림 4.16 완화곡선이 없는 경우   그림 4.17 복심곡선안의 경우

(5) 곡선구간의 건축한계는 (3)의 확대량 만큼 확대하여 설정최대캔트 만큼 경사시켜야 한다.

4.2.9 궤도의 중심간격(Track spacing)

1) 궤도중심간격의 의의

궤도가 2선 이상 부설되었을 때에는 궤도중심간격을 충분히 확보하여 열차의 교행에 지장이 없고 열차내에 승객이나 승무원에 위험이 없어야 하며 또 정거장내에 병렬유치되어 있는 차량 사이에서 종사원이 차량정비작업 및 입환작업을 할 수 있는 여유가 있어야 한다. 그러나 궤도중심간격이 너무 넓게 되면 용지비와 건설비가 증대하므로 일정한 한도를 정하게 된다.

직선구간내 궤도의 중심간격은 차량한계의 최대 폭과 차량의 안전운행 및 유지보수 편의성 등을 감안하여 설정한다.

곡선부의 궤도 중심간격은 곡선반경에 따라 건축한계 확대량에 상당하는 값을 추가하여 결정한다.

2) 궤도의 중심간격 설치 지침

(1) 정거장외의 구간에서 2개의 선로를 나란히 설치하는 경우에 궤도의 중심간격은 설계속도에 따라 다음 표의 값 이상으로 하여야 하며, 고속철도전용선의

경우에는 다음 각 호를 고려하여 궤도의 중심간격을 다르게 적용할 수 있다. 다만, 궤도의 중심간격이 4.3미터 미만인 구간에 3개 이상의 선로를 나란히 설치하는 경우에는 서로 인접하는 궤도의 중심간격 중 하나는 4.3미터 이상으로 하여야 한다.

설계속도 V(km/시간)	궤도의 최소 중심간격(미터)
$250 < V \leq 350$	4.5
$150 < V \leq 250$	4.3
$70 < V \leq 150$	4.0
$V \leq 70$	3.8

① 차량교행시의 압력
② 열차풍에 의한 작업원의 안전(선로사이에 대피소가 있는 경우에 한한다)
③ 궤도부설 오차
④ 직선 및 곡선부에서 최대 운행속도로 교행하는 차량 및 측풍 등에 의한 탈선 안전도
⑤ 유지보수의 편의성 등

(2) 정거장(기지를 포함한다) 안에 나란히 설치하는 부본선 및 측선의 궤도 중심간격은 4.3미터 이상으로 하고, 6개 이상의 선로를 나란히 설치하는 경우에는 신호기 설치 등의 공간확보를 위하여 5개 선로마다 궤도의 중심간격을 6.0미터 이상 확보하여야 한다. 다만, 고속철도의 경우에는 통과선과 부본선간의 궤도중심간격을 6.5미터로 하되 방풍벽 등을 설치하는 경우에는 이를 축소할 수 있다.

(3) (1) 및 (2)의 규정에 의한 경우 선로 사이에 전차선로 지지주 및 신호기 등을 설치하여야 하는 때에는 궤도의 중심간격을 그 부분만큼 확대하여야 한다.

(4) 곡선구간 궤도의 중심간격은 (1)부터 (3)까지의 규정에 의한 궤도의 중심간격 곡선에 따른 건축한계 확대량을 더하여 확대하여야 한다. 다만, 곡선반경이 2,500미터 이상의 경우는 확대량을 생략할 수 있다.

(5) 선로를 고속화하는 경우의 궤도의 중심간격은 설계속도 및 (1)의 각 호에서 정한 사항을 고려하여 다르게 적용할 수 있다.

3) 궤도의 중심간격 해설
  (1) 궤도 중심간격은 고속선에 대한 공기역학적 검토 등을 거쳐 다음과 같이 결정하였다.
    ① 정거장외의 구간에서 2개의 선로를 나란히 설치하는 경우 궤도의 중심

간격은 고속선은 4.8미터 이상, 1급선은 4.3미터 이상, 2급선·3급선 및 4급선은 4.0미터 이상으로 하고, 3개 이상의 선로를 나란히 설치하는 경우에는 서로 인접하는 궤도의 중심간격 중 하나는 그림 4.18, 그림 4.19와 같이 4.5미터 이상으로 하여야 한다. 특히, 선로중심간격을 4.3m로 건설할 경우, 양쪽 선로의 건축한계를 제외한 공간이 100mm로 직경 250mm인 신호기 설치시 건축한계를 침범하게 되므로 신호기를 설치할 최소 공간 확보를 위해서는 선로의 중심간격이 4.5m 이상 필요하게 됨에 따라 2복선 구간에서 2중심간격중 하나는 4.5m 이상으로 규정하였다.

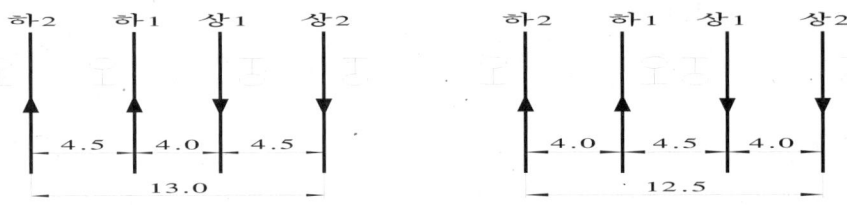

그림 4.18 선로중심간격과 신호기 건식

※ 신호기의 건식위치는 선로의 좌측에 설치하는 것이 원칙이나 곡선 등 현장 여건에 따라 신호의 오인방지와 양호한 투시확보를 위하여 선로 우측에 건식 가능.

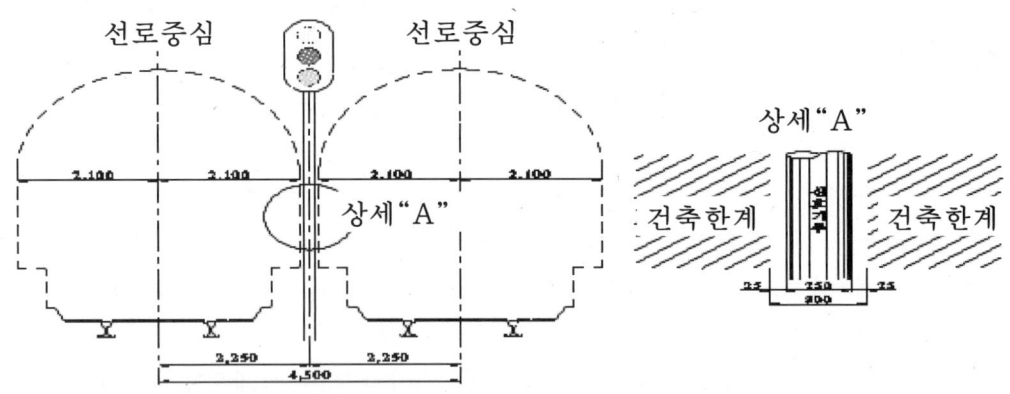

그림 4.19 선로중심간격과 신호기의 관계

② 정거장(기지를 포함한다)안에 나란히 설치하는 궤도의 중심간격은 검수원, 구내원 등 철도운영요원의 각종 작업 및 작업통로에 필요한 최소폭을 확보하기 위하여 4.3미터 이상으로 하고, 6개 이상의 선로를 나란히 설치하는 경우에는 신호기 설치 등의 공간확보를 위하여 5개 선로

마다 인접 선로와의 궤도의 중심간격이 6.0미터 이상인 하나의 선로를 확보하여야 한다. 다만, 고속선의 경우 통과선과 부본선간의 궤도중심 간격을 6.5미터로 한다. 정거장외에서 선로의 중심간격이 4.0m에서 5m 이상으로 변할 수 있으므로 정거장 시·종점구간에서 S-Curve가 필연적으로 발생하나, 이 경우에는 S-Curve로 접속할 것이 아니라 정거장의 인접한 곡선에서 이심원 등으로 해결하여야 할 것이다.

③ 선로 사이에 전차선로 지지주 및 신호기등을 설치하여야 하는 때에는 궤도의 중심간격을 그 부분만큼 확대하여야 한다.

④ 곡선구간의 궤도의 중심간격은 궤도의 중심간격에 건축한계 확대량을 더하여 확대하여야 한다.

㉠ 일반선로인 경우 선로의 중심간격이 4.0m일 때,

즉, $A = 4.0 + \left(\dfrac{50,000}{R} + 2.4C + S\right) + \left(\dfrac{50,000}{R} - 0.8C\right)$

$= 4.0 + \dfrac{100,000}{R} + 1.6C + S$ 를 확보하여야 함.

㉡ 전동차전용선로인 경우 선로의 중심간격이 4.0m일 때,

즉, $A = 4.0 + \left(\dfrac{24,000}{R} + 2.4C + S\right) + \left(\dfrac{24,000}{R} - 0.8C\right)$

$= 4.0 + \dfrac{48,000}{R} + 1.6C + S$ 를 확보하여야 한다.

(2) 2006년 제정된 TSI의 궤도 중심간격 관련 규정안(draft)은 다음 표와 같다. 여기서, 캔트로 인해 교행 차량이 서로 안쪽으로 기우는 경우, 적정 간격을 추가로 고려하며 승차감이나 유지보수를 위하여 궤도중심간격을 확장할 수 있도록 하였다.

TSI 규격의 고속열차 최고허용속도, V (maximum permitted speed)	최소 궤도중심간격
V ≤ 230 km/h	따로 규정이 없으나 4.0m 이하인 경우, 차량한계를 고려함
230km/h < V ≤ 250 km/h	4.0 m
250km/h < V ≤ 300 km/h	4.2 m
V > 300 km/h	4.5 m

(3) 신간선 철도설계기준('05년)에 따르면 궤도중심간격은 차량의 주행과 여

객, 관계자의 안전에 지장을 줄 우려가 없도록 다음 기준에 적합하게 정하였다.

① 정거장 외의 직선에서는 궤도중심간격은 4.3m 이상으로 한다. 단 열차속도 등에서 안전상 문제가 없는 개소에서는 4.2m까지 줄이는 것이 가능하다.

② 정거장 안에서의 궤도중심간격은 4.6m 이상으로 한다. 단 작업상 필요가 없는 개소의 중심간격은 4.2m까지 줄이는 것이 가능하다.

③ 곡선에서의 궤도중심간격은 차량의 치우침에 따라 상기 규정과 관계없이 곡선에서의 건축한계 및 차량의 치우침에 따른 확대량의 산정식에 의해 더하여야 할 수치의 2배 이상을 더하여야 한다. 단 궤도중심간격이 4.3m, 곡선반경이 1,000m이상 또는 궤도중심간격이 4.2m, 곡선반경이 2,500m이상의 경우에는 차량의 치우침에 따른 확대를 생략할 수 있다.

(4) 일본 철도기술기준성령은 일반철도 및 신간선에 대해 다른 규정을 적용하고 있으나 일반적으로 차량주행시 발생하는 횡진동에 의한 차량의 접촉 및 승객의 돌출로 인한 신체와 차량의 접촉을 방지하는 수준으로 정하고 있다.

① 차량속도 160km/h 이하인 일반철도의 경우, 본선 직선부는 차량한계폭에 600mm를 더한 값 이상으로 정의하고 있으며 승객이 차창밖으로 돌출하지 못하도록 되어 있는 구간에서는 400mm를 더한다. 선로사이에서 대피하는 경우에는 궤도중심간격을 700mm 이상으로 확장하도록 규정하고 있다. 곡선부에 있어서는 차량의 기울어짐을 고려하여 캔트차에 의한 편기량과 곡선에 의한 편기량의 합을 고려하도록 하였다.

② 신간선의 경우, 열차속도가 300km/h 이하인 본선에서는 차량한계폭에 800mm를 더한 값을 궤도중심간격으로 정하였으며 작업상 필요한 경우 등은 확장할 수 있도록 하였다. 곡선부의 경우, 일반철도와 마찬가지로 편기량을 고려하나 곡선반경이 2,500m 이상인 경우에는 확대량을 생략할 수 있다. 특히 신간선의 경우, 일반철도에 비해 다음 사항을 추가로 고려하도록 제시하고 있다.

㉠ 궤도 유지보수 작업상의 안전성
㉡ 열차 교행시 풍압

ⓒ 열차 통과시 바람에 의한 작업원의 안전

ⓔ 하로교 설계시 소요공간

ⓜ 궤도 부설 오차

ⓗ 곡선구간에서의 확폭 : 터널내 열차교행의 경우, 개활지에 비해 교행에 따른 풍압이 더 크게 발생하나, 터널 측면으로부터 유사한 풍압이 같이 작용하므로 감쇠효과가 발생하며 오히려 차내 압력변동에 의한 이명감이 문제가 되고 있다.

③ 일본의 경우, 일반적으로 승차감을 고려한 차체의 횡진동 관리 목표값은 2.0㎨으로 정하고 있다.

(5) 철도기술연구원의 "선로중심간격 및 시공기면폭 결정을 위한 제반연구"에서는 고속선의 적정 궤도중심간격을 설정을 위한 공기역학적 검토 방법을 제시하였다. 우선 직·곡선부 교행열차에 의해 발생하는 풍압을 예측하여 측면 강풍과의 중첩작용에 의한 선두차량의 측면 풍력을 계산한다. 실례로 시속 350 km/h로 교행하는 KTX 열차에 작용하는 측면 풍력의 경우를 다음의 표에 나타내었다.

표 4.14 차체에 작용하는 풍력

선로중심간격 (m)	교행시 풍압(Pa)	교행시 풍력(kN)	20m/s 풍속 + 교행시 풍압(kN)
4.0	1046.24	66.7	79.4
4.1	994.92	63.5	76.2
4.2	947.37	60.4	73.1
4.3	903.32	57.6	70.3
4.4	862.52	55.0	67.7
4.5	824.72	52.6	65.3
4.6	789.71	50.4	63.1
4.7	757.27	48.3	61.0
4.8	727.18	46.4	59.1
4.9	699.26	44.6	57.3
5.0	673.32	43.0	55.7

이를 근거로 차량의 주행안전성 평가, 즉 윤중감소율, 탈선계수 및 횡압의 허용한도를 계산하여 안전성을 규명할 수 있으며 이 때 입력변수로 가정하는 궤도 중심간격 중 상기 세 가지 조건을 모두 만족하는 수치를 최소 궤도 중심간격으로 정할 수 있다.

표 4.15 탈선안전도 평가항목 및 적용기준

평가 항목	허용한도	근거	대상	내용
탈선 계수	- 빈도누적확률에 따라 0.8~1.1까지 허용	국내	철도 차량 전반	- 철도차량 안전기준에 관한 규칙 - 빈도누적확률 0.1%일 때 1.1까지 허용, 최대 1.2
	- 0.04*T 이내(T:작용시간) - 빈도누적확률 0.1%인 경우 : 1.0 이내	일본	보기 화차	- T<0.05초 : jumping over - T≥0.05초 : running over
정적 윤중 감소	- 60% 이내	국내 일본 영국	〃	- 철도차량 안전기준에 관한 규칙 - 비틀린 궤도상 정차시험. - 공차상태
동적 윤중 감소	- 빈도누적확률에 따라 최대 80%까지 허용	국내 일본	〃	- 철도차량 안전기준에 관한 규칙 - 빈도누적확률 0.1%일 때 80% 적용
횡압	Q = a(W/3+10) 이내 - Q : 횡압(kN) - W : 축중(kN) - a : 0.85~1.0	국내	〃	- 철도차량 안전기준에 관한 규칙 - 매2m 주행평균
	Q = 2.9+0.3P 이내 - Q : 횡압(ton) - P : 차륜윤중(ton)	일본	〃	
	Q = F(2P/3+10) 이내 - Q : 횡압(kN) - F : 안전계수 - P : 정적윤중(kN) V = 0.85*P 이내 - V : 동적수직력(kN)	유럽	〃	- Prudhomme Limit(F=1) - 매2m 주행평균

　이외에도 차량에 가해지는 원심력, 차량중량 및 측풍과 교행 열차풍 등을 이용한 전복 가능성을 토대로 궤도 중심간격을 정할 수 있다.

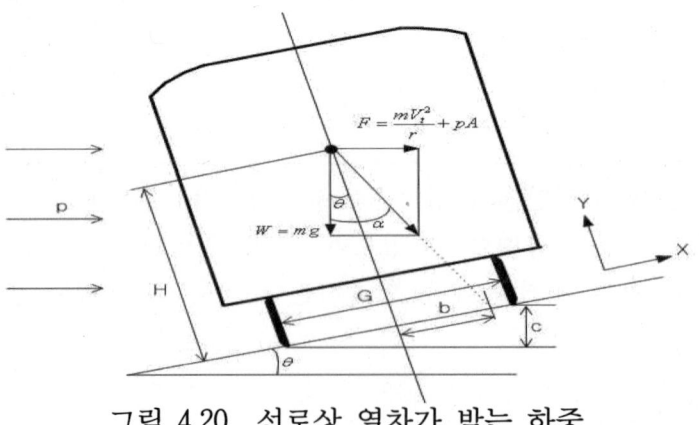

그림 4.20 선로상 열차가 받는 하중

4.2.10 시공기면(Formation level)

1) 시공기면(formation level : F.L)폭의 의의

시공기면(F.L)이란 선로중심선에 있어서의 노반의 높이를 표시하는 표준면을 말하고 노반의 선로중심에서 비탈면 머리까지의 수평거리를 시공기면폭이라 하며 선로의 설계속도에 따라서 다르다.

직선구간의 시공기면 폭은 궤도 구조의 기능을 유지하고 전철주 및 공동관로 등의 설치와 보수도원의 안전대피공간 확보가 가능하도록 정한다. 곡선구간의 경우에는 캔트의 영향을 고려하여야 한다.

2) 시공기면의 폭 결정

(1) 토공구간에서의 궤도 중심으로부터 시공기면의 한쪽 비탈머리까지의 거리(이하 "시공기면의 폭"이라 한다)는 다음 각 호에 따른다.

① 직선구간 : 설계속도에 따라 다음 표의 값 이상

설계속도 V(km/시간)	최소 시공기면의 폭(미터)	
	전철	비전철
250< V≤350	4.25	-
200< V≤250	4.0	-
150< V≤200	4.0	3.7
70< V≤150	4.0	3.3
V≤70	4.0	3.0

② 곡선구간 : 제1호에 따른 폭에 도상의 경사면이 캔트에 의하여 늘어난 폭만큼 더하여 확대(다만, 콘크리트 도상 경우, 확대하지 않음)

(2) 곡선구간의 경우에는 캔트의 영향을 고려하여 도상의 경사면이 캔트에 의해 늘어난 폭만큼 더하여 확대하여야 한다. 다만, 콘크리트도상의 경우에는 확대하지 않을 수 있다.

(3) 교량터널 등 구조물 구간내 시공기면의 폭은 유지보수용 보도 등 부대시설을 감안하여 다음의 값 이상으로 한다. 다만, 설계속도가 200km/시간을 넘는 경우에는 별도로 정하는 바를 따른다.

구 분		시공기면 폭(미터)	보도(난간포함)(미터)
교 량		2.3	1.0
터널	직 선	2.2	0.8
	곡 선	2.3	

3) 시공기면의 폭 해설
 (1) 토공구간에서의 시공기면(노반을 조성하는 기준이 되는 면, 즉 차량중심선에서 노반의 높이를 나타내는 기준면 끝단까지의 거리)의 폭은 다음에 의한다.
  ① 직선구간에는 궤도중심으로부터 설계속도에 따라 다음의 크기 이상으로 하여야 한다. 여기서, 콘크리트 슬래브 궤도형식을 취하는 고속선의 경우에는 관련 연구결과 등을 참조하여 방음벽 등 열차주행에 따른 주변 구조물의 안정성을 추가로 고려하여 폭을 축소하였으며 주행중에는 보선원 등 관계자가 출입하지 않도록 유의한다.

설계속도 V(km/시간)	최소 시공기면의 폭(미터)	
	전철	비전철
250< V≤350	4.25	-
200< V≤250	4.0	-
150< V≤200	4.0	3.7
70< V≤150	4.0	3.3
V≤70	4.0	3.0

  ② 시공기면의 폭은 열차풍에 대한 유지보수요원의 안전거리 확보와 안전지대 및 통로 확보를 기준으로 가능한 한 넓게 하는 것이 바람직하나 너무 넓게 하면 용지폭의 증대는 물론 건설비가 증가하고 배수면적이 크게 되어 유리하지 않다. 옹벽상면이 시공기면과 같을 때는 옹벽의 두께(t)는 별도로 추가하여야 한다. 기존선의 경우, 경제성을 최우선으로 건설된 관계로 시공기면의 폭이 협소하여 유지보수 요원의 열차대피가 어렵고 자갈이 흘러내리는 등의 문제가 있어 고속선의 경우 일본과 프랑스, 독일 등 유럽의 고속철도가 운행되거나 시공중인 나라별로 비교하였으며 이 결과 4.0m~4.7m로, 우리나라에서는 양측통로의 지하에 전선닥트 부설 등을 고려하여 자갈궤도의 경우 그림 4.21과 같이 4.5m로 정하였고, 콘크리트 궤도인 경우에는 그림 4.22와 같이 4.25m 이상을 확보하도록 하였다. 한편 그림 4.23과 같이 설계속도 150km/h 이상인 선로는 4.0m로 정하였으며, 설계속도 70km/h를 기준으로 유지보수를 위한 최소한의 보행통로 등을 고려하여 그림 4.24와 같이 3.5m 및 그림 4.25의 3.0m로 정하였다. 한편, 그림 4.26과 같이 전철화 할 경우에는 전차선로 지지기둥 건식위치를 선로중심 에서 3.0m이상 확보하여야 하므로 이를 감안하여 선로의 등급에 관계없이 4.0m로 정하였다.

4.2 선로의 설계

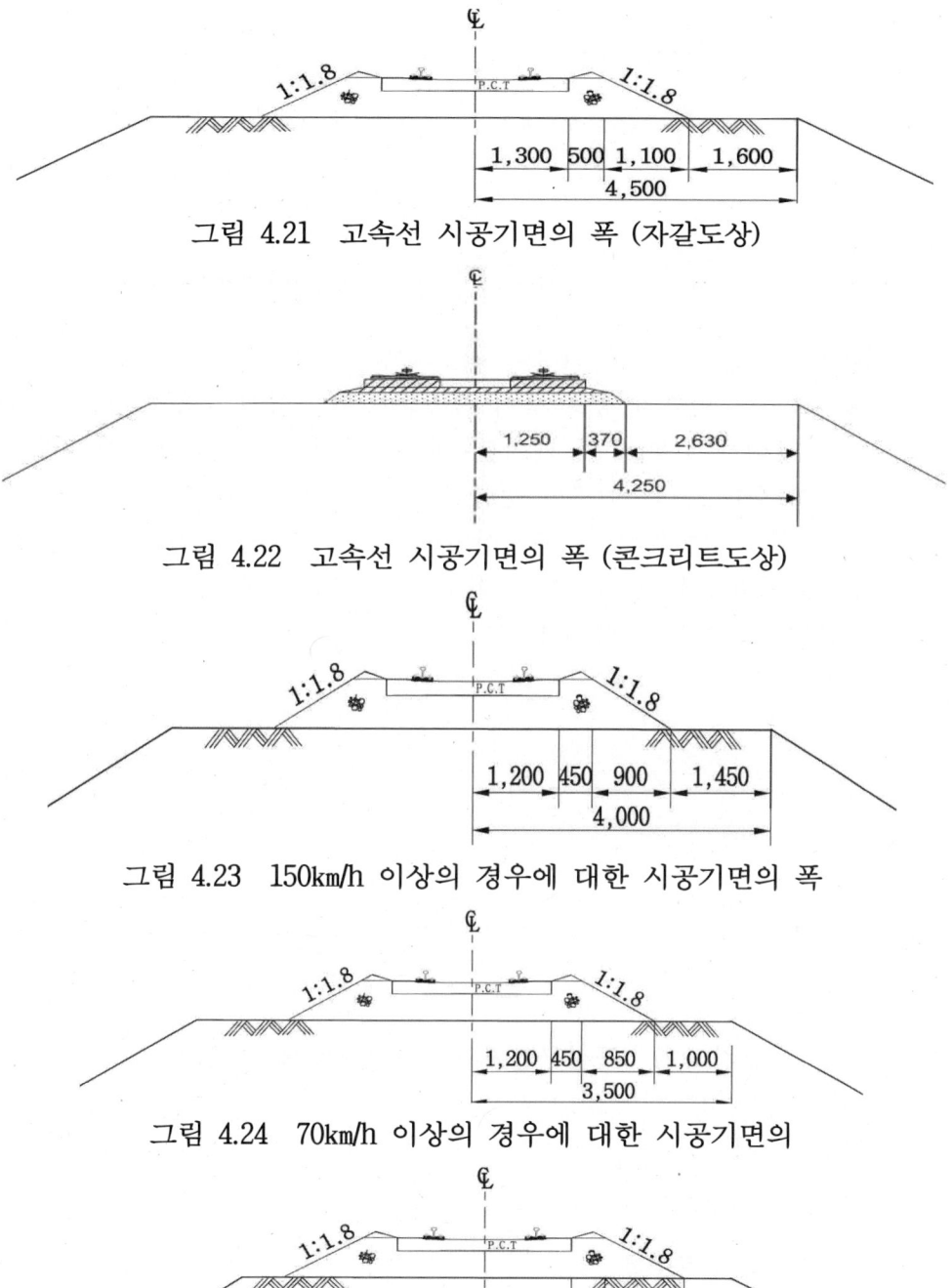

그림 4.21 고속선 시공기면의 폭 (자갈도상)

그림 4.22 고속선 시공기면의 폭 (콘크리트도상)

그림 4.23 150km/h 이상의 경우에 대한 시공기면의 폭

그림 4.24 70km/h 이상의 경우에 대한 시공기면의 폭

그림 4.25 70km/h 이하의 경우에 대한 시공기면의 폭

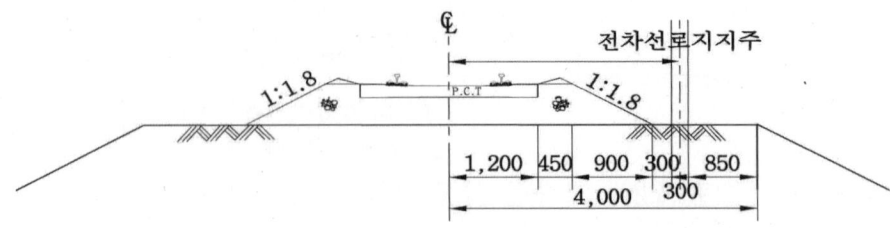

그림 4.26 전철화할 경우 시공기면의 폭

③ 곡선구간은 캔트량에 의하여 궤도외측의 도상 어깨가 올라가고 늘어남에 따라 그 만큼의 통로 폭이 축소되므로 그림 4.27의 a 만큼 곡선외측으로 확대하여 통로 및 케이블덕트 등의 전기설비를 설치할 수 있도록 하여야 한다. a 는 선로의 등급별로 설계속도·곡선반경·도상 두께·도상어깨폭 및 도상어깨의 경사가 상이하며, 현지 상황에 따라 곡선반경·운행속도·부족캔트량 등이 서로 상이하게 적용되므로 다음 공식에 의하여 산출된 량만큼 확대하여야 한다.

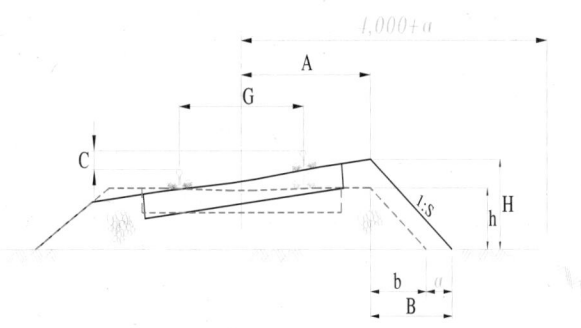

그림 4.27 곡선구간에서의 시공기면의 확폭량

$a = B - b$ 에서,

$B = H \times S, \quad b = h \times S, \quad H = h + \left(\dfrac{G}{2} + A\right) \times \dfrac{C}{G}$

h = 도상두께+침목두께

$\therefore a = \left(h + \dfrac{C}{2} + \dfrac{A \times C}{1,500}\right) \times S - b$

(4.36)

④ 시공기면의 폭은 유지보수용 보도 등 부대시설을 감안하여야 한다. 교량 및 터널구간의 시공기면의 폭을 토공구간과 동일하게 하는 방안도 검토하였으나, 경제성 및 열차속도 등을 고려하여 표준도, 설계기준 등에서 국토해양부장관이 별도로 정하도록 하였다.

⑤ 일반선을 개량하여 고속화하거나 틸팅열차를 운행하는 등 부득이한 경우에는 보선원의 안전 등을 확인한 후 그에 상응하는 시공기면 폭을 적용할 수 있다.

(2) 일본 철도기술기준성령에 의하면 시공기면의 폭은 궤간, 궤도구조, 선로 부대설비 및 유지보수 작업 등을 고려하여 궤도의 기능을 유지할 수 있는 것으로 하고 다음의 기준을 만족하도록 정하고 있다.

① 일반철도의 경우

시공기면의 폭은 궤도의 구조에 대응하여 궤도가 받는 하중을 노반에 원활하게 전달하고 궤도로서의 기능을 유지할 수 있는 것으로 한다. 또한 작업 및 대피용으로 이용되는 측면에 대하여는 해당구간의 건축한계에 0.6m 이상 확대한 것으로 한다. 곡선구간의 경우에는 다음 식에 의해 확대량을 산정한다.

$$y = aC \tag{4.37}$$

여기서, y : 확대치수(mm)
a : 경험계수 (3.06)
C : 설정 캔트(mm)

고가교 등의 구간에서는 2.75m 이상으로 한다. 단 궤도구조 및 대피 등을 고려하여 지장이 없는 경우에는 축소할 수 있다.

무도상 교량 및 터널 등의 경우, 관계자의 대피를 위하여 시공기면의 폭을 확보하는 것이 곤란한 경우에는 열차속도 등을 고려하여 대피소를 설치하는 것으로 한다. 이 경우, 대피소는 50m 마다 설치한다.

여유폭은 기본적인 여유량 이외에 성토층의 잔류 압축침하에 대한 여유량과 지반의 잔류 압밀침하량에 대한 여유량을 포함한다.

② 일본 신간선의 경우

시공기면의 폭을 3m 이상으로 한다. 곡선구간의 경우에는 일반철도와 같은 식을 적용하여 확장하나 경험계수 a 는 2.94로 한다.

고가교 등의 구간에서는 3m 이상으로 할 수 있다. 단 대피 등을 고려하여 지장이 없는 경우에는 축소할 수 있다.

시공기면의 폭은 대피 등의 용도로 이용되는 측에서는 열차주행에 따라 발생하는 풍압 등을 고려하여 3.5m 이상으로 확대한다. 단 250km/h 를 초과하는 경우에는 대피하는 보선원 등의 안전을 확보하기 위한 조치를 하여야 한다.

   (3) 신간선 철도설계기준('05년)에 의하면 시공기면의 폭은 궤간, 궤도구조, 선로부대설비 및 보수작업 등을 고려하여 궤도의 기능을 유지할 수 있는 것으로 하고 다음의 기준에 적합하도록 기술하고 있다.

   ① 절, 성토구간의 시공기면 폭은 한쪽 측면의 경우 3m 이상, 반대쪽 측면은 3.5m 이상으로 한다. 속도가 120km/h 이하인 경우에는 각각 2.7m 및 3.2m 이상으로 축소할 수 있으며 대피 등을 고려하여 지장이 없는 경우에는 축소할 수 있다.

   ② 곡선구간의 경우에는 식 (4.38)에 다음의 계수를 적용한다.
      a = 3.11, 단 선로면에 배수기울기를 고려하지 않은 경우는 2.94

   ③ 고가교 등 기타 구조의 시공기면 폭은 한쪽 측면의 경우 3m 이상, 반대쪽 측면은 3.5m 이상으로 한다. 속도가 120km/h 이하인 경우에는 각각 2.7m 및 3.2m 이상으로 축소할 수 있으며 대피 등을 고려하여 지장이 없는 경우에는 축소할 수 있다.

   ④ 시공기면 폭은 대피 등을 기능을 수행하는 측면의 경우, 열차의 주행에 따른 풍압 등을 고려하여 3.5m 이상으로 확대한다. 단 250km/h를 넘는 경우에는 대피자의 안전을 확보하기 위한 장치를 고려한다.

4.2.11 구조물 설계시 유의사항

선로 구조물은 해당노선의 기능 및 설계속도별로 표준 열차하중에 대하여 열차의 주행안전성을 확보하여야 한다. 도상의 종류 및 두께와 레일의 중량 등 궤도구조는 해당 노선의 설계속도와 통과 톤수에 따라 열차의 주행안전성을 확보하여야 한다.

선로구조물의 설계시에는 생애주기 비용을 고려하여야 한다.

교량, 터널 등의 선로 구조물에는 안전설비 및 재난대비설비를 설치하여야 하고, 열차안전에 지장을 초래할 우려가 있는 장소에는 방호설비를 설치하여야 한다.

1) 선로구조물 설계시 다음 지침에 따라 설계
    (1) 선로 구조물 설계 시 여객/화무 혼용선은 1) 표준활하중의 KRL 2012 표준활하중의 75퍼센트 적용한 KRL 2012 여객전용표준활하중, 전기동차전용선은 EL 표준활하중을 적용하여야 한다. 다만, 필요한 경우에는 실제 운행될 열차의 하중 및 향후 운행될 가능성이 있는 열차의 하중에 대하여 안전성이 확보된 열차하중을 적용할 수 있다.
    (2) 도상의 종류 및 두께와 레일의 중량 등의 궤도구조를 설계할 때에는 다음 각 호에 따라 구조적 안전성 및 열차의 운행 안전성이 확보되도록 하여야 한다.
        ① 도상의 종류는 해당 선로의 설계속도, 열차의 통과 톤수, 열차의 운행 안전성 및 경제성을 고려하여 정하여야 한다.
        ② 자갈도상의 두께는 설계속도에 따라 다음 표의 값 이상으로 하여야 한다. 다만, 자갈도상이 아닌 경우의 도상의 두께는 부설되는 도상의 특성 등을 고려하여 다르게 적용할 수 있다.

설계속도 V(km/시간)	최소 도상두께(mm)
230< V ≤350	350
120< V ≤230	300
70< V ≤120	270[1]
V ≤70	250[1]

[1] 장대레일인 경우 300mm로 한다.
(주) 최소 도상두께는 도상매트를 포함한다.

    (3) 레일의 중량은 설계속도에 따라 다음 표의 값 이상으로 하는 것을 원칙으로 하되, 열차의 통과 톤수, 축중 및 운행속도 등을 고려하여 다르게 조정할 수 있다.

| 설계속도 V(km/시간) | 레일의 중량(킬로그램/미터) | |
	본 선	측 선
V >120	60	50
V ≤120	50	50

    (4) 선로구조물을 설계할 때에는 건설비 및 유지보수비 등을 포함한 생애주기 비용을 고려하여야 한다.
    (5) 교량, 터널 등의 선로구조물에는 안전 및 재난 등에 대비할 수 있는 설비

를 설치하여야 하고, 열차운행의 안전에 지장을 줄 우려가 있는 장소에는 방호설비를 설치하여야 한다.
(6) 선로를 설계할 때에는 향후 인접 선로(계획 중인 선로를 포함한다)와 원활한 열차운행이 가능하도록 인전 선로와 연결되는 구조, 차량의 동력방식, 승강장의 형식 및 신호방식 등을 고려하여야 한다.

4.2.12 철도횡단시설

1) 철도횡단시설 설치
(1) 도로와 철도가 교차하는 곳은 입체화 시설을 설치하는 것을 원칙으로 한다. 다만, 장래 폐선 혹은 이설이 계획되어 있는 개소의 경우에는 경제성 등을 고려하여 입체화하지 않을 수 있다.
(2) 횡단시설 및 기존의 건널목 또는 공사 중 일시적으로 설치하는 임시건널목에는 건널목 안전설비 및 안전시설을 설치하여야 한다.
(3) 평면건널목 또는 정거장 구내를 횡단하는 전선로는 지중에 설치하여야 한다. 다만, 지형 여건 등으로 부득이한 경우에는 시설물 관리기관과 협의하여 이를 지상에 설치할 수 있다.

4.2.13 도로, 철도, 항공, 해상교통 ITS 연계 추진

1) 연계 필요성

지능형교통체계(ITS, Intelligent Transportaion System)란 모든 교통수단과 시설에 대해 전자·제어·통신 등 첨단 교통 기술과 교통 정보를 개발·활용함으로써 운영관리를 과학화·자동화하고, 교통의 효율성과 안전성을 향상시키는 교통체계를 말한다.

그동안 우리나라 지능형교통체계는 자동차도로 위주로 발전되어 왔으며, 철도·항공·해운 분야는 '정보화' 사업의 일환으로 각각 독자적으로 개발·추진되어 왔다.

이에 국토해양부는 '국가통합교통체계효율화법'을 전부 개정(2009년 12월 10일 시행)하여 자동차도로교통 중심의 '지능형교통체계 기본계획'의 범위를 철도·해상·항공 교통분야로 확대했다. 이와 함께 계획 기간을 10년으로 규정한 '지능형교통체계 기본계획 2020'을 수립하도록 하여 각 교통 분야의 지능형교통체계를 상호 연계하여 개발하고 사업을 추진함으로써 점점 복잡해지는 교통 상황을 체계적이고 효율적으로 개선해 나아갈 수 있는 기반을 마련토록 하였다.

2) '지능형교통체계 기본계획 2020' 계획 수립

자동차·도로·철도·해상·항공 교통 분야의 종합적인 지능형교통체계 구축을 위하여 국토해양부는 '곁에 있는 교통정보, 막힘없는 교통서비스'라는 목표 아래 '사고를 예방하는 안전한 교통체계 구축', '수단 간 문턱없는 편리한 교통 서비스 제공', '상황에 대응하는 스마트한 교통기반 조성'을 위하여 2011년부터 2020년까지 지능형교통체계 장기 추진 전략인 '지능형교통체계 기본계획 2020'을 2011년 12월 수립하였다.

표 4.16 '지능형교통체계 기본계획 2020' 추진 목표 및 주요 내용

목표	안전한 교통체계 구축	편리한 교통서비스 제공	스마트 교통기반 조성
자동차·도로	• 돌발상황에 신속 대응하는 교통관리체계 확대 • 도로 위험요소를 관리하는 교통사고 예방체계 도입 • 교통사고를 회피하는 첨단 안전 차량의 개발·보급	• 여행자 맞춤형 교통정보 제공 확대 • 호환 가능한 교통요금 지불수단 보급 확대	• 적시적소의 교통정보 제공확대 • 가용용량 극대화를 위한 실시간 교통 제어 확대
철도	• 실시간 영상감지기반 철도 안전 모니터링 • 차상제어기반 철도건널목 관리	• 철도 승객 맞춤형 고급 정보서비스 제공 • 열차혼잡도 기반 승객 유도 서비스	• IT기반 열차운영체계 최적화 • 효율적인 화물열차 운영을 위한 자원 관리
해상	• 선박 운항 안전관리 기반 확대 • 선박자동식별시스템 확충 및 개선 • 위험화물 관리체계 선진화	• 선박 항행 정보 공동 활용 시스템 구축 • U-기반 물류 시스템 고도화 • 여객 정보 활용체계 고도화	• 전자항법체계(e-Nav) 기반구축 • 해양안전 종합정보체계 고도화
항공	• 에어사이드(Airside)의 비행기와 이동체 위치추적 체계 도입 • 주변국 간 호환 가능한 항공통신망 구축	• 항공승객 맞춤형 서비스 확대 • 신속하고 안전한 항공화물 관리체계 구축 • 항공승객 관련 업무 통합관리체계 구축	• 데이터 전송방식 항공 통신체계로 전환 • 위성을 이용한 항공기 운항체계 도입 • 항공기 자체 방송을 이용한 위치추적체계 도입 • 효율적 항공교통 통합 관리체계 구축
수단간 연계	• 위험화물 수송에 대한 연속적인 관리 구현	• 여행 전 과정에 대한 맞춤형 정보 서비스 제공	• 연계수송화물에 대한 연속적인 관리 구현
기반조성	• 미래 교통 구현 기술 확보를 위한 연구개발 • 시스템의 상호 운영성, 호환성 제고를 위한 표준화 • 새로운 서비스의 효율적 보급을 위한 법·제도 정비 • 성장 동력 육성을 위한 ITS 산업의 해외 진출 지원		

4.3 선로 구조

4.3.1 노반(road bed)

1) 노반(road bed)의 의의

노반(road bed)은 천연의 지반을 가공하여 궤도를 직접·지지하기 위한 흙구조물로서, 이 위를 중량이 큰 열차가 간단없이 빠른 속도로 운전된다. 따라서 노반은 궤도로부터 작용되는 열차하중에 의한 압력과 충격으로 침하가 되거나 변형이 되어서는 안되며 우수와 유수의 침해를 받아서도 안된다.

돋기 개소에서는 노반의 전압(rolling)에 주의하여야 하고 깎기 개소에서는 배수가 양호하도록 유의하여야 한다. 최근 궤도학상으로도 궤도의 진동성상에 미치는 노반의 영향이 크다는 것이 입증되었고 또한 노반의 배수가 궤도보수상 지대한 영향을 주고 있으므로 돋기면과 깎기면을 열차하중과 강우시의 피해로부터 방호하기 위하여 비탈면의 물매를 적절하게 결정하여야 하며 떼와 석재로서 그 비탈면을 보호하여야 한다.

노반의 토질은 물이고여 무너지지 않을 정도의 것으로 특별히 고려되어야 한다. 노반토의 토질이 점성토의 경우는 우수가 고임(워터 포켈이라함)과 흙이 유연해져 도상의 깬자갈·자갈이 흙속으로 파고들어 물이 침투하여 노반을 점점 유연하게 하여 도상이 한층 침하된다.

또한, 열차의 반복 하중으로 유연해진 흙은 도상 깬자갈 사이로 상승하여, 도상을 고결화 시키거나, 레일 이음매에서는 분니(噴泥)상태를 일으킨다. 한냉지에서는 노반내물이 얼어 팽창하여 궤도를 들어올려, 궤도면에 고저를 발생시키는데 이를 동상이라 한다.

이와 같이 좋지않은 결과를 갖아오는 것과 노반을 지키는 데는, 지표수와 지하수에 대해서, 적당한 배수설비를 설치하지 않으면 안된다.

4.3.2 선로의 부담력(bearing power of roadway)

1) 표준활하중(standard load)

궤도와 선로구조물을 설계할 때의 활하중을 말하나, 차량의 종류가 많아 축수, 축중, 축거 등이 각양각색이다. 그러므로 설계할 때는 각종 차량중 대표적인 표준활하중(標準活荷重)을 정하여 설계하중(設計荷重)으로 적용하고 있다.

일반 철도의 경우 선로(레일을 제외한다)의 등급에 관계없이 표준활하중을 감당할 수 있도록 설계되어야 한다. 전동차 전용선인 경우에는 선로의 등급에 관계없이 EL18 표준활하중을 감당할 수 있도록 설계되어야 하며, 고속선인 경우에는 HL-25 표준활하중을 감당할 수 있도록 설계하여야 한다.

KRL2012표준활하중

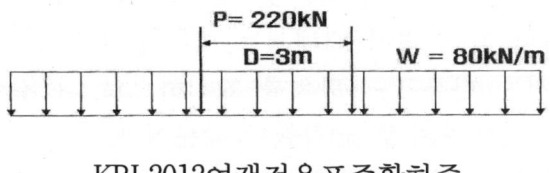

KRL2012여객전용표준활하중

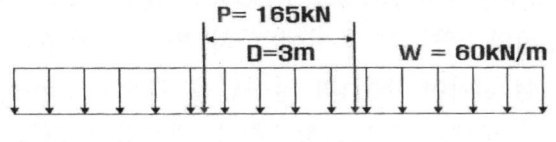

EL표준활하중

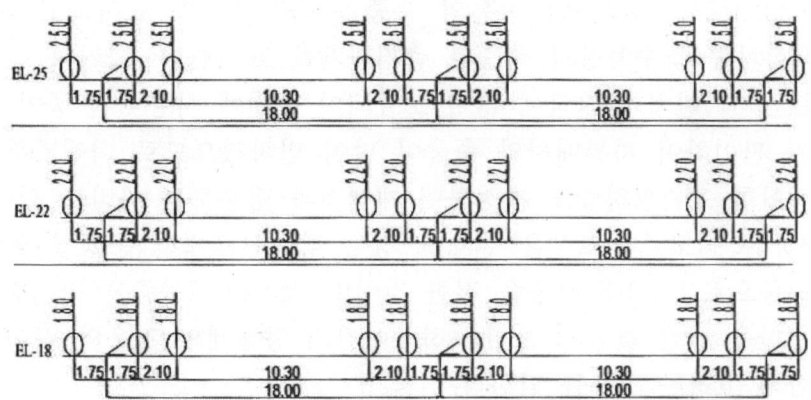

그림 4.28 고속선 표준활하중

원래 차량의 개조 혹은 다른 형식의 설계는 비교적 용이하나 궤도의 개축은 간단히 할 수 없으며 또 다액의 비용이 소요되는 것이다. 그러므로 궤도 및 노반의 부담력을 먼저 규정하고 차량은 이 궤도상을 주행할 때 궤도에 미치는 영향이 이 궤도의 부담력보다 크지 않게 규정한 것이다. 즉 궤도를 주로 하고 차량을 이에 따르도록 규정한 것이며, 선로의 등급에 따라 궤도의 강도를 각각 달리 규정한 것이다.

선로의 부담력을 규정하기 위하여 궤도설계상의 표준활하중을 결정함에 각 종별의 기관차가 선로상을 주행하리라 가상하고 이 기관차가 궤도에 주는 것과 같은 응력을 줄 수 있는 L-하중 즉 이 기관차가 궤도에 대한 L-상당치를 구해서 이것으로서 궤도설계상의 표준활하중으로 한 것이다.

부담력은 열차의 속도를 생각해서 결정되는 것이므로 각 선로구간별로 최대속도를 표시 해서 궤도부담력을 확실하게 한 것이다. 레일을 제외한 것은 기관차는 침목과 도상 및 노반이 각 응력에 대해서는 대부분 동일한 L-상당치를 표시하는 반면에 레일에 대해서는 다른 L-상당치를 표시하므로 다 같이 동일한 L-상당치를 규정할 수 없어서 시장 치수로 규정했기 때문이다.

일반철도의 표준활하중은 LS-22이다. 이것은 1894년 Theoder Cooper(미국인)가 제창한 Cooper E형 표준열차하중(Cooper series engine load)으로서 소리형기관차 (consolidation locomotiv)의 2량중연 후미에 화차 또는 객차를 연결한 것으로 동륜의 축중이 40,000lbs (18,144kg)이며 18ton의 정수만을 채택하여 사용해 오다가 열차속도의 향상 및 통과톤수의 증대로 철도건설규칙을 개정함에 따라 LS-22로 상향조정할 것이다.

L는 live load로서 기관차의 동륜의 축중과 축거관계를 표시하고 S는 special load로서 객화차중 특수차량의 축중과 축거관계를 표시한다. 그러나 근래에는 디젤기관차와 전기기관차가 각국에 많이 보급되어 종전에 사용했던 증기기관차와는 차량 구조가 판이하여 차륜배치와 축중이 많이 변하였으므로 디젤기관차와 전기기관차에 적합한 표준활하중도 제정하여 재래것과 병용하는 나라도 있다.

표준활하중은 궤도 및 교량을 설계할 경우 각종선로에서 운행될 열차하중 대신에 설계하중으로 L 및 S 하중을 정한 것이며 Cooper-E하중을 미터법으로 고쳐 근사한 정수만을 택한 것이다. 또 LS-하중이란 교량설계의 경우와 같이 L-하중과 S-하중을 함께 고려한 경우를 말한다.

2) 표준활하중과 궤도강도

표준활하중은 레일의 크기, 침목의 간격, 도상의 두께 등을 산출기초로 하나 대형기관차와 특수객화차에 대해서는 실물에 의한 재하상태에서 응력계산으로 궤도의 강도를 검토한다.

궤도구조의 제원은 표준활하중군의 전체에 의한 영향을 받기 보다는 기관차와 특수화차의 윤중과 축거 등의 하중군의 일부에 의하여 결정한다.

3) 표준활하중과 교량강도

궤도강도는 윤중 하나에 의한 영향이 대부분을 차지하나 교량강도에 있어서는 여러개의 윤중 영향을 받으며 지간이 60m 이상의 경우는 표준활하중의 전부가 영향을 미친다.

교량의 각부재응력은 LS-18로서 계산하고 LS-22의 부재응력은 LS-18의 계산치를 22/18배하여 구한다. 지간(span)이 3m 이상의 보(beam)에서는 L-load를 사용하고 지간이 3m 미만과 교량의 상판구조(floor system)에서는 S-load로 응력을 계산하며 실하중과 표준활하중과의 차이는 L-상당치(equivaleat load)로서 비교한다.

4.3.3 분기기(turnout)

하나의 선로를 두 개의 방향으로 나누는 설비를 분기기, 두 개의 선로가 동일 평면에서 교차하는 것을 크로싱(crossing)이라 한다.

강레일 2본의 철도는 분기기·크로싱의 구조가 비교적 간단하여, monorail이나 신교통 System 등에 비해 우위를 차지한다.

1) 분기기의 구성

분기기의 각부 명칭은 그림 4.29와 같으며, 포인트부, 리드부, 크로싱부로 구성한다.

포인트부의 구조는 그림 4.30과 같이 선단포인트와 둔단포인트가 있다. 선단포인트는 첨단텅레일을 사용하며, 둔단포인트는 끝을 깍지 않은 보통레일을 사용하고 있으며 레일의 접속이 원활하지 않아 거의 사용되지 않으며, 일반적으로 선단포인트가 많이 사용한다.

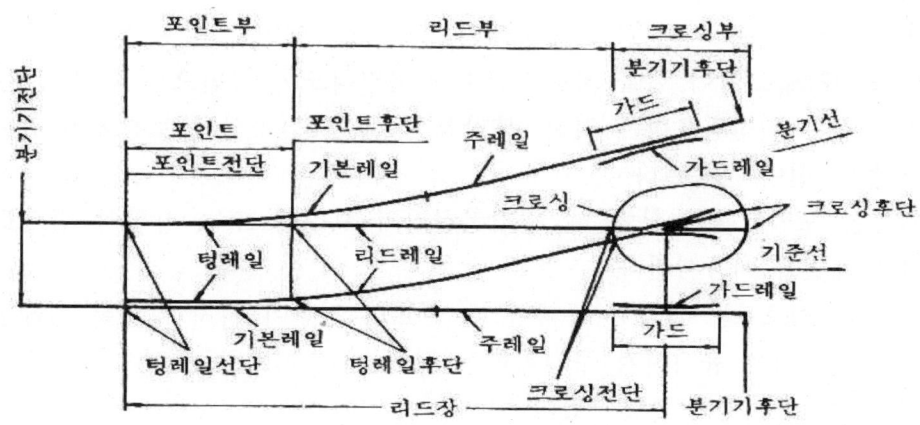

그림 4.29 분기기의 각부의 명칭

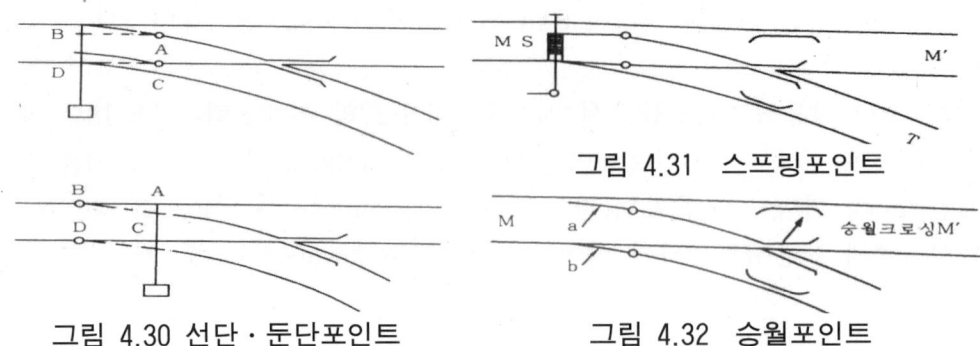

그림 4.30 선단·둔단포인트   그림 4.32 승월포인트

포인트의 종류는 보통선단포인트, 탄성선단포인트, 스프링포인트, 승월포인트 등이 있다. 탄성포인트는 레일의 탄성을 이용하여 전환되며 고속노선에 사용한다. 스프링포인트는 속도가 낮고 단순지방선의 중간역등에 사용되며, 전환에 품이 들 이 않으므로 그림 4.31과 같이 강한스프링으로 포인트를 항시 일정방향으로 확보 하고 있다. 열차가 배향으로 진입할때는 차륜의 플랜지로 철레일을 눌러 벌리고 통과한다.

승월포인트는 안전측선이나 작업기타등의 분기용으로 쓰이며, 그림 4.32와 같은 곡선내측의 텅레일은 특수한 형상으로 본선레일을 타고 넘으며 크로싱도 본선정위로 되어 있다.

2) 포인트의 구조(텅레일 point)

가장 많이 사용되고 있는 보통선단포인트에 관한 그림 4.33에 대해 설명한다.

텅레일은 끝을 뾰족하게 한 가동레일로 가볍고 움직일 수 있으며 후단이 고정 된 구조의 이음매로 되어있다. 특수레일 또는 보통레일을 깎아만든 텅레일 선단 은 두께를 수mm로 깎아 끝을 차륜플랜지가 올라타도록 사면으로 깎아 만든다. 텅 레일의 선형은 직선진로형은 직선, 분기점진로용은 원곡선이 보통이나 간단한 경 우는 모두 직선이 사용된다.

전철봉은 포인트를 전환할 때 전기전철기의 모터힘 또는 사람의 힘으로 봉을 움직여 텅레일을 이동시킨다.

프런트(front)로트는 열차가 통과할 때 진로의 전환이 되지 않도록 텅레일과 기 본레일과의 밀착을 유지시켜 주기위한 쇄정(lock)을 시켜주는 것으로 그림 4.33과 같이 텅레일의 맨 앞쪽에 붙어있다.

상판은 텅레일을 좌우로 이동시켜주기 위해, 평활하게 다듬어진 철판이다. 레 일프레스는 기본레일이 횡압력에 저항하기 위한 레일 체결부품이다. 멈춤쇠는 텅레일의 중간에 붙어있어 기본레일 쪽으로 과도하게 밀리지 않도록 Stoper 역할을 하는 것으로 텅레일의 복부에 볼트너트로 취부되어 있다. 고속선용의 탄성포인트의 경우는 이음매부가 없이 텅레일과 리드레일이 일체로 되어있어 텅레일이 휘어지도록 되어있다. 이상과 같은 분기기의 구조는 일반적인 궤도에 비해, 텅레일의 단면적이 적고 강고하게 체결되지 않고, 완화곡선이 없이 Cant가 부족하며, 크로싱에 궤간결선부가 있어 보수작업이 어렵기 때문에 일반의 궤도보다 통과속도가 낮고 제한된다.

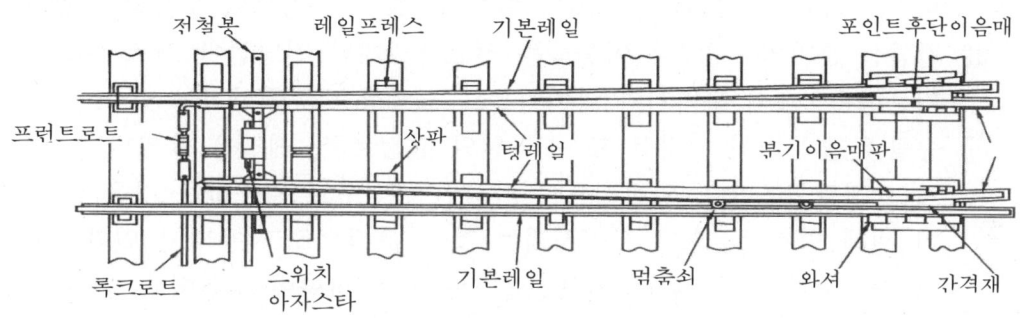

그림 4.33 포인트의 구조

3) 분기기의 종류(kind of turnout)
  (1) 배선에 의한 종류
    ① 편개분기기(simple turnout) : 가장 많이 사용하고 있는 기본형으로 직선에서 좌.우 적당한 각도로 분기한 것.
    ② 분개분기기(unsymmetrical double curve turnout) : 구내배선상 좌우 임의 각도로(예 : 6 : 4, 7 : 3 등) 분기각을 서로 다르게 한 것.
    ③ 양개분기기(double curve turnout) : 직선궤도로부터 좌우 등각으로 분기한 것으로써 사용빈도가 기준선측과 분기측이 서로 비슷한 단선 구간에 사용한다.
    ④ 곡선분기기(curve turnout) : 기준선이 곡선인 것.
    ⑤ 내방분기기(double curve turnout in the same direction) : 곡선 궤도에서 분기선을 곡선 안쪽으로 분기시킨 것.
    ⑥ 외방분기기(double curve turnout in the opposite direction) : 곡선궤도에서 분기선을 곡선 바깥쪽으로 분기시킨 것.
    ⑦ 복분기기(double turnout) : 하나의 궤도에서 3 또는 2 이상의 궤도로 분기한 것.
    ⑧ 삼지분기기(three throw switch) : 직선기준선을 중심으로 동일개소에서

좌우대칭 3선으로 분기시키기 위하여 2틀의 분기기를 중합시킨 구조의 특수 분기기

⑨ 삼선식(三線式)분기기(mixed gange turnout) : 궤간이 다른 두 궤도가 병용되는 궤도에 사용된다. 즉 협궤 또는 표준궤간 또는 광궤 또는 표준궤간 등 3개의 레일이 부설되어 하나의 레일을 공용으로 사용하면서 복합궤도에서 사용되는 분기기로 궤도의 조합에 따라 여러종류의 구조가 있다.

⑩ 시서스(三線式)분기기: 2개의 이웃하는 선로를 2개의 건넘선이 선로구조이며, 기본형은 4개의 분기기와 다이아몬드 크로싱으로 구성되어 있다.

⑪ 건넘선 분기기 : 2개의 이웃하는 선로를 2개의 건넘선이 선로구조이며, 기본형은 4개의 분기기와 다이아몬드 크로싱으로 구성되어 있다.

⑫ 승월(昇越)분기기 : 직선 또는 곡선의 본선로를, 레일을 올라타고 넘어가는 선로구조이다. 일반적으로 차량이 본선으로 일주하는 것을 방지하기 위해 안전측선으로 분기시키는 것을 목적으로 사용되고 있다. 따라서 승월분기기의 정위는 기준선을 운행하는 방향이 정위이다. 기본레일을 덮어 쉬우는 모양을 한 텅레일을 사용하고, 기준선에서 분기선으로 분기할 때에는 후렌지가 기준선레일을 올라타고 가는 분기기이며, 기준선에는 레일의 결선부가 없기 때문에 주행하는 열차는 분기기의 영향을 전혀 받지 않는다.

⑬ 다이아몬드 크로싱과 가동 다이아몬드 크로싱 : 포인트가 없는 분기기로 부동 다이아몬드 크로싱과 가동 다이아몬드 크로싱이 있다.

(2) 편개분기의 종류
 ① 좌분기기(left hand turnout) : 분기선이 기준선 좌측으로 분기된 것.
 ② 우분기기(right hand turnout) : 분기선이 기준선 우측으로 분기된 것.

(3) 교차(cross)에 의한 종류
 ① 다이아몬드(dramond)크로싱 : 부동 다이아몬드 크로싱과 가동 다이아몬드 크로싱이 있으며, 두 선로가 평면교차하는 개소에 사용하며 직각 또는 마름모형으로 교차한다.
 ② 한쪽 건넘 교차(single slip switch) : 1 개의 사각다이아몬드 크로싱의 양 궤도간에 차량이 임의로 분기하도록 건넘선을 설치한 것.
 ③ 양쪽 건넘 교차(double slip swtch) : 2 개의 사각다이아몬드 크로싱을 사용 양궤도간에 차량이 임의로 분기하도록 건넘선을 겹쳐서 설치한 것.

4.3 선로의 구조

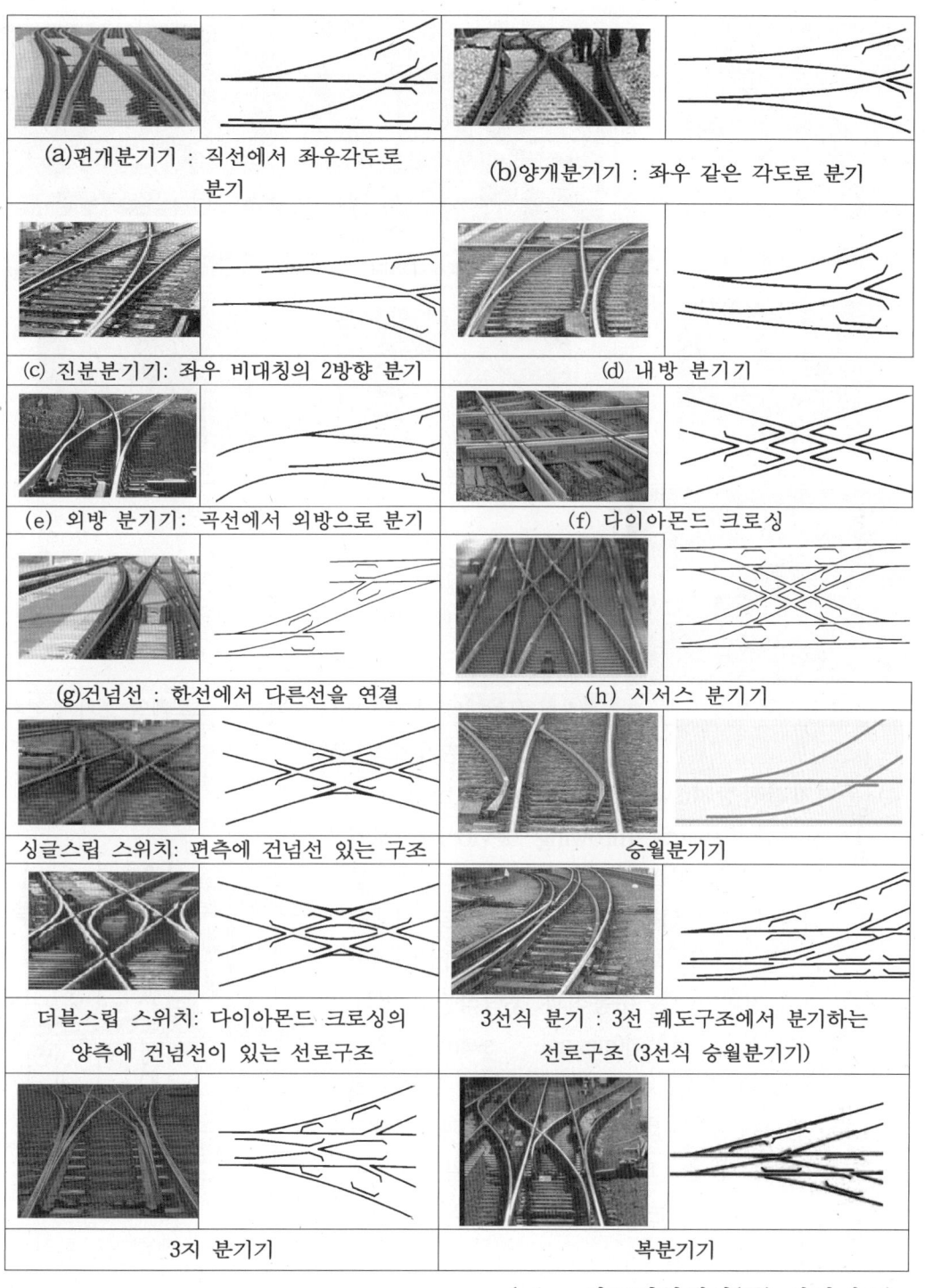

(a,b : 삼표레일웨이(주) 사진제공)

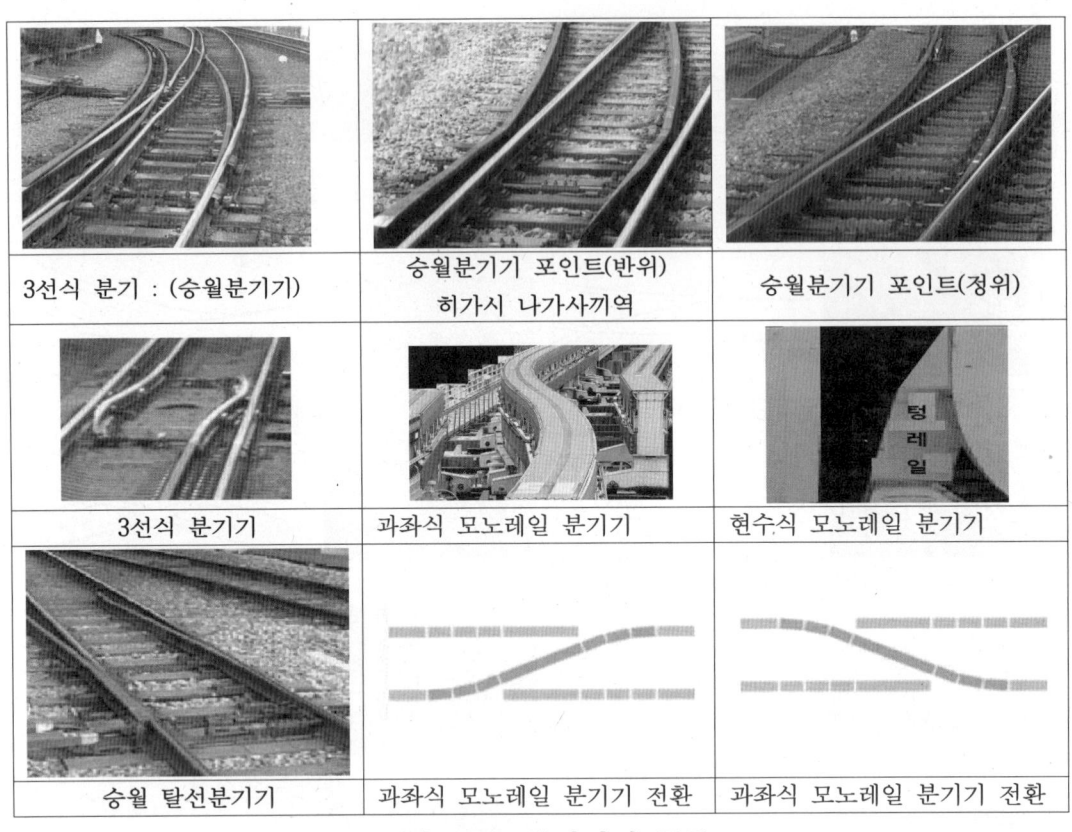

그림 4.34 분기기의 종류

4) 분기기전환장치(switch throwing of turnout)

(1) 전환장치(switch throwing device)는 포인트의 첨단레일을 기본레일에 밀착 또는 분리시켜 포인트를 목적하는 방향으로 개폐하는 장치로서 작업이 간단하고 확실하여야 하며 전환기에는 수동식과 동력식등이 있다.

① 수동식 전환기(mannal switch) : 레버(lever) 또는 손잡이(handle)를 인력으로 취급하여 이것이 연결관(pipe)과 크랭크(crank)등을 거쳐서 가동 레일 단부에 고정되어 있는 전철간에 전달되어 통로를 개폐한다.

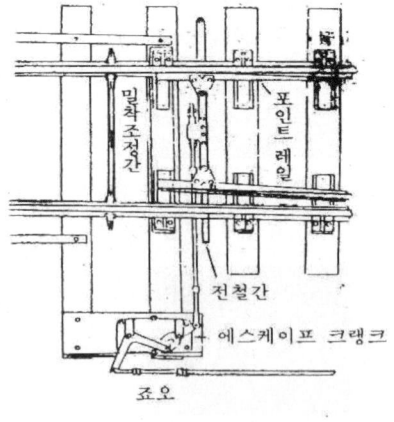

그림 4.35 전철기전환장치

㉠ 추전환기(weighted point lever or switch stand with weight) : 그림 4.36(a)

와 같이 전환기에는 제일 간단한 것으로 추로 첨단레일을 기본레일에 밀착시키는 역할을 한다.

ⓒ 표지전환기(switch stand with ratch handle) : 그림 4.36(b)에서 손잡이를 들어 수평으로 회전시켜 포인트의 개통방향을 현시한다.

(2) 랏치 달린 전환기(switch stand with ratch handle) : 그림 4.36(c)와 같이 랏치가 달린 손잡이를 잡고 레버를 이동시키는 것으로 건늠선에서 관련된 2조 이상의 포인트를 1개의 레버로 동시에 개폐할 때에 사용된다.

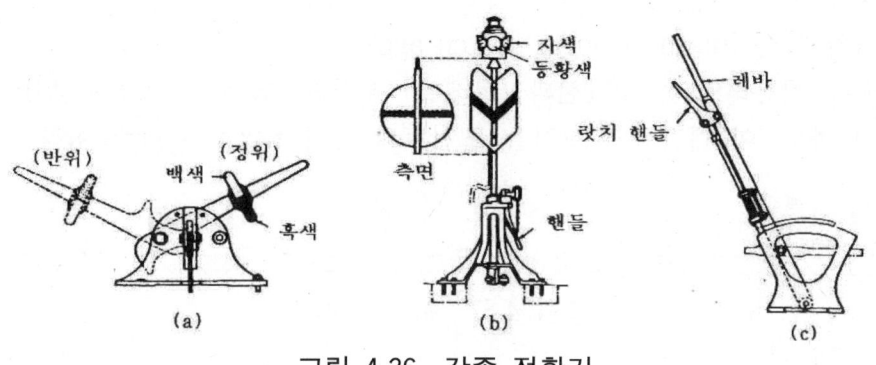

그림 4.36 각종 전환기

(3) 동력식 전환기(mechanical switch) : 중요한 선에 사용되며 전기식과 전공식이 있다. 전기포인트(electric swtch machine)는 전동기의 회전을 치차 또는 크랑크(crank) 등의 왕복운동으로 전환시켜 포인트를 전환하는 장치이다. 전공포인트(electropneumatic switch machine)는 압축공기에 의하여 포인트를 전환시키는 압축공기의 제어를 전기적으로 하는 장치로서 전기포인트에 비하여 포인트를 전환시키는 시간이 짧다.

5) 분기기의 제한속도

분기기는 일반궤도에 비해 구조상으로 보나 선형상으로도 취약점이 있어서 열차의 통과속도를 제한할 필요가 있다.

국철에서는 경부선의 경우 일반직선구간에서는 110km/h로 속도를 제한하고 있으며 일반 분기부의 분기방향 통과속도는 $1.5 \sim 2.0\sqrt{R}$ 로 다음 표와 같이 제한하고 있다.

표 4.17 분기부열차통과속도

구간별	분기기별	구 분	분기기 번수별			
			8	10	12	15
지상 구간	편개분기기	곡선반경(m)	145	245	350	565
		속도(km/h)	25	35	45	55
	양개분기기	곡선반경(m)	295	490	720	1,140
		속도(km/h)	40	50	60	70
지하 구간	편개분기기	속도(km/h)	25	30	40	-
	양개분기기	속도(km/h)	35	45	45	-

6) 분기기 입사각(incident angle, switch angle)

입사각은 기본레일의 궤간선과 텅레일 궤간의 교점을 이론교점(theoretical point)이라 하고, 이 궤간선의 교각을 포인트의 입사각(switch angle)이라 한다.

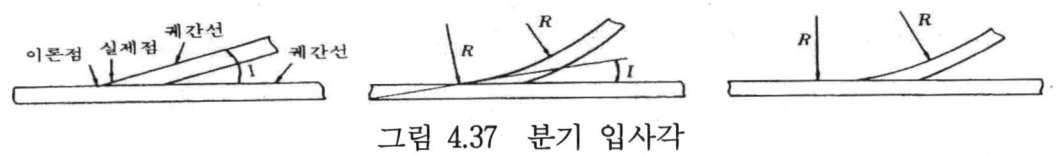

그림 4.37 분기 입사각

텅레일 앞부분은 그림 4.37과 같이 약간의 살이 있어 실제로는 조금 뒤에서 교차하는데 이 점을 실제교점(actual point)이라고 한다.

분기시 차륜이 텅레일에 닿는 부분을 적게 하기 위하여 입사각을 될 수 있는 대로 작게 하는 것이 좋으며 입사각이 작으면 텅레일은 길어지고 곡선반경이 커진다. 곡선형 텅레일의 경우 입사각을 0으로 할 수 있고 이 경우 리드곡선반경을 가장 크게 할 수 있다. 한국철도의 50kgN레일용 분기기는 직선형 텅레일을 사용하였으나 점차 곡선형 텅레일을 사용하여 차량이 원활하게 주행할 수 있게 하고 있다.

표 4.18 각종 포인트의 첨단레일과 입사각

포인트종별	레일종별(kg)	분기기번호	첨단레일길이(mm)	입 사 각
보통포인트	30, 37	8	3,658	2°05′01″
		10	4,572	1°40′01″
		12	5,486	1°23′21″
	50	8	4,000	2°00′21″
		10	5,000	1°36′16″
		12	6,000	1°20′13″
모자형 포인트	50	8	4,500	1°04′00″
		10	5,500	0°57′20″
		12	6,500	0°47′43″
		16	7,000	0°47′48″

4.3.4 크로싱(crossing)

1) 크로싱의 정의

궤간선이 서로 교차하는 부분을 크로싱(crossing)부라 하며 그림 4.39와 V자형의 노스레일(noserail)과 X자형의 윙레일(익궤조 wing rai)로 구성되어 있는데 기본선과 분기선이 교차하는 곳에 윤연로를 확보하려면 일반적으로 궤간선에 결선부가 생긴다.

이 부분에 차량이 통과할 때는 차륜은 노스레일의 선단을 밟아 손상과 마모가 생기기쉬워 이론상의 크로싱궤간선의 교점보다 약간 후단쪽에 두고 높이도 윙레일보다 낮게한다. 크로싱은 보통레일을 가공하여 윙레일, 장노스레일, 단노스레일을 간격재를 끼워 볼트로 조여 큰 상판에 리벳트로 고정시킨 것이다.

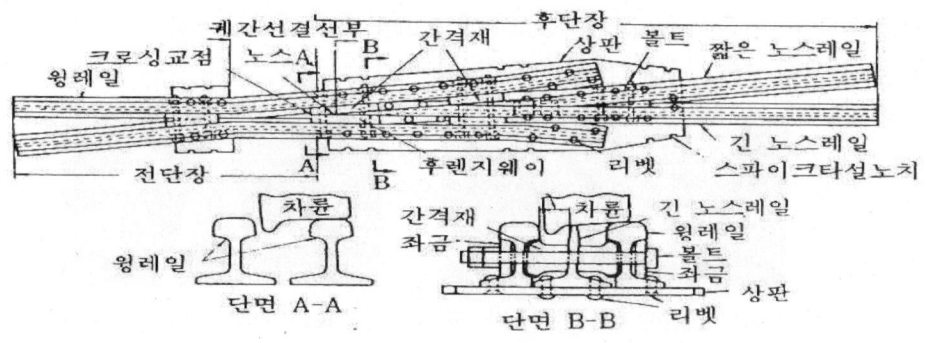

그림 4.38 고정크로싱 구조

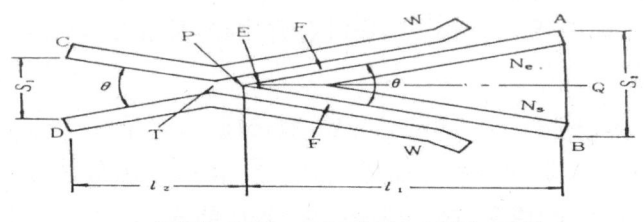

그림 4.39 크로싱의 각부 명칭

2) 크로싱의 각부명칭

 W : 윙 레일(wing rail)
 F : 윤연로(flange way)
 l_1 : 후단길이(length of heel)

l_2 : 전단길이(length of toe)
P : 이론교점(theoritical point of frog)
E : 실제교점(actual point of frog), 크로싱 노오스(nose or tongue of frog)
C, D : 크로싱 지단(지단) 또는 크로싱전단(toe of frog)
A, B : 크로싱 종단(踵端) 또는 크로싱후단(heel of frog)
T : 크로싱 인후(咽喉, throat of frog)
N_s, N_e : 노오스 레일(nose rail or tongue of frog)

3) 크로싱의 종류(kind of crossing)
  (1) 구조에 의한 크로싱(철차)의 분류
    ① 고정크로싱(rigid frog or rigid crossing)
 크로싱의 각부가 고정되어 윤연로(flange way)가 고정되어 있는 것으로 차량이 어떤 방향으로 진행하든지 결선부(gap of gange line)를 통과하여야 하므로 차량의 진동과 소음이 크고 승차감이 좋지 않다.

그림 4.40 조립크로싱과 망간 크로싱 (삼표레일웨이(주) 사진제공)

    ② 가동 크로싱(movable frog)
 가동 크로싱의 최대약점인 결선부를 없게 하여 레일을 연속시켜 격심한 차량의 충격, 동요, 소음 등을 해소하고 승차감을 개선하여 고속열차운행의 안전도 향상을 도모한다.
 고정크로싱은 결손부를 통과하는 차륜 때문에 노스부가 마모되기 쉽다. 이를 위해 크로싱 전체를 일체식으로 주조한 고망간 강크로싱(성분 Mn 11~14%)이 채용되어, 열차의 고속화에 대응하여 내구성방향(보통크로싱의 약 10배)에 효과를 올리고 있다.
 노스가동 크로싱은 설계속도 350km/h로 레일탄성전환 가능하나 가격이 고가이고 망간크로싱과 호환이 불가능하다. 세미노스가동 크로싱은 설계속도 160km/h이상에 사용하고, 레일탄성전환 불가능하나 가격이 저렴하고 망간크로싱과 호환이 가능하다. 그림 4.41과 같이 궤간결선이 없게 된 노스부가 이동하는 구조로 고속선에 채용된다. 또한 다이아몬드 크로싱은 짧은 레일을 좌우로 움직여 궤간결선을 없게하고 있다.

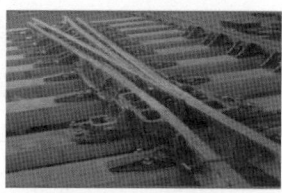

그림 4.41 노스가동 크로싱과 semi 노스가동 크로싱삼표레일웨이(주) 사진제공)

4) 크로싱번호(crossing number or frog number)

분기기는 보통 크로싱각의 대소에 따라 다르며 크로싱번호는 N으로 표시된다. 이것은 크로싱의 노오스레일의 각도 즉 크로싱각 θ의 크기로 표시되며 그림 4.39에서

$$\cot \frac{\theta}{2} = 1_1 \div \frac{S_2}{2} \qquad \therefore = \frac{\ell_1}{S_2} = \frac{1}{2}\cot\frac{\theta}{2}$$

크로싱번호 N=8이란 그림 4.39에서 PQ : AB=8 : 1이 되는 것을 말하며 종래 사용한 것은 대부분 8~10번이나 분기고번화로 이것을 12~16번 등으로 대체하면 열차주행이 원활해지고 고속화에도 유리하다.

표 4.19 각종 포인트의 제원

포인트종별	레일종별	분기기번호	첨단레일길이(mm)	입사각	그로싱각	리드반경 m
보통포인트	37kg	8	5,000	1°36′16″	7°09′09″	147.2
		10	5,000	1°36′16″	5°43′29″	246.7
		12	6,200	1°17′38″	4°46′18″	360.7
	50kgPS	8	5,600	1°25′57″	7°09′09″	146.0
		10	5,600	1°25′57″	5°43′29″	243.0
		12	7,400	1°05′03″	4°46′18″	354.0
		15	7,400	1°05′03″	3°49′05″	562.0
	50kgNS	8	5,700	1°24′26″	7°09′09″	153.0
		10	7,000	1°08′45″	5°43′29″	239.9
		12	8,400	0°57′17″	4°46′18″	346.1
		15	10,400	0°46′17″	3°49′05″	538.7
		18	12,500	0°38′30″	3°10′56″	762.1
		20	16,000	0°30′04″	2°51′51″	972.8

4.3.5 분기가드레일(호륜레일, 호륜기, guard rail or guard)

1) 분기가드레일의 정의

차량이 대향분기를 통과할 때 크로싱의 결선부에서 차륜의 플랜지가 다른 방향으로 진입하거나 노스의 단부를 훼손시키는 것을 방지하며 차륜을 안전하게 유도하기 위하여 반대측 주레일에 부설하는 것을 가드레일(guard rail)이라 한다.

크로싱 노스레일과 주레일 내측에 부설되어 있는 가드레일 외측과의 거리를 백게이지(back gage)라고 한다. 가드레일은 보통레일을 가공하여 많이 쓰는 철강(프랑스), 특수형 압연레일(독일)등이 사용된다.

결선부와 가드레일에서는 충격이 대단히 크며 또 분기선측의 리드반경도 배선상 제한이 있어서 캔트나 적정한 슬랙 및 완화곡선 삽입이 불가능하여 차량의 안전한 고속 운행을 방해한다.

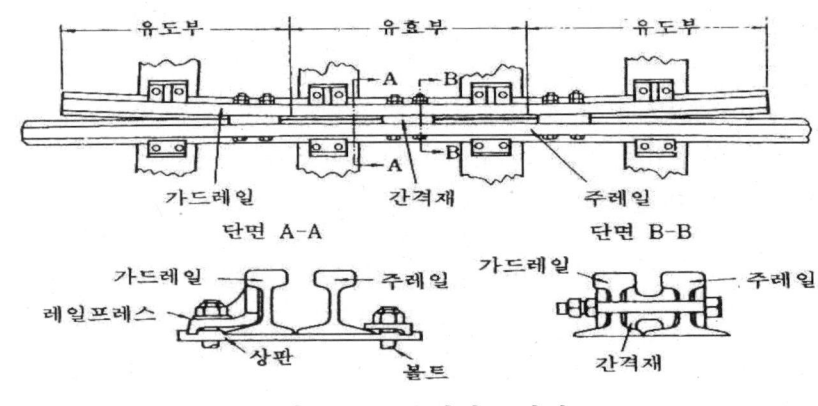

그림 4.42 분기가드레일

2) 분기가드레일의 종류

가드레일은 보통레일을 가공한 것, 주강을 이용한 것, 특수형강을 사용한 것이 있다.

(1) 보통레일을 사용한 것 : 유도부를 절곡시킨 것과 절삭해서 유도각을 만든 것으로 최근에는 절삭가공한 것이 널리 쓰이고 있다.
(2) 주강을 사용한 것 : 미국에서 사용되는 전도방지와 일체로 된 것.
(3) 특수형강을 이용한 것 : 독일 등 유럽에서 사용하고 있다.

4.3.6 선로의 부대설비(equipment of track)

1) 선로표지(track signs post)

철도선로에는 열차승무원에게 곡선, 기울기 등의 운전상 필요한 선로조건을 알리고 보선 기타 작업원에게 필요한 지식을 주고 또는 일반공중에게 용지경계, 건널목 위치 등을 알리기 위해 선로의 비탈머리에 각종 선로제표를 세운다. 선로제표는 각국 또는 각 철도에 따라 여러가지가 있으나 한국철도에 사용되는 제표는 다음과 같다.

선로제표의 종류는 건식표와 부착표 및 기록표로 나누며 특별한 경우를 제외하고는 다음에 의한다.

1. 건식표 및 부착표는 거리표, 기울기표, 곡선표, 종곡선표, 선로작업표, 용지경계표, 차량접촉한계표, 담당구역표, 수준표, 낙석표, 서행예고 신호기, 차단기있는 건널목표, 차단기 없는 건널목표, 기적표, 속도제한표, 속도제한 해제표, 서행 신호기, 서행해제신호기, 서행구역통과측정표 등을 말하며 해당 위치에 설치하여야 한다.
2. 기록표는 교량, 구교, 터널, 정거장중심, 분기기번호, 양수표, 레일번호, 곡선종거와 캔트량 등을 건조물 기타 위치에 필요사항을 직접 표기하여야 한다. 다만, 그 위치에 표기할 적당한 건조물이 없는 경우에는 설치할 수 있다.

(1) 거리표(distance post)

선로의 기점에서 종점쪽으로 거리를 표시하는 것으로 거리표는 km와 m표로 하고 km표는 1km마다 미터표는 200m(다만, 지하구간은 100m)마다, 특별한 경우를 제외하고는 선로좌측에 설치한다. 터널내, 교량내, 호설지구, 기타 제1항의 지침에 의하기 곤란한 경우에는 적절한 구조로 하거나 또는 측벽에 기입할 수 있다.

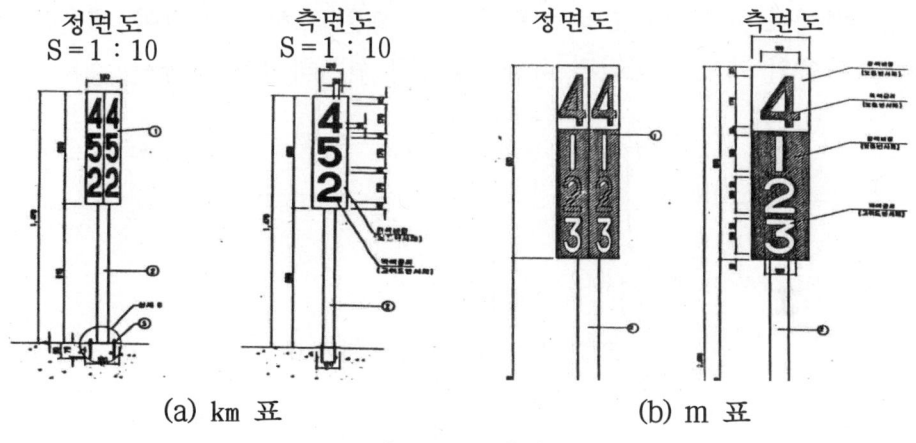

(a) km 표　　　　　　　　(b) m 표

그림 4.43 거리표

(2) 기울기표(grade post)

선로좌측 선로기울기의 변환점에 세우는 것으로 표지판 양면에 기울기를 표시하는 숫자를 기입하여 전도에 있어서의 기울기의 상·하의 정도를 표시하므로 기관사에게 운전의 편의를 제공한다.

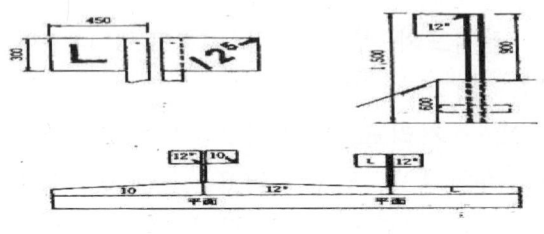

그림 4.44 기울기표

(3) 곡선표(curve post)

곡선표는 선로좌측에 원곡선의 시점과 종점에 세워 곡선반경, 캔트, 스랙 등을 기입한다.

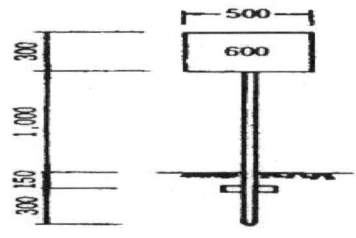

그림 4.45 곡선표

(4) 차량접촉한계표(car limit post)

차량접촉한계표는 인접궤도의 차량과의 접촉을 피하기 위하여 세우는 표지로서 분기부 뒤쪽의 궤도 중심간격 4m의 중앙에 설치하여야 한다.

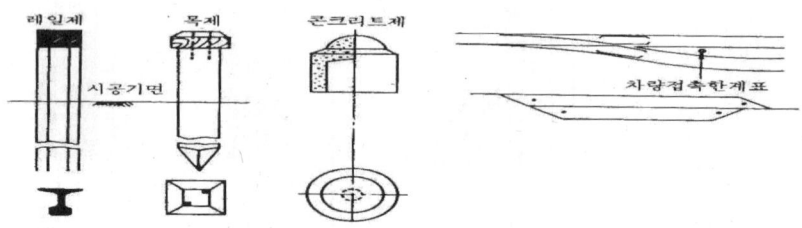

그림 4.46 차량접촉한계표

(5) 용지경계표

철도용지의 경계를 표시하고 관리하도록 하며 경계선이 직선일 때는 40m이내의 거리마다 세운 경계선이 굴곡되었을 때는 굴곡점마다 설치한다(그림 4.47).

(6) 수준표

수준표는 약 1km마다 선로 우측에 세우되 교대, 천연석 등을 이용하는 것이 좋으며 설치할 경우에는 동상, 진동 등으로 변동되지 않도록 주의한다(그림 4.48).

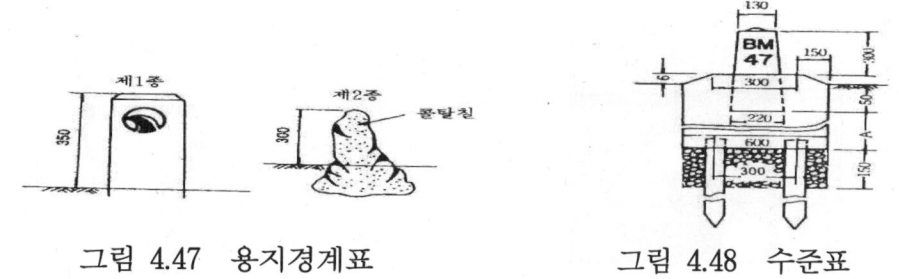

그림 4.47 용지경계표   그림 4.48 수준표

(7) 기적(汽笛)표

기적표는 건널목, 교량, 급곡선 등 기적을 울릴 필요가 있는 곳에 열차진행방향으로 400m 이상 앞쪽 좌측에 열차로부터 볼 수 있는 위치에 설치한다(그림 4.49).

(8) 선로작업표

선로작업개소에는 그림 4.49 에 따라 제작한 선로작업표를 열차진행방향에 대향으로 다음 기준 이상의 거리에 세운다.

  (1) 130km/h 이상선구 : 400m   (2) 130km/h 미만 - 100km/h까지 : 300m
  (3) 100km/h 미만선구   : 200m

다만, 이 작업표를 지형여건상 기관사가 400m 이상 거리에서 알아보기 어려운 때에는 위 거리 이상의 알아보기 쉬운 적당한 위치에 세워야 한다.

< 건식방법 >

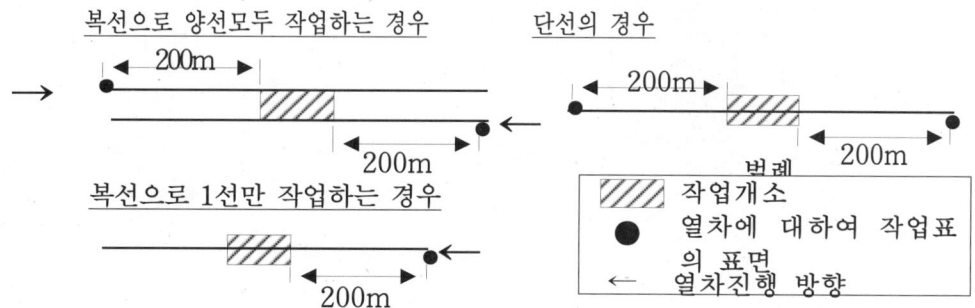

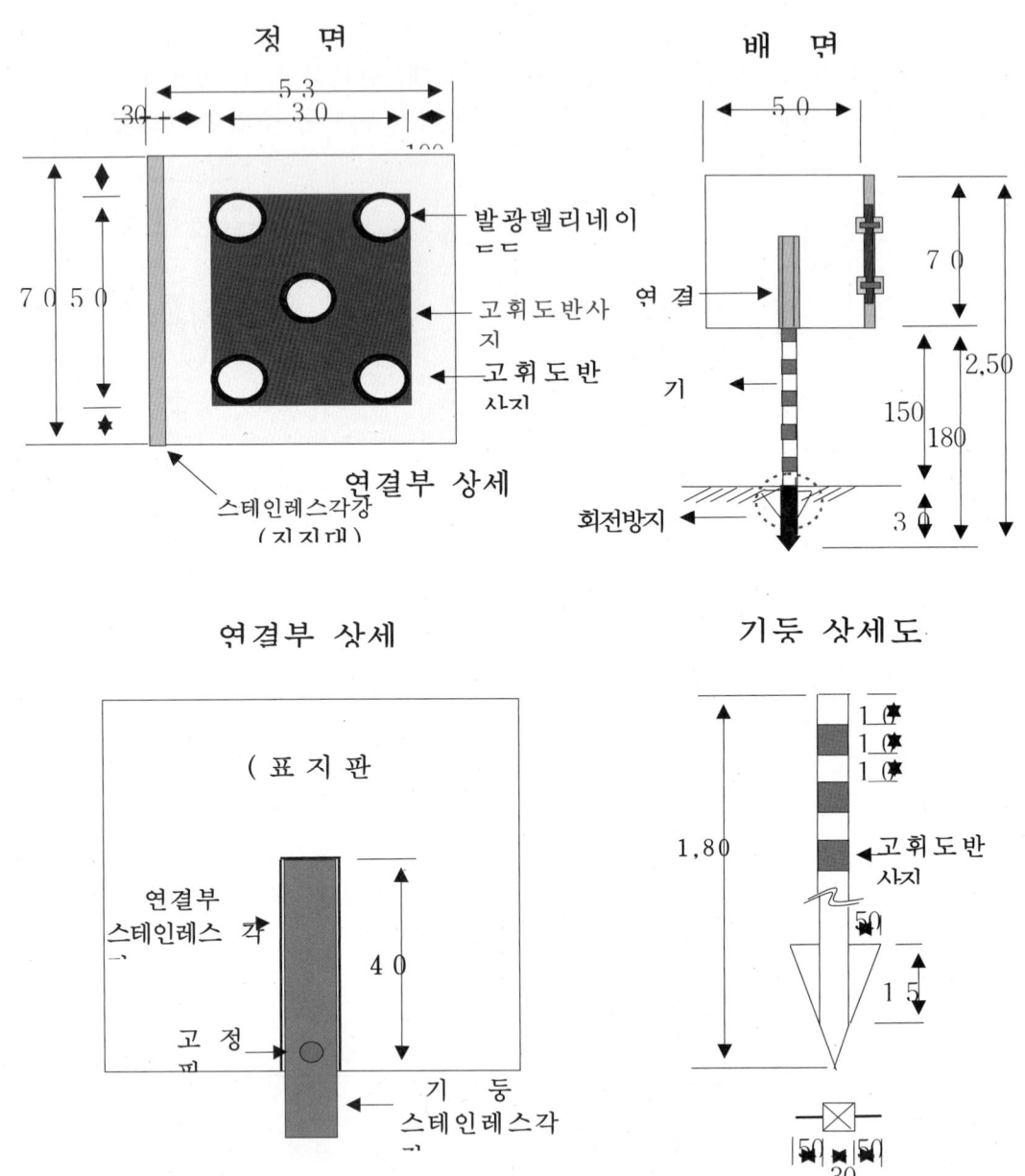

그림4.49 선로작업표

(9) 공사알림판

선로인접공사개소에는 그림 4.50 에 따라 제작한 공사알림판을 열차진행방향에 대향방향으로 200m와 500m 이상 거리에 공사 시행업체에서 세워야 한다. 다만, 지형여건상 기관사가 알아보기 어려울 때에는 위 거리 이상의 알아보기 쉬운 적당한 위치에 세워야 한다.

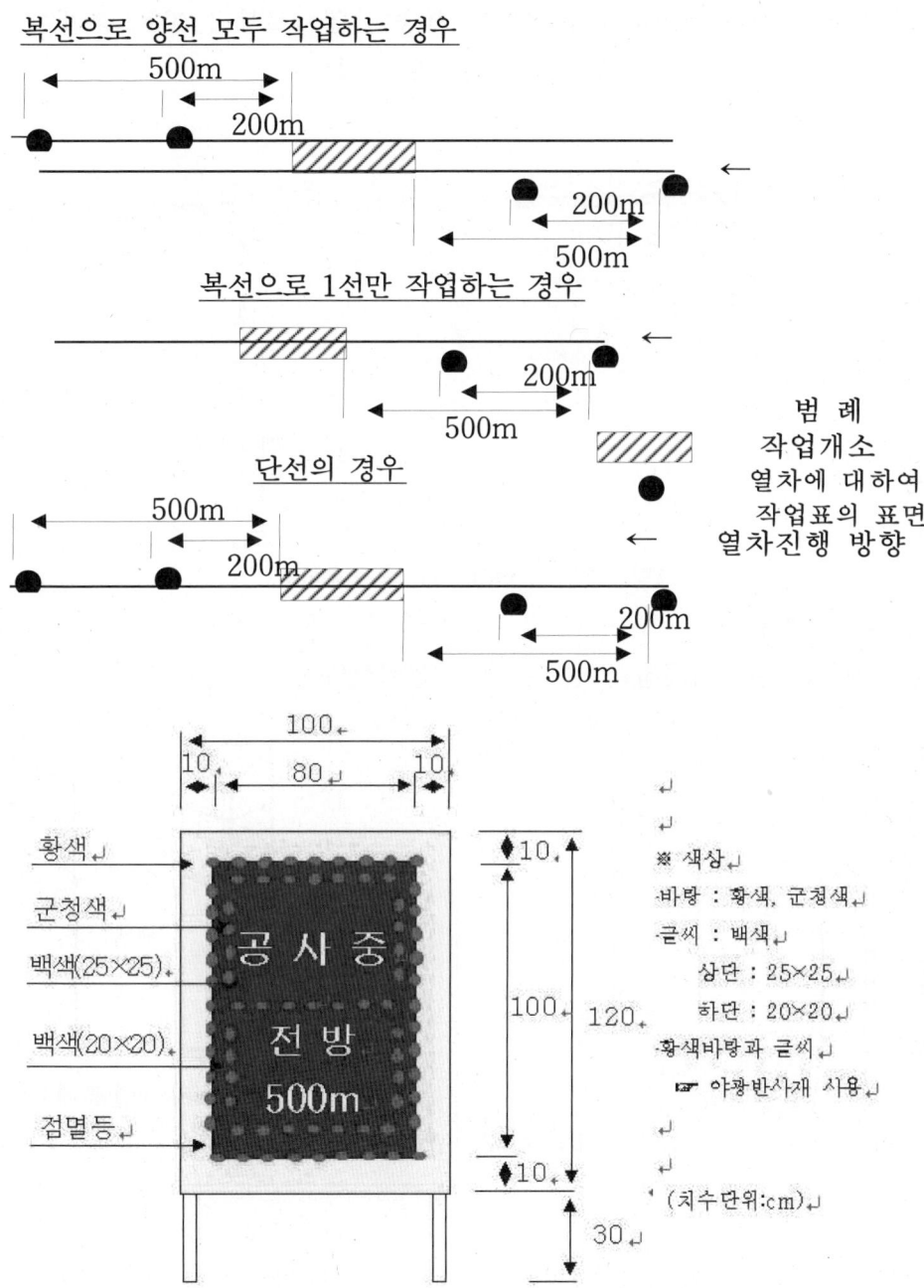

그림 4.50 공사 알림 판 (개정 2016.12.30.)

(10) 속도제한표

속도제한표는 서행표라고도 하며 속도제한 지점의 선로 좌측(우측 선로를 운행하는 구간은 우측)에 설치하여야 하고 진행중인 열차로부터 400m 외방에서 확인하기 곤란할 때는 적의 위치에 설치한다(그림 4.51).

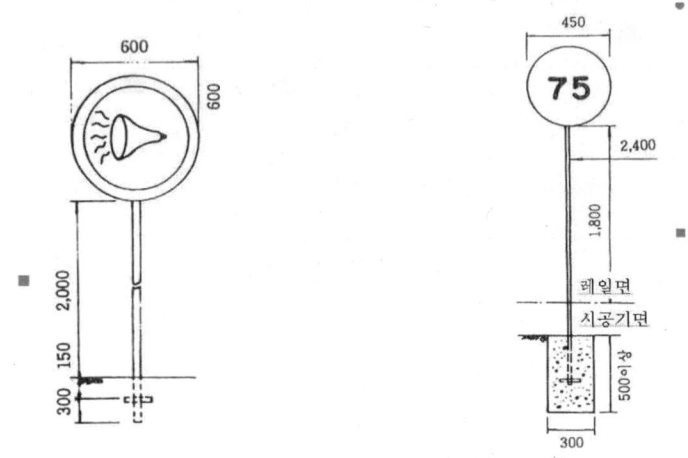

그림 4.51 기적표 및 속도제한표

(11) 관할경계표

관할경계표는 관할경계점의 선로우측에 설치한다.

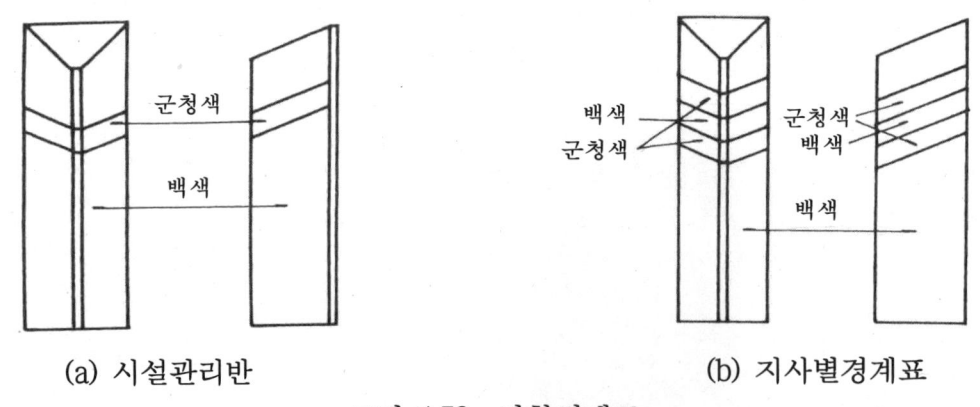

그림 4.52 관할경계표

(12) 지하매설물 표시

철도를 횡단하거나 병행하는 지하매설물에 대하여는 철도 횡단구간 전후 및 변환점에 시설물 관리처를 명기한 지하매설물표지를 설치하여 선로작업시 주의를 하여야 한다. 다만, 표지설치가 곤란한 개소는 매설물을 알 수 있는 별도 표시를 할 수 있다.

(13) 선로제표의 유지보수
선로제표는 다음 각 호에 따라 항상 완전한 상태로 유지하여야 한다.
 1) 제표의 주위는 제초 및 배수를 양호하게 하여야 한다.
 2) 더렵혀지거나 또는 칠이 벗겨진 것은 보수하여야 한다.
 3) 동상 또는 진동 등으로 침하하거나 이동되지 않도록 방호대책을 강구하여야 한다. 특히 전주에 부착된 제표는 탈락되지 않아야 한다.
 4) 각종 제표는 표면반사율을 고려하여 관리하여야 하며 열차운행에 지장이 없도록 하여야 한다.

4.3.7 건널목설비(equipment of level crossing)

1) 건널목의 종류(kind of railway crossing)
철도와 도로가 동일평면에서 교차하는 경우 교차되는 부분을 건널목이라 한다. 도로와 철도선로는 교통본래의 사명과 안보상으로 입체교차(交叉, grade seperation or inter change)로 하여야 하나, 현실은 수많은 평면교차(level crossing)가 있다. 교통량에 따라 다음과 같은 보안설비를 하여야 한다.

일반적으로 건널목에서는 철도의 우선통행을 인정받고 있으며 보통 도로교통을 차단하는 방식이 사용되고 있다.
  (1) 건널목경표(warning post)
  (2) 건널목차단기(crossing gate)
  (3) 건널목경보장치(highway crossing alarm):건널목의 안보설비는 건널목의 위험도에 따라 설치되며 그 위험도의 조사와 판단은 다음 사항으로 검토된다.

　　① 열차회수　　　　　② 도로교통량
　　③ 건널목의 투시(透視)거리　④ 건널목의 폭
　　⑤ 건널목의 길이　　　⑥ 건널목의 선로수
　　⑦ 건널목 전후의 지형

2) 건널목경표(warning post)
건널목은 폭 1m(농촌의 영농통로)에서 3m까지는 지역본부장의 권한으로 설치하고 그 이상은 철도공단이사장의 승인을 받도록 되어 있으며 유지관리는 철도공사가 담당한다. 각 건널목에는 경표를 세워서 통행자에 경계심을 고취시키고 열차운전의 안전을 도모한다.

3) 건널목 경보장치(crossing alarm)

열차가 건널목에 접근하였을 때 도로통행자에 경고하는 장치로 음향(音響)식과 섬광(閃光)식 또는 양자를 병용한 것이 있으며 우리나라에서는 후자를 사용하고 있다.

4) 건널목의 종류

건널목 설치 및 설비기준 규정에 의한 건널목의 종류는 다음과 같다.

(1) 1종 건널목

차단기, 경보기 및 건널목 교통 안전표지를 설치하고 그 차단기를 주, 야간 계속작동하거나 또는 건널목 안내원이 근무하는 건널목, 무인자동 차단기를 설치하기도 한다.

(2) 2종 건널목

경보기와 건널목 교통안전 표지만 설치하는 건널목

(3) 3종 건널목

건널목 교통안전 표지만 설치하는 건널목

5) 입체교차(grade separation)

철도에 있어서 입체교차는 철도와 도로의 입체교차와 철도상호간의 입체교차로 대별된다. 어느 경우에도 평면교차보다 입체교차가 바람직하다.

(1) 철도와 도로의 입체교차

근래 자동차교통이 급격히 증가하여 건널목 사고가 매년 증가추세에 있다. 평면교차는 도로교통을 현저하게 저해한다. 또한 철도수송도 증가하고 있어 교통량이 많은 주요한 도로에서는 당연히 입체교차가 필요하게 된다. 평면교차건설후에 입체화하는 것은 공사비, 용지문제 등이 용이하지 아니하므로 철도 또는 도로의 신설시 입체교차에 관해 충분히 검토해야 한다.

철도와 도로와의 입체교차는 교차방법에 의해 다음과 같이 분류한다.

① 도로를 선로위로 통과
② 선로를 도로위로 통과
③ 도로를 선로 밑으로 통과

④ 한쪽을 어느 높이까지 올려 통과

어느 방법을 채택할 수 있으나 선로수, 도로의 폭, 선로와 도로의 중요성, 그 부근의 형, 배수상태, 교차의 구조표지, 민가의 밀도 등 여러 조건에 따라 좌우된다. 도로와 철도의 입체교차시 비용부담은 건널목개량촉진법에 따라 지방자치단체가 25% 국가철도공단이 75% 부담한다.

(2) 철도 상호간의 입체교차

철도 상호간의 평면교차는 신호보안관계가 복잡해진다. 이 경우 선로용량은 현저히 제한하는 요인이 되므로 원칙적으로 시행하지 않는 것이 보통이다.

4.3.8 차량의 미끄럼방지 설비

(1) 차막이

제동 잘못으로 차량을 정지시키기 위하여, 선로종단에 차막이를 설치한다. 차막이는 차량을 정지시킬 수 있는 강도가 필요하므로 강성이 지나치게 커서 차량을 파손시키지 않을 정도의 구조가 바람직하며, 자갈을 선로위에 쌓아 올린다던가 레일로 구성한것(그림 4.53 참조), 콘크리트 구조등으로 하고 있다.

(2) 차륜막이

측선 또는 차량이 자연적으로 움직여 다른 차량이나 선로에 지장을 줄 염려가 있을 때 그림 4.54와 같이 레일위에 설치하여 차륜을 정지시키는 구조로 하고 있다.

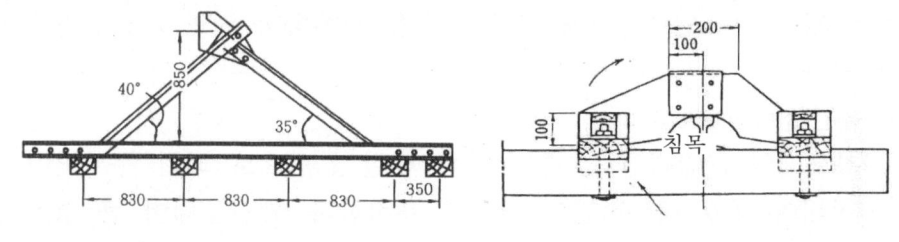

그림 4.53 차막이 예   그림 4.54 차륜막이 예

4.3.9 선로의 보수

선로는 열차주행이나 자연적 힘에 의해 끊임없이 파괴작용을 받아 동시에 열화되기 때문에 끊임없는 보수작업을 필요로 한다. 열차운전보안 확보에도 중요하며, 보수비는 철도경영에서 비율이 높다. 재래의 선로는 일정구간에 모두 보선요원을 배치하여 부단히 순회검사를 하고 인력주체의 수시보수재료교체작업을 해왔다. 그러나 최근의 선로는 궤도강화(중량레일·장대레일·P.C침목·두꺼운 깬자갈

도상)에 의해 보수량을 감축하면서 장비를 이용하여 정기적인 보수재료교체작업 등을 하는 추세이다.
 1) 일반철도의 궤도틀림은 속도대역별과 관리단계를 구분하여 관리하며, 궤도 틀림 항목별 기준치는 표 4.20 일반철도 및 표 4.21 고속철도선형관리기준과 같다. 각 속도대역별 적용기준은 해당 노선의 최고 속도를 기준으로 하되, 유지관리 담당 기관에서 동일 노선내에서 적용 속도대역을 구간별로 세분화하여 적용할 수 있다.
 2) 고속철도의 선형관리는 경제성과 내구년한 연장도모 및 열차운전의 안전을 위한 최적의 관리를 위하여 다음 각 호와 같이 관리단계를 구분하고 있다.
  (1) 준공기준(CV):신선건설시 준공기준으로 유지보수시는 적용하지 않는다.
  (2) 목표기준(TV):궤도유지보수 작업에 대한 허용기준으로 유지보수 작업이 시행된 경우 이 허용치 내로 작업이 완료되어야 한다.
  (3) 주의기준(WV):이 단계에서는 선로의 보수가 필요하지 않으나 관찰이 필요하고 보수작업의 계획에 따라 예방보수를 시행할 수 있다.
  (4) 보수기준(AV):유지보수작업이 필요한 단계로 별도의 기준에 제시된 기간 이내에 작업이 시행되어야 한다.
  (5) 속도제한기준(SV):이 단계에서는 열차의 주행속도를 제한하여야 한다.
  (6) 측선이하 착발선, 차량기지, 보수기지 등 궤도검측차에 따른 검측이 불가능한 경우에는 인력측정에 따른 검측을 시행하고 일반철도 규정을 준용할 수 있다.
   ① 궤간틀림(track gauge)
    좌우레일의 간격틀림, 즉 궤간에 대한 틀림으로 레일 두부면에서 14mm 이내의 레일 내측면간의 거리로 표시한다. 궤간틀림이 큰 경우는 주행 차량이 사행동을 일으키며 궤간이 크게 확대되었을 때는 차륜이 궤간 내로 탈락하게 된다.
   ② 수평틀림(cross level)
    좌우레일답면의 수평틀림을 말하며 고저차로 표시한다. 수평틀림은 차량에 좌우동을 일으킨다.
   ③ 면틀림(longitudinal level)
    한쪽 레일의 길이방향(궤도의 길이 방향)의 높이 차를 말한다. 기준거리 3m로 한다. 면틀림은 주행차륜의 Flange가 레일을 올라타서 탈선의 원

인이 된다.
④ 방향틀림(줄맞춤, aligment)
한쪽레일의 좌우방향의 들락, 날락한 방향의 틀림을 말한다. 줄틀림은 주행차량 사행동을 일으키는 원인이 된다.
⑤ 뒤틀림(평면성 틀림, twist)
궤도의 5m 간격에 있어서 수평틀림의 변화량을 말하며, 이 틀림은 주행차륜의 Flange가 레일을 올라타서 탈선의 원인이 된다. 궤도틀림은 실제 열차가 주행시의 상태를 알 필요가 있다. 이 틀림을 동적틀림(dynamic warp)라 하고, 열차하중이 없는 상태의 측정틀림을 정적틀림(static warp)라 하는데, 열차가 없는 상태에서는 레일체결장치의 이완, 침목과 도상과의 간격등은 측정이 불가능하므로 실제와는 다른 상태로 나타난다. 그러나 대형 궤도검측차에 의하여 정확한 동적틀림을 측정할 수 있다.

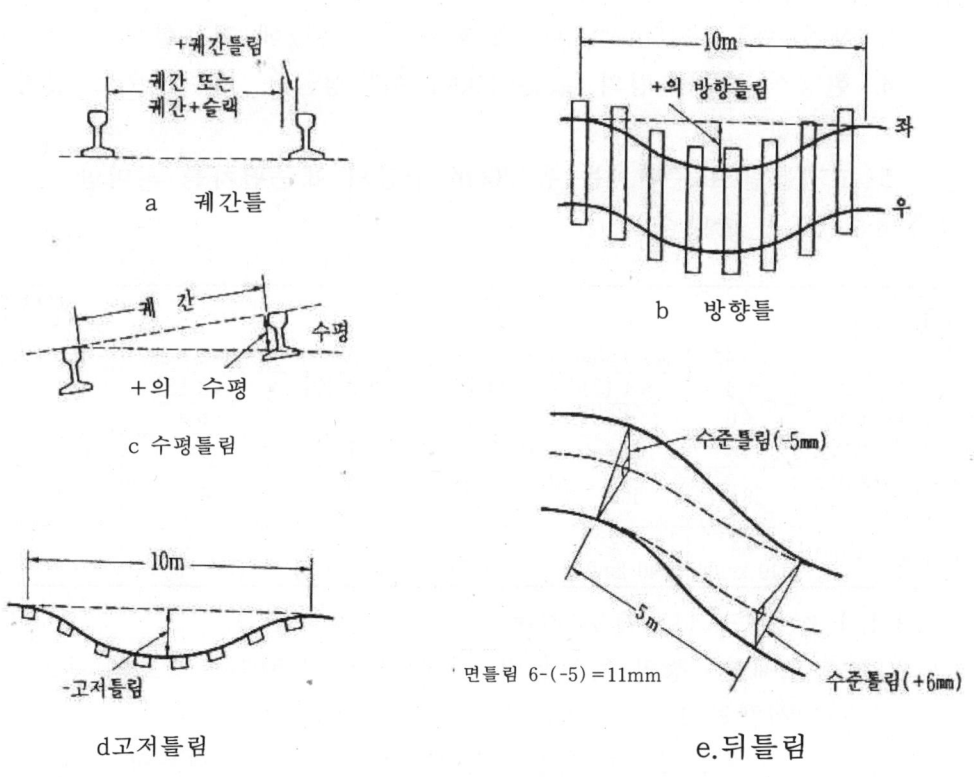

그림 4.55 궤도 틀림

표 4.20 일반철도 궤도틀림 관리기준

1) 고저틀림 (또는 면맞춤)

관리단계	고저틀림(mm)					고저틀림 표준편차 (mm)
	V≤40	40<V≤80	80<V≤120	120<V≤160	160<V≤230	160<V≤230
준공기준 (CV)	≤4	≤4 [2]	≤4 [2]	≤4 [2]	≤3 [2]	-
목표기준 (TV)	≤6	≤5	≤4	≤4	≤4	-
주의기준 (WV)	15≤	13≤	10≤	8≤	7≤	2.1≤
보수기준 (AV) 3개월내 보수	21≤	19≤	15≤	13≤	11≤	-
속도제한기준 (SV)	28 (10 km/h)	26 (40 km/h)	22 (80 km/h)	20 (120 km/h)	18 (160 km/h)	-

주) 1. [ ] : 콘크리트 궤도 기준
2. 속도제한규정의 고저틀림 값 이상인 경우에는 괄호의 속도 이하로 서행하고, 즉시 보수함
3. 상기 수치는 10m 대칭현 고저틀림 검측값에 적용함
4. 현방식 고저틀림의 값은 200m 이동평균을 기준선으로 설정하여 보정함
5. 고저틀림 표준편차는 총 200m 구간의 표준편차를 의미함

2) 방향틀림 (또는 줄맞춤)

관리단계	방향틀림(mm)					방향틀림 표준편차 (mm)
	V≤40	40<V≤80	80<V≤120	120<V≤160	160<V≤230	160<V≤230
준공기준 (CV)	≤4	≤4 [3]	≤4 [3]	≤4 [3]	≤3 [3]	-
목표기준 (TV)	≤6	≤5	≤4	≤4	≤4	-
주의기준 (WV)	14≤	12≤	9≤	7≤	6≤	1.6≤
보수기준 (AV) 2개월내 보수	18≤	16≤	12≤	9≤	8≤	-
속도제한기준 ((SV)	23 (10 km/h)	22 (40 km/h)	17 (80 km/h)	17 (80 km/h)	14 (160 km/h)	-

주) 1. [ ] : 콘크리트 궤도 기준
2. 속도제한규정의 방향틀림 값 이상인 경우에는 괄호의 속도 이하로 서행하고, 즉시 보수함
3. 상기 수치는 10 m 대칭현 방향틀림 검측값에 적용함
4. 현방식 방향틀림의 값은 50 m 이동평균을 기준선으로 설정하여

보정한다, 다만 곡선사이의 직선구간이 200 m 이상이고 곡선반경이 1000 m 이상인 경우에는 기준선 설정을 위한 이동평균 구간거리를 100 m로 할 수 있다.
5. 방향틀림 표준편차는 총 200 m 구간의 표준편차를 의미함

3) 뒤틀림

관리단계	뒤틀림(mm)					비고
	V≤40	40<V≤80	80<V≤120	120<V≤160	160<V≤230	
준공기준 (CV)	≤3	≤3	≤3	≤3	≤3	
목표기준 (TV)	≤5	≤5	≤4.5	≤3	≤3	
주의기준 (WV)	13≤	10≤	9≤	8≤	6≤	
보수기준 (AV)	18≤	15≤	12≤	10≤	9≤	1개월내 보수
속도제한기준 (SV)	22 (10 km/h)	21 (40 km/h)	21 (40 km/h)	21 (40 km/h)	15 (160 km/h)	

주) 1. 뒤틀림 계산을 위한 기준거리는 3 m로 함
2. 속도제한규정 값 이상인 경우에는 괄호의 속도 이하로 서행하고, 즉시 보수
3. 준공기준과 목표기준의 값은 켄트체감량을 제외한 값을 기준으로 하며, 다른 기준값은 켄트체감에 의한 뒤틀림 값을 포함한 값을 의미함

4) 수평틀림

관리단계	수평틀림(mm)					비고
	V≤40	40<V≤80	80<V≤120	120<V≤160	160<V≤230	
준공기준 (CV)	≤3	≤3	≤3	≤3	≤3	
목표기준 (TV)	≤5	≤5	≤4	≤3	≤3	
주의기준 (WV)	10≤	10≤	10≤	10≤	10≤	
보수기준 (AV)	20≤	20≤	20≤	20≤	20≤	3개월내 보수
속도제한기준 (SV)	-	-	-	-	-	

5) 궤간틀림

관리단계	궤간틀림(mm)										비고
	V≤40		40<V≤80		80<V≤120		120<V≤160		160<V≤230		
	최소	최대	최소	최대	최소	최대	최소	최대	최소	최대	
준공기준 (CV)	-2≤	≤5	-2≤	≤5	-2≤	≤5	-2≤	≤5	-2≤	≤5	
목표기준 (TV)	-3≤	≤11	-3≤	≤11	-3≤	≤11	-3≤	≤11	-3≤	≤11	
주의기준 (WV)	<-3	17≤	<-3	17≤	<-3	17≤	<-3	17≤	<-3	13≤	
보수기준 (AV)	≤-5	30≤	≤-5	30≤	≤-5	20≤	≤-5	20≤	≤-5	15≤	3개월내 보수
속도제한 기준 (SV)	≤-11 (40 km/h)	35≤ (40 km/h)	≤-11 (40 km/h)	35≤ (40 km/h)	≤-10 (80 km/h)	35≤ (80 km/h)	≤-10 (80 km/h)	35≤ (80 km/h)	≤-9 (160 km/h)	27≤ (160 km/h)	

주) 1. 속도제한규정 값 이상인 경우에는 괄호의 속도 이하로 서행하고, 즉시 보수

표 4.21 고속철도 궤도틀림 관리기준

1) 수평, 뒤틀림

기 호	정 의	비고
d_p	설정 캔트 적용된 캔트값	
d_A	A점에서 실제캔트값 A점에서 검측된 캔트값	
g_3	3m 기선에서의 뒤틀림 3m 떨어진 두지점에서 측정된 캔트값의 차	
E_d	10m 현의 기준선과 중앙점의 캔트 차이 B지점의 캔트와 전후로 각 5m 떨어진 C, D지점 캔트값의 평균과의 차이. $E_d = dB - 1/2(dC+dD)$	

관 리 단 계		한 계 값(mm)		
		3 m 뒤틀림	10 m 현 캔트차	캔트틀림 $\|d_p-d_A\|$
준공기준(CV) Construction Value	새로운 궤도부설시 요구되는 값	$g_3 \leq 3$	$E_d \leq 3$	$\|d_p-d_A\| < 3$
목표기준(TV) Target Value	그외 경우	$g_3 \leq 3$	$E_d \leq 4$	$\|d_p-d_A\| < 3$
주의기준(WV) Warning Value	이 단계의 의미 - 결함의 원인 및 특성의 확인 - 수평틀림의 진행상황 감시	$5 < g_3 \leq 7$	$7 < E_d \leq 9$	$5 < \|d_p-d_A\| \leq 9$
보수기준(AV) Action Value	이 단계는 틀림이 측정된 날로부터 다음 기간 내에서 유지보수 작업이 수행되어야 함. - 7일 (불안정한 구간) - 15일 (그외의 구간)	$g_3 > 7$	$E_d > 9$	$\|d_p-d_A\| > 9$
속도제한기준(SV) Speed Reduction Value	이 값은 속도감속과 틀림이 정정되기 전 상시 감시를 해야 함을 의미함			
	속도제한 = 170 km/h	$15 < g_3 \leq 21$	$15 < E_d \leq 18$	관리하지 않음
	속도제한 < 160 km/h	$g_3 > 21$	$E_d > 18$	관리하지 않음

2) 궤간

기 호	정 의	비 고
E_{min}	최소 궤간 (해당 궤도구간의 최소 궤간값)	
E_{max}	최대 궤간 (해당 궤도구간의 최대 궤간값)	
E_{avg}	평균 궤간 (궤도 100m구간의 궤간 평균값)	

관리 단계		한계값(mm)	분기기(mm)
준공기준 (CV)	새로운 궤도부설시 요구되는 값	$E_{min} \geq 1433$ $E_{max} \leq 1440$ $1434 \leq E_{avg} \leq 1438$	$E_{min} \geq 1434$ $E_{max} \leq 1438$
목표기준 (TV)	궤도 유지보수 작업후 요구되는 값(L<100m)	$1432 \geq E_{min} \geq 1432$ $E_{max} < 1440$ $1434 \leq E_{avg} \leq 1440$	$E_{min} \geq 1434$ $E_{max} \leq 1438$
주의기준 (WV)	WV 로 분류된 궤도 정의 이단계 값들중 하나만 해당되어도 WV로 분류	$1430 \leq E_{min} < 1432$ 직선 $1440 < E_{max} \leq 1441$ 곡선 $1440 < E_{max} \leq 1445$ $1433 \leq E_{avg} < 1434$ 직선 $1440 < E_{avg} \leq 1441$ 곡선 $1440 < E_{avg} \leq 1445$	$1432 \leq E_{min} \leq 1434$ $1438 \leq E_{max} \leq 1440$
보수기준 (AV)	3개월 내에 유지보수를 시행해야함 이 단계 값들중 하나만 해당되어도 AV로 분류	$E_{min} < 1430$ 직선 $E_{max} > 1441$ 곡선 $E_{max} > 1445$ $E_{avg} < 1433$ 직선 $E_{avg} > 1441$ 곡선 $E_{avg} > 1445$	$E_{min} < 1432$ $E_{max} > 1440$
속도제한 기준 (SV)	이 값은 속도감소를 의미함		
	속도제한 = 230 km/h	$1426 \leq E_{min} < 1428$ $1428 \leq E_{avg} < 1431$	$1430 \leq E_{min} < 1432$ $1440 < E_{max} \leq 1455$
	속도제한 = 170 km/h	$1422 \leq E_{min} < 1426$ $1455 < E_{max} \leq 1462$	$1428 \leq E_{min} < 1430$ $1455 < E_{max} \leq 1465$
	속도제한 < 160 km/h	$E_{min} < 1422$ $E_{max} > 1462$ $E_{avg} < 1428$ $E_{avg} > 1451$	$E_{min} < 1428$ $E_{max} > 1465$

3) 고저

기 호	정 의	비고
$N_{\_10m}$	10 m 이하 현정시법으로 측정한 고저틀림 측정된 고저틀림과 기준선(주1)의 차이	
$N_{\_20m}$	20 m 비대칭 현정시법(4.1 m, 16.8 m)으로 측정한 고저틀림 측정된 고저틀림과 기준선간의 차이	
N_{all}	30 m 기선에서 측정한 궤도 국부 고저 기록된 틀림값의 Peak-Peak 측정값	
$N_{\_SD\_10m}$	10 m현 고저틀림의 200 m 구간의 표준편차 측정된 고저틀림과 기준선 차이값의 200 m 표준편차	
$N_{\_SD\_20m}$	20 m현 고저틀림의 200 m 구간의 표준편차 측정된 고저틀림과 기준선 차이값의 200 m 표준편차	

관 리 단 계		한 계 값		비고
		고저틀림 (mm)	표준편차	
준공기준 (CV)	새로운 궤도부설시 요구되는 값	$N_{\_10m} \leq 2$ $N_{\_20m} \leq 3$ $N_{all} \leq 5$	$N_{\_SD\_10m} \leq 1.0$ $N_{\_SD\_20m} \leq 1.3$	
목표기준 (TV)	궤도 유지보수 작업후 요구되는 값 (L<100m) (1)	$N_{\_10m} \leq 3$ $N_{\_20m} \leq 4$ $N_{all} \leq 7$	$N_{\_SD\_10m} \leq 1.3$ $N_{\_SD\_20m} \leq 1.7$	
주의기준 (WV)	이 단계의 의미: - 결함의 원인 및 특성의 확인 - 수평틀림의 진행상황 감시	$5 \leq N_{\_10m} < 10$ $7 \leq N_{\_20m} < 14$ $10 \leq N_{all} < 18$	$N_{\_SD\_10m} \geq 1.9$ $N_{\_SD\_20m} \geq 2.6$	
보수기준 (AV)	1개월내에 유지보수를 시행.	$N_{\_10m} \geq 10$ $N_{\_20m} \geq 14$ $N_{all} \geq 18$	관리 않음	
속도제한기준 (SV)	이 값은 속도감소를 의미함			
	속도제한 = 230km/h	$15 \leq N_{\_10m} < 18$ $20 \leq N_{\_20m} < 24$ $24 \leq N_{all} < 30$	관리 않음	
	속도제한 = 170km/h	$18 \leq N_{\_10m} < 22$ $24 \leq N_{\_20m} < 28$ $N_{all} \geq 30$	관리 않음	
	속도제한 < 160km/h	$N_{\_10m} \geq 22$ $N_{\_20m} \geq 28$	관리 않음	

(주1) 고저틀림의 기준선은 측정값 전후 100 m구간, 즉 총 200 m 구간의 고저틀림 측정치의 이동평균을 사용한다.

4) 방향

관리단계		한 계 값		
		방향틀림(mm)	표준편차	횡가속도(m/s^2)
준공기준 (CV)	건설후 요구되는 값	$D_{\_10\,m} \leq 3$ $D_{\_20\,m} \leq 3$ $D_{all} \leq 6$	$D_{\_SD\_10\,m} \leq 0.8$ $D_{\_SD\_20\,m} \leq 1.1$	$ATc \leq 0.8$ $ATb \leq 2.5$ (2)
목표기준 (TV)	다른 경우	$D_{\_10\,m} \leq 4$ $D_{\_20\,m} \leq 4$ $D_{all} \leq 7$	$D_{\_SD\_10\,m} \leq 1.0$ $D_{\_SD\_20\,m} \leq 1.4$	$ATc \leq 1.0$ $ATb \leq 3.5$ (2)
주의기준 (WV)	이 값의 의미: - 결함의 원인 및 특성의 확인 - 줄맞춤 결과의 감시	$6 \leq D_{\_10\,m} < 7$ $8 \leq D_{\_20\,m} < 9$ $12 \leq D_{all} < 16$	$D_{\_SD\_10\,m} \geq 1.5$ $D_{\_SD\_20\,m} \geq 2.1$	$1.0 < ATc \leq 2.5$ $3.5 < ATb \leq 6.0$
보수기준 (AV)	다음의 최대 한계시간 안에 수행되어야 하는 유지보수운영에 필요한 값 - 15일(불안정한 구간) - 1개월(그외의 구간)	$D_{\_10\,m} \geq 7$ $D_{\_20\,m} \geq 9$ $D_{all} \geq 16$	관리안됨	$ATc > 2.5$ $ATb > 6.0$
속도제한기준 (SV)	속도감속을 의미하는 값			
	속도제한 = 230km/h	$12 \leq D_{\_10\,m} < 14$ $13 \leq D_{\_20\,m} < 15$ $20 \leq D_{all} < 24$	관리안됨	$2.8 \leq ATc < 3.0$ $8.0 \leq ATb < 10.0$
	속도제한 = 170km/h	$14 \leq D_{\_10\,m} < 17$ $15 \leq D_{\_20\,m} < 19$ $D_{all} \geq 24$	관리안됨	$ATc \geq 3.0$ $ATb \geq 10.0$
	속도제한 <160km/h	$D_{\_10\,m} \geq 17$ $D_{\_20\,m} \geq 19$	관리안됨	관리 안됨

표기	정 의	비고
$D_{\_10m}$	10 m 이하 현정시법으로 측정한 방향틀림 측정된 방향틀림과 기준선(주1)간의 차이	
$D_{\_20m}$	20 m 비대칭 현정시법(4.1 m, 16.8 m)으로 측정한 방향틀림 측정된 방향틀림과 기준선간의 차이	
D_{all}	30 m 현의 방향틀림 기록된 틀림값의 Peak-Peak 측정값	
$D_{\_SD\_10m}$	10 m현 방향틀림의 200 m 구간의 표준편차 측정된 방향틀림과 기준선 차이값의 200 m 표준편차	
$D_{\_SD\_20m}$	20 m현 방향틀림의 200 m 구간의 표준편차 측정된 방향틀림과 기준선 차이값의 200 m 표준편차	
ATc	차체의 횡가속도(주2) 차체가속도의 기준선과 Peak의 차	
ATb	대차의 횡가속도(주2) 차체가속도의 기준선과 Peak의 차	

(주1) 방향틀림의 기준선은 측정값 전후 100m구간, 즉 총 200m 구간의 방향틀림 측정치의 이동평균을 사용한다.
(주2) 가속도 측정 및 분석방법은 다음 규정을 따른다.(샘플링 조건, 필터링 등)
  ○ 측정주파수 : 200Hz 이상
  ○ 신호처리방법 :
    - 차체가속도 : 0.4-10Hz Band-pass filter at -3dB, gradient ≥ 24dB/octave
    - 대차가속도 : 10Hz Low-pass filter at -3dB, gradient ≥ 24dB/octave

4.3.10 해외 궤도틀림 허용기준

1. 프랑스

프랑스의 SNCF는 궤도유지보수 기준을 차량의 주행안전성과 승차감을 고려하여 궤도 선형 및 궤도 재료의 상태에 따른 4가지의 정비기준을 다음과 같이 규정하고 있다.

표 4.22 프랑스 SNCF 정비기준

품질수준		조치내용	비고
이름	의미		
VO	목표치 (Targeted value)	·조치사항 없음	안전성과 승차감 고려한 2개의 목표치 설정 1. 신설 또는 갱환 궤도에 적용 2. 일상적인 유지보수 작업에 적용
VA	경고치 (Alert value)	1. 결함원인 찾기 2. 결함종류에 따라 몇몇 특정항목에 대해서만 모니터링 수행	안전성 및 승차감의 관점에서 궤도의 품질은 만족스럽지만, 더욱 빈번한 감독이 필요한 상태
VI	보수치 (Intervention value)	1. 속도제한치로의 도달을 방지하기 위한 조치 (강제 지연 시행) 2. 시행 중 궤도/구조 결함 모니터링	안전성은 확보되어 있으나, 승차감 기준이 막 초과된 상태
VR	속도제한치 (Speed restriction value)	1. 강제적, 즉각적 속도 제한 2. 조속한 응급 보수 시행 (인력다짐)	승차감 기준이 초과되었고, 안전성이 위험한 상태

· VR : 속도제한치

이 수치에 도달하면 속도 제한을 실시하며, 궤도의 성능과 안전의 적정수준을 확보하기 위해서는 VR 한도값에 이르기 전에 예방보수가 실시되어야 한다.

· VI : 보수치

단기간의 예방보수를 자주 실시하게 하여 VR수치에 이르지 못하도록 억제한다.

· VA : 경고치

경고치를 초과하면 궤도에 대한 모니터링을 자주 실시하고, 중기간의 보수조치를 계획해야 한다. 이 단계에서는 안전도는 위험하지 않으나, 승차감이 기준에 미달된다.

· VO : 목표치

궤도틀림 정정작업 후에 요구되는 품질 수준을 의미한다. "VO"는 대상 궤도에 대하여 한 주기의 궤도보수작업 기간 내에 추가적인 보수 작업을 할 필요가 없도록 기준을 정한다.

1) 프랑스의 궤도관리기준은 차량의 운행속도에 따라 구분되는데 최고속도가 160km/h 이하인 기존선 구간과 최고속도가 220km/h 이상인 고속선 구간으로 나누어 각각의 궤도관리기준을 제시하고 있다.
2) 궤도틀림의 관리항목은 고저틀림, 방향틀림, 수평틀림, 평면성틀림, 궤간틀림으로 구분하고 있다. 160km/h이하의 일반선과 220km/h이상의 고속선의 궤도틀림 기준은 형식은 앞에서 언급한 4가지 단계로 구분하여 동일하게 제시되어 있으나 그 값에 차이가 있고, 각각의 단계별로 보완대책에서 약간의 차이를 보이고 있다.
3) 일반선의 궤도틀림 관리기준

표 4.23 프랑스 일반선 궤도틀림 관리기준(궤간)

품질등급	조치사항	한계치(mm)	보완대책
VO 목표치	- 신설 또는 갱환 궤도의 확보할 궤간	$E_{min} \geq 1,433$ $E_{max} \leq 1,444$ $1,435 \leq E_{ave} \leq 1,442$	필수 값(준공검사 전에 확보)
	- 일상적인 유지보수 작업시 확보할 궤간 (연장 100m 이상의 궤도)	$E_{min} \geq 1,432$ $E_{max} \leq 1,446$ $1,434 \leq E_{ave} \leq 1,445$	다음 상세점검 전까지 VI 또는 VR값에 도달하지 않도록, 확인점검을 검측차를 이용하여 매년 수행
VA 경보치	- 궤간 측정치 · 경계값에 접근시 모니터링이 필요. · 적어도 조건 하나는 만족 필요	$1,430 \leq E_{min} \leq 1,432$ $1,452 \leq E_{max} \leq 1,455$ $1,432 \leq E_{ave} \leq 1,434$ $1,448 \leq E_{ave} \leq 1,453$	6개월 마다 E_{max} 값 추가 점검 수행
VI 보수치	- 궤간 측정치 · 적어도 조건 하나는 만족 필요 · VO수준 까지 3개월 이내보수	$E_{min} < 1,430$ $E_{max} > 1,455$ $E_{ave} < 1,432$ $E_{ave} > 1,453$	
VR 속도제한치	- 궤간 측정치 · 즉각적인 보수와 운행속도 제한	$E_{min}, E_{max}, E_{ave}$	속도제한 값을 설정할 때는 체결장치 규정을 동시에 검토하여야 한다.

· E_{min}(최소 궤간값) : 특정 길이의 선로에서의 궤간 최소값
· E_{max}(최대 궤간값) : 위와 같은 길이에서의 궤간 최대값
· E_{ave}(평균 궤간값) : 위와 같은 길이의 선로에서의 산술 평균값

표 4.24 프랑스 일반선 궤도틀림 관리기준(고저)

품질등급	조치사항	최고 허용속도(km/h)	Lev한도(mm) (각각의 결함에 대해)	보 완 대 책
VO 목표치	확보할 Lev값(신설궤도)	V ≤ 160	Lev ≤ 2	보수작업 후에도 목표값(VO)에 도달하지 않을 경우는 다음 정기 보수작업 전에 VI 또는 VR에 도달하지 않도록 검측차를 이용하여 점검 수행
	확보할 Lev값(사용중인 궤도)	130 < V ≤ 160 V < 130	Lev ≤ 3 Lev ≤ 5	
VA 경보치	Lev 측정치 결함 원인 분석 및 가능한 모니터링 작업	140 < V ≤ 160 120 < V ≤ 140 100 < V ≤ 120 80 < V ≤ 100 60 < V ≤ 80 V ≤ 60	7 ≤ Lev < 12 8 ≤ Lev < 13 9 ≤ Lev < 15 11 ≤ Lev < 17 13 ≤ Lev < 19 15 ≤ Lev < 21	- 결함원인에 따른 고저틀림 진전 상태 모니터링 - 다른 기준에 의한 수정 작업 가능
VI 보수치	Lev 측정치 1개월 이내에 보수 작업	140 < V ≤ 160 120 < V ≤ 140 100 < V ≤ 120 80 < V ≤ 100 60 < V ≤ 80 V ≤ 60	Lev ≥ 12 Lev ≥ 13 Lev ≥ 15 Lev ≥ 17 Lev ≥ 19 Lev ≥ 21	기한 내에 유지보수작업이 끝나지 않았을 경우 1개월 이내에 다시 점검 (새로운 점검의 유효기간 : 15일)
VR 속도제한치	Lev 측정치 속도제한(최고속도 : Vr)	Vr = 100 Vr = 80 Vr = 60 Vr = 40	22 ≤ Lev < 24 24 ≤ Lev < 26 26 ≤ Lev < 28 Lev ≥ 28	

· Lev : 고저틀림값 · Lev 값은 궤도 검측차로 측정
· 몇몇 특정구간에는 보완대책이 필요 없다.(불안전한 성토구간이나 진흙 구간 등)

표 4.25 프랑스 일반선 궤도틀림 관리기준(방향)

품질등급	조 치 사 항	최고 허용속도(km/h)	Lin한도(mm) (각각의 결함에 대해)	보 완 대 책
VO 목표치	확보할 Lin값(신설궤도)	V ≤ 160	Lin ≤ 3	보수작업 후에도 목표값(VO)에 도달하지 않을 경우는 다음 정기 보수작업 전에 VI 또는 VR에 도달하지 않도록 검측차를 이용하여 점검 수행
	확보할 Lin값(사용중인 궤도)	130 < V ≤ 160 V < 130	Lin ≤ 4 Lin ≤ 5	
VA 경보치	Lin 측정치 결함 원인 분석 및 가능한 모니터링 작업	140 < V ≤ 160 120 < V ≤ 140 100 < V ≤ 120 80 < V ≤ 100 60 < V ≤ 80 V ≤ 60	7 ≤ Lin < 9 8 ≤ Lin < 10 10 ≤ Lin < 12 12 ≤ Lin < 14 14 ≤ Lin < 17 17 ≤ Lin < 20	- 결함원인에 따른 줄틀림 진전 상태 모니터링 - 다른 기준에 의한 수정 작업 가능
VI 보수치	Lin 측정치 1개월 이내에 보수 작업	140 < V ≤ 160 120 < V ≤ 140 100 < V ≤ 120 80 < V ≤ 100 60 < V ≤ 80 V ≤ 60	Lin ≥ 9 Lin ≥ 10 Lin ≥ 12 Lin ≥ 14 Lin ≥ 17 Lin ≥ 20	기한 내에 유지보수작업이 끝나지 않았을 경우 1개월 이내에 다시 점검 (새로운 점검의 유효기간 : 15일)
VR 속도제한치	Lin 측정치 속도제한(최고속도 : Vr)	Vr = 100 Vr = 80 Vr = 60 Vr = 40	17 ≤ Lin < 21 21 ≤ Lin < 23 23 ≤ Lin < 26 Lin ≥ 26	

· Lin : 줄틀림값 · Lin 값은 궤도 검측차로 측정
· 몇몇 특정구간에는 보완대책이 필요 없다.(불안전한 성토구간이나 진흙 구간 등)

표 4.26 프랑스 일반선 궤도틀림 관리기준(수평)

품질 등급	특징 및 보수		허용한도			보 완 대 책
			궤도틀림		캔트차	
			평면성 (3m)	평균치		
VO 목표치	신설궤도	전속도대역 (0<V≤220)	$g^3 ≤ 3$	Ed≤5	|dp-dA|<3	작업 후에도 VO값이 도달하지 않으면 VI와 VR에 도달하지 않았음을 검측차를 통해 점검 수행
	사용중인 궤도	130<V≤220	$g^3 ≤ 3$	Ed≤5	|dp-dA|<3	
		V≤130	$g^3 ≤ 4.5$	Ed≤7	|dp-dA|<4	
VA 경보치	결함 원인 분석 및 가능한 모니터링 작업	120<V≤220 100<V≤120 80<V≤100 60<V≤80 V≤60	6< g^3 ≤9 6< g^3 ≤10 9< g^3 ≤12 9< g^3 ≤15 9< g^3 ≤18	9<Ed≤12 9<Ed≤13 10<Ed≤14 10<Ed≤15 10<Ed≤16	10<|dp-dA|≤20 10<|dp-dA|≤20 10<|dp-dA|≤20 10<|dp-dA|≤20 10<|dp-dA|≤20	불안정 구역에서는 품질등급이 VI와 VR에 미치지 않도록 적어도 두달마다 조절이 있어야 한다. 조절주기는 결함 원인의 형태(진흙, 불안정 성토 등)에 따라 조정되어야 한다.
VI 보수치	7일안에 · 부족 캔트 ≥160mm 또는 R<400m 인 경우 - g^3 ≥5 - |dp-dA| >10mm · 궤도조건의 변화가 심한 경우 15일안에 · 모든 기존 궤도	120<V≤220 100<V≤120 80<V≤100 60<V≤80 V≤60	g^3 > 9 g^3 > 10 g^3 > 12 g^3 > 15 g^3 > 18	Ed> 12 Ed> 13 Ed> 14 Ed> 15 Ed> 16	|dp-dA| > 20 |dp-dA| > 20 |dp-dA| > 20 |dp-dA| > 20 |dp-dA| > 20	요구되는 기간 내에 특히 수정을 위한 유지보수작업이 수행되지 못할 경우, 품질등급 VR이 도달되지 않았음을 확인하기 위하여 일반적인 수평틀림 검증에 앞서 추가적인 수평틀림 검증이 있어야 한다. 이러한 조절은 보수작업 전에 요구되는 최대 지연 기간과 동일한 기간동안 유효하다.
VR 속도 제한치	-		g^3 >21	Ed>18	-	g^3과 Ed값에 따라 아래와 같이 속도조절

4) 설정배경 분석

 (1) 프랑스의 궤도틀림관리기준은 안전성(Safety), 안락성(Comfort), 경제성

(Economy)을 고려하여 설정되었다. 각 고려요소들은 여객전용고속선 또는 화물전용선, 혼용선 등 선로의 특성에 따라 그 의미와 규정치가 다르게 나타나게 되지만 궁극적으로는 궤도의 기하학적 요소에 대한 기준과 재료적 강도에 대한 기준으로 표현된다. 즉 궤도의 건전성은 위의 두 요소에 대한 제한치를 만족시킴으로서 확보되는 것이라고 볼 수 있다. 과거의 프랑스의 유지보수 정책은 궤도선형과 재료 품질의 완벽성을 추구하였으나, 최근에는 경제적인 측면을 강조하여 과거의 완벽주의에서 벗어나 궤도파괴 형상과 궤도부품과 선형의 파괴속도에 대한 보다 신뢰성 있는 분석을 통하여 궤도 유지보수의 효율화 및 경비를 절감할 수 있는 방향으로 유지보수 정책을 추진하고 있다. 유지보수정책의 또 다른 주요한 변화는 보수 기준치에 승차감을 고려한 보수 목표치를 도입한 것이다.

(2) 과거의 유지보수에서는 주로 단순히 안전에 대한 보수 기준치만을 정하여 기준치 이내이면 아무런 조치도 취하지 않고, 기준치를 초과하면 즉시 보수작업을 수행하도록 하였다. 이것은 보수 기준치의 초과여부만을 규정하는 보수체계여서 안전도 관리의 측면에서 보면 유지보수의 판정이 아주 단순하게 되나, 보선원의 시각에서 보면 보수작업이 당장 수행되어야 하는지 시간적인 여유가 있는지 명확하지 않다.

(3) 근래에 개선된 궤도 유지보수체계에서는 기존의 보수 기준치에다 추가적인 보수 기준치를 더 규정하여 안전성뿐만 아니라 승차감까지도 고려하게 되며, 검측 기록치를 승차감 및 안전도 기준에 따른 한계치와 비교하여 수행해야할 작업의 내용과 형식을 명확하게 정할 수 있도록 하였다.

(4) 이러한 차원에서 궤도유지관리를 사후보수와 예방보수로 구분하여 유지보수 계획을 수립하여 수행하고 있다. 프랑스 SNCF에서 구분하고 있는 보수체계는 다음과 같다.

ㄱ) 사후보수(Corrective Maintenance) : 파괴가 발생된 후 수행되며 응급 복구 및 영구 복구로 수행된다.

ㄴ) 예방보수(Preventive Maintenance) : 예방차원에서 궤도파괴의 발생 가능성을 감소시키기 위해 3단계로 수행한다.

ㄷ) 정기(계획) 보수(Systematic Maintenance) : 미리 짜여진 프로그램에 의해 수행. 매우 위험한 부분에 집중적으로 점검과 보수작업을 수행. 교통량에

영향을 받지 않는 부분이어야 한다.
ㄹ) 상태에 따른 보수(Condition-Based Maintenance) : 한계치(Threshold)를 초과했을 때 수행. 중/단기 작업계획 수립을 위한 한계치와 정기적인 상태조사가 필요함.
ㅁ) 예측 보수(Predictive Maintenance) : 한계치에 도달하기 전에 수행. 장기작업 계획수립을 위해 주요 열화 요소들의 진전을 분석하고 모니터링 한 결과에 근거하여 수행.
(5) 이상과 같은 보수체계에 의하여 안전에 심각한 영향을 미칠 가능성이 명백할 경우에는 예방보수를 통하여 사고발생 확률을 최소화하는 것을 목표로 하며, 반대로 안전에는 영향을 미치지 않고, 운행에 미소한 영향을 미칠 경우에는 사후 보수도 가능하도록 하였다.
(6) 유지보수정책의 효율적인 수행을 위해서, 다양한 검측시스템 및 보수시스템 등 하드웨어의 도입은 물론 궤도정비기준 자체를 새로운 유지보수정책에 맞도록 정비하여 사용하고 있다. 즉 예방유지보수와 사후유지보수의 시행을 위하여 앞 절에서 기술한 바와 같이 4단계의 궤도틀림의 관리기준을 제정하여 이에 따라 유지보수를 시행하게 하고 있다.

2. 일본

1) 일본의 궤도틀림 정비기준은 크게 재래선, 신간선, 공영철도(도시철도), 사철(私鐵), 모노레일로 구분하여 제시되어 있다.
   (1) 재래선 : 선로의 등급에 따라 궤도틀림의 관리기준 제시
   (2) 신간선 : 차량의 운행속도에 따라 궤도틀림기준 제시
   (3) 기타 공영철도 : 각 지역별로 별도의 궤도틀림 기준 사용
2) 일본 일반선
   일본 재래선(일반선)에서의 궤도정비 기준값은 「궤도 정비 지침」 제44조에서, 「궤도의 정비 및 마무리 기준값」은 다음 표에 나타내는 바와 같다.」로 규정되어 있다.
   (1) 정비목표치 : 승차감한도를 만족하기 위한 한계치
      ㄱ) 500m의 구간에서 2군데 이상에서 이것을 초과하는 경우에는, 그 구간의 궤도 정비를 계획하도록 해 왔으나, 최근에는 P값 또는 10m 현 종거의 표준 편차가 목표로 하는 값을 초과하면 정비가 계획되고 있다.

ㄴ) 특별한 경우를 제외하고는 승차감한도를 궤도틀림의 보수를 시행하여야 할 기준으로 보고 작업을 계획·시행한다.

(2) 정비기준치 : 주행 안전한도를 만족하기 위한 한계치

ㄱ) 이것을 초과하는 값이 발견된 경우에는, 2 주 이내에 그 정비

(3) 마감 기준치 : 궤도 틀림을 보수한 경우에 달성해야 할 목표치

작업인력 또는 작업장비의 마감능력, 정정 후 틀림 진행에 의해 보수한계치에 도달할 때까지의 도달기간, 마감 작업의 노동력 면에서 경제성 등을 종합적으로 고려하여 결정. (신간선 궤도정비기준에 대한 내용 참조)

(4) 설정배경 분석 : 이상의 일본 일반선의 궤도정비기준에서 알 수 있는 것은, 궤도의 정비기준값이 주행하는 차량의 승차감과 주행안전성에 의해 결정이 되었으며, 대부분의 경우에 승차감 한도가 주행 안전한도보다 엄격하기 때문에 실질적 궤도관리는 승차감한도를 만족시키기 위해 시행되고 있다는 사실이다.

표 4.27 일반선(재래선)의 궤도정비기준(궤도의 정비 및 마무리 기준값)

종별 등급 항목	정비목표값(승차감한도)				정비기준값 (주행안전한도)				마감기준값	
	1급선	2급선	3급선	4급선	1급선	2급선	3급선	4급선	각 선로별 공통	
									자갈궤도	콘크리트궤도
궤 간	+10(+6) -5(-4)				· 직선 및 반경 600m를 넘는 곡선 20(14) · 반경 200m 이상 600m 미만 25(19) · 반경 200m 미만의 간선 20(14)				(+1) (-3)	(0) (-3)
수 준	11 (7)	12 (8)	13 (9)	16 (11)					(4)	(2)
고 저	13 (7)	14 (8)	16 (9)	19 (11)	23 (15)	25 (17)	27 (19)	30 (22)	(4)	(2)
방 향	13 (7)	14 (8)	16 (9)	19 (11)	23 (15)	25 (17)	27 (19)	30 (22)	(4)	(2)
평면성					23(18) (캔트 체감량을 포함함)				(4) 캔트 체감량을 포함하지않음	

· 수치는 고속궤도 검측차에 의한 동적값을 가리킨다. 단, 괄호내의 수치는 정적값을 말한다.
· 평면성은 5m당의 수준변화량을 나타낸다.
· 곡선부의 경우, 슬랙, 캔트 및 중앙 종거량(종곡선을 포함)을 뺀 것으로 한다.
· 측선은 4급선 기준을 적용한다. (단위 : mm)

3) 일본 신간선(고속선)

　　신간선에서의 궤도의 정비 기준값은 신간선 궤도 정비 지침 제49조에 다음과 같이 규정되어 있다. 「궤도는 아주 양호한 상태로 정비해야만 한다. 단, 열차의 동요에 큰 영향을 미치지 않고, 또한 보안상 지장이 없는 한, 고속 궤도 검측차에 의한 측정값이내의 것은 정정하지 않을 수 있다.」 또한, 신간선에서는 160km/h이상의 선로에 있어서 궤도 틀림량을 작게 유지하고, 효과적인 작업을 행하기 위하여, 관리 목적에 따라 5개의 목표값을 정하고 있다.

(1) 마감목표치 : 궤도 정정작업의 마감기준치가 되는 값
(2) 보수계획목표치 : 궤도틀림의 상태가 승차감목표치를 항상 밑돌기 때문에, 궤도틀림이 이 값에 달하면 보수작업의 계획을 세우기 위한 것이다.
(3) 승차감관리목표치 : 궤도정비의 기준이 되는 것으로서, 궤도틀림의 값이 이것을 만족하면 양호한 승차감이 확보된 것으로 본다.
(4) 안전관리목표치 : 이것을 초과해도 위험하지는 않으나, 이것을 초과하지 않도록 보수 작업을 실시하고, 이것을 초과할 경우 즉시 보수 작업을 실시해야 하는 값을 말한다.
(5) 서행관리목표치 : 발견한 경우에는 즉시 서행을 유지하는 것으로, 발생시켜서는 안되는 한도이다.

4) 한편 신간선의 궤도 검측은 고속궤도 검측차로 10일에 1회 비율로 실시되고 있다. 그 결과에 따라 궤도정비작업을 지시하고 검수를 하는 전산 시스템이 확립되어 있기 때문에 고속궤도 검측차에 의한 동적값 만이 기준에 제시되어 있다.

표 4.28 신간선의 궤도정비 기준치(신간선 궤도 정비 지침 제49조)

항목	단위	열차속도 160km/h 이상 본선	열차속도 160km/h 미만 본선	부본선, 회송선 및 착발수용선	측선
궤간	mm	증 6 / 감 4	증 6 / 감 4	증 6 / 감 4	증 6 / 감 4
수평	mm	5	6	7	9
고저	mm/10m	7	8	9	10
방향	mm/10m	4	5	6	7
평면성	mm/2.5m	5	6	7	8

비고) 곡선부의 경우, 슬랙, 캔트 및 중앙 종거량(종곡선을 포함)을 뺀 것으로 한다.

표 4.29 신간선의 궤도 관리 목표치 (160km/h이상)

종별		단위	마감 목표치	보수계획 목표치	승차감 관리 목표치	안전 관리 목표치	서행관리 목표치		기 사
							160km/h 서행	70km/h 서행	
궤도틀림	고저	mm/10m	≤4	6	7	10	15	20	(주1) ·마감 목표치 : 고저틀림의 마감치가 4.0이면 합격, 4.1이면 불합격 ·보수계획목표치 : 고저틀림의 크기가 5.9인 경우, 작업 미시행, 6.0인 경우 작업시행 (주2) 궤도틀림의 크기는 전체 시험차에서의 측정값을 이용
	방향	mm/10m	≤3	4	4	6	9	11	
	궤간	mm	≤±2	+6 -4	+6 -4	+6 -4			
	수평	mm	≤3	5	5	7			
	평면성	mm/2.5m	≤3	4	5	6			
동요가속도	상하동	g (전진폭)		0.25	0.25	0.35	0.45		
	좌우동	g (전진폭)		0.25	0.25	0.30	0.35		

(1) 신간선에서는 160km/h이상의 선로에 있어서 궤도 틀림량을 작게 유지하고, 효과적인 작업을 행하기 위하여, 관리 목적에 따라 신간선의 궤도 관리 목표치를 5단계로 구분하여 기준치를 설정하였다.

(2) 한편, 장파장 궤도틀림에 관해서는 비록 신간선 궤도관리정비지침에 명문화 되어 있지 않지만 40m현 정시법에 의한 관리를 시행하고 있다. 속도향상에 의하여 270km/h 속도로 영업운전이 시행되고 있고, 이에 따라 실제로 장파장 틀림의 영향이 커진 것과 40m현정시법에 의한 궤도틀림의 검지 및 관리가 가능해졌기 때문에 장파장에 대한 궤도틀림의 관리가 지속적으로 시행되고 있다.

(3) 현재 40m현에 대한 관리목표값을 동해도 신간선에서는 고저틀림 7mm, 줄틀림 6mm로 설정하여 적용하고 있으며, 일본철도총연에서 1995년에 운행속도 300km/h인 고속선에 대하여 장파장 궤도틀림기준을 제시하였다. 현재 일본에서 적용하고 있는 40m현정시와 10m현정시에 대한 궤도정비 목표치를 나타낸다.

표 4.30 신간선의 궤도정비목표치 (40m현정시 포함)

구 분		철도총연(안)		JR동일본	JR동해	JR서일본
		~240km/h	~300km/h	240km/h	270km/h	270km/h
40m현	고저틀림	10mm	7mm	10mm	7mm	8mm
	줄틀림	10mm	7mm	7mm	6mm	7mm
10m현	고저틀림	7mm		7mm	7mm	7mm
	줄틀림	4mm		4mm	4mm	4mm

5) 설정배경 분석 (마감 목표치)
(1) 보수작업 후의 마감 목표치는 작업마감능력의 범위, 정정 후 틀림 진행에 의해 승차감에 지장을 초래하기까지 기간, 마감 작업의 노동력 면에서 경제성 등 3가지 조건을 고려하여 정하였다.
(2) 마감목표치를 너무 작게 설정할 경우, 보수주기를 늘일 수 있는 대신 정정작업에 많은 비용과 노력이 필요하다. 반대로 마감목표치를 너무 크게 설정하면, 정정작업이 쉬운 대신에 보수주기가 짧아진다. 그러므로 궤도틀림을 승차감목표치 이내로 하기 위하여 가장 보수비가 적은 경제적인 값을 찾아내어 이를 마감목표치로 설정하였다.
(3) 면틀림을 예로 들어 설명한다면, 총다짐 작업의 마감 능력은 3mm 정도가 한도로 되어 있어, 승차감목표치인 7mm 이내로 항시 유지하기 위해서는 3mm ~ 6mm 중 어느 값으로 마감하는 것이 가장 유리한가를 검토해 보아야 한다.
(4) 다음 그림 4.56 은 마감목표치와 보수비와의 관계를 승차감목표치 별로 나타낸 그림이다. 이 그림에서 볼 때, 승차감목표치 7mm에 대하여는 마감목표치를 4mm로 설정하였을 때 가장 보수비가 적게 드는 것을 알 수 있다.
(5) 이와 같은 방법에 의하여, 줄틀림, 궤간틀림, 수평틀림, 평면성틀림에 대하여 각각 줄틀림 3mm, 궤간틀림 ±2mm, 수평틀림 3mm, 평면성틀림(축거 2.5m) 2mm가 적당한 것으로 검토되었다. 단 평면성틀림의 경우에는 그 후 노반의 안정, 차량의 정비 상황, 작업의 숙련도 등을 고려하여 3mm로 변경되었다.

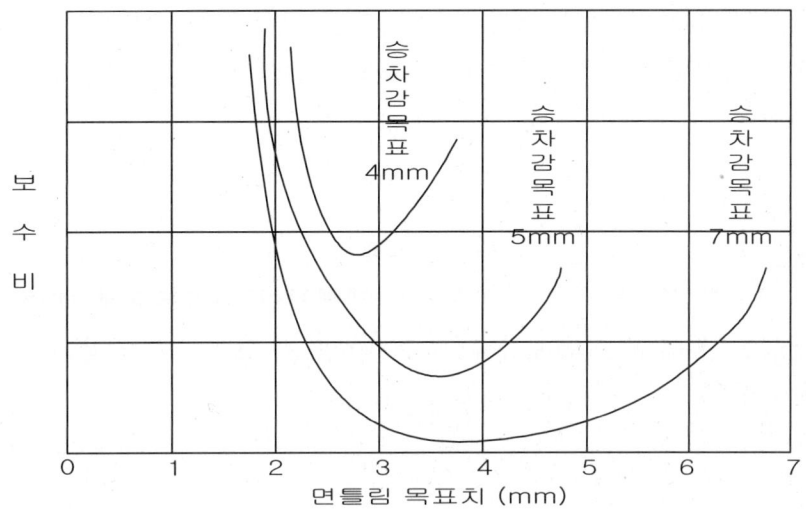

그림 4.56 면틀림 마감목표치와 보수비와의 관계

6) 보수계획 목표값

(1) 보수계획 목표치는 보수작업의 계획을 세우기 위한 기준으로 일반적으로 마감목표치보다는 크고 승차감목표치보다는 작아야 할 필요가 있다. 만약 보수계획 목표치가 마감목표치에 너무 근접한 값이면 궤도틀림 정정에 필요한 노동력에 비해 개선량이 작아 비경제적이 되며, 반대로 승차감목표치에 너무 근접한 값이면 양호한 승차감 확보가 어려워질 우려가 있다. 이러한 관점에서 일본에서는 鴨宮(카모노미야)시험선에서의 작업 실적 등에 따라 다음 점을 고려하면서 검토가 이루어졌다.

ㄱ) 마감목표치보다 큰 궤도틀림에 대하여 그 빈도분포 내에서 적당한 값일 것

ㄴ) 궤도틀림 대부분을 승차감목표치 이내로 항시 유지하기 위해 적당한 값일 것

ㄷ) 마감목표치에 너무 가깝게 궤도틀림을 정정해서는 비경제적이라는 것

ㄹ) 이상의 조건들을 조합하여 종합적으로 보아 가장 경제적일 것

(2) 면틀림의 보수계획 목표치는 당초 5mm 또는 6mm로 하고 작업량에 따라 조절하기로 하였으나, 그 후의 경험에 따라 6mm가 채택되었다. 또한 면틀림 이외의 궤도틀림에 대해서는 작업량도 적고 실용적으로 중요하지 않으므로 면틀림에 준하여 검토가 실시되었다.

(3) 그 결과, 줄틀림에 대해서는 마감목표치와 승차감목표치가 근접해 있기 때문에 당초 3mm 또는 4mm로 정해져 있었으나 그 후 4mm로 개정되었다. 그 외의 궤도틀림에 대하여도 당초에는 궤간틀림 +5mm, -3mm, 수평틀림 5mm,

평면성틀림 3mm/2.5m로 정해졌으나 궤간틀림 또는 평면성 틀림은 그 후에 개정이 이루어져 각각 궤간틀림 +6mm, -4mm, 평면성 틀림 4mm/2.5m로 개정되었다.

7) 승차감목표치
(1) 승차감 목표값의 경우, 200km/h 주행시의 차량동요에 대한 승차감을 검토하여 결정하였는데, 그 후 300km/h 주행시의 차량동요에 대한 시뮬레이션을 결과를 통해 현재의 기준값이 300km/h 주행시에도 적용가능하다는 연구결과가 있다.

(2) 고저틀림의 승차감목표치
신간선의 열차는 대부분의 열차형식이 동일형식의 전차이며 궤도의 구성조건도 상당히 균일하기 때문에 궤도틀림 존재 개소에서는 거의 동일한 흔들림을 보인다. 그러므로 동해도 신간선의 개통에 앞서 이루어진 鴨宮시험선의 시험차를 통해 고저틀림과 이에 대응한 상하진동가속도와의 관계를 구해 보면 다음 그림 4.57과 같다.

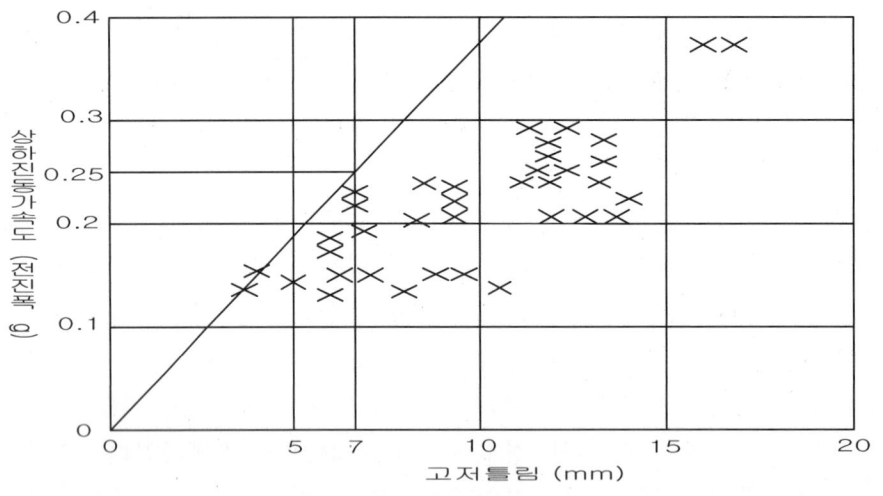

그림 4.57 고저틀림과 상하진동가속도와 관계

한편 신간선의 차량상하방향진동수는 그림 4.58과 같이 1~2Hz 및 7~10Hz에 집중된다는 사실을 실제 측정결과로부터 얻을 수 있었으며, 이

가운데 궤도틀림에 기인하는 동요는 1~2Hz의 것이라는 점이 밝혀졌다. 신간선의 승차감은 당초부터 승차감 계수 1~2의 범위내로 유지해야 했으므로 1~2Hz의 차량상하방향 진동수를 승차감 계수 1~2 이내로 유지하기 위해서는 상하진동가속도(전진폭)를 0.25g 정도 이하로 할 필요가 있었다. 그러므로 상하진동 가속도 0.25g에 대응하는 고저틀림을 구해본 결과 약 7mm가 되었으며 이 7mm가 고저틀림의 승차감목표치로 채택되었다.

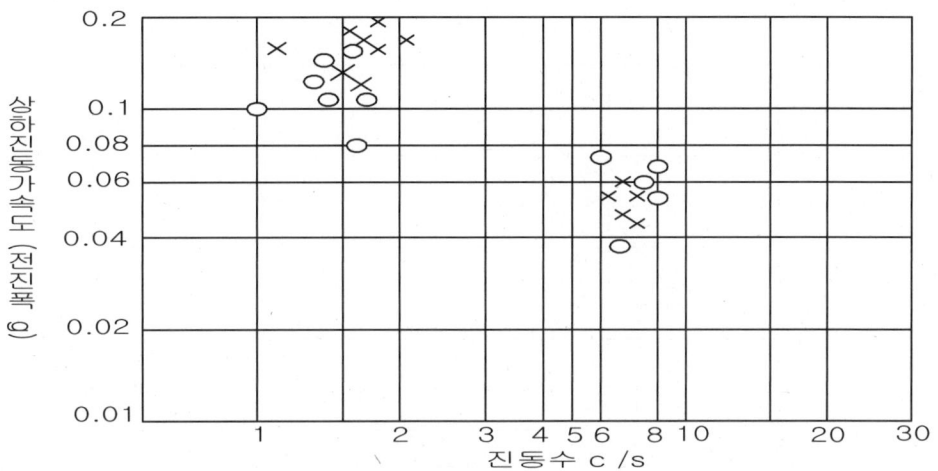

그림 4.58 차량 상하방향 진동수와 가속도

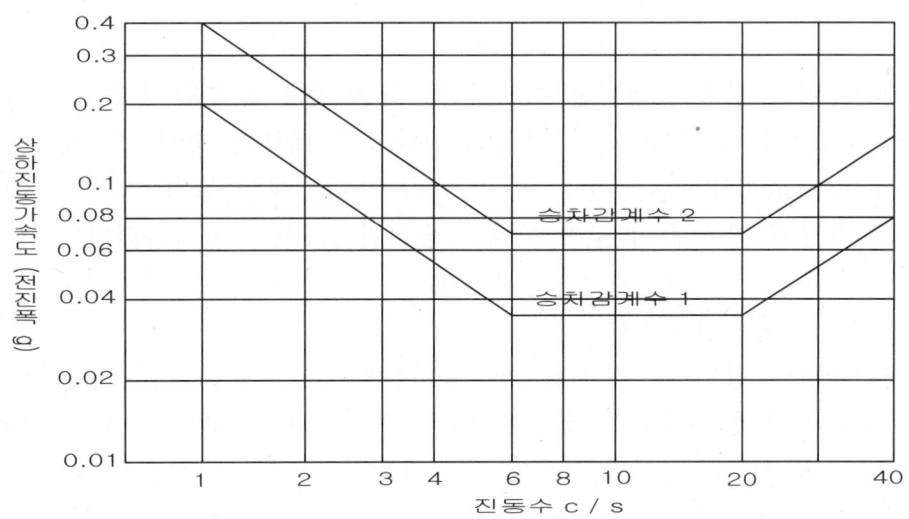

그림 4.59 차량상하방향 동요와 승차감

8) 줄틀림의 승차감목표치

(1) 면틀림, 상하진동 가속도의 경우와 동일한 방법으로 검토한 결과, 줄틀림과 좌우진동 가속도도 비교적 깊은 관계가 있음을 알 수 있었다. 카모노미야(鴨宮)시험선의 궤도틀림 발생개소에서의 양자의 관계를 보면 그림 4.60과 같다. 좌우동요의 승차감을 승차감 계수 1~2로 유지하기 위해서는 1~2Hz 부근의 좌우진동 가속도(전진폭)를 0.20g 이하로 하기 위해 줄틀림의 승차감목표치를 4mm로 정하였다.

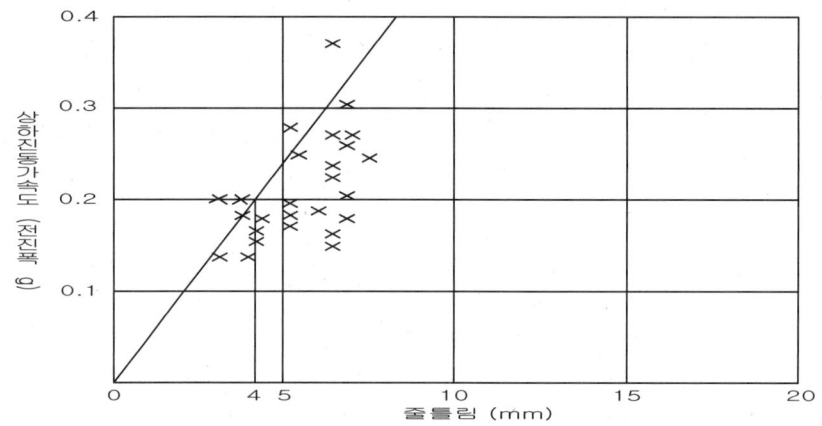

그림 4.60 줄틀림과 좌우진동가속도와 관계

9) 궤간틀림의 승차감목표치

(1) 궤간틀림의 경우 줄틀림을 승차감목표치 이하로 하였을 경우에는 차량동요와 직접적인 관계가 없는 것으로 나타났기 때문에 당시 편의상 사용되던 +6mm, -4mm의 범위 내에서의 승차감을 확인해본 결과, 양호한 승차감을 보여주었기 때문에 이 값이 그대로 승차감목표치로 채택하였다.

10) 수평틀림의 승차감목표치

(1) 수평틀림의 경우에도 고저틀림을 승차감목표치 이하로 하였을 경우에는 차량동요와 직접 관계가 없었으며, 당시 현장 상태가 6mm 틀림 이내에 들어 있었고, 또한 이 상태에서 승차감은 나쁘지 않았다는 결론을 얻을 수 있었기 때문에 이 값이 수평틀림 목표치로 채택되었다. 단 그 후 차량, 노반의 안정, 궤도정비체제 등 여러 조건의 변화로 인해 5mm로 변경되었다.

11) 평면성틀림의 승차감목표치

평면성틀림은 그 파장이 차량동요의 파장에 맞을 경우에는 롤링을 일으켜 좌우 동요의 원인이 되므로 외국에서는 이 틀림을 1mm/m로 관리하고 있는 예도 있다. 그러나 신간선의 경우에는 차량동요 파장이 50m 정도로 길어, 고저틀림을 승차감목표치 이하로 유지할 경우에는 평면성 틀림과 차량동요와의 사이에 뚜렷한 관계가 있다고 볼 수 없었다. 그러므로 당시 현장의 평면성틀림 상태인 4mm/2.5m 정도의 틀림이라도 승차감은 양호하다고 판단되어 당초에는 이 값이 승차감목표치로 채택되었다. 단 그 후 변경되어 현재는 5mm가 채택되었다.

12) 안전관리목표치

(1) 신간선은 상당히 고속으로 주행하기 때문에 승차감의 악화가 승객에 대한 불쾌감, 불안감을 증대시킬 수 있기 때문에, 당초부터 안전상의 서행한도보다 엄격한 승차감상의 서행한도를 설정하고, 그 서행한도에 달하기 이전의 예방조치로서 정비해야 할 궤도틀림을 안전관리목표치로 정하고, 이 값의 궤도틀림이 발견되면 긴급히 정정하는 체제를 만들었다.

(2) 개통 당시에는 이 안전관리목표치 가운데 고저틀림의 경우에는 상하진동 가속도 0.35g에 대응하는 10mm가, 또한 줄틀림에 대하여는 좌우진동가속도 0.25g에 대응하는 7mm가 채택되었으며 그 외의 궤도틀림의 경우에는 궤간틀림 +10mm, -6mm, 수평틀림 10mm, 평면성 틀림 5mm/2.5m가 채택되었다.

(3) 그러나 이 수치는 다른 목표치의 설정배경과 같이 명확한 이론적인 근거는 없으며 개통 후의 궤도틀림 진행 실적 등에 입각하여 대폭 변경되었다. 현재는 각 궤도틀림에 대하여 각각 면틀림 10mm, 줄틀림 6mm, 궤간틀림 +6mm, -4mm, 수평틀림 7mm, 평면성 틀림 6mm라는 값이 사용되고 있다.

12) 서행한도목표치

서행한도목표치는 안전 관리상 서행할 필요가 있는 궤도틀림이 발생하였을 경우를 나타내기 위해 도입되었다. 즉 서행한도목표치에 해당하는 궤도틀림이 발생될 경우, 긴급유지보수 투입이전에 차량의 운행 안전성의 확보를 위하여 서행운전이 필요한 궤도틀림의 기준값이며, 주행안전상의 궤도틀림 관리 목표치라고 볼 수 있다. 신간선의 경우, 운전사로부터 이상 동요 통고가 있을 경우에는 해당 구간의 열차속도를 ATC 현시 속도로 일단 낮추는 체제를 구축하고 있으며, 현지조사에 의한 정적궤도틀림의 크기에 따라 속도제한을 실시하였다. 서행기준은 신간선 총국의 사무연락(昭和 53년(1978년 8월5일 사무연락 제44호)에 의해 처음으로 규정되었으며, 개정을 거쳐 서행 한도목표치로 규정되었다.

13) 장파장 궤도 틀림
(1) 일본의 장파장궤도틀림의 관리는 동해도 신간선에 개통 당시 궤도유지보수가 10m현 궤도정비가 중심이었기 때문에 장파장 궤도틀림에 따른 승차감을 보충하는 것으로서 「동요궤도정비」 등의 관리지침에 따라 시행하였으나, 88년부터 「40m현 궤도정비」 지침을 처음으로 시행하여 따라 현재에 이르고 있다. 일본 신간선의 40m현 궤도정비보수관리 목표치는 시공지시를 출력하는 값인 「보수계획목표치」와 궤도틀림 정정의 완료검수치인 「마감목표치」로 구분되어 있으며, 다음과 같은 사항에 대한 검토를 통하여 결정하였다.
(2) 40m현 궤도틀림과 승차감의 상관관계
(3) 시공능력(시공지시량정정능력)
(4) 경제성

14) 40m현 궤도틀림과 승차감과의 상관관계
(1) 먼저 장파장궤도틀림의 기준으로서 40m현을 결정한 이유를 살펴보면, 신간선에 투입되는 300계 시험전차에 의한 속도향상시험(270km/h)시에 40m현 궤도틀림과 차량 동요가속도의 상관성 분석을 통하여 40m현 궤도틀림과 승차감은 상당히 높은 상관을 보이고 있고, 40m현 궤도틀림을 정비함으로서 승차감을 향상시키는 것이 가능하다는 것을 밝혀내었다.
(2) 또한 승차감 계수와 가속도와의 상관관계분석을 통하여 보수관리 목표치를 다음의 표와 같이 정하였다. 보수계획 목표치는 궤도틀림과 차량동요가속도의 상관성 분석에서, 제3한계치(좌우동 0.2g/상하동 0.25g)에 대응하는 궤도틀림의 크기를, 마감목표치는 제1한계치(좌우동 0.1g/상하동 0.15g)에 대응하는 궤도틀림의 크기에 따라 결정되었다. 고저틀림에 대해서는 차체 상하가속도는 좌우가속도만큼 승객에 불쾌감을 주지 않기 때문에 궤도틀림과 가속도의 상관관계 분포 회귀선의 표준편차($+\sigma$)에 의해 결정되고 줄틀림은 $+2\sigma$, $+\sigma$에 대해서 각각 검토를 수행하였다.

표 4.31 승차감에 의한 장파장(40m현정시) 궤도틀림관리 목표치

구분	보수계획목표치		마감목표치	
	$+\sigma$	$+2\sigma$	$+\sigma$	$+2\sigma$
고저틀림	7mm	9mm	3mm	5mm
줄틀림	6mm	8mm	1mm	3mm

(3) 시공능력

실제의 시공지시량이 현실적인 값인지 아닌지를 확인하기 위한 시공지량에 대한 검토에서 보수계획 목표치를 고저9mm($+\sigma$), 방향6mm($+2\sigma$)의 타당성을 확보하였으며, 작업장비와 인력의 궤도정정능력에 대한 분석을 통하여 마감목표치가 고저틀림 5mm, 방향틀림 3mm가 타당성이 있음을 검증하였다.

(4) 경제성

보수관리 목표를 결정할 때, 마감목표치에 상당히 가까운 「보수계획목표치」의 설정은 비경제적이며, 마감목표치를 달성하기 위해 노력과 비용을 고려하여 가장 경제적인 완료 목표치를 설정한다는 전제하에 실제 현장에서의 유지보수작업을 분석하여 보수계획 목표치와 마감목표치의 차이를 3mm 정도로 설정하는 것이 가장 경제성이 있다는 결론을 도출하였다.

이상의 검토를 거쳐 초기의 40m현 궤도정비 보수관리 목표치를 결정하였으며, 그 후 추가적인 연구를 통하여 장파장 궤도틀림관리기준을 제정하였다.

표 4.32 궤도정비보수관리목표치 (270km/h)

구분	보수계획목표치		마감목표치	
	$+\sigma$	$+2\sigma$	$+\sigma$	$+2\sigma$
고저틀림	7mm	9mm	3mm	5mm
줄틀림	6mm	8mm	1mm	3mm

6) 이상과 같은 일본 신간선에 대한 궤도틀림관리기준을 살펴보면, 재래선과는 달리 사용성과 안전성 그리고 경제성을 고려한 다양한 단계의 궤도틀림관리기준을 활용하고 있는 것을 알 수 있다. 이러한 기준들은 현장에서의 유지보수 경험 및 차량의 운행경험은 물론 차량과 궤도의 상호작용에 대한 수치해석적인 시뮬레이션을 통하여 차량의 주행안전성과 승차감에 대한 검증을 통하여 제정되었음을 알 수 있다.

4.3.11 보수업무분담

1) 선로와 신호보안 설비 등 다른 시설과 접속부에 있어서 보수업무의 분담은 표 4.33에 정한 바와 같다. 다만, 고속분기기의 설치, 조정 및 유지관리업무에 관한 궤도, 신호분야간 업무분담은 표 4.26 에서 정한 바와 같이 시행한다.

2) 연결선부에 부설된 고속분기기는 소관부서의 장이 관리한다. 다만, 유지보수를 위한 점검, 조정 및 보수에 관하여는 주관부서의 장과 협의 시행한다.

표 4.33 일반철도 시설과 신호와의 업무분장

가. 일반분기기

종 별	신호	시설	기 사
레일간격간		○	절연은 신호
분기부상부판 (깔판)	○		NS형은 시설
전철감마기 및 동취부볼트	○		
탈선전철기표지	○		
통표쇄정기	○		
차지표지	○		
임시신호기		○	
통표수수기	○		
열차정지표	○		
텅레일의복진		○	
연결간·연결판 및 종 볼트 (붓싱 포함)	○	○	절연은 신호
힐부분(볼트포함)		○	첨단레일볼트조정 : 신호 (재료준비 및 입회 : 시설)
전철표지	○		
스프링전철기	○		
첨단간(기억쇠포함)	○		
밀착조절간(아무쇠포함)	○		
웨이티드포인트전철기 보수 (분기기포함)		○	반발 및 밀착포함
침목의 이음 및 동 볼트	○		침목준비 시설
전환에 따른 반발 및 밀착조정	○		레일 및 상판에 따른 반발은 시설
노스가동 크로싱			고속분기기유지관리업무 참조

나. 탄성분기기

종 별	신호	시설	비 고
연결간, 연결판 및 동볼트(붓싱포함)		○	절연은 신호
전기 선로전환기	○		
첨단간(기역쇠 포함)	○		
밀착조절간(암쇠 포함)	○		
접속간	○		
크랭크(깔판 포함)	○		
신호철관	○		
철관도차	○		
그외	○	○	일반분기기 업무분장 적용

다. 접착식 절연레일

종별	세부내용	신호	시설	비 고
보수업무	절연 불량 검출	○		절연 불량개소 검출, 시설에 통보
	절연 상태 점검	○		
	절연레일 준비		○	평상시 절연상태 측정, 점검
	절연레일 갱환		○	보수용 절연레일의 수급계획 작성과 재료준비, 시공
	끝달림 보수		○	
개량업무	절연레일 재료 수급		○	수급계획서 작성, 재고관리
	절연레일 소요량 산출	○		수량산출 및 위치통보
	시설물 설비		○	현장설비(설비시 신호입회)
	설비의 준공	○	○	사업시기 및 준공기간 상호 협의

표 4.34 고속분기기 유지관리 업무 구분 (MJ81형 고속분기기)

NO	품목별	유지·보수 시설	유지·보수 신호	비 고
1	텅레일 밀착검지 및 쇄정장치			
	- 밀착쇄정기 Clamp Locking (VCC, VPM)	▲	○	
	- 밀착검지기 Point detector (Paulve)	▲	○	
	- 감지기함 Detector Box		○	
	- 접속함 Connection Box		○	
	- 연결케이블 Connection Cable		○	
2	선로전환기 Point Machine			
	- 선로전환기 Point machine		○	
	- 지지상판(깔판) Plate Support	▲	○	
	- 연결판 Closs Link Plate		○	
	- 침목절연 Sleeper Isolator	○	▲	절연은 신호
	- 전철기 제어봉 MJ Control rod		○	
	- 전철기함 Point Box		○	
	- 케이블 Cable		○	
3	연결장치 Interlocking device			
	- 간격간 Spacing Bar	○	▲	절연은 신호
	- 접속간(간격간 역할부분) Connecting Bar	○	▲	절연은 신호
	- 봉과 크랭크 Rod & Crank System	▲	○	
	- 지지상판 Supporting Plate	▲	○	
4	히팅장치 Heating device			
	- 열선 Heating element		○	
	- 열선 콘넥터 Heating Cable Connector	▲	○	
	- 클립 Clip	▲	○	
	- 열선고정구 Holding Block	▲	○	
	- 고정스프링 Pastning Spring	▲	○	
	- 연결케이블 Connection Cable		○	
	- 접속단자함 SDCP, SVM		○	
5	절연장치 Insulation device			
	- 접착식 절연레일 Glued Insulated Rail	○	▲	절연은 신호
	- 이음매판 Rail-joint plate	○	▲	절연은 신호
	- 절연편 Insulated Plate	▲	○	
	- 절연원통 Insulated Bush	▲	○	
	- 볼트 Bolt	○	▲	
6	전환에 따른 반발 및 밀착력 조정 Adjustment for contact of tongue rail & rebounding of tongue rail due to switching	▲	○	
7	레일 및 상판에 따른 반발 조정	○	▲	

범례 : ○ 주체 ▲ 협조

표 4.35 고속분기기 유지관리 업무 구분 (Hydrostar형 고속분기기)

NO	품목별	유지·보수 시설	유지·보수 신호	비고
1	텅레일 밀착검지 및 쇄정장치			
	- 설정쇄정장치(선단,중앙)	▲	○	
	- 밀착검지기　　　　IE2010, EPD	▲	○	
	- 연결로드　　　　Connection rod	▲	○	
	- 접속함　　　　Connection Box		○	
	- 연결케이블　　　Connection Cable		○	
	- 실린더함체　　　Cylinder bearer	▲	○	
	- 밀착검지기플레이트　IE2010 bearing plate	▲	○	
2	선로전환기　　Point Machine			
	- 선로전환기　　　Driving unit		○	
	- 전철기함　　　　Point Box		○	
	- 케이블　　　　Cable		○	
3	크로싱부 가동레일 고정장치　Holding down device			
	- HDD 플레이트　　Holding down device plate	○	▲	
	- HDD 유압발생장치	○	▲	
	- HDD 유압호스　Holding down device hydraulic lines	○	▲	
4	유압호스　　Hydraulic lines			
	- 유압파이프　　　Hydraulic pipe		○	
	- 유압호스　　　　Hydraulic lines		○	
	- 유압호스덮개　　Hydraulic lines cover		○	
5	히팅장치　　Heating device			
	- 열선　　　　Heating element		○	
	- 열선 콘넥터　　Heating Cable Connector	▲	○	
	- 클립　　　　Clip	▲	○	
	- 열선고정구　　Holding Block	▲	○	
	- 고정스프링　　Pastning Spring	▲	○	
	- 연결케이블　　Connection Cable		○	
	- 접속단자함　　SVM		○	
6	절연장치　　Insulation device			
	- 접착식 절연레일　Glued Insulated Rail	○	▲	절연은 신호
	- 텅밀착부 절연　Isolated tongue attachment	▲	○	
	- 절연편　　　　Isolated bearer	▲	○	
	- 절연원통　　　Isolated bush	▲	○	
7	HDD 수동전환용 전동공구 및 전원함			
	- HDD 전원함　Holding down device power cubicle		전력	
	- HDD 전동공구　Holding down device power tool	○	▲	
8	전환에 따른 반발 및 밀착력 조정	▲	○	
9	레일 및 상판에 따른 반발 조정	○	▲	

3) 선로작업후의 궤도 안정화

고속철도 궤도의 안정화에 영향을 주는 작업 후에는 안정화 될 때까지 열차속도를 제한하여야 하며 그 기준은 표 4.36의 선로작업후 궤도안정화 기준과 같다.

표 4.36 선로작업후 궤도안정화 기준

조건		동적안정화 (DTS)작업유무	최소 통과톤수	최소 안정화기간
다짐장비	양로량			
대형다짐장비	20㎜ 미만	미시행	첫 열차통과속도	-
		시행	-	-
	20~50㎜	미시행	5,000ton	24시간
		시행	-	-
	50㎜ 초과	미시행	20,000ton	48시간
		시행	5,000ton	-
소형다짐장비	15㎜ 미만	미시행	-	-
		시행	-	-
	15~20㎜	미시행	5,000ton	24시간
		시행	-	-
	20㎜ 초과	미시행	20,000ton	48시간
		시행	5,000ton	-

※ 1) 선로작업 후 첫 열차의 열차속도는 고속철도는 170 km/h, 일반철도는 60 km/h로 제한한다.
  2) 작업제한기간 내 작업의 경우, 작업후 24시간동안 열차속도는 고속철도 100 km/h, 일반철도 40 km/h로 제한하고 그 후 안정화시까지 고속철도는 170km/h, 일반철도는 60 km/h로 제한하여야 한다.
  3) 작업제한 기간 외의 작업 도중 작업가능 온도범위를 벗어나면 작업중단 또는 열차속도를 고속철도는 40 km/h, 일반철도는 20 km/h로 제한하고 작업완료 후 온도 하강시까지 고속철도는 100 km/h, 일반철도는 40 km/h로 제한하고 그 후 안정화시까지 고속철도는 170 km/h, 일반철도는 60 km/h로 제한하여야 한다.
  4) 안정화 기간 중 레일 온도가 45℃를 초과하면 낮 동안 열차속도를 고속철도는 100 km/h, 일반철도는 40 km/h로 제한하고 그 후 안정화시까지 고속철도는 170 km/h, 일반철도는 60 km/h로 제한하여야 한다.

4) 분기기 점검

본 점검은 다음에 의하여 시행하며, 측정치의 틀림량이 보수한도를 초과하였는가를 점검하여야 한다.

ㄱ) 측정위치

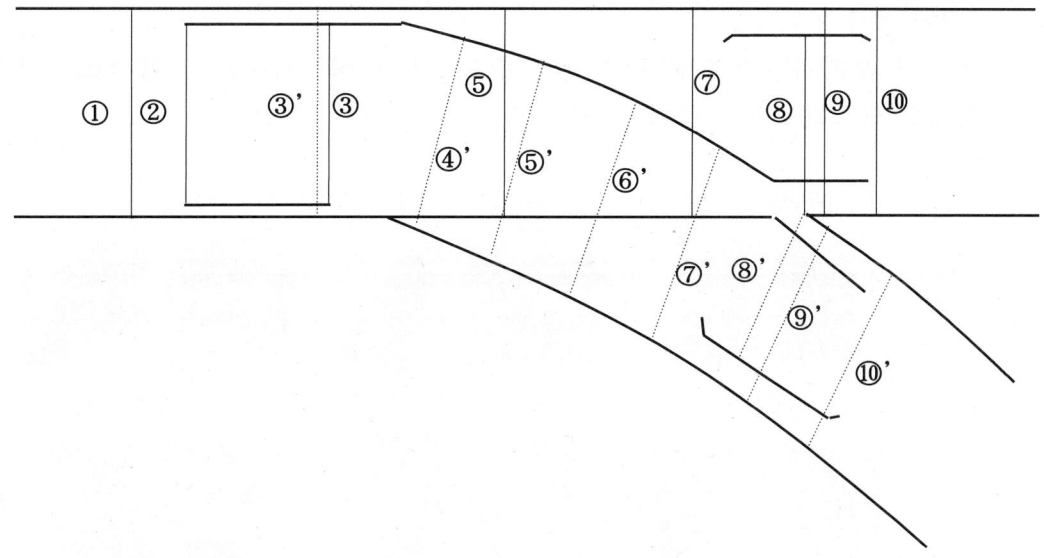

ㄴ) 측정종별

위 치		기호	궤간	수평	면맞춤	줄맞춤	백 게이지
포인트부	이음매	①	○	○			
	첨　단	②	○	○	○	○	
	힐이음매	③③'	○	○			
리드부	곡선 1/4	④'	○			○	
	직,곡선 1/2	⑤⑤'	○	○	○	○	
	곡선 3/4	⑥'	○			○	
크로싱부	전　단	⑦⑦'	○	○			
	노스와가드레일	⑧⑧'					○
	노　스　부	⑨⑨'		○	○	○	
	후　단	⑩⑩'	○	○			

7) 분기기 보수
  5) 고속선 분기기 : 고속선 분기기의 주요제원과 장치설비는 그림 4.61, 4.62, 4.63 에서 보는 바와 같다.

구 분		경부고속 1단계	경부고속 2단계	호남고속
분기기 전경	포인트부	포인트부	포인트부	포인트부
	리드부	리드부	리드부	리드부
	크로싱부	크로싱부	크로싱부	크로싱부
제조사		Cogifer/삼표	BWG사	삼표
선로전환기		전철기(MJ81)	하이드로 스타	전철기(MJ81)
궤도구조		자갈도상	콘크리트도상	콘크리트도상
분기철차 및 속도		F18 : 90km/h F26 : 130km/h F46 : 170km/h	F18 : 90km/h F46 : 170km/h	F18 : 90km/h F26 : 130km/h

그림 4.61 분기기 주요설비

그림 4.62 분기기 주요설비

3) 분기기 기타설비

구 분	경부고속 1단계	경부고속 2단계	호남고속
상판 (일반)	없음		없음
		포인트부 파콥 (+1~15mm 확장)	상판
크로싱부	망간 크래들	블록형 노스레일	망간 크래들
상판	포인트부 상판	포인트부 상판	포인트부 상판
체결장치	팬드롤 e-clip	SFC	시스템 300W
거동방지 장치	없음	안티크리프	포인트 안티크리프

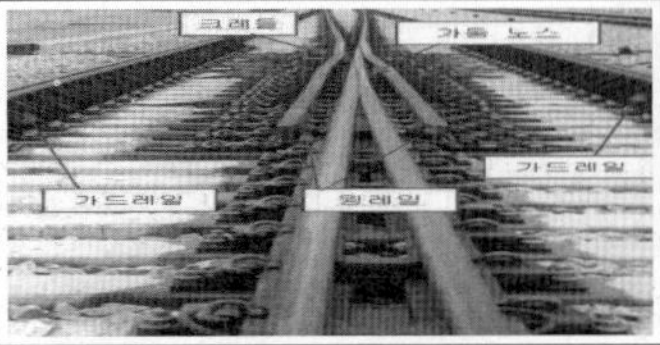

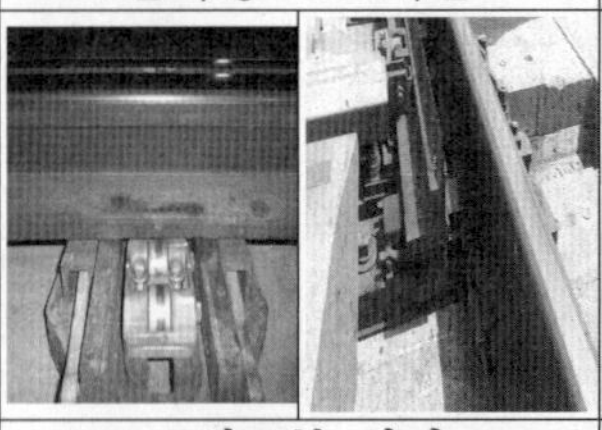

그림 4.63 분기기 기타설비

4.3.12 레일연마

1) 필요성 : 레일두부 상면의 탈탄층, 가공경화층을 제거하고, 표면 및 단면형상의 정밀성 유지로 고속 차량의 소음 및 진동저하로 궤도 품질확보 및 승차감 향상

2) 시행기준 : 레일연마는 보수연마와 예방연마로 구분 시행
   (1) 보수연마 : 레일표면결함 및 파상마모가 발생한 경우
   (2) 예방연마 : 신설선 초기연마, 운행선은 매 3년마다 1회씩 주기적으로 시행
3) 레일연마 효과
   (1) 레일절손 및 균열발생 예방효과
   (2) 레일교체주기 연장 효과
   (3) 궤도유지보수비용 절감 효과
   (4) 차륜수명 연장 및 차량연료 소모량 감소효과
4) 소음 및 진동 저감 효과

| 레일연마차 | 레일연마 전 | 레일연마 후 |

그림 4.64 레일연마 전·후 비교

4.4 선로방비(defence of track)

4.4.1 경계설비

선로내에 사람, 가축이 들어오는 것은 위험하고 열차운전상의 지대한 장애를 주므로 운전보안상 선로연변에 적당한 경계설비를 설치한다.

선로의 경계설비로서는 담장(울타리)를 설치하는 것으로 목조, 철제, 철근콘크리트, 벽돌, 블럭, 생울타리 등이 있다.

4.4.2 비탈면보호(slope protection)

깎기와 돋기의 비탈면은 우수(雨水)와 유수로 토사가 붕괴된다. 이것을 보호하고 방지키 위하여 비탈에 줄떼, 평떼, 싸리 등을 심거나 몰탈보호공, 콘크리트보호공, 돌깔기, 맹하수, 비탈하수등을 설치하여 비탈면을 보호한다.

4.4.3 낙석방지(prevention for falling stone)

철도선로가 산중턱을 따라서 부설되어 있을 때 산위에서 또는 깎기 비탈면의 암석이 선로에 굴러 떨어져 열차운전에 위험을 준다. 이 대책으로 다음과 같은 낙석방지

설비를 해야한다.

1) 시멘트 모르터에 의한 암석의 고정

시멘트 모르터를 깍기 비탈면암석의 표면에 뿜어 붙이거나, 또는 내부에 주입하여 비탈면을 굳혀 암석의 전락을 방지한다.

2) 낙석 방지 옹벽과 철책

선로의 산측에 설치하는 것으로 필요에 따라 사면의 중복에도 설치한다. 낙석의 입경이 작을때도 철망의 철책을 한다. 입경이 큰 경우는 그림 4.65 (a)와 같은 철책을 설치 한다. 또한 돌의 입경이 큰 것이 하락하는 높이가 높을 때는 단면이 큰 그림 4.65(b)와 같은 콘크리트 옹벽을 구축한다.

3) 낙석덮게

낙석 입경이 커서 비탈면에 심히 급하게 구르는 경우는 옹벽으로는 낙석을 방지할 수 없으므로 그림 4.65(c)와 같이 낙석덮게를 설치한다. 이것은 안전하게 낙석방지 역할을 할 수 있으나 공사비가 비싸 옹벽이나 철책이 방지할 수 없을 때 쓰여진다. 낙석덮게의 구조나 형식에는 아치형, 지주슬래브(slab)형, 피암터널 등을 구축한다.

(a) 낙석방지책   (b) 낙석방지옹벽   (c) 낙석덮개(피암터널)

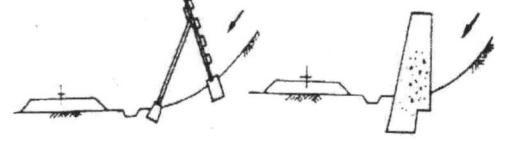

그림 4.65 낙석방지

4) 고강도텐션 테코네트

절토사면은 대기 중에 장기간 노출 시 급속히 풍화가 진행되어 표층부 암괴나 토사의 슬라이딩이 발생하게 된다. 특히 절리나 균열이 심하게 발달되어 있는 사면을 네일이나 락볼트 등으로만 보강할 경우, 각 네일이나 락볼트 설치지점 사이에서 슬라이딩이 발생할 수 있어 점진적으로 파괴로 진행될 가능성이 크다. 이에 대응방안으로 락볼트나 쏘일네일링을 시공하면서 숏크리트로 피복처리를 하는 것이 국내에 잘 알려지고 광범위하게 사용되고 있는 사면보강공법이다.

유럽에서 사면설계기준으로 적용되는 유로코드(EUROCODE)7 에서는 숏크리트와 같은 강성(剛性) 피복공, 지오텍스타일이나 지오멤브레인류의 연성(軟性) 피복공, 그리고 이 두 가지의 장점을 살린 유연성(柔軟性) 피복공법을 구분하여 정의하고 있다.

강성(剛性) 피복공은 재료의 특성상 균열이 발생하는 것 이외에는 사면 내 Creep 또는 변형을 허용할 수 없고, 배면 공극수에 의한 탈락의 가능성이 있다. 또한 녹화가 곤란하며, 미관이 불량하다는 단점이 있다.

연성(軟性) 피복공의 경우는 급경사면에 적용하기 어렵고, 재료자체의 강도에 따른 제한이 있어 암반사면에는 적용하기 어렵다.

강성(剛性)과 연성(軟性) 피복공의 장점을 취합한 유연성(柔軟性) 피복공(Flexible System)은 사면 내 변위를 일정량 허용하면서 지지하므로, 토사 및 암반 사면에 적용성이 우수하고 네일링과 조합할 수 있다. 또한 식물의 식재나 사면의 녹화를 가능케 하는 친환경성은 물론 유지보수비용을 최소화하는 경제성이 탁월하다.

최근 스위스 파체르 아게사 지오브르그 부문이 개발한 고강도텐션 테코네트(TECCO Net) 공법은 인장강도 1,770 N/㎟ 이상의 특구강선으로 조직된 테코네트를 사면에 밀착시킨 후, 프리텐셔닝으로 표면의 응력을 강화하면서 네일이나 락볼트로 지반의 전단강도를 제고하고, 테코네트·락볼트간의 힘을 상호접선 이동시킴으로 전체사면을 일체화하는 「표면의 낙석보호와 심층의 파괴에 대처」하는 최첨단 사면보강공법이다.

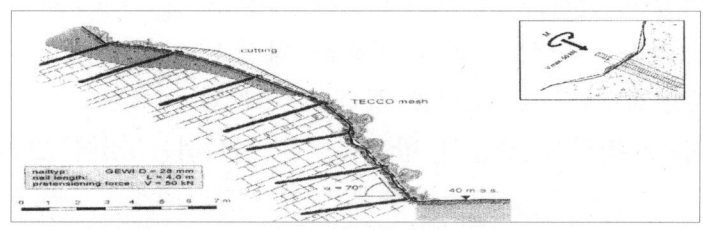

그림 4.66 고강도텐션 테코네트 공법 개념도

본 시스템에서 네일은 기존의 쏘일네일링에서와 같이 지반 내 변형이 발생한 후에 힘을 발휘하는 수동적 방법(passive type)이 아니라, 미리 긴장(pretension)을 가하는 능동적 방법(active type)으로써 설치된다. 네일의 긴장(pretension)은 특수지압판과 고강도 네트에 의해서 이루어지며, 네일 두부의 너트를 조임에 따라 약 20kN에서 50kN까지의 긴장력이 적용될 수 있다. 이러한 긴장력(pretensioning force)의 적용은 다음과 같은 장점이 있다.

① 네일에 대한 긴장(pretension)은 특수지압판과 여기에 정착된 네트가 하부지반으로 밀착된다는 것을 의미하며, 이러한 표층에 작용하는 외부압력은 보강대상사면에 추가적인 마찰력을 발생시키고 이는 전체적인 사면안정에 긍정적인 효과를 미친다.

② 만약 긴장(pretension)이 되지 않은 상태에서 국부적인 암괴(또는 토체)의 슬라이딩이 발생한다면, 네트에는 발출하려는 암괴(또는 토체)를

지지할 수 있는 힘을 결집시키기 위해서 먼저 변형이 발생되어야만 한다. 본 시스템에서 지압판에 일정압력을 미리 가하는 것은 네트에 프리텐션을 가하는 것으로서, 이 경우 국부파괴를 방지할 수 있는 힘이 이미 충분히 결집된 것을 의미한다. 결과적으로 파괴체는 보강대상 사면으로부터 더 이상 이완되지 않고 고정된다.

5) 링네트

낙석방지시설은 낙석, 산사태, 토석류(Debris Flow)나 눈사태 등의 재해로부터 귀중한 인명과 재산을 보호할 목적으로 설치되는 시설이다. 그러나 낙석발생은 매우 복합적인 요소가 작용하여 발생하는 자연현상이므로 어느 곳에서 어느 정도의 낙석이 발생할 것인지를 예측하는 것은 매우 어려운 일이다. 따라서 낙석에 의한 피해를 최소화하기 위해서는 철저한 현장조사를 통해 그 메

그림 4.67 링네트 공법

커니즘을 규명하고 적절한 성능의 방호시설을 설치하는 것이 그 관건이라고 할 수 있겠다.

일반적으로 낙석방지시설은 그 대응방식에 따라 2가지 형태로 나뉠 수 있다.

첫번째는 능동적인 방법(Active System)으로, 낙석이 우려되는 예상암괴를 아예 제거하거나, 락볼트, 앵커, 와이어로프, 네트 등 적합한 보강공법을 적용하여 탈락가능 암괴를 고정, 안정화시킴으로써 낙석의 발생자체를 억지시키는 방법이다.

두번째는 수동적인 방법(Passive System)으로, 낙석의 발생은 용인하되 대상 구조물을 이동시키거나 그 주위에 피암터널이나 낙석방지책 같은 방호시설을 설치함으로써 사면으로부터 낙하하는 암괴의 유입을 막는 방법이다.

첫번째 방법의 경우 위험요인을 영구적으로 경감시키고 안정화시키는 장점이 있으나 보강대상면적이 클 경우 막대한 공사비가 들어갈 소지가 있고, 두번째 방법은 초기 투자비가 적고 보호하려는 구조물에 피해가 가지 않도록 하는 장점이 있으나 유지보수비용 등 시공 후 관리를 해야 하는 부담이 있다.

산악 국립공원이 대부분인 스위스는 대규모 낙석, 산사태나 눈사태(Avalanche)에 대응가능하고 환경훼손 영향이 적은 대책공법에 대하여 연방정부 내무부 산하 산림·강설·경관연구소(WSL)의 주관 하에 파체르사 지오브르그

부문과 협력 체제를 구축하여 장기간의 연구로 유연성 원리(Flexible Concept)를 이용한 「링네트 공법(Ring Net System)」을 탄생시켰다.

본 링네트 공법은 구성부재에 대한 과도한 응력발생을 막고, 방호책 전체가 유연하게 균형을 잡아 변형하는 구조로서, 높은 수준의 낙석운동에너지 흡수를 가능케 한다.

또한, 낙석방호책 전체 시스템구성과 흡수 가능한 충격에너지양은 실물실험을 기본으로 하여 연구·개발되며 동시에 구성부재의 적정성 및 과도한 방호책 변위가 발생하지 않는다는 검증도 함께 이루어지고 있다.

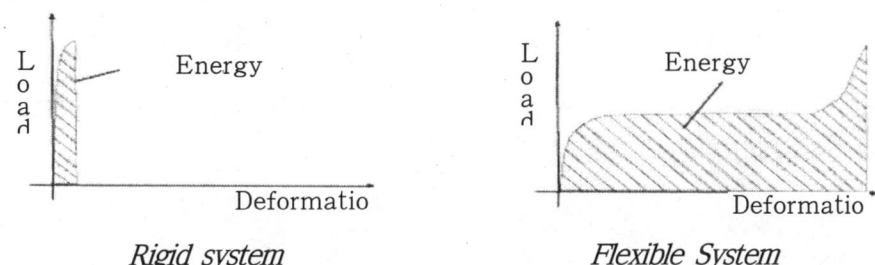

그림 4.68 강성(Rigid)구조물과 연성(Flexible)구조물에 있어서의 하중-변위 특성

링네트 방호책에 충돌한 낙석의 충격에너지는 다음 3단계 시스템에 의해 흡수된다.

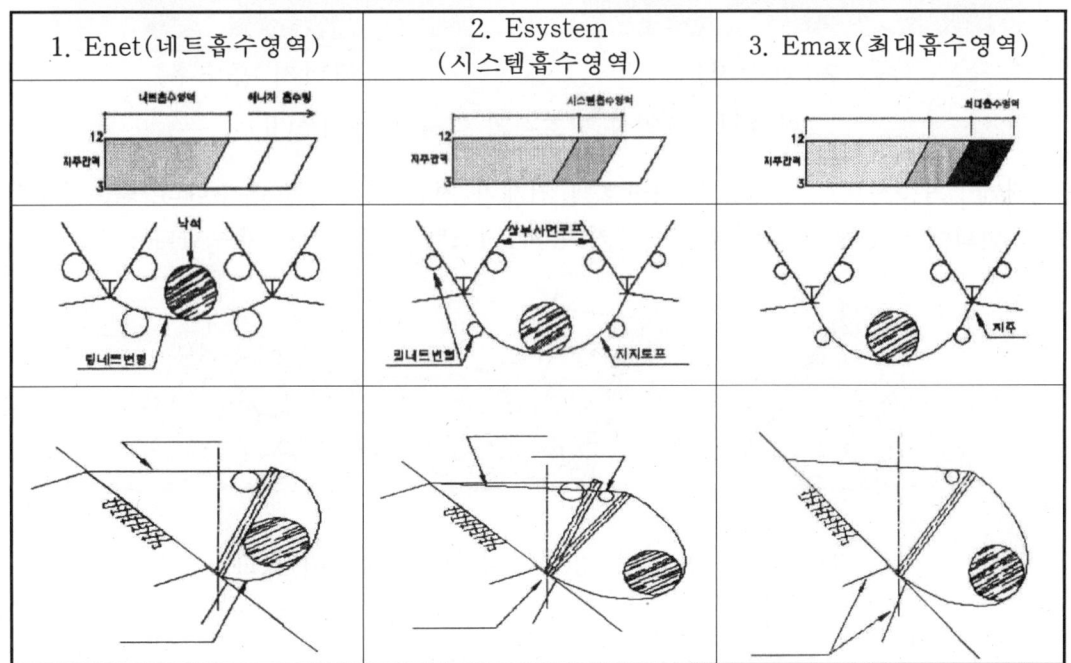

그림 4.69 3단계 에너지흡수 시스템

1단계 : 낙석의 충격을 받은 링네트는 탄·소성 변형으로 에너지를 흡수하며, 운동에너지의 대부분은 개개의 링네트 변형의 총합에 의해 상쇄된다.

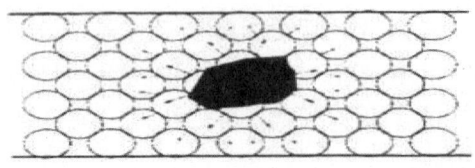
(링네트에 링넷트 변형 용량 신 후 하중이 고르게 분포)
 탄성 영역
 소성 영역

 충격 흡수전

(충격시 개개 링네트의 변형도)

그림 4.70 유연성 방호책의 작동 메커니즘(Ⅰ)

2단계 : 다음에 브레이크 링에 의한 에너지 흡수가 시작된다. 즉, 브레이크 링의 변형 및 마찰저항에 의해 에너지를 흡수하게 된다.

(에너지 흡수전)

(에너지 흡수후)

그림 4.71 유연성 방호책의 작동 메너키즈(Ⅱ)

3단계 : 최종적으로 링네트 낙석방호책 전체가 잔존 에너지를 흡수한다. 즉, 하중방향의 변화에 대응하는 와이어로프 앵커 등의 시스템이 에너지를 흡수한다.

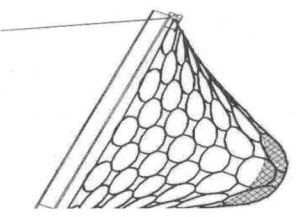
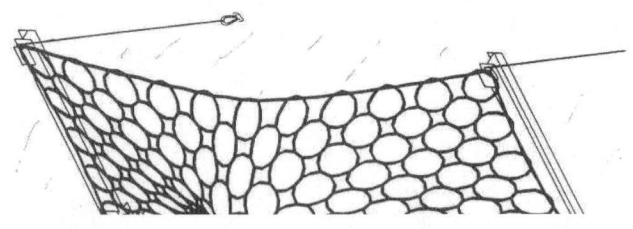

그림 4.72 유연성 방호책의 작동 메너니즘(Ⅲ)

최근들어 링네트 방호시스템이 낙석뿐만 아니라 눈사태와 토석류에 의한 충격도 효과적으로 방호한 사례가 전 세계적으로 다수 보고되고 있는데 이러한 일련의 사례들로부터 링네트 방호책이 상당한 양의 토석류를 효과적으로 막아내고 저지시킬 수 있음을 확인할 수 있었다. 특히 토석류의 충격과 같은 동적하중(dynamic load)을 막아내는데 있어서 링네트는 이상적인 유연성을 가지고 있으므로 콘크리트 사방댐과 같은 기존의 강성체 구조물에 대한 진정한 대안이 될 수 있을 것으로 기대된다.

그림 4.73 VX-타입 방호책   그림 4.74 UX-타입 방호책   그림 4.75 Whale-타입 방호책

링네트 토석류 방호책은 특히 철도나 도로 본선을 횡단하는 계곡수를 처리하기 위해 설치되는 횡단배수시설 앞에 설치하여, 이 시설물이 토석류로 인해 매몰되면서 유입부가 막혀 유수의 소통이 원활히 되지 못하데 되고 토석이 철도나 도로로

그림 4.76 링네트 설치(例)

월류하여 야기하는 피해를 방지하는 데 뛰어난 성능을 가지고 있는 것으로 나타났다. (그림 4.76) 참조.

이러한 링네트 토석류 방호책은 경량의 부재로 구성되어 있어 운반이 용이하며 공사비용 절감의 효과가 있다. 또한 콘크리트나 철골 구조물에 비해 주변 경관 훼손에 대한 우려가 거의 없다. 물은 통과시키고 토석류는 거르는 필터링 구조를 지니고 있으므로 하류지역으로 토석류 인입을 최소화하고 계곡부에 서식하는 물고기, 뱀이나 개구리 등의 이동경로를 확보해 줄 수 있다.

또한 방호책은 주로 앵커링에 의해 고정되므로 기초를 위한 대규모 하상굴착과 콘크리트 작업이 필요한 강체형(Rigid System) 콘크리트 사방댐에 비해 주변환경 및 생태계 파괴가 매우 적다.

주변 지형여건에 구애 받지 않아 설치가 용이하며 공사기간이 짧고 유지·보수가 매우 용이하므로 기존 공법인 콘크리트 사방댐과 비교할 경우 경제성, 환경친화성 및 시공성 등 모든 측면에서 매우 뛰어난 공법이므로 향후 국내 토석류 방호책의 주류를 이루는 공법이 될 것으로 판단된다.

※ 링 네트의 장점

1. 유지보수의 용이성
   - 토석이 발생하여 퇴적된 Section 만 분리하여 손쉽고 빠르게 제거할 수 있음
2. 친환경성
   - 투과형 구조로 계곡내 서식 동물들의 이동경로 확보
   - 하상굴착을 최소화하여 생태계 훼손 방지
3. 경제성
   - 경량의 자재 사용으로 운반 및 설치비 감소
4. 시공성
   - 시공여건이 열악한 현장에도 설치가 용이함
   - 공정이 단순하여 공기가 짧음
5. 효율성
   - 유연성 원리를 이용하여 토석류 저지능력 증대
   - 토석과 유수를 분리하여 배수구조물 막힘 방지

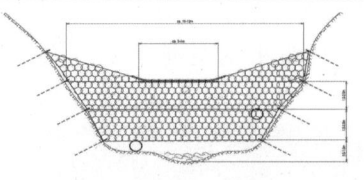

그림 4.77 VX-타입 방호책
(V자형 계곡)

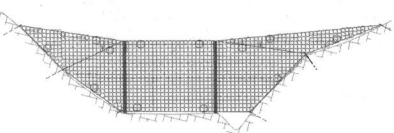

그림 4.78 UX-타입 방호책
(U자형 계곡)

4.4.4 지활방지(prevention for landslide)

지질이 불량한 지대에 건설된 선로에서는 종종 지활(land slide)의 현상을 볼 수 있다. 이런 지역에서는 맹배수공, 수평보오링(boring)등으로 지하수를 배제시켜 지활을 방지하는 경우와 옹벽을 설치하여 지활을 방지하는 수도 있으나 근본적인 것은 지활 우려 개소를 회피하여 노선을 변경하는 것이 좋다.

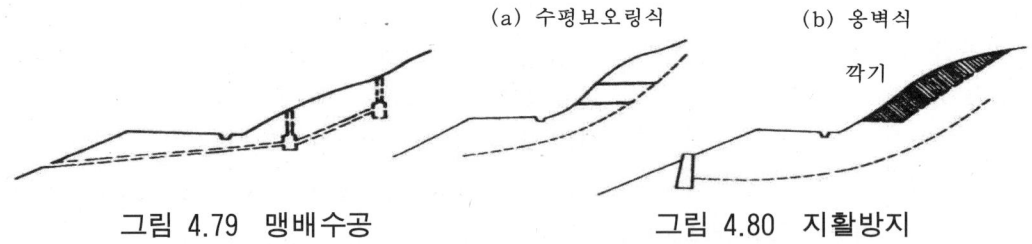

그림 4.79 맹배수공   그림 4.80 지활방지

4.4.5 철도방비림(forest for defence of track)

철도를 재해로부터 지키기 위한 각종 방호수단으로 선로연변에 조림을 하여 이 삼림에 의하여 방풍, 방설, 토사붕괴, 낙석 및 비사의 피해를 방지한다. 이 삼림을 철도방비림이라 한다. 철도방비림의 주요한 설비는 다음의 6종류가 있다.

1) 비사방지림

해안 등에서 모래가 강풍에 날려 선로상에 퇴적하는 것을 방지하기 위한 것이 사방림으로 동시에 풍파에 대한 해안선의 안정을 위한 것으로 보통은 풍향에 직각 또는 해안선에 평행하게 설치된 사방책으로 후방에 나무를 심는다.

2) 토사방지림

황폐한 산복이 강우에 의해 붕괴, 탈락하는 것을 방지하고, 호우시 일시에 하천이 증수되어, 혼란되는 것을 방지하기 위한 것으로 항타 떼붙임 등 산복 토사방지 공사를 병행 육성한다.

3) 낙석방지림

토사방지림이라고도 하며 낙석의 위험이 많은 사면에 낙석을 방지하기 위해 육성한다. 돌의 낙하에 대해서는 저항을 하고 방호적 역할을 할 수 있어야 한다.

4) 방풍림

폭풍에 대해 풍속이 위험한도를 넘으면 운전을 중지하지 않으면 안된다. 예로, 일본철도에서는 초속 25m이내의 경우 운전을 중지한다. 방풍림은 지형상 폭풍의 위험이 많은 장소에 설치된다. 삼림이 풍력을 감소시킬 수 있는 유효범위는 보통 수고의 8~14배 정도이다.

5) 수원방지양림

기관차 급수 기타 수원을 확보하기 위해서는 삼림으로서는 엄밀히 방비림으로 만족하지 않으나, 많은 경우 하천 상지류의 유수의 조절을 도모하는 기능을 갖고 있어 수해 방지에 효과가 있다.

6) 방화림

기관차가 토해내는 화분에 의해 자주 연선의 삼림에 화재를 일으킨다. 이것을 방지하기 위해 시이, 가시 등의 방화용수종을 일반의 방비림에 혼식하는 경우가 많다.

4.5 방설설비(defence structure against snow)

4.5.1 설해의 종류

철도에 있어서 각종 재해중 강설지방에 있어서는 눈의 재해는 무시할 수 없다. 설해를 대별하면 다음과 같은 3종류가 있다.

(1) 자연 적설에 의한 것　　(2) 눈날림에 의한 것　　(3) 눈사태에 의한 것

자연의 적설에 대해서는 제설작업이 필요하며 각종 기계가 쓰여진다. 눈날림은 지상의

적설이 바람으로 비산, 또는 일단 쌓인눈이 강풍에 의해 비산하는 것을 총칭하며 보통 5~6m/sec 정도의 풍속으로부터 발생된다. 눈사태는 사면에 있어서 적설층이 붕괴되는 현상을 말한다. 상층 눈사태와 전층 눈사태로 나눈다. 상층 눈사태는 경사면에 쌓인 눈의 표면이 동결하고 그 동설 위에 새롭게 쌓인 눈이 미끄러져 떨어지는 것을 말한다.

전층 눈사태는 사면에 쌓인 눈의 하면과 지표면의 사이가 지세로 녹아 전체의 층이 눈사태를 일으킨다. 또는 산의 능선 등에 있어서는 일정방향의 바람으로 적설이 벼랑 끝에 차양처럼 떠있어 능선으로부터 흘러 내리는 경우가 있다. 이것을 설비(cornice)라 부른다. 설비의 낙하는 눈사태의 원인이 되나, 눈사태의 피해는 설해중 가장 커서 열차 운전에 지장을 초래하는 예도 있다.

4.5.2 제설(clearing the snow)

선로는 적설, 눈사태, 눈날림(비설)등으로 피해를 받는다. 이와 같은 설해를 방지하기위하여 방지시설과 제설이 필요하다.

제설에는 인력에 의하는 방법과 기계력에 의하는 방법이 있다. 인력제설은 주로 분기부, 역구내 등 기계의 능력을 충분히 발휘할 수는 없는 비경제적인 곳에 사용된다. 일반적으로 역이외의 구간에서는 제설차(snowplow)가 많이 사용되고 있으나 우리나라 철도의 적설량이 많지 않아 제설차는 보유하고 있지 않다.

제설차의 종류는 프라샤식 제설차, 자동화 러셀식, MC럿셀차(185PS), MC 로타리식 제설차 등이 있다.

제설된 눈은 열차를 운전하여 하천 또는 저지대에 밀어 넣게 되나 연선에 유설구(snow ditch)를 설치하고 여기에 눈을 버리고 물로 씻겨 내려가게 하는 경우도 있으며 능률적인 방법이다. 또한 동계에는 분기기의 가동부분에 눈이 고결되고 동결되면 분기기의 전환기능이 마비 되므로 가스 버너(gas burner)를 설치하여 눈을 녹이거나 최근에는 전기히터 융설장치(snow melter)를 많이 사용하고 있다.

그림 4.81 MCR

그림 4.82 MCR의 제설모습

그림 4.83 MC럿셀 제설차

그림 4.84 MC 로타리식 제설모습

제 5 장
궤 도

5.1 서 론(introduction)

5.1.1 궤도의 의의

철도(railroad)가 다른 교통기관과 틀리는 특징은 일정한 선로 위를 차량이 주행하는 점이다. 궤도는 레일과 그 부속품, 침목 및 도상으로 구성되며 철도 선로의 일반적인 구조는 그림 5.1과 같이 견고한 노반 위에 도상을 정해진 두께로 포설하고 그 위에 침목을 일정간격으로 부설하여 침목 위에 두 줄의 레일을 소정간격으로 평행하게 체결한 것으로 시공기면 이하의 노반과 함께 열차하중을 직접 지지하는 중요한 역할을 하는 도상 윗 부분을 총칭하여 궤도라고 한다.

궤도의 주요한 구성요소 및 기능은 다음 3종류로 분석된다.

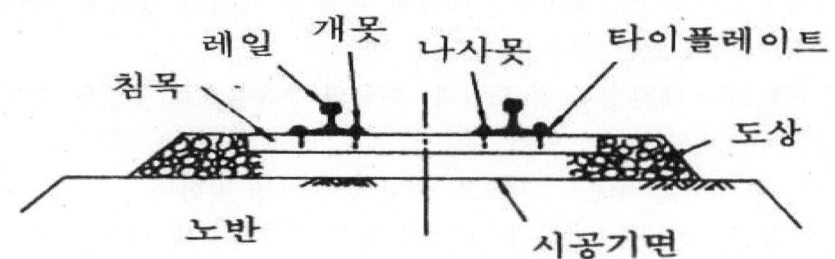

그림 5.1 도상자갈 궤도구조 단면도

(1)레일	차량을 직접 지지한다.
	차량의 주행을 유도한다.

(2)침목	레일로부터 받은 하중을 도상에 전달한다.
	레일의 위치를 유지한다.

(3)도상	침목으로부터 받은 하중을 분포시켜 노반에 전달한다.
	침목의 위치를 유지한다.
	도상의 탄성에 의해 충격력을 완화시킨다

5.1.2 용어의 정의
1) 강성(剛性) : 구조물의 단단한 정도를 말하며, 보통 단위 변형을 일으키는 힘의 크기로 나타낸다.
2) 고속철도 전용선(高速鐵道 專用線) : 철도건설법 제2조제2호에 따른 고속철도 구간의 선로를 말한다.
3) 고저(면틀림) : 한쪽 레일의 레일길이 방향에 대한 레일면의 높이차

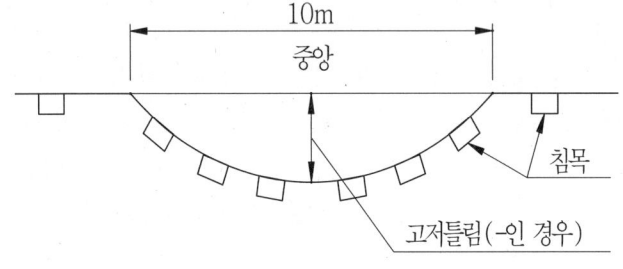

그림 5.2 면틀림

4) 궤광(軌框 : track panel) : 레일에 침목을 체결한 것으로 사다리 모양의 형상이 되어 있는 것을 말한다.
5) 궤도(軌道) : 레일·침목 및 도상과 이들의 부속품으로 구성된 시설을 말한다.
6) 궤도계수(軌道係數) : 단위 길이당 궤도 스프링정수를 말한다.
7) 궤도 중심(軌道 中心) : 궤도의 선형 중심선을 말한다.
8) 궤도틀림(irregularity of track) : 열차의 반복하중에 의해 궤도에 발생하는 궤간, 수평, 방향, 고저, 평면성 등의 틀어짐을 말한다.
9) 기지(基地) : 화물의 취급 또는 차량의 유치 등을 목적으로 시설한 장소로서 화물기지, 차량기지, 주박기지, 보수기지 및 궤도기지를 말한다.
10) 노반(路盤) : 궤도를 부설하기 위한 토목구조물 및 토공을 말한다.
11) 노반 스프링정수 : 노반을 수직방향으로 단위량만 침하시키는 데 요하는 하중 강도를 말한다.
12) 노반압력(路盤壓力) : 열차 하중에 의해서 도상 아래에서 노반이 받는 수직 압력을 말한다.
13) 도상(道床) 두께 : 레일 직하의 침목 하면에서 노반까지 가장 가까운 거리의 도상 두께를 말한다.
14) 도상 스프링정수 : 침목 아래의 도상면을 수직방향으로 단위량만 침하시

키는 데 요하는 하중 강도를 말한다.
15) 도상 어깨폭 : 침목 끝단으로부터 도상 어깨까지의 직선거리 폭을 말한다.
16) 도상압력(道床壓力) : 열차하중에 의해서 침목 아래에서 도상이 받는 수직 압력을 말한다.
17) 도상(道床) : 도상은 레일 및 침목으로부터 전달되는 열차하중을 노반에 넓게 분산시키고, 침목 또는 체결장치를 소정위치에 고정시키는 기능을 하며, 온도에 의한 레일의 좌굴을 방지하고 침목의 종방향력에 저항하는 궤도재료로서 일반적으로 깬자갈 또는 콘크리트를 사용한다.
18) 동적하중(動的荷重) : 열차가 정적하중 외에 주행시 궤도틀림에 의한 하중 증가, 캔트부족 또는 초과에 기인하는 하중 증가, 레일절손, 용접부 불량, 차륜 플랫 등에 의한 하중 증가에 의한 추가 변동하중을 말한다.
19) 동적 할증계수 : 차량이 주행한 경우, 궤도면의 부정, 차량의 동요 등의 영향에 의해 증가한 하중을 속도와 연계하여 계수로서 나타낸 것 말한다.
20) 레일(Rail) : 레일은 열차하중을 직접 지지하며, 차륜이 탈선하지 않도록 유도하여 차량의 안전운행을 확보. 레일은 침목과 도상을 통하여 열차하중을 넓게 노반에 분포시키며, 원활한 주행면을 제공하여 주행저항을 적게 하고, 신호전류의 궤도회로, 동력전류의 통로도 형성하는 역할을 하여 열차를 안전하게 유도하는 궤도의 가장 중요한 재료이다.
21) 레일응력 : 열차 하중에 의해서 레일에 발생되는 응력을 말한다.
22) 레일 체결장치(Rail fastening device) : 레일을 침목 또는 다른 레일 지지 구조물에 결속시키는 장치를 레일 체결장치라 함. 레일 체결장치는 레일에 가해지는 각종 부하요소, 즉, 레일 상하방향, 레일 좌우방향, 레일 종방향의 하중 또는 작용력, 여기에 수반된 회전력, 충격력 및 진동에 저항할 수 있어야 함. 레일 체결장치는 좌우레일을 항상 바른 위치로 유지시켜야 하며, 이와같은 부하요소를 침목, 도상 등 하부 구조에 전달 또는 차단하는 역할을 한다.
23) 레일패드 : 레일과 침목 또는 레일과 베이스플레이트의 사이에 삽입하는 탄성체를 말한다.
24) 레일패드 스프링정수 : 궤도 패드를 수직방향으로 단위량만큼 침하시키는 데 요하는 하중강도를 말한다.
25) 방향(줄틀림 : 方向) : 궤간 측정선에 있어서의 레일 길이 방향의 좌우 굴곡차를 말한다.

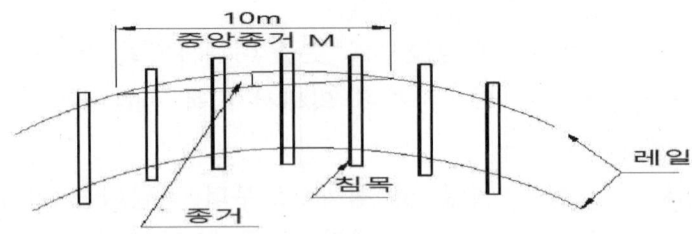

중거값보다 큰경우 +, 적은경우 -로 표시한다

그림 5.3 방향틀림

26) 본선(本線) : 열차운행에 상용할 목적으로 설치한 선로 (예 : 주본선, 부본선)를 말한다.
27) 부동구간(不動區間) : 장대레일 단부에서 일정거리 이상은 레일의 변위가 발생하지 않는 구간을 말한다.
28) 부본선(副本線) : 정거장 내에 있어 주본선 이외의 본선 (예 : 상·하부본선, 착발선, 도착선, 통과선, 대피선, 교행선)을 말한다.
29) 분기기(Turnout or Switch) : 분기기는 열차 또는 차량을 한 궤도에서 타궤도에 전이시키기 위하여 설치한 궤도상의 설비를 말한다.
30) 선로(線路) : 차량을 운행하기 위한 궤도와 이를 받치는 노반 또는 인공구조물로 구성된 시설(터널 및 교량 구교, 하수)을 포함한다.
31) 설계속도 : 해당 선로를 설계할 때 기준이 되는 상한속도를 말한다.
32) 설정온도(設定溫度) : 장대레일 설정 또는 재설정시 체결장치를 체결하기 시작할 때부터 완료할 때까지의 장대레일 평균온도를 말한다.
33) 수평(수평틀림) : 레일의 직각방향에 있어서 좌우 레일면의 높이차를 말한다.

① 직선구간

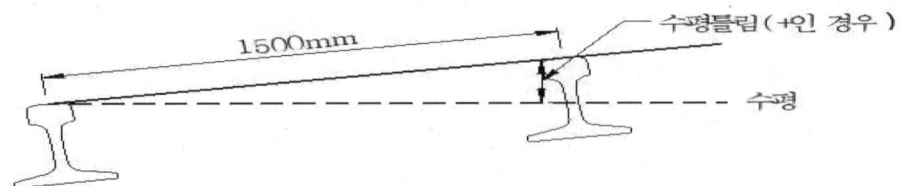

그림 5.4 수평틀림(직선)

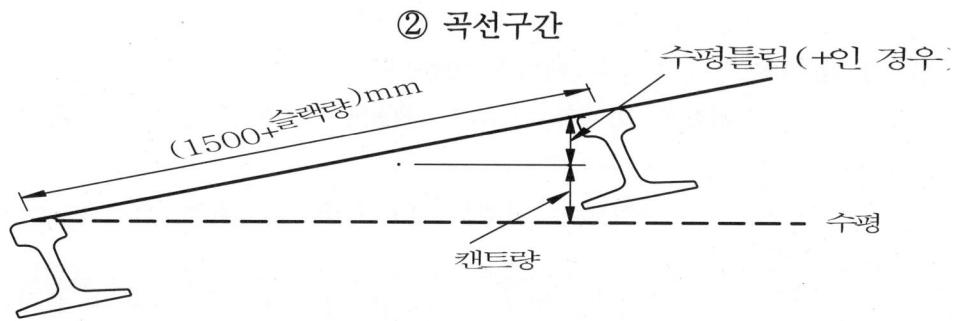

그림 5.5 수평틀림(곡선)

34) 스프링정수 : Spring Constant 또는 Stiffness 또는 Secant Modulus 로 표현되며 임의 재질의 작용하중과 변위량의 계수를 말함. 주로 스프링, 고무와 같이 비선형적인 변형그래프를 보이는 재질에 사용하며, 동일한 재질이라 하더라도 필요한 하중범위에 따라 값이 변함. 궤도자재 중에는 고무패드, 자갈에 대하여 스프링정수 사용을 원칙으로 한다.

35) 시공기면(Foundation Level) : 노반을 조성하는 기준이 되는 면을 말하며, 시공기면(F.L)의 기준점은 궤도중심에서 수평거리 750mm 되는 레일두부 정점에서 아랫방향으로 노반면까지의 최단거리점으로 한다.

36) 신축이음매(Rail expansion joint) : 신축이음매란 장대레일의 온도상승 및 하강에 따라 발생하는 축력이 허용 좌굴강도를 초과하거나 파단시 개구량이 허용량을 초과하는 개소에 설치하는 장치를 말한다

37) 열차(列車) : 동력차에 객차 또는 화차 등을 연결하여 본선을 운전할 목적으로 조성하여 열차번호를 부여받은 차량을 말한다.

38) 유도상궤도(有道床軌道) : 자갈 또는 콘크리트 등의 재료로 구성되어 레일 및 침목으로부터 전달되는 차량하중을 노반에 넓게 분산할 수 있는 도상을 갖춘 궤도를 말한다.

39) 윤중(輪重) : 차량의 1개 차륜으로부터 레일에 가해진 수직방향의 힘

40) 일반철도(一般鐵道) : 열차가 주요구간을 시속 200킬로미터 미만의 속도로 주행하는 열차를 말한다.

41) 정척레일(定尺) : 레일 한 개의 길이가 25m인 레일을 말한다.

42) 장대레일(長大) : 레일을 연속으로 용접하여 한 개의 길이가 200m 이상으로 구성된 레일을 말한다. 60kg 레일사용하는 고속철도에서는 250m로 한다.

43) 장척레일(長尺) : 레일을 연속으로 용접하여 레일 한 개의 길이가 25m 이상, 200m 미만으로 구성된 레일을 말한다.
44) 전동차 전용선(電動車 專用船) : 축중 180kN 이하의 전동차를 전용으로 운행하는 선로를 말한다.
45) 전차선(電車線) : 전기차량의 집전장치에 직접 접촉되어 전기를 공급하는 전선을 말한다.
46) 정거장(停車場) : 여객 또는 화물의 취급을 위한 철도시설 등을 설치한 장소[조차장(열차의 조성 또는 차량의 입환을 위하여 철도시설 등이 설치된 장소) 및 신호장(열차의 교차 통행 또는 대피를 위하여 철도시설 등이 설치된 장소)을 포함한다.
47) 정적하중(靜的荷重) : 선로에 투입할 차량의 정적상태에서의 허용한계 축중으로서 해당 선로에 대한 적용하중의 기초가 된다.
48) 종곡선(縱曲線) : 차량이 선로기울기의 변경지점을 원활하게 운행할 수 있도록 종단면상에 두는 곡선을 말한다.
49) 좌굴(Buckling) : 레일의 온도상승에 의해 레일이 휘는 현상
50) 주본선(主本線) : 정거장 내에 있어 동일방향의 열차를 운전하는 본선이 2개 이상 있을 경우 그 가운데에서 가장 중요한 본선 (예 : 상·하본선)을 말한다.
51) 진동(振動) : 진동이란 질점 또는 물체가 외력을 받아 평형위치에서 반복 운동하는 현상. 진동에는 주기운동과 불규칙으로 운동하는 비주기 운동으로 나눌 수 있다. 일반적으로 기계나 구조물은 질량, 강성, 감쇠가 분포되고, 질량과 강성은 물체가 정적인 평형위치를 중심으로 진동하는 원인이 되며, 감쇠는 시간이 경과함에 따라 진동이 소멸되는 원인이 된다.
52) 차량(車輛) : 선로를 운행할 목적으로 제작된 동력차·객차·화차 및 특수차를 말한다.
53) 철도(鐵道) : 전용 용지에 토공, 교량, 터널, 배수시설 등 노반을 조성하여 그 위에 레일, 침목, 도상 및 그 부속품으로 구성한 궤도를 부설하고 그 위를 기계적, 전기적 또는 기타 동력으로 차량을 운행하여 일시에 대량의 여객과 화물을 수송하는 육상 교통기관을 말한다.
54) 초기 노반 지지력 계수 : 하중 강도-침하곡선의 할선의 기울기를 나타내는 노반 지지력 계수의 초기값을 말한다.

55) 축중(軸重) : 차량 1쌍의 축이 레일에 가해진 수직인 힘을 말한다.
56) 충격하중(衝擊荷重) : 동적하중 중에서 레일절손, 용접부 불량, 차륜 플랫 등과 같은 열차운행 중 예외적으로 발생하는 하중을 말하며 비교적 변동이 큰 하중을 말한다.
57) 측선(側線) : 본선 외의 선로 (예 : 유치선, 조성선, 예비차선, 압상선, 전송선, 인상선, 분별선, 화물적하선, 반복선, 기회선, 기대선, 세척선, 검수선, 안전측선 등)
58) 침목(Sleeper or Tie) : 침목은 레일을 소정위치에 고정시키고 지지하며, 궤간을 정확하게 유지하며, 레일을 통하여 전달되는 하중을 도상에 넓게 분포시키는 역할을 말한다.
59) 캔트(Cant) : 차량이 곡선구간을 원활하게 운행할 수 있도록 안쪽 레일을 기준으로 바깥쪽 레일을 높게 부설하는 것을 말한다.
60) K30 : 직경 30cm의 재하판을 이용하여 '도로의 평판재하 시험방법' (KS F 2310)에 의해서 구해진 침하량 1.25mm에 대응하는 노반 지지력 계수를 말한다.
61) 콘크리트궤도 : 도상구조에 콘크리트를 사용하는 방식의 궤도구조로서 '사전제작 콘크리트궤도' 와 '현장타설 콘크리트궤도' 등을 말한다.
62) 탄성계수(彈性係數) : Elastic Modulus 또는 Young's Modulus 로 표현되며 임의 재질의 탄성 특성을 나타내는 척도로서 재질내 임의의 공간 위치와 시간에 대하여 응력과 변형률 사이의 비례계수. 탄성계수는 선형적으로 변형하는 주로 탄성범위 안에서 사용되는 철, 콘크리트, 유리, 등에 사용. 궤도자재 중에는 레일, 침목, 노반에 대하여는 탄성계수 사용을 원칙으로 한다.
63) 통과하중(通過荷重) : 특정 선구에 열차가 일정기간 통과하여 궤도에 미치는 누적된 하중톤 수의 총합을 말한다.
64) PC침목 : Pre-stressed Concrete 침목을 말한다.
65) 하중(荷重) : 구조물 또는 부재에 응력이나 변형의 증감을 일으키는 전체 작용력을 말한다.

5.1.3 궤도 구비조건

궤도는 항상 고속으로 무거운 열차하중을 직접 지지하므로 다음 조건을 구비하여야 한다.

(1) 열차의 충격하중을 견딜 수 있는 재료로 구성되어야 한다.
(2) 열차하중을 시공기면 이하의 노반에 광범위하게 균등하게 전달할 것.
(3) 차량의 동요와 진동이 적고 승차기분을 좋게 주행할 수 있을 것.
(4) 유지·보수가 용이하고, 구성재료의 갱환이 간편할 것.
(5) 궤도틀림이 적고, 열화진행이 완만할 것.
(6) 차량의 원활한 주행과 안전을 확보하고 경제적일 것.

궤도구조는 그 위를 주행하는 열차하중에 대해서 충분한 부담력을 확보할 수 있도록 해야하며 보수에 필요한 노력 등 경제상의 조건을 고려하여 결정해야 한다.

5.1.4 궤도의 분류(classification of track)

궤도를 구성요소로 분류하면 다음과 같다.
(1) 용접레일의 사용여부에 따라 보통궤도, 용접레일 궤도
(2) 침목의 부설방향에 따라 횡침목궤도, 종침목궤도
(3) 침목재료에 따라 목침목궤도, 콘크리트침목궤도, 조합침목궤도, 철제침목궤도, 슬래브 궤도
(4) 궤도의 강도에 따라 보통궤도, 고정도상(콘크리트 도상)궤도

5.1.5 궤간(gauge or gage)

궤간이란 레일 두부면으로부터 아래쪽 14mm 지점에서 상대편레일 두부의 동일점까지 내측간의 최단 거리를 말하며 세계 각국 철도에서 제일 많이 사용되고 있는 궤간은 1.435m(4ft8½ in)로서 이것을 표준궤간(standard guage)이라하고 이보다 좁은 것을 협궤(narro guage), 넓은 것을 광궤(broad guagd)라 한다. 우리나라에 부설되어 있는 철도는 대부분 표준궤간으로 되어 있다.

궤간은 수송량, 속도, 안전도 등을 고려하여 결정하며 철도의 건설비, 유지비, 수송력 등에 영향을 준다.

광궤와 협궤의 장점은 다음과 같다.

1) 광궤의 장점
(1) 고속도를 낼 수 있다.
(2) 수송력(transport capacity)을 증대시킬 수 있다.
(3) 열차의 주행안전도를 증대시키고 동요(動搖)를 감소시킨다.
(4) 차량의 폭이 넓어지므로 용적이 커며 차량설비를 충실히 할 수 있고 수송효율이 향상된다.

(5) 기관차에 직경이 큰 동륜(driving wheel)을 사용할 수 있으므로 고속에 유리하고 차륜의 마모를 경감시킬 수 있다.

2) 협궤의 장점
　(1) 차량폭이 좁고 시설물의 규모가 적기 때문에 건설비, 유지비가 적게 든다.
　(2) 급곡선을 채택해도 광궤에 비하여 곡선저항이 적다.
　(3) 산악지대에 선로선정(location of route)이 용이하다.

5.2 궤도구조(stractare of Track)

5.2.1 궤도구조

　궤도구조는 열차하중을 직접 지지하고 평탄한 주행면을 제공하여 안전하고 쾌적한 운행방향을 안내하는 시설물이므로 안전성, 경제성, 유지관리성, 환경성(소음·진동) 및 시공성에 유리한 구조로 설계되어야 한다.

그림 5.6 부유식 궤도

5.2.2 궤도구조의 종류

　궤도구조의 형식은 자갈궤도, 콘크리트궤도, 기타 궤도구조로 분류할 수 있다. 궤도구조를 살펴보면 아래표와 같다.

자갈궤도	침목종류 : 목침목, PC침목	
	체결구	선스프링:팬드롤,보솔로
		판스프링(RN, Nabla)

5.2.3 자갈 궤도구조

1) 일반사항

콘크리트 궤도	침목사용	간접매립식 방진재분리	• STEDEF(프) • L.V.T(영국) • 영단형(일본) • 방진상(한국)
		직접매립식 도상일체	Rheda 시스템 • Classic(독일) • 2000 (독일) • Züblin (독일) • ERS (한국)
	침목 미사용	현장타설 슬래브	• PACT(영국) • SFC (영국) • Delkor (호주) • 시스템336(독
		공장제작 슬래브	• 신칸센(일본) • FFBoGL(독) • PORR
	부유 궤도		• 전면지지방식 (외국다수) • 점지지방식 (외국다수)
기타 궤도	• H-Beam직결식 (차량지지) • Pit 궤도(차량기지) • 기타특수궤도(필요시)		
	• 무도상궤도		• 교량침목사용 (강교) • 강직결(일본

 가장 일반적인 궤도구조인 자갈 궤도는 자갈사이의 마찰력에 의해 궤도의 안전성을 유지하고 그 자체 탄성력으로 충격 및 진동을 흡수하는 구조로서, 우리나라를 비롯한 세계 각국에서 전통적으로 부설하여 왔다. 자갈궤도는 저렴한 투자비, 소음감소와 궤도의 풍부한 탄성을 확보할 수 있는 반면, 열차주행 중 잦은 궤도의 변형이 초래되어 유지관리에 많은 노력과 경비가 요구되는 문제점을 안고 있다.

2) 자갈도상의 특성
(1) 안정성 : 탄성이 풍부하며 철도공사, 지하철 등에서 안전성 검증
(2) 경제성 : 초기 투자비 가장 저렴
(3) 시공성 : 시공 경험 풍부 및 기존 시공 장비 이용 가능
(4) 환경성 : 장대화 시행시 소음 저감 특성 보유
(5) 유지보수성 : 주기적인 유지보수 관리 필요

3) 구조개요

구분	자갈 궤도구조	
구조 개요	• 레일 : 60kg • 침목 : PCT(fck=500kgf/cm²), 목침목 • 체결구 : 팬드롤 체결구(Pandrol clip) • 도상두께 : 자갈도상의 두께는 설계속도에 따라 다음 값 이상으로 한다. $230 < V \leq 350 = 350(mm)$, $120 < V \leq 230 = 300(mm)$, $70 < V \leq 120 = 300(mm)$, $70 < V \leq 120 = 250(mm)$	• 절연편(Insulator) : Nylon66 • 레일패드 : EVA
적용 현황	• 자갈도상의 도상저항력은 침목 끝부분의 도상 저항력뿐만 아니라 침목 저면 및 측면의 마찰력 저항에도 관계가 있음. • 따라서 본설계에서는 충분한 도상두께 확보로 열차 안전운행과 횡저항력의 증대를 위하여 도상폭은 45cm로 도상두께는 최소 30cm, 어깨더돋기는 10cm로 적용하여 궤도강도 및 장대구간의 궤도 안정성 향상시켜야 한다.	

5.3 설 계

5.3.1 도상자갈궤도 설계 기본방향

1) 자갈궤도는 자갈 사이의 마찰력에 의해 궤도의 안정성을 유지하고 그 자체의 탄성력으로 충격 및 진동을 흡수하는 구조로 경제성, 환경성 및 유지보수 등을 고려 설계하여야 한다.

2) 자갈궤도는 열차의 반복 통과에 의한 자갈도상이나 노반의 점진적인 소성 침하·변형에 의해서 궤도면의 틀림의 발생·성장을 수반하기 때문에 원활한 열차 주행을 확보하기 위한 유지관리가 주기적으로 필요하다는 특징을 가진다. 따라서, 필요시 궤도틀림 진행에 대하여 유지해야할 궤도 상태나 보수작업 방법·비용 등을 고려하여야 한다.

국가 철도공단의 자갈궤도 설계기준에 따른 노반기울기 형태 또는 구조물별로 구분한 자갈궤도 표준 단면은 다음과 같다.

여기서, D : 선로중심 간격(mm)   H : R.L ~ F.L(mm)

h : 최소 도상두께(mm)   W : 침목폭(mm)
B : 최소 도상어깨폭(mm)
b : 더돋기까지의 도상 어깨폭(mm)   C : 캔트량(mm)
X : 시공기면 횡단 기울기(%)

5.4 자갈궤도

5.4.1 R.L-F.L 적용 기준

1) 1개 선구의 시공기면(F.L)은 레일면고(R.L)를 기준으로 결정하는 것을 원칙으로 한다. 즉, 레일면고(R.L)를 기준으로 시공기면(F.L)의 높낮이를 결정하여야 한다.
2) 시공기면(F.L)은 노반을 조성하는 기준이 되는 면을 말하며, 선로 중심선 노반 상면의 높이를 레일면(RL)으로부터 레일높이, 침목두께, 도상두께, 구배에 따른 높이 변화량을 감안하여 정한다. 토공, 교량 및 터널의 시공기면은 동일한 높이로 해야 한다.
3) 자갈궤도의 R.L-F.L의 공칭값은 설계속도, 최소도상두께, 레일종별, 침목종별, 레일체결장치를 고려하여 적용 한다.
4) 자갈도상의 두께는 설계속도에 따라 다음 표의 값 이상으로 한다.

표 5.1 설계속도에 따른 자갈도상의 두께

설계속도 V(km/hr)	최소 도상두께(mm)
$230 < V \leq 350$	350
$120 < V \leq 230$	300
$70 < V \leq 120$	270
$V \leq 70$	250

※ 단, 장대레일인 경우 최소 도상두께 300mm로 하며, 최소 도상두께는 도상매트를 포함한다.

5) 본선과 측선간에 레일면 단차가 있을 경우 체감방법에 대하여 검토하여야 한다.
6) 본선과 본선간에 레일면 단차가 있을 경우 체감방법에 대하여 검토하여야 한다.

5.4.2 자갈도상 표준단면
 1) 설계속도 V≤200km/h 이하의 자갈궤도의 도상 표준단면은 아래를 표준으로 한다.
  ① 도상 어깨폭의 기울기는 직선 및 곡선을 포함하여 장대화와 관계없이 1:1.6을 표준으로 한다.
  ② 최소 도상 어깨폭은 다음을 표준으로 한다.
    가. 장대 및 장척레일 구간 : 450mm 이상
    나. 정척레일 구간 : 350mm 이상
  ③ 장대 및 장척레일 구간은 도상어깨 상면에서 100mm이상 더돋기를 한다. 다만, 현장여건을 감안하여 제외할 수 있다.
 2) 설계속도 200<V≤350km/h 구간의 자갈궤도 표준단면은 아래를 표준으로 한다.
  ① 도상 어깨폭의 기울기는 직선 및 곡선을 포함하여 장대화와 관계없이 1:1.8을 표준으로 한다.
  ② 장대 및 장척레일 구간의 최소 도상 어깨폭은 500mm 이상으로 한다.
  ③ 본선의 일반구간은 더돋기를 하지 않는 것으로 하며, 다만, 본선의 다음 개소에서는 도상어깨 상면에서 100mm이상 더돋기를 한다.
    가. 장대레일 신축이음매 전후 100m 이상의 구간
    나. 교량전후 50m 이상의 구간
    다. 분기기 전후 50m 이상의 구간
    라. 터널입구로부터 바깥쪽으로 50m 이상의 구간
    마. 곡선 및 곡선 전후 50m 이상의 구간
    바. 침목길이 2.4m 이하 본선 일반구간 (터널구간 제외)
 3) 설계속도 230km/h 이상 본선의 자갈도상은 도상자갈 비산을 방지하기 위하여 궤도중심으로부터 침목양단 끝부분까지는 침목상면보다 50mm 낮게 부설한다.

5.5 궤도구조 역학 검토사항

5.5.1 구조계산 구성
 1) 부재·궤광에 발생하는 응력에 관한 검토
 2) 궤도틀림 진행에 관한 검토(필요시)
 3) 좌굴 안정성에 관한 검토

5.5.2 하중의 분류 및 적용
1) 궤도에 작용하는 힘은 수직하중, 횡하중, 종방향하중으로 구분한다.
2) 수직하중은 주행 중인 열차의 차륜으로부터 궤도면에 직각인 상하방향으로 가해지는 차량, 운전조건, 선형 등으로부터 결정되는 하중이며 정적하중, 동적하중, 통과하중으로 분류한다.
3) 정적하중은 축중 P 또는 반분인 1/2을 윤중 Q로 표현하고, 궤도구조 계산에 사용하는 하중은 윤중 사용을 원칙으로 한다.
4) 동적하중은 궤도틀림에 의한 하중 증가, 캔트부족 또는 초과에 기인하는 곡선에서의 하중 증가를 고려한 유효하중과 레일절손, 용접부 불량, 차륜플랫 등에 의한 예외적인 하중 증가를 고려한 충격하중으로 분류한다.
5) 궤도의 좌굴 안정성의 검토에 이용하는 종방향 하중으로는 온도하중만으로 한다. 단, 레일 복진에 관한 검토를 하는 경우에는 제동 하중 및 시동 하중을 고려한다.
6) 레일처짐에 대한 검토는 유효하중을 사용하고, 궤도재료에 대한 안정성 검토는 충격하중을 적용하며, 궤도틀림에 관한 검토에는 통과하중을 이용하는 것을 원칙으로 한다.
7) 속도 향상시험 등에 의해 실측값이 얻어지는 경우에는 이것을 이용해도 좋다.

5.5.3 작용하중
1) 정적하중의 기준은 여객화물혼용선, 여객전용선, 전동차전용선으로 구분하며, 선로에 투입할 차량의 정적상태에서의 허용한계 축중으로서 해당 선로에 대한 적용하중의 기초가 된다.
2) 구조계산에 사용되는 표준 정적하중은 다음을 표준으로 한다. 단, 레일처짐량이나 동적특성 등 궤도의 실제거동특성을 검토할 경우에는 실차 하중을 적용할 수 있다.
① 여객화물혼용선의 경우에는 KRL-2012 하중을 기준으로 정적축중 P=220kN과 정적윤중 Q=110kN을 표준으로 한다.
② 여객전용선의 경우에는 KRL-2012하중의 75%를 적용한 0.75KRL-2012하중을 기준으로 정적축중 P=165kN과 정적윤중 Q=82.5kN을 표준으로 한다.

③ 전동차 전용선의 경우에는 EL-18하중을 기준으로 정적축중 P=180kN과 정적윤중 Q=90kN을 표준으로 한다.
3) 궤도틀림 및 캔트부족 또는 캔트초과에 기인하는 윤하중을 고려한 유효하중을 검토하여야 한다.
4) 차륜/레일 간 요철, 레일절손 등에 기인하는 차량 탄성하 부분의 상하 진동에 따른 예외적인 충격에 의한 동적하중을 검토하여야 한다.
5) 궤도피로 또는 궤도틀림의 검토시에는 통과하중(통과톤수)을 검토하여야 한다.
6) 차륜이 레일에 횡방향으로 작용하는 힘과 곡선상에서의 불평형 원심력 또는 궤도의 틀림 등으로 인한 횡하중을 검토하여야 한다.
7) 장대레일의 부동구간에 온도하중으로 인하여 레일에 작용하는 종방향하중과 열차 시·제동하중을 검토하여야 한다.

5.5.4 궤도자재의 허용응력

1) 레일의 휨에 의한 허용 응력은 반복하중의 피로에 의한 레일저면의 허용응력을 기준으로 한다.
2) 레일의 탄성계수는 210,000MPa를 기준으로 한다.
3) 레일의 선팽창계수는 $1.14 \times 10^{-5}/℃$를 기준으로 한다.
4) 침목의 구조계산은 PC침목 설계시방서 및 재료편의 PC침목 설계기준을 따른다.
5) 침목하면의 도상자갈에 작용하는 허용 접촉압력에 대하여 검토하여야 한다.
6) 도상자갈 하면의 노반에 작용하는 허용압력에 대하여 검토하여야 한다.

5.5.5 궤도구조계산

1) 궤도의 구조계산에 사용하는 궤도의 합성스프링정수에 대하여 검토하여야 한다.
2) 레일의 처짐량은 정해진 레일의 강성, 체결장치 스프링정수, 침목 간격, 윤중을 고려한 차륜 직하의 레일에서의 처짐량에 대하여 계산한다.
3) 레일의 처짐량은 축간거리가 3m 이하인 경우 축간 영향에 대하여 반영한다.
4) 1개 지점의 수직방향에 대한 레일에 작용하는 최대 휨모멘트에 대하여 검토하여야 한다.

5) 1개 지점의 수직방향에 대한 레일의 저부 중앙에 작용하는 최대 휨응력에 대하여 검토하여야 한다.(6) 1개 지점의 수직방향에 대한 침목에 작용하는 최대 휨응력에 대하여 검토하여야 한다.

7) 1개 지점의 수직방향에 대한 도상에 작용하는 최대 압력에 대하여 검토하여야 한다.
8) 1개 지점의 수직방향에 대한 노반에 작용하는 최대 압력에 대하여 검토하여야 한다.
9) 온도하중 또는 시. 제동 하중으로 인하여 레일에 작용하는 종방향하중에 의한 궤도의 안정성 검토는 장대레일 편을 참조한다.

5.5.6 궤도틀림 진행 검토
1) 고저 틀림 진행에 대해서는 목표 보수 레벨과 보수 조건으로부터 정해진 허용 고저 틀림과 궤도 구조 조건과 차량운전 조건으로부터 정해진 추정 고저 틀림과의 조사에 의해 궤도 구조의 적부를 판정한다.
2) 방향틀림 진행에 대해서는 목표 보수 레벨과 보수 조건으로부터 정해진 허용 방향틀림과, 궤도 구조 조건과 차량운전 조건으로부터 정해진 추정 방향 틀림과의 조사에 의해, 궤도 구조의 적부를 판정한다.

5.6 콘크리트궤도

5.6.1 콘크리트 궤도 일반사항

콘크리트 궤도는 그 역할 및 성능이 우수하고, 유지보수여건 등 여러 가지 측면에서 자갈도상 궤도보다 개선, 발전된 구조로서 증명되어 외국의 철도 선진국에서는 신설 또는 증설되는 고속철도나 지하철에 콘크리트 궤도를 채택하고 있다. 콘크리트 궤도는 초기 높은 투자비에도 불구하고 유지보수비가 현저히 적게 소요되어 경제적이며, 궤도의 유지보수 없이도 양호한 승차감을 유지할 수 있는 등 그 효과가 자갈도상 궤도에 비하여 월등하다는 것이 입증되고 있다. 철도의 시설물에 있어 궤도의 콘크리트 도상화는 현재 세계각국의 일반철도나 지하철의 부설실태에서도 알 수 있으며, 우리나라의 경우 서울시

지하철 5,6,7,8호선, 대구지하철 1호선, 부산지하철 2호선 및 철도공사의 일산선, 분당선 등 최근에 부설된 지하철은 모두 콘크리트 궤도로 설계·건설되어 있으며 경부고속철도 1단계 일부, 2단계는 전구간 및 호남고속철도 전구간을 콘크리트로 건설되어 있다. 콘크리트 궤도의 대표적인 형식은 표 5.2와 같다.

5.6.2 설 계

1) 콘크리트 궤도구조 설계지침의 목적

본 설계지침은 철도건설규칙에 근거하여 콘크리트궤도를 설계하는데 목적이 있다. 본 설계지침은 신형차량의 투입, 속도향상 및 수송력 증강 등에 따른 궤도구조의 적정성을 검토할 경우에도 적용할 수 있다.

5.6.3 콘크리트궤도 적용 대상

1) 노반구조물 형식, 열차 통과톤수, 설계속도에 따라 아래 표 5.2와 같이 궤도구조를 적용한다.
2) 터널구간은 보수의 어려움등을 고려하여 콘크리트궤도 적용을 우선 계획한다. 단, 현장여건에 따라 콘크리트궤도 연장 200m 미만인 경우 궤도구조 연속성을 고려하여 자갈궤도로 적용할 수 있다.
3) 토공구간 중 향후 지속적으로 선로침하가 우려되는 고성토, 연약지반 등 구간은 협의하여 적정 궤도구조를 적용한다.
4) 콘크리트궤도와 콘크리트궤도 사이 짧은 구간에 자갈궤도가 적용될 경우 궤도장비 운영 효율성 및 궤도구조 연속성 등을 감안하여 콘크리트궤도 적용을 검토하여야 한다.
5) 낙빙 및 자갈비산으로 인한 안전사고 우려가 있는 고속철도의 정거장구간 및 열차통과선의 경우 콘크리트궤도 적용을 검토하여야 한다.

표 5.2 설계속도별 궤도구조 형식

구분	설계속도(km/h) 및 열차통과톤수(천만톤/년)			
	350≥V>230	230≥V>200	200≥V>150	150≥V
토공	콘크리트 도상	콘크리트 도상	(1천만톤 이상) 콘크리트도상 (1천만톤 미만) 자갈도상	자갈도상
교량	콘크리트 도상	(2천만톤 이상) 콘크리트도상 (2천만톤 미만) 자갈도상	자갈도상	자갈도상
터널	콘크리트도상	콘크리트도상	콘크리트도상	콘크리트도상

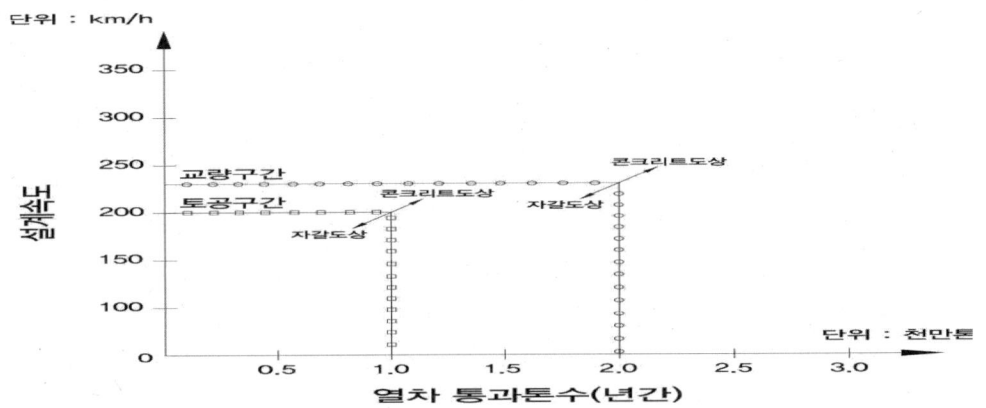

그림 5.7 통과톤수 및 설계속도별 자갈 및 콘크리트 궤도적용

5.6.4 궤도설계 기본방향

콘크리트궤도구조의 설계방향은 열차를 운행하고자 하는 선로 및 운영조건에 가장 적합하고 안전성, 경제성, 유지관리성, 환경성, 시공성 등에서 가장 우수하고 효율적인 궤도구조를 설계하는 데 있다.

5.7 궤도 구조역학 검토 사항

5.7.1 하중의 분류 및 적용
1) 궤도에 작용하는 힘은 수직하중, 횡하중, 종방향하중으로 구분한다.

2) 수직하중은 주행 중인 열차의 차륜으로부터 궤도면에 직각인 상하방향으로 가해지는 차량, 운전조건, 선형 등으로부터 결정되는 하중이며 정적하중, 동적하중, 통과하중으로 분류한다.
3) 정적하중은 축중 P 또는 반분인 1/2을 윤중 Q로 표현하고, 궤도구조 계산에 사용하는 하중은 윤중 사용을 원칙으로 한다.
4) 동적하중은 궤도틀림에 의한 하중 증가, 캔트부족 또는 초과에 기인하는 곡선에서의 하중 증가를 고려한 유효하중과 레일절손, 용접부 불량, 차륜 플랫 등에 의한 예외적인 하중 증가를 고려한 충격하중으로 분류한다.
5) 레일처짐에 대한 검토는 유효하중을 사용하고, 궤도재료에 대한 안정성 검토는 충격하중을 적용한다.
6) 속도 향상시험 등에 의해 실측값이 얻어지는 경우에는 이것을 이용해도 좋다.

5.7.2 작용하중

1) 정적하중의 기준은 여객화물혼용선, 여객전용선, 전동차전용선으로 구분하며, 선로에 투입할 차량의 정적상태에서의 허용한계 축중으로서 해당 선로에 대한 적용하중의 기초가 된다.
2) 구조계산에 사용되는 표준 정적하중은 다음을 표준으로 한다. 단, 레일처짐량이나 동적특성 등 궤도의 실제거동특성을 검토할 경우에는 실차 하중을 적용할 수 있다.
   ① 여객화물혼용선의 경우
      여객화물혼용선의 경우에는 KRL-2012하중을 기준으로 정적축중 P=220kN과 정적윤중 Q=110kN을 표준으로 한다.
   ② 여객전용선의 경우
      여객전용선의 경우에는 KRL2012하중의 75%를 적용한 0.75KRL2012하중을 기준으로 정적축중 P=165kN과 정적윤중 Q=82.5kN을 표준으로 한다.
   ③ 전동차 전용선의 경우
      전동차 전용선의 경우에는 EL-18하중을 기준으로 정적축중 P=180kN과 정적윤중 Q=90kN을 표준으로 한다.
3) 궤도틀림 및 캔트부족 또는 캔트초과에 기인하는 윤하중을 고려한 유효하중을 검토하여야 한다.
4) 차륜/레일 간 요철, 레일절손 등에 기인하는 차량 탄성하 부분의 상하 진동

에 따른 예외적인 충격에 의한 동적하중을 검토하여야 한다.
5) 궤도피로의 검토시에는 통과하중(통과톤수)을 검토하여야 한다.
6) 차륜이 레일에 횡방향으로 작용하는 힘과 곡선상에서의 불평형 원심력 또는 궤도의 틀림 등으로 인한 횡하중을 검토하여야 한다.
7) 장대레일의 부동구간에 온도하중으로 인하여 레일에 작용하는 종방향하중과 열차 시·제동하중을 검토하여야 한다.

5.7.3 궤도자재의 허용응력

1) 레일의 휨에 의한 허용 응력은 반복하중의 피로에 의한 레일저면의 허용응력을 기준으로 한다.
2) 레일의 탄성계수는 210,000MPa를 기준으로 한다.
3) 레일의 선팽창계수는 $1.14 \times 10^{-5}/℃$ 를 기준으로 한다.
4) 침목이 콘크리트층에 일체로 매립되는 경우는 별도의 침목구조계산을 하지 않으며, 분리매립되는 침목은 구조계산을 시행한다.
5) 콘크리트 도상 허용 휨응력은 다음의 값으로 한다.
   ① 콘크리트 도상 λf_r
   ② 도상 안정층 $0.5 f_r$
   여기서, λ : 온도변화에 의한 초기응력을 고려한 허용응력/휨강도비
   　　　　f_r : 콘크리트 설계 휨강도(Mpa)
   $$f_r = 2f_{ctm} = 2(0.3f_{ck}^{2/3})$$
   여기서, f_{ctm}: 인장강도(직접인장)
6) 허용지압력 검토시 적용하는 허용압력은 「콘크리트 구조설계기준(국토해양부)」에 의거 $0.25f_{ck}$로 한다.
7) 도상콘크리트하면 노반에 작용하는 허용압력에 대하여 검토하여야 한다.

5.7.4 궤도구조계산

1) 궤도구조계산에 사용하는 궤도의 합성스프링정수에 대하여 검토하여야 한다.
2) 레일의 처짐량은 정해진 레일의 강성, 체결장치 스프링정수, 침목 간격, 윤중을 고려한 차륜 직하의 레일에서의 처짐량에 대하여 계산한다.
3) 레일의 처짐량은 축간거리가 3m 이하인 경우 축간 영향에 대하여 반영한다.

4) 1개 지점의 수직방향에 대한 레일에 작용하는 최대 휨모멘트에 대하여 검토하여야 한다.
5) 1개 지점의 수직방향에 대한 레일의 저부 중앙에 작용하는 최대 휨응력에 대하여 검토하여야 한다.
6) 1개 지점의 수직방향에 대한 침목에 작용하는 최대 휨응력에 대하여 검토하여야 한다. 단, 침목과 도상콘크리트가 일체화된 경우에는 생략한다.
7) 1개 지점의 수직방향에 대한 도상콘크리에 작용하는 최대 응력에 대하여 검토하여야 한다.
8) 1개 지점의 수직방향에 대한 노반에 작용하는 최대 압력에 대하여 검토하여야 한다.
9) 온도하중 또는 시. 제동 하중으로 인하여 레일에 작용하는 종방향하중에 의한 궤도의 안정성 검토는 장대레일 편을 참조한다.

5.8 콘크리트궤도 구조

5.8.1 콘크리트 궤도구조 선정
1) 안전성 확보 검토
  ① 해당노선의 하중, 속도 및 노반조건에 대한 열차의 동적 안전성
  ② 동등 조건 노선 이상에서의 사용성이 검증된 시스템
  ③ 국내·외 운영실적 및 공단「철도시설성능검증지침」에 따라 성능이 검증된 시스템
2) 경제성 추구
  ① 초기 투자인 건설비용   ② 유지보수를 고려한 LCC비용
  ③ 건설 및 유지보수시 자재가격
3) 시공성 검토
  ① 철도 특성인 다분할 시공 및 특정 장소 작업중대 적정성
  ② 건설장비의 소형화 시공가능 공법 적용성
  ③ 국내 시공장비 확보 및 시공경험 유무
  ④ 정밀 시공이 유리하고 시공오차 한계 초과시 조정이 용이한 공법
  ⑤ 자재조달이 용이한 가급적 국산화자재 사용
4) 유지관리성 개선

① 유지관리가 용이하고 비용이 절감되는 생력화궤도 구조
② 자재 교환 및 조달의 용이성 검토
③ 동일 사업구간에 일관성 및 유지보수 용이성 등을 고려하여 가급적 단일 궤도구조를 적용한다.
④ 외국기술 도입시 기술이전 방법, 비용 및 자재 국산화 가능성 검토
5) 환경성 고려
① 소음·진동 감소에 유리한 궤도 구조   ② 궤도배수시설 설치 용이한 구조
③ 분진발생 요인 제거   ④ 미관상 유리한 궤도 구조
6) 장래성 검토
① 장래 내구성 궤도재료 선정   ② 장래 환경 변화에 대처 용이한 궤도 구조
7) 적용실적 검토
① 국내외 적용 실적 조사 검토   ② 국내·외적으로 인정받는 궤도구조 검토

5.8.2 콘크리트 궤도 선정절차

1) 일반적인 경우 선정절차는 「KR C-14010」에 따른다.
2) 새로운 형식이거나 성능이 변경되어 검증이 필요한 경우는 아래 절차를 따른다.

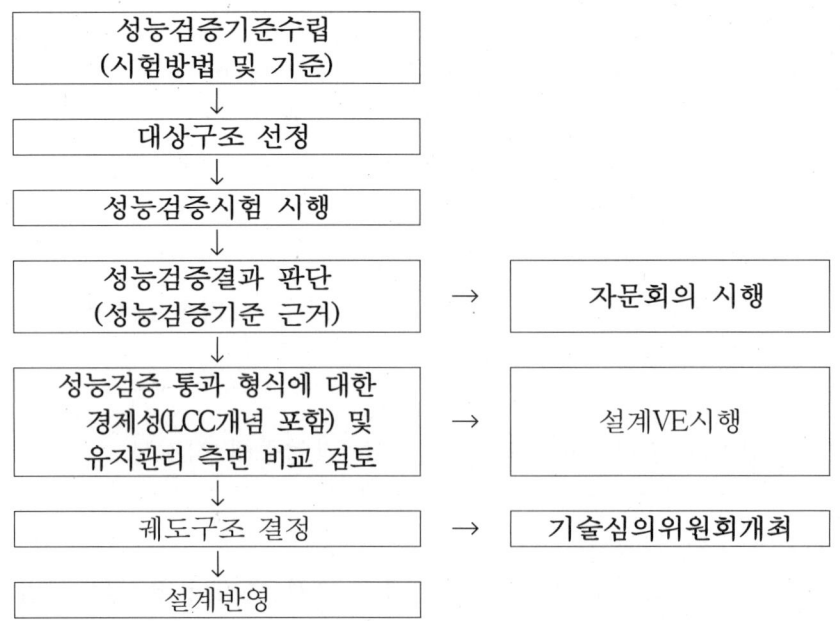

그림 5.8 콘크리트 궤도 구조 형식 선정절차

5.8.3 콘크리트 궤도 요구 조건

1) 수직하중에 대한 안정성의 확보를 위해 콘크리트궤도의 단면 크기와 강도를 결정하여야 한다.
2) 궤도에 작용하는 수평방향의 하중으로는 선로 방향으로 작용하는 장대레일 종하중, 열차의 시·제동하중, 교량 상부구조의 온도신축에 의한 하중과 횡방향으로 작용하는 원심하중, 풍하중 및 열차 횡하중 등이 있다. 이와 같은 수평하중에 대한 저항력에 대하여 검토하여야 한다.
3) 콘크리트 궤도의 지지강성은 부설 현장조건과 열차 및 궤도 구조조건 등을 고려하여 적정한 콘크리트 도상두께 및 압축강도 기준 등을 제시하여 요구되는 궤도강성을 확보하여야 한다.
4) 이산지지의 경우 레일의 지지점 간격은 650mm 이하를 원칙으로 한다. 다만, 콘크리트도상궤도 구조형식에 따라 침목의 배치간격을 증감할 수 있다.
5) 지지점 간격을 650mm보다 크게 정하는 경우에는 레일 휨응력이 허용응력을 초과해서는 안 된다. 이 때, 지지점 사이에 재하 되는 경우에 발생하는 레일의 2차 처짐(secondary deflection)의 영향을 고려할 수 있도록 이산지지모델을 적용하여 레일의 응력을 검토하여야 한다.

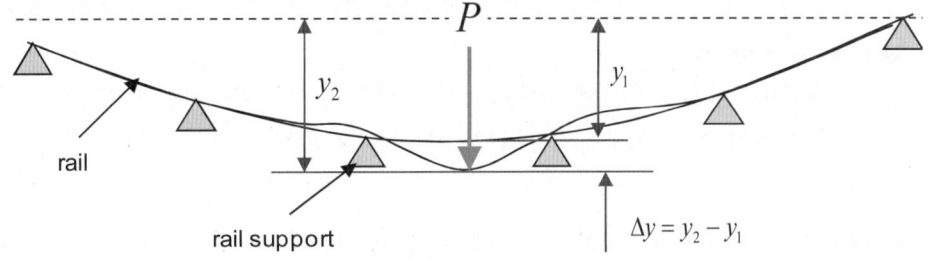

그림 5.9 레일의 2차 처짐

5.8.4 콘크리트 도상 표준단면
1) 도상 두께는 레일상면에서 시공기면까지 500mm 표준으로 하며, 궤도구조형식의 특성에 따라 조정할 수 있다.
2) 콘크리트 압축강도는 30MPa을 표준으로 한다.
3) 표준 단면은 철도표준도(궤도편)에 따르되, 중앙채움은 시공방법, 공정속도, 경제성, 동결융해여부, 유지보수 등을 종합 검토하여 결정하여야 한다.

1) 터널구간의 배수는 종단구배에 따라서 배수를 유도하여 횡배수로를 설치하

며, 횡단배수로는 다음과 같은 방안을 적용한다.
① 터널 종단구배 최저점을 기준으로 하여 200m 마다 설치하되, 현장여건을 고려하여 조정할 수 있다.
② 종단구배가 역구배인 경우 : 시, 종점부에 각 1개소 설치
③ 선로중심을 기준으로 양측면으로 1% 구배를 두어 설치
2) 토공구간의 배수는 중앙채움여부, 강수량, 궤도구조, 강화노반의 품질 등을 고려하여 적절한 배수방법을 계획하여야 하고, 배수방법은 표준도를 참조한다.

5.8.5 흙노반상 콘크리트 궤도
1) 현장타설식 연속 철근보강 콘크리트궤도(CRC 공법) 도상구조해석
① 흙노반에 부설되는 현장타설 콘크리트 궤도는 도상콘크리트층(TCL)과 도상안정층(HSB)의 2개의 층으로 구성되며, 이에 대한 하중 및 적용재료의 조건에 따른 구조적 안정성을 만족하여야 한다.
② 현장타설식 연속 철근보강 콘크리트궤도의 설계는 Eisenmann의 설계법에 따라 결합 또는 비결합시스템에 대한 응력계산방식을 적용, 주어진 하중에 대해 콘크리트 궤도 슬래브와 기층의 응력이 허용응력을 초과하지 않도록 설계한다.
③ 흙노반 위에 부설되는 콘크리트궤도에서는 궤도 슬래브 하부에 콘크리트 기층을 설치할 수 있다. 콘크리트 기층은 사용재료에 따라 빈배합 콘크리트 기층과 일반 콘크리트 기층으로 나눌 수 있다.
2) 콘크리트 기층의 휨강도는 재령 28일 기준 1.6MPa 이상(KS F 2408 부속서 중앙점 재하법에 의함)으로 하고, 기층의 치수는 구조계산 결과에 따라 정한다. 다만, 궤도성능이 확보되는 범위 내에서 상부 궤도슬래브의 구조 조건을 고려하여 기층 설계조건을 달리할 수 있다.
3) 사전제작식 콘크리트궤도(Precast Concrete 공법) 도상구조 해석
① 흙노반에 부설되는 사전제작 콘크리트 궤도는 사전제작 도상콘크리트층, 충전재층, 도상안정층의 3개의 층으로 구성되며, 이에 대한 하중 및 적용재료의 조건에 따른 구조적 안정성을 만족하여야 한다.
② 일본에서 주로 적용되고 있는 프리캐스트 콘크리트궤도는 일반적으로 슬래브와 하부 콘크리트노반(RC), 그리고 두 층 사이에 위치하는 충전층(시멘트 아스팔트 모르터 등)으로 구성되며, 슬래브와 콘크리트노반을 독립적으로 설

계한다. 즉, 슬래브와 콘크리트노반은 비결합체로 거동하는 것으로 가정하고, 슬래브와 콘크리트노반을 각각 탄성지지되는 단일 플레이트로 모형화하여 설계할 수 있다. 단면설계는 '콘크리트 구조설계기준(국토해양부)'에 따라 강도설계법을 적용하는 것을 원칙으로 하고, 온도변화에 의한 모멘트와 수직하중에 의한 모멘트를 조합하여 설계모멘트를 산정한다. 또한 온도변화와 건조수축에 의한 균열을 제어할수 있는 최소한의 철근량을 확보하여야 한다.
③ 콘크리트노반 대신 철근보강하지 않은 콘크리트 기층을 적용하는 경우에는 비결합 조건에서 기층에 작용하는 응력은 허용응력을 초과하지 않도록 해야 한다. 특히 슬래브의 연결부 위치에서 발생하는 기층의 응력에 대해 검토해야 한다. 프리캐스트 콘크리트궤도라 하더라도 슬래브의 연속화를 통해 연속 철근보강 콘크리트궤도로 설계하는 경우에는 위 5.7.3(2)항의 규정에 따라 설계할 수 있다.

5.8.6 터널부의 콘크리트 궤도
1) 터널부에 부설되는 현장타설 콘크리트 궤도는 터널보조도상 상면에 도상콘크리트층지체의 성능규격을 만족해야 한다. 만일, 콘크리트 이외의 재료를 사용한 침목을 적용하는 경우에는 별도의 기준에 따라 적합성과 안정성에 대한 검토가 이루어져야 한다.

5.8.7 기타
그 밖에 사용되는 모든 궤도의 구성요소는 궤도시스템 공급자가 제시한 규격에 따라 성능이 입증된 재료를 적용해야 한다. 궤도시스템 공급자는 반드시 해당 성능시험성적서를 제출하여 사전에 공단의 승인을 득해야 한다.

5.9 콘크리트 궤도 형식

5.9.1 콘크리트 궤도 형식
1) 궤도는 열차하중, 온도하중 등 작용하중에 대해 충분한 구조적 안정성을 가져야 하며, 열차 주행안전을 보장할 수 있어야 한다.
2) 자갈궤도, 아스팔트 슬래브궤도, 포장궤도, 플로팅궤도, 특수궤도 및 기타

신형식의 궤도 등의 경우에는 각 시스템에 맞는 별도의 성능요건이 적용되어야 한다.

콘크리트궤도의 형식은 하부구조에 따라 다음과 같이 분류된다.
- 흙 노반 위에 부설되는 콘크리트궤도
- 터널 내에 부설되는 콘크리트궤도
- 교량 위에 부설되는 콘크리트궤도

현재까지 전세계적으로 다양한 형식의 공법들이 개발되어 왔다. 그 지지방식과 층 구조에 따라 분류하면 다음표와 같이 세분할 수 있다.

표 5.3 콘크리트궤도 구조 형식의 분류

구분	궤도구조 형식	
침목매립식 (분리형) 현장타설 콘크리트궤도	·장침목(Mono Sleeper)	·영단형 방진직결 궤도구조 ·KNR 궤도구조
	·Twin Block 침목	·Stedef 궤도구조
	·단블럭(Mono Block) 침목	·LVT 궤도구조
침목매립식 (직결식) 현장타설 콘크리트궤도	·장침목(Mono Sleeper)	·Rheda Classic 궤도구조
	·Twin Block 침목	·Rheda 2000, 쥬블린
	·단블럭(Mono Block) 침목	·Rheda형 ERS 궤도구조 ·ALT+RC블럭 궤도구조
직결식 현장타설 콘크리트궤도	·PACT 궤도구조 ·Plinth 궤도구조 ·ALT 방진체결장치 직결궤도구조	
직결식 공장제작 슬래브궤도	·J-Slab 궤도구조 ·PST-Frame(국내개발) ·보겔 궤도구조	
부유궤도 (Floating Slab)	·스프링 지지식 ·탄성재 지지식	

① 이산지지
- 침목을 사용하는 구조
  - 콘크리트 슬래브에 침목을 매입하는 일체화 구조
  - 콘크리트 슬래브에 침목을 올려놓는 구조
- 침목을 사용하지 않는 구조
  - 콘크리트 슬래브(현장타설시 연속 철근보강 콘크리트 또는 프리캐스

트 콘크리트)에 레일을 직접 체결하는 구조
② 연속지지
  · 매립레일 구조
   - 콘크리트 슬래브 또는 탄성재 안에 레일을 매입하는 구조
③ 클램프레일 구조
   - 콘크리트 슬래브 위에서 레일을 연속 지지하는 구조

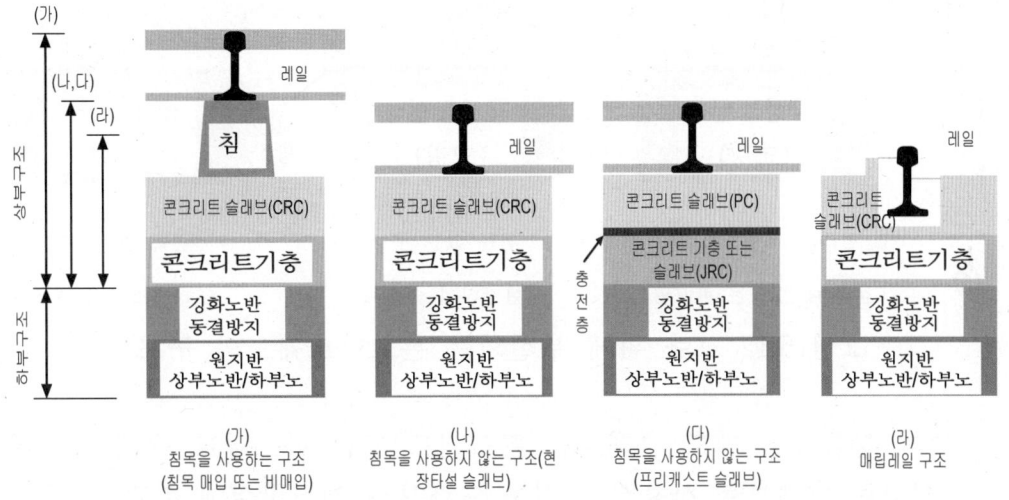

그림 5.10 흙 노반 위에 부설되는 콘크리트궤도의 구조

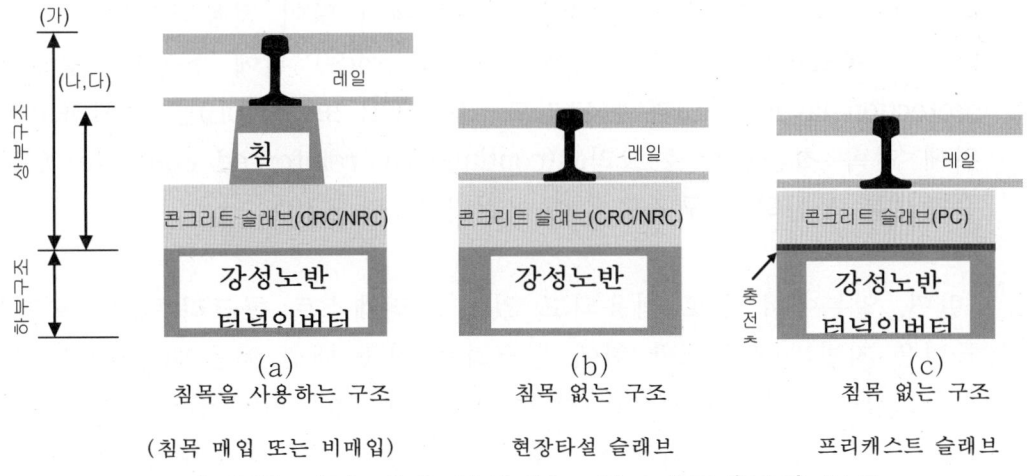

그림 5.11 터널 내에 부설되는 콘크리트궤도의 구조

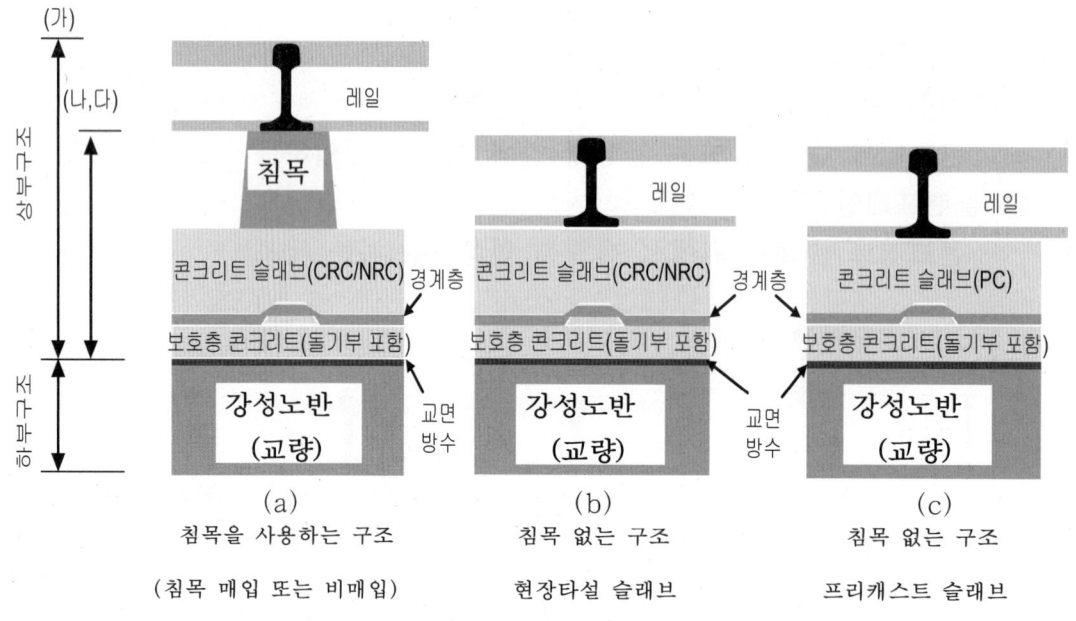

그림 5.12 교량 위에 부설되는 콘크리트궤도의 구조

위의 분류에서 궤도 슬래브는 콘크리트 또는 아스팔트 슬래브가 된다. 콘크리트 슬래브를 사용하는 경우 슬래브의 제작방식에 따라 다시 현장타설식 콘크리트 슬래브 공법과 프리캐스트 콘크리트 슬래브 공법으로 나눌 수 있다. 주로 독일을 비롯한 유럽에서 많이 적용되고 있는 현장타설식 콘크리트 슬래브공법은 지반(subgrade) 위에 동결방지층(frost protection layer, FPL)과 콘크리트 기층(HSB 또는 HBL)을 설치하고 그 위에 연속 철근보강 콘크리트(continuously reinforced concrete, CRC) 슬래브를 부설하는 구조로 이루어진다.〈그림 5.10〉

반면, 일본에서 주로 적용되고 있는 프리캐스트 콘크리트(PC) 슬래브 공법은 지반과 강화노반 위에 콘크리트 기층 대신 이음매(줄눈)가 있는 철근보강 콘크리트 (jointed reinforced concrete, JRC) 슬래브를 설치하고, 그 위에 다시 프리캐스트 콘크리트 슬래브를 올려놓는 구조를 갖는다.〈그림 5.10〉

이 두가지 궤도 공법은 슬래브 제작방식 뿐만 아니라 연속 철근보강 슬래브 여부, 슬래브와 하부지지층 간의 결합 고려여부 등 설계원리에서도 많은 차이를 가지고 있다. 현장타설 콘크리트 슬래브 공법은 전술한 바와 같이 일반적으로 도로포장에서 널리 사용되고 있는 연속 철근보강 콘크리트 슬래브 형식을 채택하고 있어 슬래브에 시공이음을 두지 않고 선로방향으로 연속된 구조를 취하는 대신 많은 량의 철근을 배치하여 슬래브가 온도신축에 따라 균열이 발생하더라도 폭이 작은 균열이 고르게 분포되도록 유도한다. 또, 슬래브 하부에 강성이 작은 콘크리트 기층을 설치하여 기층과 슬래브가 결합하여 거동하도록 한다.

반면 프리캐스트 콘크리트 슬래브공법은 공장에서 사전 제작된 콘크리트 슬래브를 현장에서 조립하여 설치하므로 일반적으로 연속화하지 않고, 슬래브의 종방향 및 횡방향 구속을 위한 별도의 돌기구조를 구성한다. 또한, 하부에 보강 슬래브의 개념으로 철근보강 콘크리트 슬래브를 설치하여 프리캐스트 슬래브 하부는 무한강성의 지지체로 보고 프리캐스트 슬래브를 설계한다. 이때 슬래브와 하부구조와의 결합은 고려하지 않는 것이 일반적이다.

반면, 프리캐스트 콘크리트 슬래브공법은 콘크리트궤도 중에서도 연속 철근보강 콘크리트궤도의 개념을 적용하는 경우도 있다. 일본의 프리캐스트 콘크리트 슬래브궤도와 달리 독일에서는 현장타설식 콘크리트궤도와 같은 개념을 적용하여 HBL층 위에서 프리캐스트 슬래브 패널을 서로 연결하여 연속화시키는 공법을 적용하였다.

최근 국내에서도 이와 유사한 사전제작식 슬래브궤도 공법을 개발한 바 있다. 요컨대 콘크리트궤도 설계는 매우 다양하게 변형될 수 있다.

흙노반 위에 부설되는 콘크리트궤도와 달리, 터널 내에 부설되는 콘크리트궤도는 터널 인버터 위에 바로 슬래브를 부설하는 단순한 층구조로 이루어진다<그림 5.11>. 콘크리트 슬래브는 흙노반 위에서와 마찬가지로 현장타설 콘크리트 또는 프리캐스트 콘크리트 등이 될 수 있으며, 고무부츠 방식의 침목을 사용하는 공법의 경우, 철근보강 없이 무근 콘크리트(non-reinforced concrete, NRC)를 적용하기도 한다.

교량 위에 부설되는 콘크리트궤도 또한 흙노반 위에 부설되는 콘크리트궤도에 비해서 단순한 층 구조로 이루어지지만, 터널에서와 달리 거더의 종방향 움직임에 의한 궤도의 움직임을 제한하기 위해 일반적으로 보호층 콘크리트(PCL)와 돌기형 플레이트(cam plate) 궤도 슬래브로 구성된다 <그림 5.12>. 돌기형 플레이트는 보통 25m 이상의 긴 교량에서 주로 적용되는데, 이 경우 교면에서의 배수, 슬래브 휨응력의 완화 등을 위해 슬래브는 4.0 ~ 5.5m 정도의 짧은 길이로 분할된다. 반면, 짧은 교량에서는 교량 전체 길이에 걸쳐 슬래브를 연속으로 설치하고, 슬래브가 종방향으로 슬라이딩이 가능하도록 하고 돌기형 플레이트를 두지 않는 구조를 취한다.

참고로 독일에서는 수경성결합기층(hydraulically stabilized basecourse, HSB 또는 hydraulically bound layer, HBL)이라 한다. 이와 거의 동일한 개념으로 우리나라 도로 포장에서도 같은 종류의 기층을 적용하고 있는데 이를 린콘크리트기층 또는 빈배합 콘크리트기층이라 한다. 보통 콘크리트에 비해 시멘트 양이 적고 강도가 낮은 콘크리트(빈배합 콘크리트, lean concrete)를 적용하고 슬럼프는 5cm 이하로 하는 것이 일반적이다.

5.10 세계각국의 궤도

5.10.1 프랑스 STEDEF 궤도
1) 구조형식

1964년 프랑스에서 최초로 개발된 스테데프궤도는 주로 터널 및 지하철을 대상으로 한 무도상 궤도(Ballastless Track)로서 자갈도상 궤도와 콘크리트도상 궤도(STEDEF V.S.B 시스템)의 2가지 형식을 갖고 있으며, 도시 지하철이나 일반철도 터널, 교량 등 구조물상에는 보수의 어려움과 보수비 절감을 위하여 콘크리트도상 궤도화 추세에 따라 주로 스테데프 V.S.B(Voi Sans Ballastless) 시스템이 부설되고 있다.

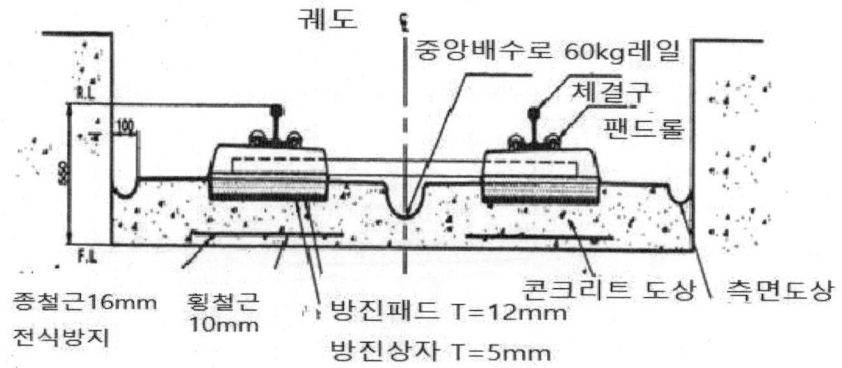

그림 5.13 Stedef 궤도구조 단면 (팬드롤 형)

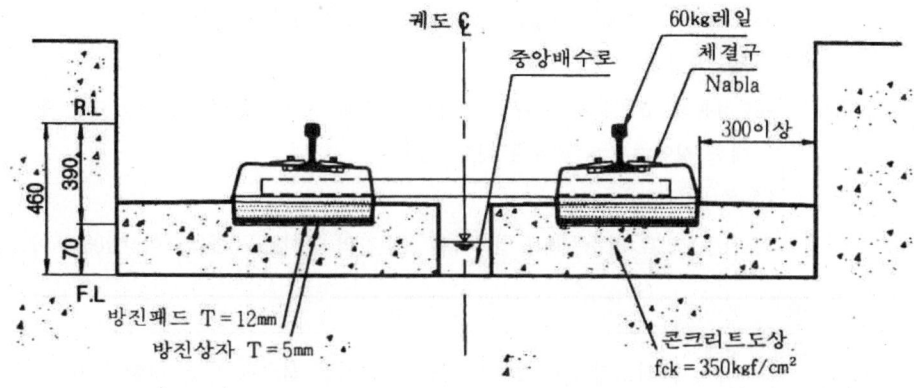

그림 5.14 프랑스 STEDEF 궤도구조 단면(Nabla형)

2) 구조형태

RC 트윈블록 침목, 침목을 상호 연결하는 침목연결봉, Nabla형(프랑스) 또는 팬드롤 체결구(한국) 사용, 침목하면에 설치하는 내마모성 특수탄성 화합물의 고무상자(Rubber Boot), RC침목과 고무상자 사이에 설치되는 12mm 두께의 탄성패드(Microcellular pad) 등으로 구성된다.

그동안 국내에서 STEDEF 궤도구조를 도입하여 운행해 본 결과 STEDEF 궤도구조는 콘크리트도상 궤도에 여러 가지 장점도 있으나 Tie-Bar로 인한 미세 소음의 증가요인 발생, Tie-Bar로 순회 및 유지보수 요원의 통행 불편, 정거장내 승객의 시각적 미관성 저해, 물청소로 인한 침목 연결봉(Tie-Bar)의 부식 초래, 급곡선 구간에서 소음 발생, 방진재 저면 콘크리트 채움 정밀시공요구 등 문제점도 드러나고 있다.

최근에는 침목 연결봉(Tie-Bar)이 없는 단블럭을 깊이 매립하는 LVT와 유사한 형식의 STEDEF V.S.B가 적용되기도 한다.

구 분	내 용
궤도구조	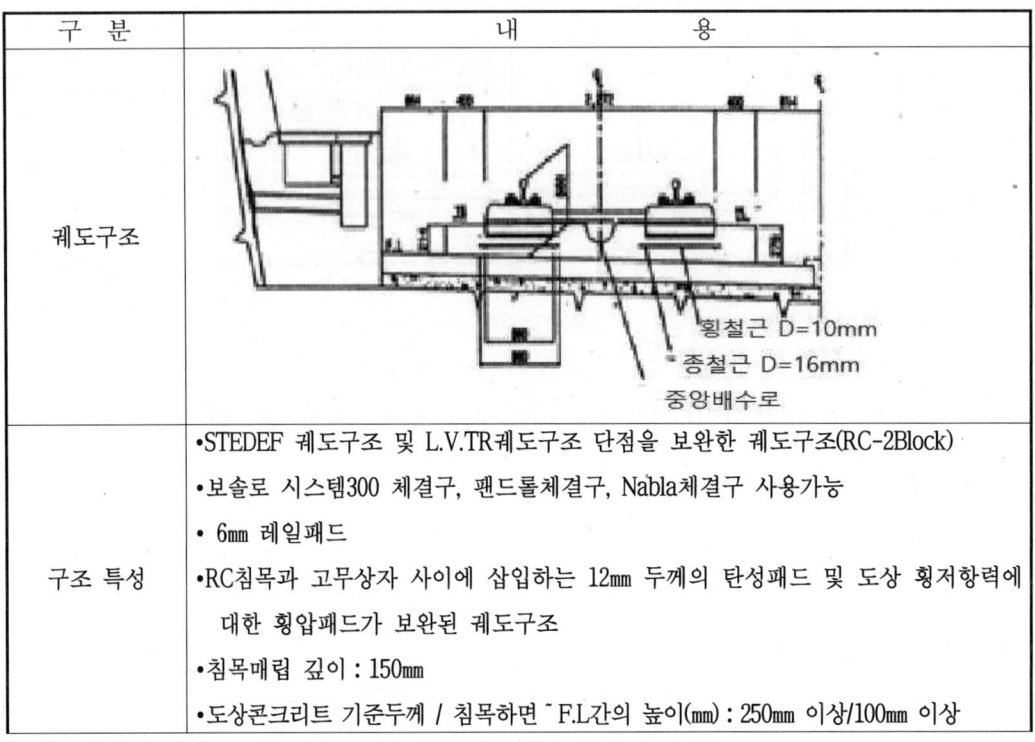 횡철근 D=10mm / 종철근 D=16mm / 중앙배수로
구조 특성	• STEDEF 궤도구조 및 L.V.TR궤도구조 단점을 보완한 궤도구조(RC-2Block) • 보솔로 시스템300 체결구, 팬드롤체결구, Nabla체결구 사용가능 • 6mm 레일패드 • RC침목과 고무상자 사이에 삽입하는 12mm 두께의 탄성패드 및 도상 횡저항력에 대한 횡압패드가 보완된 궤도구조 • 침목매립 깊이 : 150mm • 도상콘크리트 기준두께 / 침목하면 ~ F.L간의 높이(mm) : 250mm 이상/100mm 이상

구 분			내 용
체결구 특성 비교	체결구 작용하중에 대한 피로한도		• 피로진폭이 커서(약 2mm) 상하작용 하중에 대한 저항 유리
	레일갱환 및 장대레일 재설정작업		• 보솔로체결구 경우 체결구 해체없이 볼트이완만으로 모든 작업 가능, 작업 편리, 주간 장대레일 설정시 열차운행 지장 없음.
	침목제작 허용오차 및 제작편리		• 매립전을 침목몰드에 볼트로 고정하여 제작하므로 공차발생 최소화. (침목 ±1.5mm + 볼트 허용공차 0.5mm=2mm)
	궤간 및 고저 조절기능		• 가이드 플레이트 두께를 조정하여 궤간 조정가능 ±10mm • 레일패드에 의해 높이조절은 +26/ -4mm
	공기구 사용		• 볼트긴체용 공기구가 필요하며 기계화도 가능
	역학적 특성	침목체결간격	62.5
		패드(t·f/cm)	350 ~ 450
		중간 질량하 탄성 (t·f/cm)	13
		총 탄성계수 (t·f/cm)	12.6

그림 5.15 STEDEF 2002 궤도(프랑스)

그림 5.16 STEDEF 궤도(서울 지하철)

5.10.2 미국 L.V.T 궤도
1) LVT 궤도구조

저진동 궤도(LVT : Low Vibration Track)는 미국 궤도 전문 설계회사인 Sonneville사가 개발한 구조로 지금까지 미국, 유럽 및 아시아 등 세계 각국의 철도 및 지하철에 설치된 저진동궤도 방진 시스템이다.

2) 개발경위

Stedef 시스템의 침목 연결봉은 다년간 경험에 의해 그 역할이 별로 의미가 없고 오히려 장애물이 되고 있다는 사실을 인식하게 되어, 열차수직 및 수평 하중에 의한 궤간 확대를 조사하는 실험에서 침목연결봉을 없애고 콘크리트 침목을 보다 깊게 매설하는 것이 더 효과적이라는 사실을 알게 되어 저진동궤도(LVT : Low Vibration Track)궤도를 개발하게 되었다. 그리하여 이미 설치되어 있던 Stedef궤도의 침목연결봉을 제거하는 일이 일어났다. 침목연결봉 제거 후에도 궤도에 아무런 이상이 발생되지 발생하지 않고 만족하게 운행되고 있다는 사실은 매우 중요하다고 할 수 있다.

3) 저진동 궤도 시스템 개요

 저진동 궤도(LVT : Low Vibration Track)는 RS-Stedef 시스템을 개량발전시킨 것으로 서로 연결되지 않은 2개의 독립된, 콘크리트 침목으로 레일을 지지하고, 콘크리트 속에 깊게 설치된 방진상자내에 탄성 방진패드를 깔고 그 위에 침목을 설치하고 침목과 레일사이에는 6.2㎜ 두께의 H형 고무패드(EVA 혹은 EPDM Pad)를 설치하여 이중탄성층을 형성하고 있다.

 저진동 궤도(LVT : Low Vibration Track)에서 가장 획신적인 점은 무도상궤도에서 종래 콘크리트 침목을 연결하는 침목연결봉을 없앤 것으로 이로 인한 장점은 침목과 방진상자 및 방진패드 등의 조립품을 2차 콘크리트 속에 보다 깊게 설치할 수 있어 곡선상에서 발생하는 열차의 수직 및 수평하중에 대하여 레일의 안전성을 향상시키고, 콘크리트 침목간에 독립적인 지지체제를 구축함으로서 전기절연의 효과가 있으며, 침목연결봉이 있는 것보다 침목제작과정에서 발생할 수 있는 궤도오차의 영향이 없고 설치 작업 중에는 정밀하게 제작된 임시 침목연결봉에 의하여 궤간과 레일의 경사를 정확하게 유지할 수 있다.

 침목연결봉이 없기 때문에 부식문제가 없으며, 현장에서 미리 레일을 체결하여 터널내로 반입하여 설치하는데 편리하다. 또한 침목연결봉이 없기 때문에 보선 작업중 또는 터널 내에서 긴급한 상황에서 여객이 궤도의 중앙을 보행하기 편리하며, 궤도 청소가 용이하다.
 터널 내에서 공기의 유체공학적인 저항을 줄임으로써 에너지 절약에 도움이 되며, 사고로 인하여 침목 손상시 좁은 공간 내에서 침목연결봉이 있는 긴 침목을 교환하는 것보다 독립된 짧은 침목을 교체하는 것이 훨씬 쉽다.
 탑-다운(Top-down)방식으로 시공하기 때문에 정확한 궤도의 기하도형적 배열을 유지할 수 있으며, 효율적인 진동감쇠 효과가 있다.

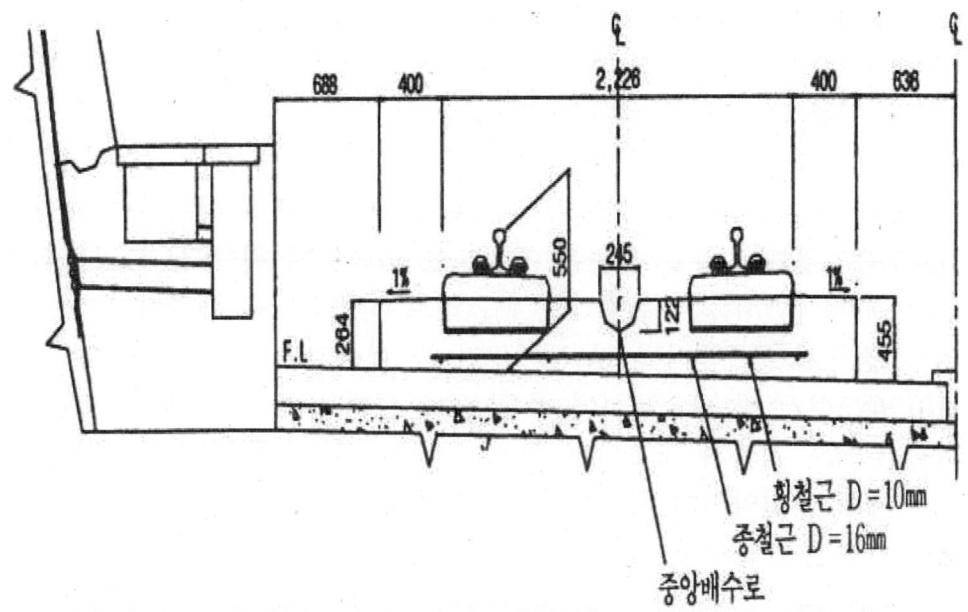

그림 5.17 저진동 궤도(LVT : Low Vibration Track, 미국)

5.10.3 독일 레다(Rheda)-2000 궤도

1) 레다(Rheda)-2000 궤도 개 요
1972년 독일에서 처음 도입된 후, 기능과 시스템구조 및 시공방식의 개선을 위해 꾸준한 투자와 연구에 힘입어 궤도개량에 성공했다.

2) 레다시스템(Rheda System)의 연구 및 개발
레다시스템(Rheda System)의 기본적인 특성을 살리고 단점들을 보완, 개선하면서 시스템의 기능과 시공에 관련된 기술적인 도약과 또한 경제성을 추구하는 시스템을 목적으로 아래와 같은 점들을 집중 연구 개발하였다.

 (1) 궤도 슬래브 구조노반이 기초바닥 콘크리트 위에 직접 설치함으로써 구조 시스템이 일원화 됨.
 (2) Two-Block사이에 트러스형 철근을 사용 횡 방향 강성을 높이고 궤도 슬래브 철근과 침목철근을 일원화시킴.

(3) 정확한 레일지지부와 운행노선의 안전한 정착을 위한 횡침목역할 보장
(4) 침목하부에 지지부를 두어 슬래브궤도 타설전 시공장비 및 차량투입에 따른 많은 하중 적재가 가능함.
(5) 간단한 작업공정과 침목의 경량화로 설치 및 측량에 따른 교정이 용이함.
(6) 정확한 기초 및 세밀 조정 개선과 간단한 거푸집 설치가 가능함.
(7) 고속전철궤도 부설시 높은 정확도를 만족하기 위한 신 측량방식 개발
(8) 보편적이면서 품질보증하는 콘크리트 시공방식을 개발함.
(9) 토공구간·교량터널 및 분기구간 등 적용가능
(10) 궤도설계 및 구조해석에 따른 궤도 슬래브 폭 및 높이 축소 가능함.
(11) 트러프 생략과 구조단면 감소에 따른 시공능률 향상과 인원·장비 및 재료가 절약되기 때문에 높은 경제성 확보
(12) 고속전철에 시공능률과 궤도의 안전성과 높은 경제성을 확보

그림 5.18 레다 2000 부설사진

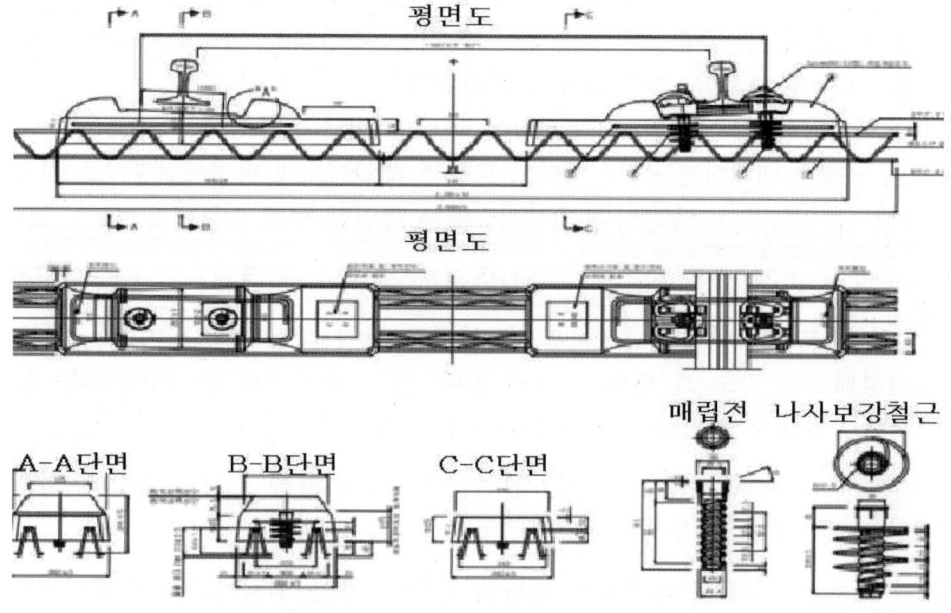

그림 5.19 레다 2000 구조

5.10.4 독일 Rheda ERS 궤도

1) 레다 ERS 궤도의 개요

일반적인 콘크리트 침목 또는 블록에 방진 체결장치를 체결하는 형식이다. 토공 노반 위에 콘크리트 도상 궤도를 부설할 목적으로 개발되었으며, 1972년 독일의 레다(Rheda)역에 부설한 것이 최초이다. 이후 레다(Rheda)로 명명되었으며, 체결장치를 설치하는 침목(블럭)형상이 여러 가지로 변화 되었다. ERS는 레다궤도에서 보솔로(보솔로 System 300-UTS) 체결구를 사용하고 Two Block을 사용하는 궤도구조이다.

2) 설계원리 및 구조

체결구는 보솔로 시스템(보솔로 System 300-UTS)을 사용하고 설계 이론은 레일 저면적 보다 넓은 금속평판을 레일 저부에 삽입하여 레일 저면적을 인위적으로 넓히고 그에 따라 탄성재의 면적을 넓힘으로서 탄성재 단위 면적당 재하되는 하중을 경감시킴과 동시에 윤중분산율을 확대시키며, 노반에 가해지는 부담력을 최소화 하는데 목적을 두고 있다. 또한 콘크리트도상 궤도구조에서 중요시되는 레일의 수직 및 수평조정 기능과 부드러운 탄성재를 사용함으로써 피로저항이 큰 체결스프링을 사용할 수 있도록 설계되었다.

따라서 레일지지체(침목)를 콘크리트도상에 매립한 형태의 도상에서 레일을 탄성적으로 지지하는 구조에 대해서는 즉, 콘크리트 도상과 레일사이에 탄성체결장치를 사용한다는 점에 대해서는 DELKOR System과 기본적으로는 동일한 설계 이론이라 할 수 있다.

3) 콘크리트 도상 체결 장치 시스템 300-UTS의 구조 특성을 살펴보면 다음과 같다.

① 레일은 콘크리트 침목이나 콘크리트 서포트 위에 레일패드, 베이스플레이트, 고탄성패드를 깔고 그 위에 놓이게 된다. 체결 장치 시스템 300-UTS는 플로팅(부유식) 슬래브 궤도용 침목에도 사용할 수 있다.

② 위에서 봤을 때 W모양으로 생긴 텐션클램프는 바깥쪽 스프링 암들에 의해 레일을 탄성적으로 올바른 위치에 유지시키게 된다.

③ 레일 횡 방향 위치는 레일채널 형상을 만들어 주는 앵글가이드 플레이트에 의해 유지된다. 앵글가이드 플레이트는 레일로부터의 횡 방향 하중을 스크류 스파이크의 전단이나 변형 없이 콘크리트 몸체로 전달되도록 해준다.

④ 레일 저부에 걸쳐 있는 텐션클램프의 미들벤드에 의해 체결장치는 2차 강성(스프링특성 곡선의 가파른 부분)을 가지게 되며, 따라서 스프링 암의 과도한 변형이나 소성변형을 방지해 준다. 동시에 미들벤드는 레일의 틸팅을 방지해주는 역할을 한다.

⑤ 슬래브궤도는 자갈도상과 같은 탄성이 부족하게 되므로 탄성계수 17KN/mm의 우수한 방진패드를 사용하여 바퀴와 레일이 접촉하는 힘(Interaction force)을 감소시켜 레일의 파상마모를 줄여 레일마모방지 및 진동감소에 효과적이다.

⑥ 축중에 따라 여러 가지 다른 탄성패드를 채택함으로써 다양한 처짐량을 얻을 수 있다.

⑦ 체결 장치 시스템 300-UTS는 레일과 접촉하는 부위와 나사가 연결되는 부위간의 거리가 길어 레일에서 발생되는 진동이 나사에 전달되지 않는다. 따라서 진동으로 인해 나사가 이완되는 현상이 발생되지 않는다.

⑧ 사용되는 체결구는 보솔로의 Skl 21이며(햄머)스패너에 의해 간단히 체결할 수 있다.

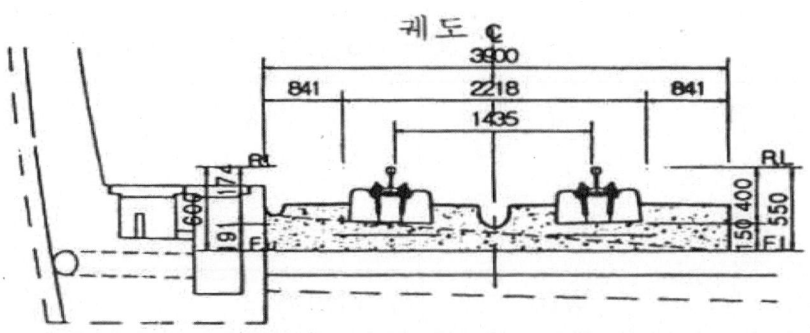

그림 5.20 체결장치 시스템 300-UTS 궤도구조

⑨ 방진패드(발포폴리우레탄)는 철도 및 토목용으로 개발된 것으로 내수성, 내구성 등이 매우 우수한 제품으로 영구 압축 축소율이 최대 15%이기 때문에 궤도와 같이 연속적으로 사용되는 곳에서 그 정밀도를 유지할 수 있으며 온도변화에 따른 탄성계수의 변화량이 적어 한국과 같이 사계절이 뚜렷한 곳에 사용할 수 있으며 체결 장치 시스템 300-UTS의 특징과 보솔로사의 "텐션 크램프" 특성은 다음과 같다.

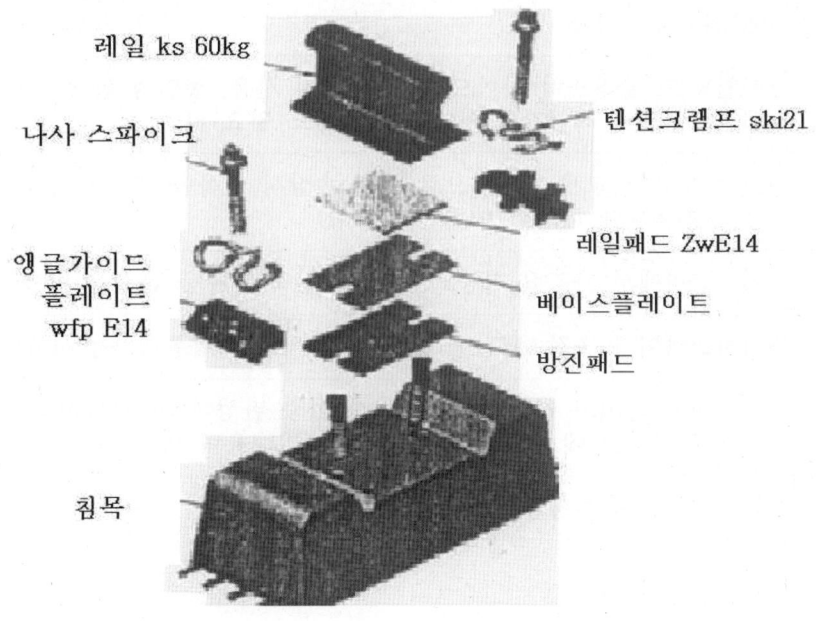

그림 5.21 체결 장치 시스템 300-UTS

표 5.4 300-UTS 체결장치 구성재료

품 명	규 격	품 명	규 격
① 텐션 클램프	Skl 21	④ 베이스플레이트	Grp 21/145
② 플라스틱 패드	Zwp 104	⑤ 스크류 스파이크	Ss 30-230
③ 가이드판	Wfp E14	⑥ 레일패드	Zw E14

표 5.5 텐션 클램프 특성

구 분	특 성
형 식	• 레일과 접촉부와 나사가 연결부간의 거리가 길어서 레일에서 발생된 진동이 나사에 전달되지 않아서 진동으로 인해 나사가 풀리는 현상방지 • 설치가 쉽고 간단하여 수작업이나 가격이 저렴한 전동공구사용 • 체결의 조정이 가능 • 과도응력 발생이 불가한 구조
체결력	10kN/13mm, ø 13mm
절 연	• 레일패드, 플라스틱 가이드판 및 매립전 사용, 절연성 완벽 • 텐션크램프와 레일간의 어떠한 절연재도 필요 없음
교 환	• 모든 부품이 교체 가능하므로 부품 손상시 침목을 교환할 필요 없음. (PC 침목내에 매립된 매립전을 포함)
가조립	• 침목공장에서 가조립 가능, 현장작업 단축과 부품 분실을 막음
장대화	• 나사스파이크 조절, 체결구 틸팅방지장치로 차량통행가능(서행)
틸 팅 방 지	• 틸팅방지 장치가 레일에 접촉될 때 이중 탄성에 의해 방지되고 부드럽게 흡수하기 때문에 틸팅에 의한 체결구 과대응력 방지
이 완	• 큰 인장력 및 허용변위로 스파이크나사가 풀리지 않음.
피로진폭	2.0mm
레일패드	• 피로허용치인 3.0mm 이내 변위를 갖는 soft pad 적용 가능
기 타	• 분해시 특수형상의 큰 토크렌치 필요. 따라서 분해 어려움. 철도안전망을 구축.

5.10.5 독일 System 336 궤도

1) System 336의 구조의 특성
   ① System 336은 레일과 접촉하는 부위와 나사가 연결되는 부위간 거리가 깊어 레일에서 발생되는 진동이 나사에 전달되지 않는다. 따라서 진동으로 인해 나사가 이완되는 현상이 발생되지 않는다.
   ② 체결장치 몸체에 레일이 설치되는 좌대가 있고 체결장치는 탑 다운 또는 Bottom Up 공법에 의하여 콘크리트 슬래브에 직접 설치되며 궤간의 조정은 편심 부쉬에 의해 미세하게 조정되며 조정양은 좌우 4mm이다.
   ③ 사용되는 체결구는 보솔로의 Skl 12이며(햄머)스패너에 의해 간단히 체결할 수 있다.
   ④ 방진패드(발포폴리우레탄)는 철도 및 토목용으로 개발된 것으로 내수성, 내구성 등이 매우 우수한 제품으로 영구 압축 줄음률이 최대 15%이기 때문에 궤도와 같이 연속적으로 사용되는 곳에서 그 정밀도를 유지할 수 있으며 온도변화에 따른 탄성계수의 변화량이 적어 한국과 같이 사계절이 뚜렷한 곳에 사용할 수 있다.
   ⑤ 본 방진체결장치는 STEEL과 PUR의 우수한 기술을 바탕으로 차량의 차륜에서 레일로 전달되는 소음 및 진동을 저감시키기 위해 도상콘크리트에 직접(침목 없이) 설치되는 직결방진체결장치이다.
   ⑥ 탄성계수 17KN/mm의 우수한 방진패드를 사용하여 바퀴와 레일이 접촉하는 힘(Interaction force)을 감소시켜 레일의 파상마모를 줄여 레일마모방지 및 진동감소에 효과적이다.

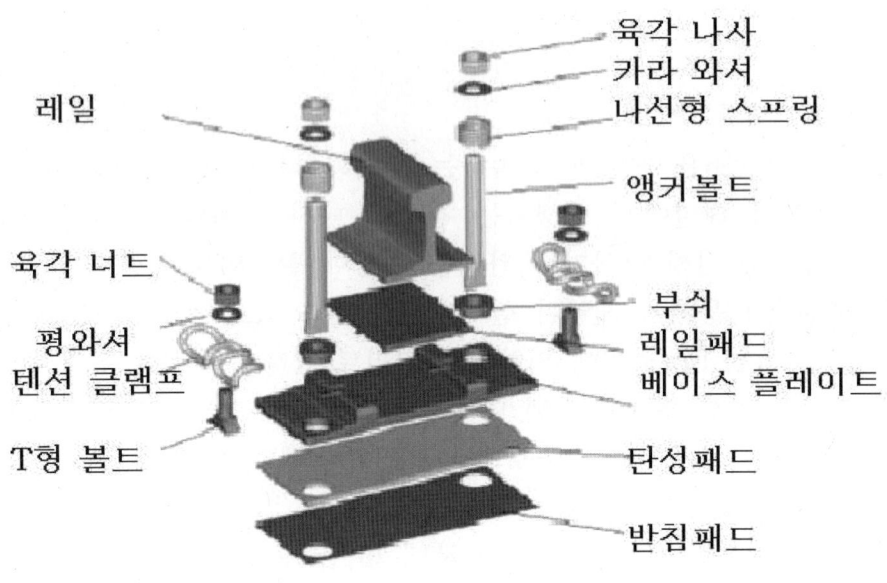

그림 5.22 System 336

5.10.6 호주 DELKOR(Alt-Ⅱ)궤도

ALT-시스템(Alternative System)은 독일에서 1980년대 열차진동과 소음을 저감하기 위하여 개발된 방진체결장치 시스템이다. 이 시스템은 독일은 물론 미국, 오스트레일리아, 스위스, 노르웨이, 우리나라 등에 널리 보급되어 사용 중인 제품으로서 국내에서 철도궤도용품 및 자동차부품 전문 업체인 (주)엔트켐(ENT-CHEM)이 독일 및 호주와 기술제휴로 제품개발에 착수하여 현재는 국내뿐만 아니라 아시아, 유럽 등 외국철도 궤도시스템에 제품을 수출하여 우수한 성능을 인정받고 있는 고기능 궤도방진체결 장치 시스템이다. 특히, ALT-Ⅰ에 이어 시공성과 경제성을 고려하고 다양한 부대선로 시설설치를 위하여 최근에 개발된 ALT-Ⅱ 시스템은 뮌헨기술대학에서 다양한 시험을 통하여 그 성능의 우수성이 입증되었으며, 이 시스템은 외국의 많은 철도에 궤도 소음진동 방진레일 체결장치로 채택되어 소음·진동 저감은 물론 체결장치의 주기능인 내구성과 안전성에 탁월한 효과를 보이고 있다.

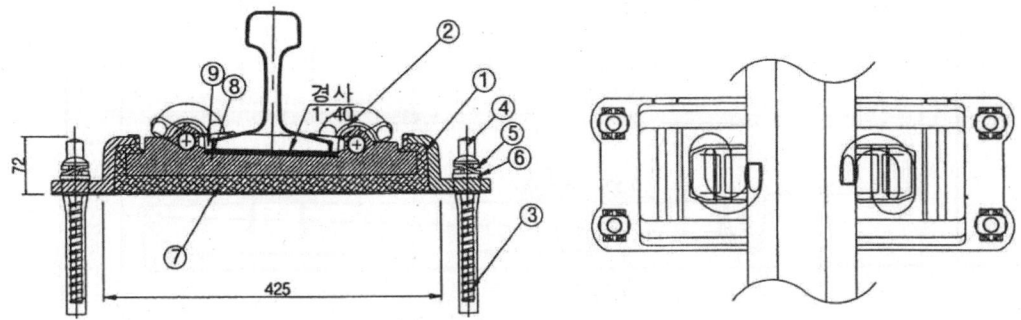

그림 5.23 Alternative 방진체결장치 단면도

이 시스템은 레일체결장치 기능을 완벽하게 구비하고 있을 뿐만 아니라 우수한 시공성과 경제성 그리고 환경성과 더불어 일반적인 효과를 가지고 있는 특징이 있다. 구조적 특징은 상판 아래에 있는 고무층에 있다. 측면은 사각형 돌기의 두 줄로 되어 있으며 충분히 높은 연속적 재하를 허용하도록 돌기사이에 빈 공간이 있다. 보통 변위값은 1.6㎜ ~ 2.2㎜이고 최대 2.4㎜이다.

표 5.6 Alternative - 레일 체결구의 구성품

번호	품명	수량	번호	품명	수량	비고
①	방진베이스플레이트	1개	⑥	톱니와셔	4개	
②	코일스프링크립	2개	⑦	베이스패드	1개	
③	나사스파이크 카바	4개	⑧	레일패드	1개	
④	나사 스파이크	4개	⑨	절연블럭	2개	
⑤	스프링와셔	4개	-	-		

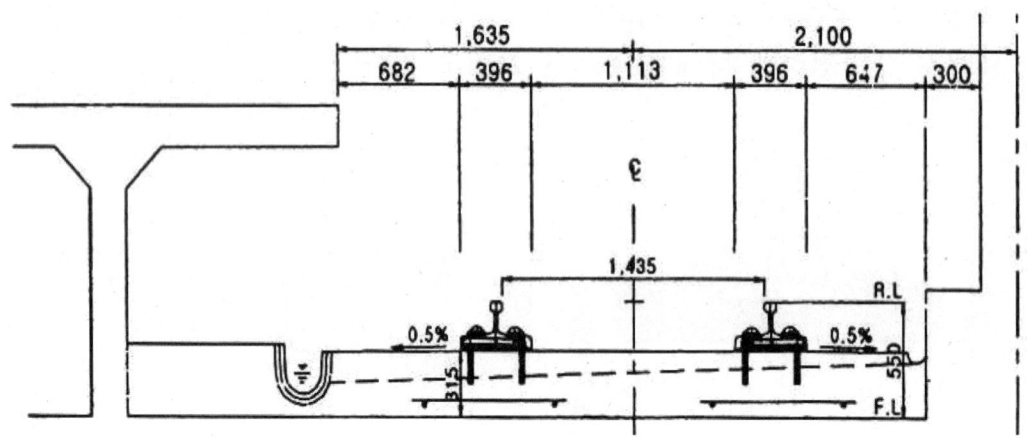

그림 5.24 DELKOR(Alt-Ⅱ) 궤도구조

5.10.7 영국 Vangurd 궤도

현재 전 세계적으로 철도 구간 중 진동과 소음에 민감한 구간에서 지상으로부터 진동을 감소시키기 위해 궤도 설계에 사용되는 기술은 궤도 탄성 구조의 질량(mass)을 증가시키거나 강성(stiffness)을 감소시키는 것이다. 궤도강성이 낮을수록, 공명 주파수(resonant frequency)가 낮아질수록 진동이 저감되기 때문이다. 그러나 수직 변위(vertical deflection)가 커지면 어쩔 수 없이 레일 두부의 횡 변위(lateral movement of railhead)도 커질 수 밖에 없다.

팬드롤 VANGUARD 시스템은 수직 스프링 계수(vertical stiffness)가 낮으면서도 레일 두부의 횡 움직임을 최소화하여 뛰어난 진동 차단 성능을 floating slab보다 훨씬 싼 비용에 제공하는 제품이다. 팬드롤 VANGUARD 시스템에서 레일은 두부(rail head) 아래 쪽과 측면(web)에서 큰 고무판(rubber wedge)에 의해 떠 받쳐져 레일 하부(Rail foot)는 공중에 뜬 상태로 있게 된다. 고무판은 주물 측면 고정 쇠(side bracket)에 의해 고정되고, 이 고정쇠는 콘크리트 침목이나 블록에 삽입된 숄더에 고정된다. 또는 스크류 스파이크나 볼트를 사용하여 고정된 베이스 플레이트에도 고정할 수 있다. 베이스 플레이트 시스템은 콘크리트 도상이나 목침목 또는 철/콘크리트 교량에서 사용 가능하다.

VANGUARD 시스템은 floating slab track 방식과 팬드롤 VIPA 같은 탄성 베

이스 플레이트 방식의 성능상 차이를 보완하기 위하여 팬드롤에서 개발한 제품이다.

1) Vangurd 궤도의 장점(Advantages)

7.5kN/mm의 매우 낮은 동적(dynamic) stiffness
차량 통과 시 deflection을 3mm 이상으로 설계가능하며, 레일의 횡 움직임을 최소화하고, Floating Slab Track과 유사한 진동차단 효과(그러나 훨씬 저렴한 비용으로 유지 보수나 궤간 조정 시 용이)가 있다.

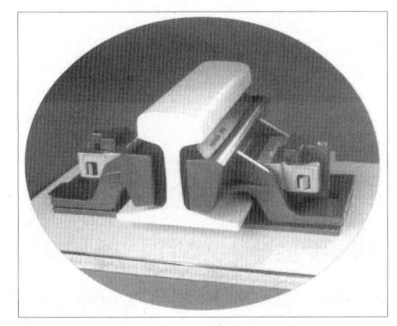

그림 5.25 팬드롤 Vanguard 궤도구조(영국)

2) 진동과 2차 소음을 크게 감소
특히 진동소음을 약 20dB까지 효과적으로 차단하며, 기존의 베이스플레이트 방식, Ballast Mat 방식보다 성능이 우수하다.

3) 레일 종방향 저항력이 커서(longitudinal stiffness가 낮아) 레일 사이에 하중이 전이되거나 교량이 열 팽창하는 것을 방지한다.

4) 종방향 변경(longitudinal creep) 저항성은 요구조건에 맞추어 콘크리트에 고정된 후에도 양쪽의 쐐기의 위치를 조절하며 간단히 조정이 가능하다.

5) 횡방향 바닥 면의 locking wedge의 높이를 조정하여 좌우방향으로 ±20mm까지 조정 가능하여 궤간 및 슬랙의 조절이 매우 간단하다.

6) 높이 조정은 베이스플레이트 사용시에는 베이스플레이트 하부에, 그렇지 않은 경우에는 숄더 하부에 보조물을 삽입하여 45mm까지 조정가능하다.

7) VANGUARD는 횡 압력(lateral force)이 레일 두부(rail head) 가까이에서 억제되기 때문에 레일의 회전(rolling)이 최소화 되어, 재래의 베이스 플레이트 방식의 시스템보다 더 많은 수직방향 변위의 허용이 가능하다.

8) 높이가 매우 낮아 기존레일 높이에 맞출 수 있어서 Floating Slab Track을 사용하기에는 공간이나 비용에 제약이 있는 부위에 적합하며, 터널의 높이를 최소화할 수 있어 궤도 건설비용 전체를 크게 감소시킨다.

9) 모든 부속품이 쉽게 교환이 가능하여 유지보수가 용이하고, 성능이 입증된 재료 기술을 사용하고 있다.

5.10.8 부유식 슬래브궤도

1) 개 요

진동이나 고체음에 민감한 건물이 있는 경우에 주로 사용되며 궤도의 고유진동수를 7~15Hz 정도로 낮출 수 있기 때문에 진동 및 고체음차단에 매우 탁월한 효과를 발휘할 수 있다. 구조적 특성상 부유식 슬래브궤도(Floating Slab Track)라고도 부르며 방진재의 종류에 따라 크게 스프링 삽입 시스템과 패드 삽입 시스템 두가지로 구분할 수 있다.

첫째 스프링 삽입 시스템은 슬래브와 터널바닥 사이에 스프링이 들어가 열차로 인해 발생하는 진동의 전달을 감소시켜주는 시스템이며, 둘째 패드 시스템은 슬래브와 도상 사이에 고무나 기타 탄성체 패드를 삽입하여 진동을 감소시켜주는 시스템을 말한다.

그리고 설치되는 방진재의 형식에 따라 다음 3가지로 구분할 수 있다.

① Full surface supporting system은 바닥콘크리트 슬래브의 전면에 방진재를 설치하고 그 상부에 콘크리트를 타설하는 방식이다.

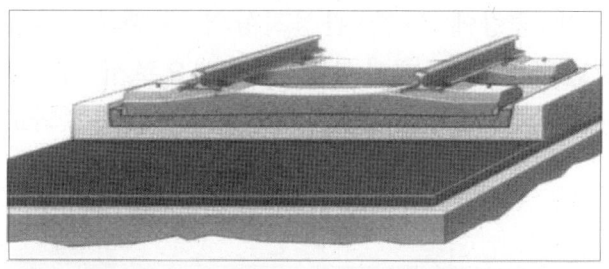

그림 5.26 Full Surface Supporting 도상

② Linear Supporting System

바닥콘크리트 슬래브의 상부에 레일 방향으로 두 줄로 방진재를 설치하고 그 상부에 도상콘크리트슬래브를 설치하는 방식으로 Full Surface의 형식보다 진동조감효과가 좋으며 Discrete Bearing보다 방진재의 마찰면적이 크기 때문에 곡선구간이나 역사내와 같이 차량의 제동에 의해 수평력이 작용되는 장소에 사용된다.

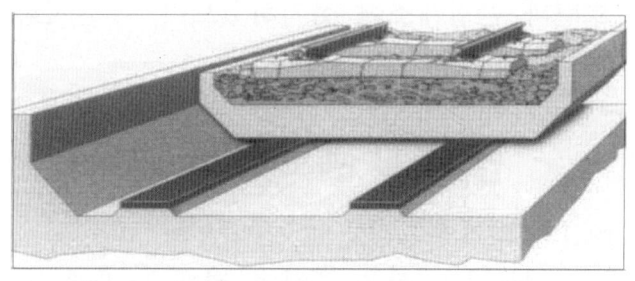

그림 5.27 Linear Support 도상

③ Discrete bearing System은 바닥콘크리트 슬래브의 상부에 Rail 방향으로 정방형의 방진재를 나열하고 그 상부에 도상콘크리트 슬래브를 설치하는 방식으로 Full Surface나 Linear 형식보다 진동저감효과는 좋으나 마찰면적이 작기 때문에 곡선구간이나 역사내와 같이 차량의 제동에 의한 수평력이 작용되는 장소에는 사용을 피하며 부득이한 경우에는 측면 대책이 요구되는 구조이다.

한편, 궤도슬래브는 연속적으로 시공하는 형태와 패널형태로 분리하여 시공하는 두가지 형태가 있는데, 후자의 경우를 침목이 두 개 있는 궤도시스템이란 뜻에서 이중 침목 궤도(Double-Te-Track)라고도 부른다. 이와 같은 방진슬래브궤도는 슬래브의 중량에 의한 관성저항의 효과와 슬래브 패드의 방진효과를 이용하여 방진효율을 극대화시킨 시스템으로서 고가의 시공비 문제로 특별한 진동소음 저감대책이 요구되는 경우에 한해 사용되고 있다.

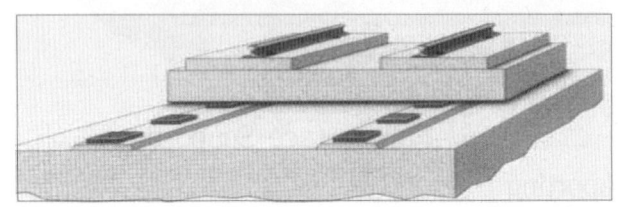

그림 5.28 Discrete bearing System 도상

2) 부설현황

부설실적은 국내에서는 경부고속철도 천안역사 및 경인선 부천역사에는 부유 슬래브 중 Discrete Bearing System을 도입하였으며, 서울지하철 7호선 고속터미널 정거장 호텔과 근접개소에 설치하였으며, 부산지하철 2호선 오피스텔과 근접개소에 설치·운영 중에 있다.

5.11 궤도재료

5.11.1 레일(궤조, rail)의 의의

레일은 열차하중을 침목과 도상을 통하여 넓게 노반에 분포시키며, 평활한 주행면을 제공하여 주행저항을 적게 하고, 차량의 안전운행을 확보한다.

레일은 수직력 이외의 측면에 작용하는 횡압력과 길이 방향의 수평력이 동적으로 작용하므로 이에 견딜 수 있는 것이라야 한다. 따라서 레일은 궤도의 구성재료중 가장 중요한 역할을 한다.

5.11..2 레일역할 및 구비조건

1) 레일의 역할은 차량의 축하중을 직접 지지하고, 평면, 종단상의 선형을 유지하여 차량의 차륜을 유도하고, 평탄한 주행성을 유지하며, 차륜과의 마찰에 대응한다. 전기 신호분야 전류흐름이 원활하도록 하여 상호기능을 유지한다.

2) 레일의 구비조건은 다음과 같다.
   ① 두부의 형상은 차륜이 탈선하기 어려울 것
   ② 초기투자비와 유지보수비를 감안할 때 경제적일 것
   ③ 진동 및 소음 감소에 유리하고 전기흐름에 저항이 적을 것
   ④ 마모후의 형상과 차이가 적을 것
   ⑤ 수직하중에 대하여 높이가 높은 쪽이 좋다.
   ⑥ 저부형상은 설치에 안정하도록 폭이 넓을 것
   ⑦ 철도의 특성(통과톤수, 보수 어려움, 부식증가)에 적합할 것

3) 레일의 형상(KRS TR 0001-14CR)
   ① 50kgN 보통 레일 (50N)   ② 60kg 보통 레일 (60)
   ③ 60kgK 보통 레일 (60K)   ④ 60kgKR 보통 레일 (KR60)
   ⑤ 60E1 보통 레일 (60E1)
   ⑥ 50kgN 열처리 레일 (50N-HH340, 50N-HH370)
   ⑦ 60kg 열처리 레일 (60-HH340, 60-HH370)
   ⑧ 60kgK 열처림 레일 (60K-HH340, 60K-HH370)
   ⑨ 60kgKR 열처리 레일 (KR60-HH340, KR60-HH370)

5.11.3 레일의 형상 및 종류

레일의 형상 및 종류는 다음과 같다. 레일은 그 단면형상으로 분류하면 각종 단면의 대표적인 것은 그림 5.29과 같다.

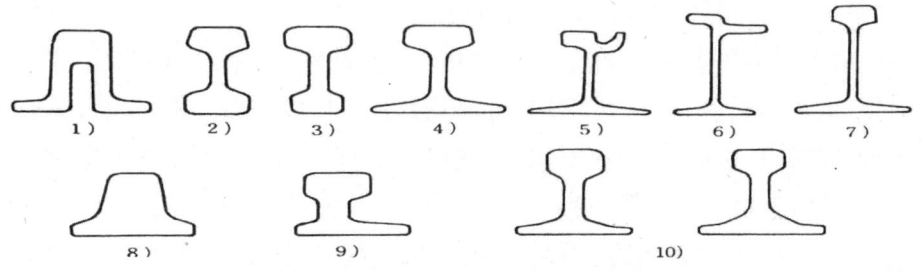

그림 5.29 각종 레일의 단면형상

① 교형레일(bridge rail)   ⑥ 층붙이레일(step rail)
② 쌍두레일(double-head rail)   ⑦ 고T레일(high-tee rail)
③ 우두레일(bull-head rail)   ⑧ 모자형 분기용레일(tongue rail)

④ 평저레일(flat-bottom rail)　　　⑨ N. S 분기용레일(N. S tongue rail)
⑤ 홈붙이레일(grooved rail)　　　⑩ 프랑스 분기용레일(France tongue)

5.11.4 레일의 발달

1) 차량의 시초

중량물 운반수단으로 인간생활의 역사중 최초로 시도된 것은 견인 저항을 줄이는 데 있었다. 기원전 3000년경에 둥글게 깎은 통나무에 거칠게 깎은 나무 차축을 취부한 차량이 출현했다. 차를 견인한 최초의 가축은 소(牛)였으나, 다음으로 야생 "당나귀"가 이용되었다.

기원전 2000년경에 말(馬)이 도입되었고 로마시대에 포장도로가 건설되었다. 로마군은 기원전 50년경에 영국에 침입해서 2륜마차(戰車)를 주행시켰고 그 당시 차량의 전차간격이 1,372mm(4′ 6″)였으며 그것이 후세의 마차철도로부터 철도로 이어지는 계기가 되었고 세계의 표준궤간의 단서가 되었다.

2) 궤도의 시초

일정간격으로 설치한 한쌍의 가로보 위를 윤연(flange)을 붙인 차륜을 주행한 차륜의 운행기록이 남아 있다. 독일의 아그리콜라(G.Agricola)가 1550년에 저술한 탄광의 탄차에 시도한 것이 처음이다. 1603년경 어느 탄갱에 두가닥의 줄기를 끌어 도로위에 묻고 횡재를 설치하여 그 위에 하마차를 운행한 기록이 있다. 1767년에 각재 위에 대개 폭 101.6mm(4″) 두께 31.75mm(114″) 길이 1,524mm(5′)의 주철판을 까는 것이 고안되었다.

이것이 최초의 주철제 판레일이었으며 주철판의 단부가 때때로 들고 일어나 차량을 파손시키는 바람에 결점이 되었다. 이 결점을 개선 탈선을 방지하기 위하여 1776년 길이 914mm(3′)의 단면의 L형의 주철재를 토대에 직접 설비한 것이 출현되었다. 이 L형재는 긴변이 토대위에 놓이게 하고 단변은 외연에 수직으로 세웠다. 보통하차와 같이 flange가 없는 차륜을 가진 차는, 장변위를 주행하고 단변이 유도안내의 역할로 과연 탈선을 방지하게 되었다. 이 경우, 당시의 마차의 견인차량의 차륜외면거리는 1,524mm(5′)로서 좌우 한쌍의 L형재의 내면거리도 이것과 맞추었다. 또한 flange를 부친 차륜에 대해서는 내연에 단변을 세워서 현재의 레일과 같은 모양의 역할을 담당했다. 그렇게해서 처음으로 오늘의 레일 형식을 갖추게 되었다.

이 경우 좌우 한쌍의 레일의 내면거리는 차륜답면폭 44.5×2=89mm를 차인한 1,435mm가 되었다. 이것이 오늘의 표준궤간의 기원이 되었다. 차륜의 원활한 주행을 확보할 목적으로 취득된 철의 횡상재가 레일(rail)이라고 불려지게 된 것이 사실이다. 그래서 이와 같은 나무의 종각재위에 붙혀진 레일은, 스트랲 레일(strap rail)이라 불려지고, 말의 주행을 편리하게 하기 위해 궤간내에 토사를 채웠으나 이것은 토사가 레일위에 모이는 것이 결점이었다.

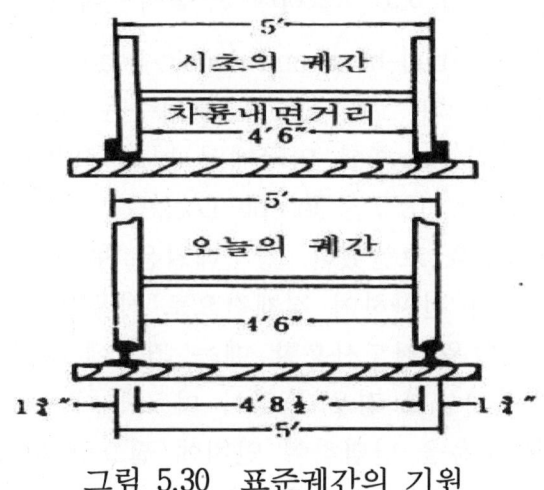

그림 5.30 표준궤간의 기원

3) 어복 레일

1789년 주철제 엣지레일(edge rail)을 영국의 죠셉(W.Jessop)이 발명했다. 이 것은 그형상으로 부터 어복레일(fish bellied rail or fish bellied iron edge rail)이라 불리운다.

그림 5.31에서 보는 바와 같이 레일의 양단하부에 돌 또는 목침판을 설치하고, 여기에 볼트(bolt)로 레일을 고정시켰다. 레일 단부는 설치하기 편리하도록 약간 폭을 넓게 했다. 오늘의 평저레일과 유사한 단면이었다. 또한 중간부는 복부의 높이가 쌍두레일과 같다. 이 레일의 특징은 종강성이 크고, 곡선부설이 용이한 점이다.

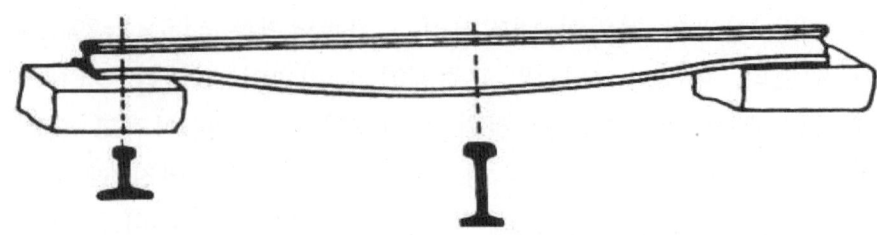

그림 5.31 Jessop의 주철어복레일

4) 우두레일 및 쌍두레일(bull-head and double-head rail)

1830년 영국의 Clarence가 그림 5.32에 보여주는 16.4kg/m(33Lb/yd)의 압연레일을 제작했다. 이것이 그 후에 영국에서 널리 사용된 우두레일(bull head rail)이라고 부른 원조이다. 1837년 Joseph Locke가 그림 그림 5.32와 같은 쌍두레일(double head rail)을 고안했다. 쌍두레일은 두부와 저부가 같은 단면으로, 상하좌우를 자유로이 전환하여 경제적으로 사용할 수 있게 설계하였으나 다년간 부설사용한 레일을 전도사용할 때는 좌철에 닿아 있는 레일 저면에 자욱과 부식이 생겨 불가능할 경우가 많아 마모에 대비하여 두부단면을 약간 크게하고 저부는 전도사용을 단념하여 안치에 필요한 최소단면의 우두레일로 개량하였으나 평저레일 보다는 비경제적이었다.

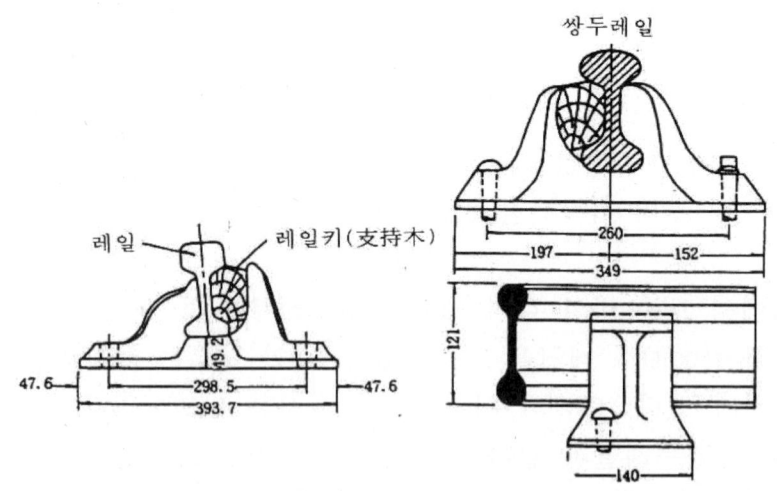

그림 5.32 우두 및 쌍두레일의 체결

5) 연철 레일

당초의 레일은 모두 주철레일이었으나, 1784년 영국의 코트(H. Cort)가 연철을 제조하는 파트로(爐)를 고안하여, 처음으로 연철레일이 출현되었다. 1820년 영국의 부리켄쇼(J.Brikenshaw)가 처음으로 연철을 압연해, 그림 5.33에서 보는 바와 같이 압연레일을 제작했다. 이것이 최초의 압연레일로 주철레일에 비해 길이가 3,962~4,572mm(13~15′)이고 중량이 12.9kg/m(26Lb/yd)이었다.

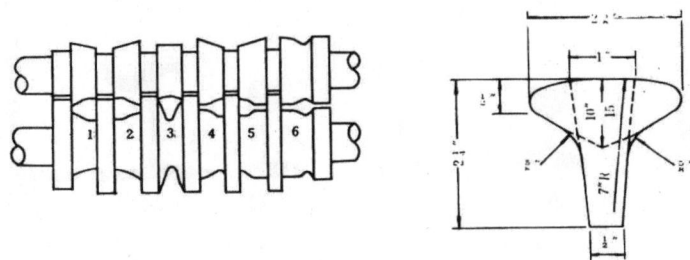

그림 5.33 최초의 압연레일용 "롤"(roll)설계와 최초의
연철압연레일 단면치수(1820~1825)

1846년 영국 의회에서 1,435mm를 표준궤간으로 법률로 통과시켰고 당시 대개 500km에 달하는 2,134mm궤간의 철도는 1892년까지 1,435mm궤간으로 개궤하였다.

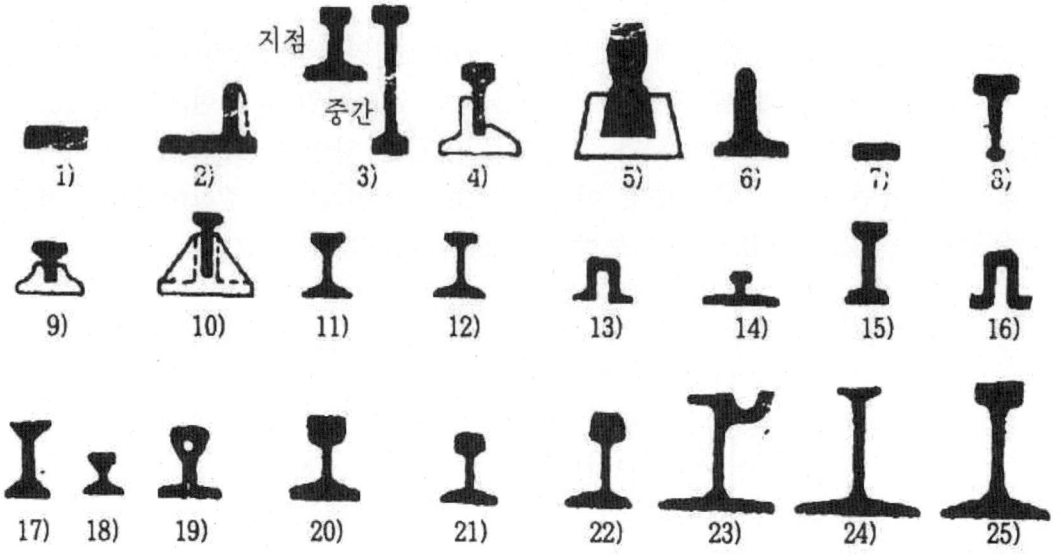

1) 1767년 주철판레일 길이 1,524mm(영)
2) 1776년 주철 L형레일 길이 914mm(영)
3) 1789년 주철어복레일(영)
4) 1797년 주철어복레일(영)
5) 1802년 주철레일 길이 1,372mm(영)
6) 1808년 주철레일(영)
7) 1808년 가단주철레일(영)
8) 1816년 주철어복레일(영)
9) 1820년 J. Birkenshaw 연철압연레일 12.9kg/m
10) 1830년 Clarence 연철압연레일 16.4kg/m(영)
11) 1831년 G.Stephenson의 평저레일 17.9kg/m(미)
12) 1831년 Pennsylvania 평저레일 20.3kg/m(미국)
13) 1835년 U형레일 19.8kg/m(미국)
14) 1836년 C.Vignoles의 평저레일 17.2kg/m(프)
15) 1837년 J.Locke레일(쌍두레일)28.8kg/m(영)
16) 1844년 Evanse의 U형레일 17.8kg/m(미국)
17) 1844년 우두레일 28.8kg/m(영국)
18) 1845년 Pear Shaped레일(미국)
19) 1858년 중공레일(미국)
20) 1858년 Pennsylvania 표준레일 21.2kg/m(미)
21) 1864년 최초 Bessemer 강레일 24.8kg/m(미)
22) 1885년 할래 망레일 31.6kg/m(독일)
23) 홈붙이 휘닉스레일 66.8kg/m(독일)
24) HT형 할규레일 54.7kg/m(독일)
25) 1947년 76.9kg/m레일(미국)

그림 5.34 레일의 시대별 변화

6) 평저레일(flat-bottom rail or track)

1831년 미국인 Robert. L. Stevens이 고안하였다. 그림 5.35와 같이 17.9kg/m(36Lb/yd) 길이 5.486m(6yd)의 연철 T형레일을 설계했는데, 당시는 T레일(tee rail)이라 불렀다. 1836년 영국의 C.Vignoles가 그림 5.34 14)와 같이 복부가 낮은 T레일을 발명했다. 유럽에서는 평저레일을 Vignole rail이라고 했다. 동일단면적으로는 단면 2차모멘트(moment of inertia)가 크고 레일을 침목에

체결할 때 안전도가 크고 체결장치가 간단하여 경제적이며 세계적으로 보급되어 사용되고 있다.

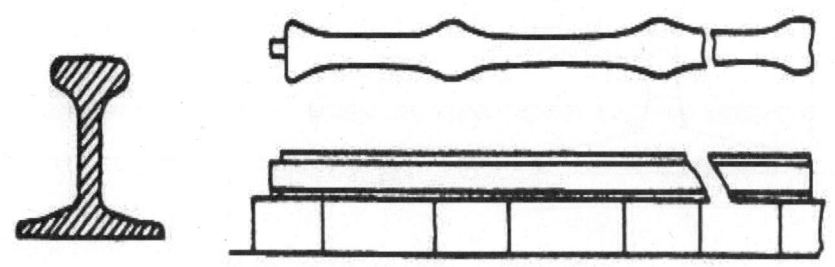

그림 5.35 R.L. Stevens의 연철T형레일(1931년)
(세계최초의 평저레일)

7) 홈붙이 레일(grooved rail)

홈붙이 레일(grooved rail)은 레일 두부편측에 차륜의 윤연로(flang way)가 달린 것으로 시가전차, 포장된 건널목, 공장내 전용선 등에 사용하며 열차가 주행할 때를 제외하고는 사람의 왕래는 물론 자동차교통에도 편리하다.

8) 치차레일

산악철도에 사용되는 궤간내 치차레일을 부설하고 차축 중앙에 치차바퀴가 설치되어 급기울기 선로를 운행하는데 사용된다.

그림 5.36 치차레일   그림 5.37 치차레일용 바퀴

5.11.5 평저레일 단면결정 요소

레일의 각부 명칭은 그림 5.38와 같고 그 단면을 결정하는 경우에는 주로 다음 요소를 고려해서 결정해야 한다.

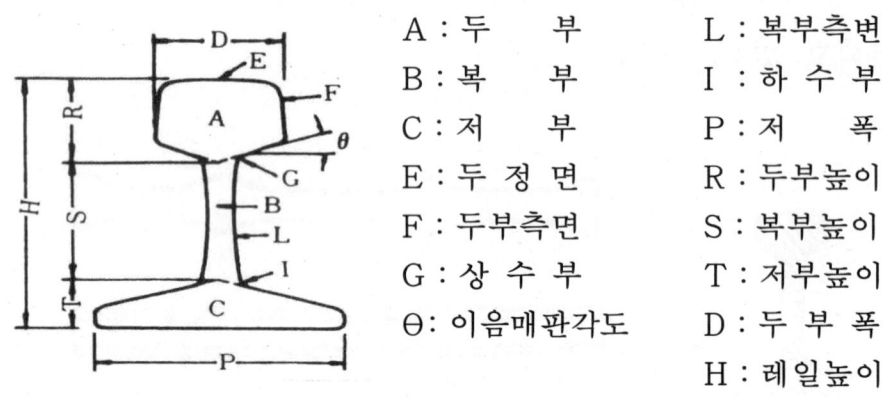

그림 5.38 레일의 각부 명칭

1) 레일 각부의 단면적비

 레일은 압연후, 냉각수축되는데 수축을 될 수 있는 한 균등하게 하기 위하여 두부, 복부, 저부의 단면적비율, 형상등을 고려해야 한다.

2) 레일의 높이

 레일은 I형강이라고 생각하면, 높이가 높을 수록 수직력에 대한 강도가 증가하고 저폭과의 비가 균형을 잃으면 횡압에 대해 안정이 부족하게 된다.

3) 레일 두부

 레일두부의 형상은 차륜형상과 관련에 의해 결정된다. 차륜과의 접촉면적을 될 수 있으면 넓게하여, 접촉압력, 마모가 적어 탈선위험이 적도록 설계하여야 한다.

4) 레일 복부

 레일복부는 두부와 저부를 연결시키고, 두부에 작용하는 수직력 및 횡압을 저부에 전달한다. 복부의 두께는 특히 레일 두부에 작용하는 횡압에 의한 휨모멘트에 견딜 수 있어야 한다. 복부의 두께는 레일의 높이로부터 결정된다. 두부 및 저부의 연결부를 강화하기 위해서는 둥그스럼하게 해야 한다.

5) 레일의 저부

 레일의 저폭은, 횡압에 대해 안전을 제일로 생각해야 하는 것으로 레일의 높이와 관련되어 결정된다. 하중을 될 수 있는 한 넓게 침목에 분포시키기 위해서는 폭이 넓은 편이 좋다. 그러나 너무 넓으면 단면이 얇게되어 압연 냉각 시에 문제가 된다.

 6) 단위 질량과 각부의 관계

레일의 형상은 어떻게 설계해도 대동소이하다. 실제로 제외국의 각종 레일의 단면치수를 비교하면 레일의 단위질량(Wkg/m)에 대한 높이(Hmm), 저부폭(Bmm), 복부높이(Hwmm), 복부두께(Bwmm)의 관계는 대개 비례해서 평균적으로 다음과 같은 관계가 있다.

$$H = 1.79W + 59.6 \qquad Hw = 1.38W + 8.5$$
$$B = 1.06W + 83 \qquad Bw = 0.16W + 6.4$$

5.11.6 레일의 무게(weight of rail)

레일의 무게는 일반적으로 단위 m당 중량 즉 kg/m로 표시하여 미국에서는 1야드(yard)당의 중량Lbs/yd으로 표시하여 kg/m와 Lbs/yd와의 관계는 1kg/m=2.1058601 Lbs/yd이므로 xkg의 레일은 2×Lbs레일로 환산한다.

한국철도 본선에는 주로 50kg/m레일, 주요치 않은 본선과 측선에는 37kg/m, 폐선된 수인협궤선에는 22kg/m레일이 사용되었고 주요본선인 수도권, 경부, 경인선은 60kg/m레일로 대체하고 있다. 또 주요한 분기부에 있어서는 절삭하여 사용하는 텅레일과 충격이 심한 크로싱부에는 높이가 50.60kg/m레일과 비슷하고 단면이 큰 70kg/m S, 90kg/m S레일도 사용된다.

유럽과 미국의 주요선에서는 54~75kg/m레일이 사용되고 있으며 레일 단면이 클수록 선로강도가 증대되어 열차안전운행의 확보와 선로보수비의 절감을 기할 수 있다.

5.11.7 레일의 길이(length of rail)

레일의 이음매는 궤도구조상 가장 약점으로 보수노력을 증대하고, 차량동요를 일으켜 승차기분을 해친다. 될 수 있으면 이음매 수를 줄이기 위해서는 레일 길이를 길게 하는 것이 좋다. 그러나 레일길이는 다음과 같은 이유에서 제한한다.

(1) 온도신축에 따른 이음매 유간의 제한
　　(2) 레일 구조상의 제한
　　(3) 운반 및 보수작업상의 제한
　　(4) 레일 길이와 차량의 고유진동주기와의 관계

　현재 한국철도의 정척레일은 25m로 하고 있으며 이보다 짧은 레일은 단척레일이라 하고, 레일을 수개소 용접하여 길이가 25m~200m되는 것을 장척레일이라 하며, 길이가 200m(고속철도 300m 이상) 이상되는 레일을 장대레일이라 한다. 레일은 길이에 의해 분류하면 표 5.7과 같다.
　각국에서 사용되고 있는 정척레일은 다음과 같다.

표 5.7 레일의 길이에 의한 분류

레 일 종 류	길 이 (m)
장 대 레 일(long rail)	200m 이상(고속철도 300m 이상)
장 척 레 일(longer rail)	25~200m 미만
정 척 레 일(standard rail)	25m
단 척 레 일(shorter rail)	5~25m 미만

표 5.8 각 국가별 정척레일

미국 : 18m 30(60ft)	영국 : 27m 40(90ft)
프랑스 : 36m	독일 : 30m
벨지움 : 30m	일본 : 25m, 200m

5.11.8 레일의 구조

1) 레일의 제조법
　① 레일재조 원료
　레일의 원료는 철광산에서 채출된 철광석은 분광, 미분광, 괴광의 형태로 제철소로 운반된다. 철광석은 입자의 크기가 2~3mm로 소결공장에서 코크스와 혼합하여 1,300~1,400℃로 소결하여 5~50mm의 소결광 입자로 만든다. 여기에 물과 바인더를 혼합하여 1,200~1,300℃의 온도로 소결하여 10~15mm 크기의 필랫(Pallet)이라 부르는 원료로 만든다. 이때 연료로 사용되는 코크스 탄으로는 점결정이 높은 강점결탄 70% 점결성이 낮은 약점결탄을 약 30%로 혼합한 것을 사용한다.

② 고 로

원료의 산화철을 환원하여 선철(pigiron)을 만들어내는 설비로 노상부에 철광석과 코크스를 교호로 총상으로 잠입하고, 열충로에서 보내온 1,200℃의 열중을 고로하방에 있는 우구로 보내면 코크스가 연소하여 2,400℃의 고열이 되며 이때 발생하는 Co 가스가 철광석과 코크스 사이를 통하여 상방으로 올라가 철광석을 녹이며 융착대가 완전히 용해하여 선철과 슬래그로 나뉘어 노저부에 모인다. 슬래그는 선철상부에 뜬상태로 고인다. 철광석이 노상부에 투입되어 환원, 용융되어 저부에 고이기 까지 걸리는 시간은 6~7시간 소요된다.

③ 제 강

고로에서 제조된 선철은 4% 정도의 탄소외에 불순물을 상당히 함유하고 있어 이것을 강으로 바꾸기 위해서는 여러 가지 제강법이 사용된다.

㉠ 반사로와 퍼들로(puddle)

반사로는 석탄을 태워 그 물질의 복사열로 선철을 융해하고 화염이 산소의 반응으로 선철 중 탄소를 제거하여 끈기가 있는 선철을 만들어 내는 것이다. 강을 녹일 정도의 고온이 얻어질 수 없기 때문에 사람이 노의 옆구멍으로 철봉을 집에 넣어 휘저어(paddling) 반응의 촉진을 꾀하는 개량된 것이 퍼들로이다.

㉡ 베세머 전로(산성공기 저취전로)

노바닥에서 공기를 불어 넣어 공기중에 함유되어 있는 산소와 용선중의 탄소등과의 반응에 의하여 탄소나 불순물을 제거하여 정련하는 방법이다. 탄소, 망간, 규소 등을 동시에 제거하여 강을 만드는 획기적인 방법이다.

㉢ 토마스전로(염기성전로)

베세머전로와 같은 방법으로 노바닥에서 불어 넣는 방법이다. 노의 안쪽에 붙인 내화벽들이 있는 점이 다르다. 벽들은 규석 등의 성분을 갖고 있는 산성의 내화재로 용강중에 함유되어 있는 인의 성분을 충분히 제거할 수 가 없고, 뛰어난 강을 얻을 수가 없다. 토마스는 도로마이트(dolomite)를 주성분으로 하는 충분한 염기성 벽들을 개발하여 인제거 효과가 높은 것에 성공한 것이 토마스 전로의 원리다.

㉣ 평 로(openhearih)

그림 5.39와 같은 단면을 갖는 노이다. 특징은 연소후의 배기가스로 공기와 연료를 예열과 고온을 얻는 점이며, 노저부 좌우에 축열실이 있어 연소효율이 높다. 노 한쪽의 버너로 노를 가열후 배기가스를 반대쪽 축열실로 보내어 축열실을 가열하고, 그 다음 연료가스로 예열한 후 연소시켜 좌우축열실을 교환하여 일정하게 높은 열을 얻는 것이 평로의 원리이다.

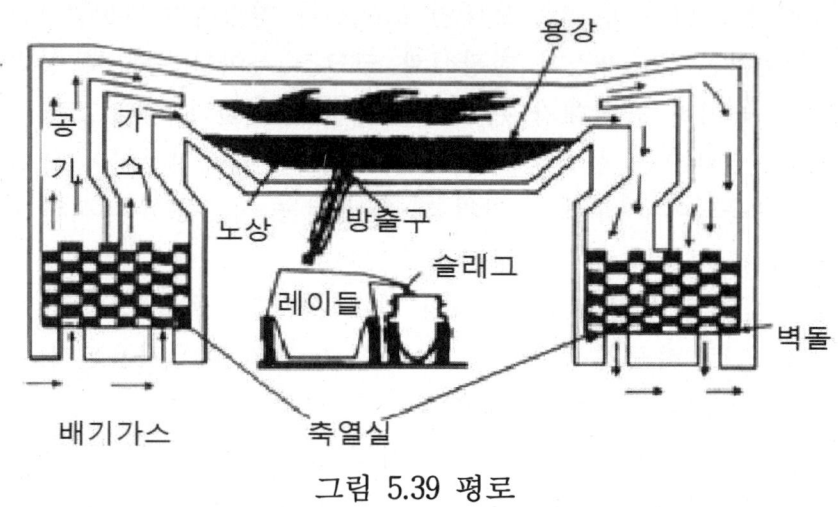

그림 5.39 평로

㉤ 전기로(電氣爐)

전극간에 고전압을 걸어 아크를 발생시켜 그 열로 강을 융해하는 아크식이 대표적 유형이다. 전기로는 고급강의 재료용으로 사용된다.

2) 강편(bloom)의 제조

강편의 제작에는 조괴에 의한 방법과 연속구조(continuous casting)에 의한 방법이 있다. 조괴법(iagot casting)은 충강된 용강을 레이들(ladle)에 넣어 주형(ingot case)에 주입하는 것으로 주입된 용강은 응고하며 완성된 강괴(steel ingot)는 출강도중에 탄산 정도에 따라 림드강(rimmed강), 세미킬드강(semikilled강), 킬드강(killed강)으로 분류된다.

3) 압 연

완성된 블름을 레일 압연 공장으로 운반하여, 압연하기에 적정한 온도로 균일하고 능률이 좋게 하기 위하여 가열로에서 1,320℃로 가열하여 연속적으로 추출한다. 추출된 bloom은 즉시 열간용색기(post scarfer)로 1~2mm 정도 면을 용색하여 표면결함을 제거한 후에 압면기로 이송된다.

열간 용색이란 산소를 bloom 표면에 고속으로 세차게 불어 그 열과 운동에너지에 의하여 표면에 홈을 처리하고 탈탄층(탄소가 연소로 없어져 연약하게 된 표층)을 제거하여 표면을 깔끔하게 마무리하는 작업이다.

압연법에는 칼리버법(kaliber)과 유니버설법(universal)이 있다. 칼리버법은 상하 두 개 롤(roll)의 공형(kaliberor pass)으로 압연하는 방법이며 유니버설법은 상하 2개의 수평 롤 외에 이것에 계속하여 종(從)롤을 장치하여 4개 롤로 하나의 공형(孔型)을 형성하여 압연하는 것이다. 이 압연법은 종래의 칼리버법에 비하여 레일의 두부, 저부의 압연효과가 크고 단면의 정밀도가 향상되는 등의 장점이 있다.

그림 5.40 레일의 각인 예

5.11.9 레일종류의 변천

1) 30kg레일, 37kg레일

미국토목학회(American Society of Civil Engineers : A.S.C.E)가 1893년에 제정한 것이다. 이 형식의 특징은 레일높이와 저폭이 같다. 각 부의 단면비율은 두부 42%, 복부 21%, 저부 37%로 되어있다.

2) 50kg레일

미국의 펜실바니아 철도가 1910년경 제정한 P.S(Pennsylvania Section)형이다. 두부가 크고 저단부가 두꺼워 마모, 부식에 대해 유리한 단면이다.

3) 40kg N레일, 50kg N레일, 50kg T레일

40kgN레일, 50kgN레일은 그때까지 사용된 37kg 레일 50kg레일의 개량단면이며 50kgT레일은 동해도신칸센용의 단면이다. 이 신레일 단면형상의 특징은, 두부형

상이 2심원으로부터 3심원으로 되었고, 상수부 하수부의 곡율이 크게 되었고, 저부경사가 2단으로되어 종방향 단면 2차 Moment가 크게 되어 있다.

4) 60kg레일

일본의 산양 신칸센건설에 때맞춰 향후 통과 ton수 증가 250km/h 운전을 예상, 보수작업의 경감 및 레일수명의 연장을 위해, 1967년 제정되었다. 50kg T레일에 비해 종방향 횡방향의 단면2차 모멘트가 35%크고, 두부높이를 차륜 후렌지 높이 5mm 증가를 예상해서 높였다. 50kg T레일은 1972년부터 생산을 중지했고, 그 후 동해도신칸센도 60kg레일로 교환되었다. 1974년부터 재래선에도 60kg레일이 사용되고 있다. 한국철도에도 같은 해부터 경부선, 경인선 등 주요선에 교환하고 있다.

5) UIC60 레일

유럽에서 프랑스, 독일 등을 중심으로 널리 쓰이는 레일로 경부고속철도에 사용되었으며 이 레일은 이음매가 50N 레일과 같이 두부접촉형이며, 저면상부가 50N레일과 같은 모양으로 2단의 경사가 있다.

6) KR60레일

국내 기존 선로에서 고속열차(KTX)를 운행하기 위하여 두부형상은 UIC60 레일과 유사한 50N 레일단면을 채택하고 복부와 저부는 기존의 KS60 레일단면을 채택하여 기존 침목의 사용이 가능한 60K 레일의 단면이다. 고속열차가 운행되는 일반철도에서 고속차량의 주행안전성과 차륜과 레일간의 인터페이스의 적합성을 확보하기 위하여 적용하는 60K 레일은 기존 KS60 레일의 단면을 변경하여 레일의 두부단면은 기존 50kgN 레일과 동일하게 하고 높이와 저부단면은 KS60kg 레일과 동일하게 하여 열차의 동특성과 구조적인 안전성을 향상시킨 레일이다.

당초에 60K 레일은 UIC60 레일과 동등한 고급소재를 사용하였으나, 고급소재의 국내 수급부족을 감안하여 2005년 9월에 형상단면은 60K 레일과 동일하고 재질은 기존의 KS60 레일과 동등한 KR60 레일을 새로 표준화하였다. 이에 따라 경부선, 호남선, 중앙선은 60K 레일을 적용하고 상기 주요 간선의 본선을 제외한 기타의 본선은 KR60 레일 또는 KS60 레일을 채용하고 있다.

미국에서 개발한 레일에는 많은 종류가 있지만, 현재 AREA에서 설계한 RE형이 가장 일반적으로 사용된다. 중국 혹은 구 소련에서 현재 주로 사용하고 있는 레일 중에는 가장 무거운 75kg/m 레일이 있다. 영국에서는 BS113A 레일이 많이 사용되며, 그 중량은 56.4kg/m이다.

5.11.10 레일의 기호

평저레일의 측면은 각국마다 여러가지가 사용되고 있으나 한국철도에서는 미국과 일본의 레일단면을 채택하고 있으며 표준단면과 기호는 다음과 같다.

1) A.S.C.E or A.S형 레일

미국토목학회(American Society of Civil Engineering)가 설계하여 1893년 결정한 단면의 기호이며 레일 높이와 저폭이 같고, 두부가 비교적 넓고 얇으며, 두부 42%, 복부 21%, 저부 37%의 단면적비를 갖고 있다. 22kg, 30kg, 37kg 등 경량레일에 해당된다.

2) A.R.A or R.A형 레일

미국철도협회(American Railway Association)의 위원회가 1905년 설계했고 1908년 A형과 B형으로 나누어졌다. 이 단면은 상기 AS형에 비해 저부가 약간 좁고 조금 더 무겁고, 두부는 약간 가볍다.

3) A.R.E.A or R.E형 레일

미국철도기술협회(American Railway Engneering Association)에서 레일 단면의 통일을 기하기 위하여 1920~1946년간에 설계하여 결정한 단면으로 여러 표준단면중 2~3종은 복부가 압력을 완화하기 위하여 레일의 두부와 복부가 서로 접하는 부분의 곡선반경을 크게 하여 보강한 것이다.

4) P.S형 레일

미국의 Pennsylvania 철도에서 1907년 이강 설계한 Pennsylvania section의 기호이며 50kg레일이 대표적이고 레일의 높이가 타형보다 적으며 살이 많고 마모와 부식에 대하여 유리는 하나 구형에 속한다.

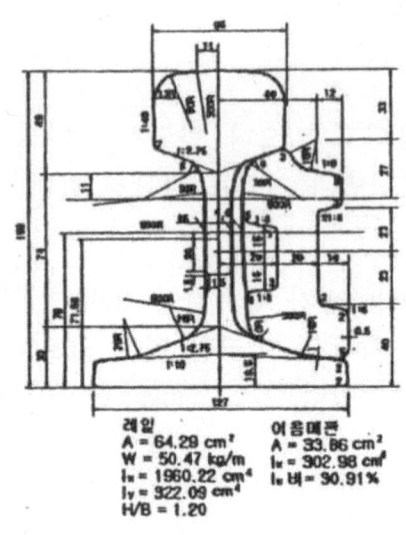

(a) 50N 레일   (b) KS60 레일

그림 5.41 50N 레일과 KS60 레일의 표준단면

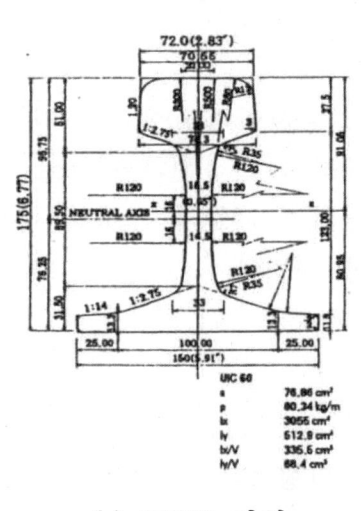 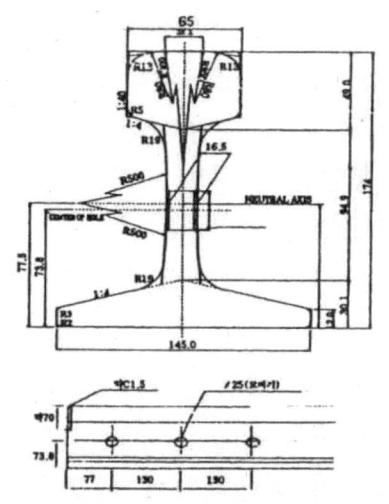

(c) UIC60 레일   (d) 60K 레일 및 KR60 레일

그림 5.42 UIC60 레일과 60K 레일 및 KR60 레일의 표준단면

5) N형 레일

일본 국철에서 동해도신칸센건설에 당면하여 1961년 규격화한 것으로 타종레

일보다 높이가 커서 단면2차 모멘트(moment of inertia)를 효율화한 것으로 레일의 강도 증대에는 효과적이었으나 두부와 복부에 살이 적어 내마모성과 내부식성에 불리하다.

표 5.9 각국의 레일단면 제수치

레일 종별	질량 kg/m	단면적 $A(\text{cm}^2)$	중립축 높이 e (cm)	단면2차 모멘트 I_x (cm^4)	단면2차 모멘트 I_y (cm^4)	단면계수 Zn (cm^3)	비틀림강도 $C\times 10^7$ $\text{kg}\cdot\text{f}\cdot\text{cm}^2$	비고
30A	30.1	38.26	5.21	606	152	116	5.35	일본
37A	37.2	47.28	5.84	952	227	164	8.26	
40N	40.9	52.00	6.89	1,360	230	197	10.1	
50PS	50.4	64.30	6.69	1,740	377	261	17.2	
50N	50.4	64.20	7.16	1,960	322	274	16.1	
50T	53.3	67.90	7.32	2,300	380	314	17.5	
60	60.8	77.50	7.78	3,090	512	397	23.5	
100RE	50.4	64.20	6.99	2,040		292		미국
115RE	56.9	72.60	7.57	2,730		361		
132RE	65.5	83.50	8.13	3,671		452		
136RE	67.6	86.10	8.50	3,950		464		
140RE	69.4	88.50	8.56	4,029		470		
U1C54	54.4	69.34	7.50	2,346	418	313		UIC
U1C60	60.3	76.86	8.10	3,055	513	377		
CRE75	71.3	90.79	8.31	4,152	735	500		
S54	54.5	69.48		2,073	359	262		독일
U50	50.9	64.82	7.17	2,023		282		프랑스
P50	54.6	65.93	7.05	2,018	375	286		러시아
P65	64.7	82.56	8.13	3,548	569	436		
P75	74.4	95.06	8.82	4,490	661	509		

표 5.10 레일의 단면제원

종 별	두부(mm)	저폭(mm)	높이(mm)	단면적(cm^2)	중립축의위치(mm)	단면2차 Moment		중량(kg/m)	기사
						$lx(cm^4)$	$ly(cm^4)$		
30kg ASCE	60.32	107.95	107.95	38.26	52.07	604	152	30.1	
37kg ASCE	62.71	122.24	122.24	47.28	58.42	952	227	37.2	
40kg N	64.00	122.00	140.00	52.00	68.90	1,360	230	40.9	
50kg P.S	67.86	127.00	144.46	64.33	66.88	1,744	377	50.4	
50kg N	65.00	127.00	153.00	64.05	71.56	1,960	322	50.4	
50kg ARA-A	69.85	139.70	152.40	63.58	—	2,059	—	49.91	
60kg	65.00	145.00	174.50	77.50	77.80	3,090	512	60.80	

5.11.11 특수레일

레일은 궤도재료중 가장 값비싼 재료로 마모에 의한 갱환레일의 비용은 선로보수비의 큰 부분을 차지하고 있다. 이에 대비하여 종래보다 내마모성이 강한 레일을 고안하였다. 보통레일보다 고가이나 선로의 중요한 부분이나 마모가 심한 개소에 사용된다.

1) 고탄소강레일

탄소망레일의 탄소함유량을 증가시켜, 내마모성을 증가시킨 것으로, 탄소함유량을 0.85%정도까지 쓰여지고 있다.

2) 쏠바이트레일(sorbite rail, 소입레일 또는 경두레일)

레일의 두면 약 20mm를 소입시켜 쏠바이트 조직으로 한 것이며, 일명 경두레일이라고도 한다. 강인하고 내마모성이 크며 1910년경 영국에서 레일을 압연할 때 적열상태에서 레일에 냉수를 분사시켜 급냉하여 제작하였다. 그 후 미국에서는 공냉으로 일본에서는 가스바이너(gas burner) 또는 고주파전류로 가열 후 분사수로 급냉시켜 제작하였다. 소입 후 굽힘(bending)도 적고 보통레일의 약 3배의 내구력이 있으며 망간 레일보다 염가이다. 이음매부의 끝닳음을 예방키 위하여 보통레일의 단부를 10~20cm정도 표면을 소입하여 이것을 레일단부소입(railend hardening)이라 한다.

3) 망간레일(manganese rail)

미국에서 1882년 고안되었으며 망간을 11~14%를 함유하여 내마모성이 크다. 또한 인장강도는 100kg/mm²(보통레일은 80kg/mm²)이며 신율도 40%나 된다. 망간량이 높은 것은 압연이 곤란하며 주조되는 경우가 많고 가격과 내구년한이 모두 보통레일의 약 6배나 되므로 분기기, 곡선부, 기타마모가 심한 개소에 사용된다.

4) 복합(합성) 레일(compound rail)

레일 두부에 한하여 내마모성이 큰 특수강을 사용한 것으로 독일의 Osnabluck레일공장에서 제조되었다. 이 레일은 두부에 고탄소, 크롬강을, 복부, 저부에는 저탄소강을 사용한 것으로 내마모레일로 보통레일의 약 6배의 내구력이 있다.

5) 열처리레일

열처리레일은 레일 머리부에 전단면에 걸쳐 담금질(퀜칭)을 한 선로 곡선용 레일을 말하며 레일의 종류 및 기호는 열처리레일의 종류 및 경화층의 경도에 따라 구분하고 표 5.11과 같다.

표 5.11 열처리레일 종류 및 기호

종류		기 호	참 고
레일 종류에 따른 구분	경화층의 경도에 따른 구분		대응되는 보통 레일 KS R 9106
40kgN 열처리 레일	HH340	40N-HH340	40kgN 레일
50kg 열처리 레일	HH340 HH370	50-HH340 50-HH370	50kg 레일
50kgN 열처리 레일	HH340 HH370	50N-HH340 50N-HH370	50kgN 레일
60kg 열처리 레일	HH340 HH370	60-HH340 60-HH370	60kg 레일

레일의 화학 성분은 표 5.12의 규정에 적합하여야 한다.

표 5.12 화학 성분   단위 : %

종 류	화 학 성 분						
	C	Si	Mn	P	S	Cr	V
HH340	0.72~0.82	0.10~0.55	0.70~1.10	0.030 이하	0.020 이하	0.20 이하	*0.03 이하
HH370	0.72~0.82	0.10~0.65	0.80~1.20	0.030 이하	0.020 이하	0.20 이하	*0.03 이하

비 고 : *는 필요에 따라 첨가한다.

레일의 기계적 성질은 표 5.13의 규정에 적합하여야 한다.

표 5.13 기계적 성질

종 류	인장 강도 N/㎟	연 신 율 %
HH340	1080 이상	8 이상
HH370	1130 이상	8 이상

레일 경화층의 품질은 레일 머리부의 표면 경도는 표 5.14의 규정에 적합하여야 한다.

표 5.14 두부 표면 경도

종 류	쇼어 경도 HSC
HH340	47~53
HH370	49~56

레일 단면 경화층의 경도 및 경도 분포는 다음에 따른다. 단면 경화층의 경도는 표 5.15의 규정에 적합하여야 한다.

표 5.15 단면 경화층의 경도

종 류	비커스 경도 HV	
	게이지 코너 A점	머리부의 중심선 B점
HH340	311 이상	311 이상
HH370	331 이상	331 이상

가로 단면 경화층의 경도 분포는 레일의 표면에서 내부로 완만히 저하되고 급격한 변화 및 불연속이 없어야 한다. 또한 비커스 경도 410HV 이상인 부분이 없어야 한다.

5.11.12 레일의 재질

레일강은 탄소 함유량을 따라 성질이 좌우된다. 그외 규소, 망간(manganese), 인, 유황등의 함유량에는 영향을 받는다. 탄소, 망간, 규소는 적량 함유로서 강질을 좋게 하나, 인과 유황은 소량이라 할지라도 큰 영향을 미친다. 이상을 탄소강의 5원소라 하며 레일의 제작시방서에 규정되어 있다.

1) 탄 소(carbon)

함유량이 1.0%까지는 증가할수록 결정이 미세하여지고 항장력과 강도가 커지는 반면에 연성이 감퇴된다.

2) 규 소(silicon)

적량이 있으면 탄소강의 조직을 치밀하게 하고 항장력을 증가시키나, 지나치게 많으면 약해진다.

3) 망 간(manganese)

제작시의 탈산제로 사용하므로 강재중에 반드시 다소 함유된다. 그러나 일반적으로 그 양을 증가시킴에 따라 경도와 항장력을 증대시키나 연성이 감소된다. 유황과 인의 유해성을 제거하는데 효과적이다. 1% 이상이면 특수강으로 된다.

4) 인(phosphorus)

인은 탄소강을 취약하게 하여 충격에 대하여 저항력을 약화시키므로 가능한 한 제거해야 한다.

5) 유 황(sulphur)

유황은 강재에 가장 유해로운 성분으로 적열상태에서 압연작업중에 균열(crack)을 발생케 하고 레일에 유황이 함유되면 사용중에 충격에 의한 파손을 조장하여 강질을 불균일케 한다.

5.3.6 레일 시험 및 검사

1) 각국 레일의 화학성분 및 기계적 성질은 표 5.16에 따른다.

표 5.16 각국 레일의 화학성분 및 기계적 성질

레일 강			화학 성분(%)							인장강도 R_y(N/㎟)	연신율 A_s%	경도 HB
			C	Si	Mn	P	S	Cr	V			
KS	30kg/m		0.50~0.70	0.10~0.35	0.60~0.95	0.045이하	0.050이하			≥690	≥9	
	37kg/m		0.55~0.70									
	50kg/m		0.60~0.75							≥710	≥8	
	50N 및 60kg/m		0.63~0.75	0.15~0.30	0.70~1.10	0.035이하	0.025이하			≥800	≥10	235이상
경부 고속철도	UIC60	용강 분석치	0.68~0.80	0.15~0.58	0.70~1.20	0.025이하	0.008~0.025	≤0.15	≥0.03	≥880	≥10	260~300
		제품 분석치	0.65~0.82	0.13~0.60	0.65~1.25	0.030이하	0.008~0.030					
60K	HH340		0.72~0.82	0.10~0.55	0.70~1.10	0.030이하	0.020이하	≤0.20	≥0.03	≥1080	≥8	HH340
	HH370			0.10~0.65	0.80~1.20			≤0.20		≥1130		HH370
* UIC	내마모 품질	900A급	0.60~0.800	0.10~0.50	0.80~1.30	≤0.040	≤0.040			≥880~ ≥1030	≥10	
		900B급	55~0.75	0.10~0.50	1.30~1.70	≤0.040	≤0.040					
	표준품질	700급	0.40~0.60	0.05~0.35	0.80~1.25	≤0.050	≤0.050			680~830	≥14	
** BS 11 1978	표준 품질		0.045~0.60	0.05~0.50	0.95~1.25	≤0.050	≤0.050			≥710	≥9	
	내마모 품질	A급	0.65~0.78	0.05~0.50	0.80~1.30	≤0.050	≤0.050			≥880	≥8	
		B급	0.50~0.70	0.05~0.50	1.30~1.70	≤0.050	≤0.050			≥880	≥8	
*** AREA 내마모품질	90-114 Ibs/yd		0.67~0.80	0.10~0.50	0.70~1.00	≤0.035	≤0.037	≤0.20				≥248
	115 Ibs/yd		0.72~0.82	0.10~0.50	0.80~1.10	≤0.035	≤0.037	≤0.20				≥269
	개정된 표준		0.74~0.82	0.25~0.50	0.90~1.25	≤0.030	≤0.030	≤0.20				≥300
일본	LD		0.60~0.75	0.10~0.30	0.70~1.10	≤0.035	≤0.040				≥8(50N 이하) ≥10(60레일)	
고내마모 품질	티센THS 11		0.60~0.80	≤0.90	1.80~1.30	≤0.030	≤0.030	0.70~1.20	≥2.20	≥1080	≥9	≥321
	티센THS 12		0.70~0.80	0.80~1.20	0.80~1.30	≤0.030	0.030	0.80~1.20	≥0.20	≥1200	≥8	≥360

* 국제철도협회에서 발표한 한계 값(1986. 7. 1)
** 영국철도에서 발표한 한계 값(1978)
*** 미국철도기술협회에서 발표한 한계 값(1983)
(주) 선로공학(서사범) 참조.

2) 겉모양 검사

레일은 온 길이에 걸쳐서 균등한 모양이고, 해로운 비틀림 등이 없어야 하고 표면에는 터짐, 홈등의 해로운 결함이 없어야 한다.

3) 시 험(testing)

(1) 인장시험 : 공시체는 동일용강번호에 속하는 모든 강괴를 1조로 하며, 시험편은 KSB 0801의 금속재료 인장시험편에 규정한 4호 시험편으로 하며 그림 5.43에 도시한 위치에서 채취한다. 시험방법은 KSB0802 금속재료 인장시험방법의 규정에 따른다.

(2) 낙중시험 : 공시체는 인장시험편을 채취한 이외의 임의의 강괴로부터 압연된 레일의강괴 머리 부분쪽을

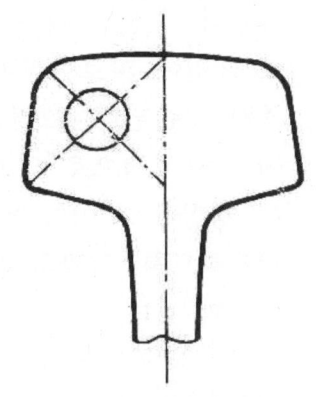

그림 5.43 인장시험편 위치

끊어버린 부분의 뒤 끝으로부터 채취한다. span이 914mm의 2지점위에 레일을 얹어 놓고 그 중앙에 907kg의 추를 표 5.17에 규정된 높이에서 자유낙하시켜 부러짐, 터짐, 결손 등의 이상이 없어야 한다.

표 5.17 낙중시험규격 (단위 : m)

종 류	시험편의 지지방법	낙하높이	span	타격회수
30kg 레일	머리부를 위로 하여 얹는다.	4.0	0.914	1 회
37kg 레일		5.0		
40kg N 레일	머리부를 아래로 하여 얹는다.	5.1		
50kg 레일	머리부를 위로 하여 얹는다.	5.8		
50kg N 레일	머리부를 아래로 하여 얹는다.	7.0		
60kg 레일		10.6		

(3) 휨(bending) 시험 : span이 1m인 레일중앙에 소정의 하중을 재하시킬때의 처짐량과 하중을 제거한 후의 영구 처짐량을 조사한 후 파단될 때

까지 재하시켜 파단하중을 조사한다.
(4) 경도시험 : 이 시험은 레일 살 붙이기 용접부시험 이외에는 참고로 하는 것이며, 부리넬(brinell) 경도는 평균 HB 235정도이다.
(5) 파단시험 : 낙중시험에 합격한 시험편을 파단시켜 단면에 홈이 있는가를 조사한다.
(6) 피로시험 : 피로시험기로 시험편시험 및 원형레일의 피로시험을 한다. 레일의 수명은 훼손, 부식, 마모등에 의한 외에 반복되는 열차하중으로 레일에 피로현상이 생기게 되는데, 피로한도에 도달하면 레일은 급격히 파손된다. 그러므로 훼손, 부식, 마모현상이 비교적 적은 직선상에서는 외적으로 양호한 레일이라 할지라도 피로한도에 도달한 레일은 갱환해 주어야 하는데 열차의 누적 통과톤수로 레일종류에 따라 피로한도를 감안하여 레일갱환주기를 규정사용하고 있는데 그 예는 다음과 같다.

표 5.18 외국철도의 레일피로 교환주기

국가별	레일종별	교환 누적통과 톤수(억톤)
일 본	60kg 레일	6
	50kg 레일	4
	40kg 레일	3
	37kg 레일	2
프랑스	UIC 60 레일	5~6
독일 국철	S49 레일	1.5~2.0
	S54 레일	2.5~3.5
	UIC 60 레일	4.5
러시아 국철	P50 레일	3.5
	P65 레일	5.5(8.3)
	P75 레일	6.0

( )내는 열처리레일

이상의 시험외에 설파프린트(sulphur print)로 유황의 편석, 현미경으로 조직, 초음파심상기로 내상등을 시험한다. 부설레일이 보수관리 및 열차의 운전보안을 위한 레일의 손상, 마모, 부식 등의 상태검사 등을 실시한다.

5.11.14 레일의 훼손

레일이 외력의 작용과 레일자신이 보유하는 내부결함 또는 양자의 결함으로 사용불능상태로 되는 것을 훼손이라 하며, 주요원인은 다음과 같다.
1) 레일제작중 강괴(ingot) 내부의 결함 또는 압연작업의 불량 등으로 품질적인 결함을 발생케 한다. 또한 압연할 때 가스에 의하여 내부에 공기공을 내포시키거나 냉각수축에 의하여 중앙부에 관상의 줄이 발생한다.
2) 레일의 취급방법과 부설방법이 불량할 때
3) 레일의 단면이 하중에 비하여 약할 때
4) 부식, 이음매부 레일 끝 처짐(rail batter) 등으로 레일상태가 악화될 때
5) 궤도보수상태가 불량 일 때
6) 차량불량과 탈선, 전복사고가 발생할 때 레일의 훼손을 분류하면 그림 5.44와 같다.

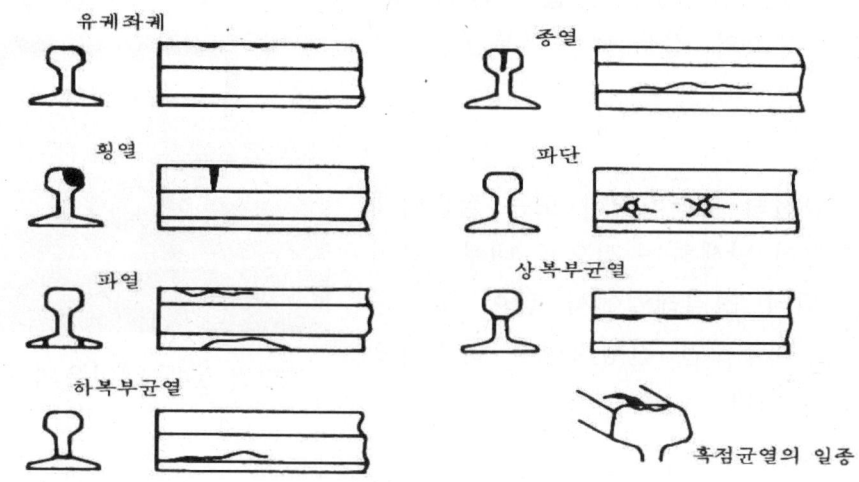

그림 5.44 레일의 훼손

① 유궤, 좌궤

레일이 열차의 반복하중을 받아서 두부정부의 일부가 궤간내측으로 찌그러지거나 또는 정부의 전부가 압좌되어서 얕아지는 현상이다.

② 종열, 횡열

종열은 두부의 연직면에 따라서 발생되며, 때로는 복부의 보울트 구멍에 따라 발생된다. 횡열은 두부내부에 발생된 핵심균열이 반복하중에 의하여 발달된다.

종렬과 횡렬은 레일내부의 결함이 그 주위에 전파되는 것으로 균열이 발생하기 시작하면 급속히 레일을 파단시키게 되거나 외부에서는 발견하기 곤란하므로 주

의해야 한다.

③ 파단(split web at rail end), 파저(broken base)

파단은 이음매 보울트부근이 응력집중이 원인이 되어 방사선상으로 발생하는 균열이 대부분이며 경우에 따라서는 두부와 복부에 발생하는 것도 있고 레일 훼손의 총수의 약 50%를 점유한다. 파단방지대책은 터널내갱환주기파악, 국부적 노반침하분니등 응력조건을 개선 즉, 보수를 철저히 할 것이며, 레일 저부가 레일 못과 침목과의 지나친 밀착관계로 파손되는 것을 파저라 한다.

④ 상복부균열, 하복부균열

레일 두부와 복부가 상접한 상복부, 복부와 저부가 상접한 하복부는 큰 응력을 받으므로, 이 부분에 균열이 발생하는 현상을 전자의 경우를 상복부균열이라 하고 후자의 경우를 하복부균열이라 한다.

⑤ 절 손

레일이 완전히 부러지거나 또는 절손되게 하는 대횡렬이 발생하는 것으로 내부결함이 원인으로 되며 경질레일에서 많이 일어난다. 절손은 내부적인 진행과정후 돌발적으로 발생하기 쉽다.

그림 5.45 레일유괴 연마

⑥ 손 상

불량차륜, 차량의 공전, 급격한 제동, 레일못을 박을때의 해머(hammer)자국이 레일을 손상시켜 레일의 수명을 단축시킬 수 있다.

⑦ 흑점균열

고속중량운전에서 곡선외궤두부에 흑색반점상의 균열이 발생하는 경향이 있다. 타이어(tyre)와 레일의 접촉부의 큰 압력으로 쪽이 묻어 난듯한 상처를 발생케 하여 표면에 나타난 부분은 작은 균열이라도 레일부에서는 큰 횡열로 발달되어 두부의 대부분에 균열이 퍼져있는 수가 있다.

5.11.15 레일의 내구연한(durability of rail)

레일의 내구연한은 훼손, 마모, 부식, 회로, 전식 등 요인에 의하여 결정된다. 일반적으로 레일의 수명은 열차의 통과톤수, 차량중량 또는 궤도가 해변이나 터널 등 부설된 조건에 따라 일정치 않으나 대략 직선부는 20~30년, 해안에서는 12~16년, 터널내에서는 5~10년 정도이다. 최근 급곡선(R=400이하)에는 편마모로 갱환주기가 잦아 레일의 두부를 열처리하여 경도를 높인 경두레일을 곡선외측에 부설하여 수명을 연장시키고 있다.

1) 마모(磨耗, wear)

레일 마모는 직선에서는 차륜이 레일 위를 아주 작은 미끄러짐 율(차량의 주행속도에 대한 레일과 차륜의 접촉점에 대한 상대속도의 비)로 굴러가고 있기 때문에 아주 작은 마모량이 발생하고 있으나 그렇게 문제되지 않는다. 그러나 곡선에서는 레일이 고정축거(固定軸距)를 가진 차륜을 안내하기 때문에 특히 외궤 레일두부의 측부와 차륜 플랜지가 큰 접촉압력으로 큰 미끄러짐 율(率)로 미끄러지면서 운행되어 마모량이 대단히 크다. 마모에 의한 교환기준은 레일두부의 단면감소에 의한 응력 증대 및 차륜 플랜지와 최대 마모 높이의 관계로 탈선을 방지하기 위하여 정해지고 있다. 선로정비지침에 레일교환주기를 나타냈으며 기타 균열, 심한 파상마모 등으로 열차운전상 위험하다고 인정될 때는 레일을 교환하도록 하고 있다.

표 5.19 한국철도의 레일 교환 기준

레일종별	갱환기준 레일두부 최대 마모높이(mm)		일반 직선구간에서 누적 통과 톤수에 의한 교환주기 (억 톤)
	일반의 경우	편마모	
60레일	13	15	6
50N, 50PS	12	13	5
50ARA-A	9	13	5
37ASCE	7	12	2

2) 파상마모(波狀磨耗, corrugation, undulatory wear)

파상 마모는 그 형성과정이 파장을 결정하는 메커니즘과 레일두부 상면에 마모 혹은 소성변형에 의하여 요철(凹凸)을 형성하여 이를 진행시키는 메커니즘이 존재하는 것으로 알려져 있다.

파장(波長) 결정 메커니즘은 궤도지지 스프링 위에서 차량 스프링 하질량

(spring下 質量, un-sprung mass)에 의존하는 고유진동, 윤축의 비틀림 진동 등이 스스로 발생되는 진동이라고 알려지고 있다. 요철을 형성하여 그것을 진행시켜 가는 메커니즘은 레일/차륜간의 레일 길이 방향의 미끄러짐에 의한 오목부의 마모, 레일 단면방향 혹은 길이방향의 비교적 고주파인 공진에 의한 오목부의 마모, 윤하중 변동에 의한 오목부의 소성변형 등이라고 고려되고 있다. 실제의 파상 마모는 단일의 원인 혹은 메커니즘으로 발생하지 않고, 상술한 영향 인자의 몇 개가 조합되어 발생하는 것이라고 판단된다. 또한 파장결정 메커니즘인 자려 진동을 일으키는 실마리의 하나는 이음매부를 포함하여 레일이 이미 갖고 있는 요철이라고 생각되고 있다.

3) 부식(腐蝕, corrosion)

레일은 부식에 의하여 부식 피트(pit)라 불려지는 작은 오목부가 생기기 때문에 현저하게 피로강도가 저하한다. 최근에는 적절한 보수관리에 의하여 부식에 의한 레일의 손상이 감소하고 있으나, 부식이 심한 터널의 레일은 항상 주의할 필요가 있다. 한편, 부식을 방지하기 위한 내식(耐蝕) 레일 혹은 내식용의 도료 등의 연구가 진행되고 있다.

4) 전식(電蝕, electrolytic corrosion, electric erosion)

직류구간에서 레일의 전위(電位)가 항상 소정 이상의 정전위(正電位)로 되어 물 등의 부식환경이 수반되면 레일에 전식이 발생한다. 이것은 레일이 정전위로 물에 접하면 그 부분의 철이 이온으로 되어 유출하는 것에 의하여 급격히 단면이 감소하고, 부식처럼 피트라 불려지는 작은 오목부가 생기든지, 혹은 이 단면감소 부분에서 손상이 발생하는 것도 있다.

5) 피로(疲勞, fatigue)

레일의 피로란 열차하중의 반복에 의한 소성변형(plastic deformation)이 누적되어 균열이 발생하고 진전하는 과정이다. 이 균열이 최종적으로 레일의 기능을 잃어버린 시점을 손상(failure)이라 한다. 이 과정을 지배하는 요인은 레일의 재질, 작용하는 하중에 의하여 발생하는 응력 레벨과 그 반복 수, 더욱이 응력과의 관계가 깊은 레일표면의 부식 등이 있다. 구체적인 피로균열과 그 발생개소에 대하여 이전에는 보통 이음매부의 볼트구멍에서의 파단(破斷)이 상당한 분을 차지하였으나 현재는 레일 용접부의 피로와 레일두부 상면의 전동(轉動)

접촉 피로인 레일 쉐링(shelling)이 그 대부분을 점한다.

경부고속철도에서는 레일의 최대 마모 높이가 60kg/m 레일 본선에서 13mm 측선에서 16mm, 50kg/m 레일은 측선에서 15mm, 파상 마모 높이 0.2mm(고속운전 구간)에 달하였을 때 기타 균열 등으로 열차 운전상 위험하다고 인정될 때 교환하며, 일반 직선 구간에서의 교환주기를 누적통과 톤수에 따라 60kg/m 레일은 6억톤 50kg/m 레일은 5억 톤으로 하고 있다.

5.11.16 장대레일

레일의 이음매는 궤도에서 첫 번째 가는 약점으로, 이음매가 없으므로 보수의 생력화와 승차감 개선의 효과가 크다. 장대레일은 온도변화에 의한 신축의 처리가 곤란하고, 레일의 좌굴·장출에 의한 탈선 등이 치명적이다. 그후, 레일용접기술의 향상, 신축이음매의 개발, 도상저항력이 큰 P.C침목과 깬 자갈 도상의 보급 등에 의해 장대레일이 널리 채용되고 있다. 레일의 온도변화에 의한 신축량(cm)은, 선팽창계수(11.4×10^{-6})×온도변화(℃)×레일의 길이(cm)로 산정된다. 온도변화를 30℃, 장대레일 길이를 2,500m라고 하면, 레일의 신축량은 85cm의 크기가 된다. 또한, 레일을 고정한 경우의 온도변화에 의한 축력(kg)은 탄성계수($2.1 \times 10^6 f/cm^2$)×단면적(50kg레일에서 $64cm^2$)×선팽창계수(11.4×10^{-6})×부설시의 온도차로 산정된다. 50kg레일의 축력은, 부설시의 온도차 20℃로서 약 30ton, 레일내부 응력은 약 $5kg/mm^2$가 된다. 장대레일의 경우는 중간부는 강고한 도상으로 온도변화의 축력에 대항하는 레일이 신축되지 않도록 고정되고 양단의약 100m 구간에서만 신축하므로, 그 양단구간의 신축 처리를 충분히 하면 좋다. 장대레일을 부설할 수 있는 조건으로서는

1) 곡선반경은 원칙으로 600m 이상
2) 기울기변경의 종곡선 반경은 3,000m 이상
3) 레일은 50kg 이상   4) P.C 침목 사용   5) 침목본수 38
6) 도상은 깬자갈 도상, 도상저항력 500kg/m 이상
7) 양호한 지반일 것   8) 도상어깨폭 400mm 이상
9) 도상어깨폭 400mm 이상 10) 복진 현상이 심하지 않은 궤도
11) 온도가 내려가는 동계에도 내력이 있는 용접강도를 갖는 등, 레일의 신축을 억제하도록 해야 한다. 장대레일 부설은, 공장에서 제작되는 200m

장대레일을 전용의 평상화차로 수송하여, 현장에서 연결 용접하는 것이 일반적이다. 레일용접은 전기 후라쉬버트 용접법이나 가스압접법이 채용된다. 주로 공장에서 하는 후라쉬 버트법은, 레일을 맞대어 통전에 의한 불꽃(후라쉬)을 발생시켜 고열압접 시키는 것이다. 주로 현장에서 하는 가스압접법은 산소, 아세찌엔 불꽃에 의해 접합하는 레일단면을 약 1200℃로 가열시켜 압접한다. 장대레일의 양단은 각각 약 50 ~ 100m의 구간이 온도변화로 신축하므로 그 신축양은 여름과 겨울에 30~50mm가 되기 때문에 신축이음매를 설치한다(그림 5.46 참조.)장대레일 부설시의 설정온도는 예상되는 레일 최고온도보다 35℃이상 낮지 않으며, 예상되는 최저온도보다 40℃이상 높지 않은 조건으로 여름과 겨울철을 피한다.

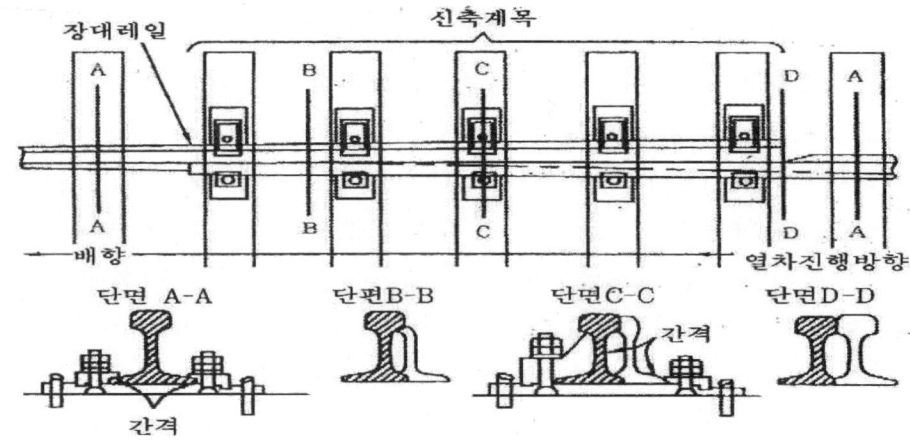

그림 5.46 신축 이음매 예

5.11.17 가드레일(guard rail)

본래의 레일과 병행하여, 마모·탈선방지를 위하여 또는 건널목·분기기등에 가드레일이 사용된다. 마모방지 가드레일은 곡선외측 레일의 마모를 방지하기 위한 내측레일에 병행하여 설치한다. 또한 선로가 깊은 하천을 따라 가는 등 만일, 탈선차량이 전락하여 피해가 심해지는 두려움이 잇는 구간등에서는, 탈선방지 가드를 설치한다(그림 5.47 참조).

건널목 가드는 좌우레일 사이의 포장부분과 레일의 간격을 확보하기 위하여 설치한 레일 또는 앵글재가 있다. 레일과의 간격치수는 도로교통으로부터 되도록 좁은 것이 바람직하다. 차륜치수의 이류로 65mm를 표준으로 한다.

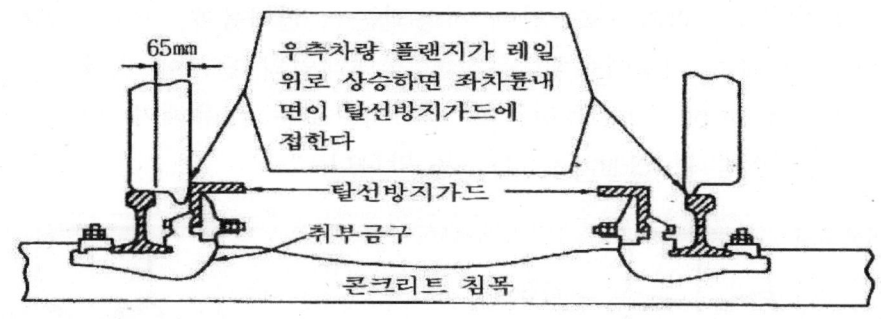

그림 5.47 가드레일 예

5.11.18 레일이음매 기능

레일의 길이에는 일정한 한도가 있으므로 이음매가 필요하게 되며, 이음매는 결선부로서 열차통과시 차량의 진동이 발생하고 궤도는 충격을 받아 도상의 이완을 촉진시키고 이음매판과 볼트의 절손은 물론 레일이 절손되는 등 궤도의 최약부로 구조의 개선이 요구된다.

일반적으로 이음매의 기능 및 구비조건은 다음과 같은 사항이 요구된다.
1) 분단된 전후의 양레일은, 연속으로 작용되므로, 레일 이음매 이외의 부분과 강도와 강성이 동일할 것.
2) 양레일의 단부는 온도 신축에 대해서 필요한 응력과, 길이 방향으로 이동할 수 있을 것.
3) 구조가 간단하고, 이음매 재료의 제조보수작업이 용이할 것.
4) 연직하중 및 횡압력에 충분히 견딜 수 있을 것.
5) 제작비, 보수비가 저렴해야 한다.
6) 전철화 등의 구간에서는 전기절연이 양호할 것

5.11.19 레일 이음매 종류

레일이음매의 종류를 분류하면 다음과 같다.

1) 이음매 구조상의 분류
  (1) 보통이음매 : 보통의 이음매 구조로서 한쌍의 이음매판을 측면에 붙여

보울트, 너트, 록크 너트와셔(lock nut washer)등으로 충분히 긴결한다.
(2) 특수이음매 : 전기신호구간에 사용되는 절연이음매, 이종레일의 연결점에 사용되는 이형이음매, 용접한 장대레일의 단부에 사용되는 신축이음매(expansion joint)용접하여 외관상으로는 이음매가 없는 장척레일의 용접이음매(welding joint)등을 말한다.

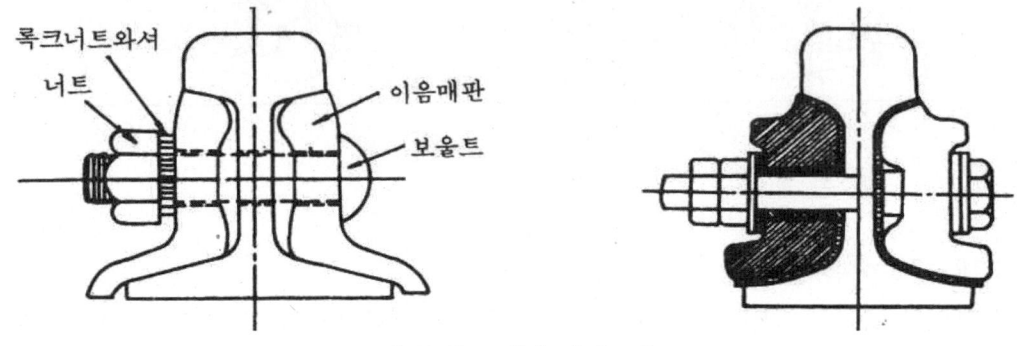

그림 5.48 이음매의 구조

2) 이음매 배치상의 분류
(1) 상대식이음매(even joint, opposite joint) : 좌우레일의 이음매가 동일위치에 있는 것으로 열차 상하동과 소음이 심하여 이음매부의 열화도가 크다. 곡선부에서는 내궤의 레일 이음매와 위치를 맞추어야 하며 보수상태가 불충분한 궤도에는 상호식보다 유리하다.

(a) 상대식 이음매

(b) 상호식 이음매

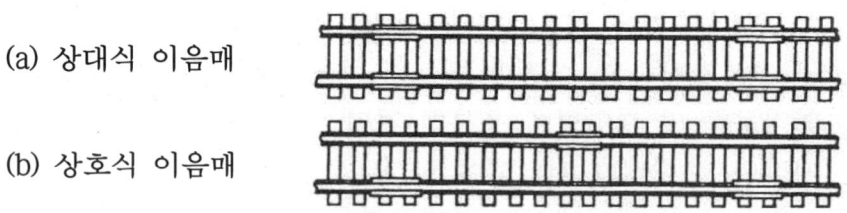

그림 5.49 레일이음매의 배치에 의한 분류

(2) 상호식이음매(alternate joint or broken joint) : 편측레일의 이음매가 타측레일의 대략중앙부에 있도록 배치한 것으로 열차가 이음매부 통과시 궤도와 차량이 받는 충격과 소음이 적고, 곡선부에 있어서 이음매의 개소가 많이 소요된다. 이 방법은 이음매 개소가 많아 궤도의 좌우

불균등을 초래하여 차량에 좌우동을 주게 된다. 궤도상태가 양호한 선로에는 유리하다.

3) 침목 위치상의 분류

레일의 이음매와 이음매부 침목의 위치로 다음과 같이 분류한다.

(1) 지접법(supported joint) : 지접법은 이음매를 침목직상부에 두는 것으로 충격이 직접 침목에 전달되므로 침목의 침하가 심하게 발생하나 보통 침목보다 큰 침목(이음매침목)을 사용하여 진동과 충격을 흡수하고 레일과 이음매판의 열화를 방지할 수 있는 방법으로서 널리 사용되고 있다.

(2) 현접법(suspended joint) : 현접법은 레일 이음매를 침목상간의 중간부에 두는 방법이며 레일의 단부가 내민보(cantilever)역할을 하여 이음매의 충격을 완화할 수 있어 침목의 침하가 비교적 적으나, 이음매판에 무리가 가고 레일끝 처짐이나 균열이 발생하기 쉽다.

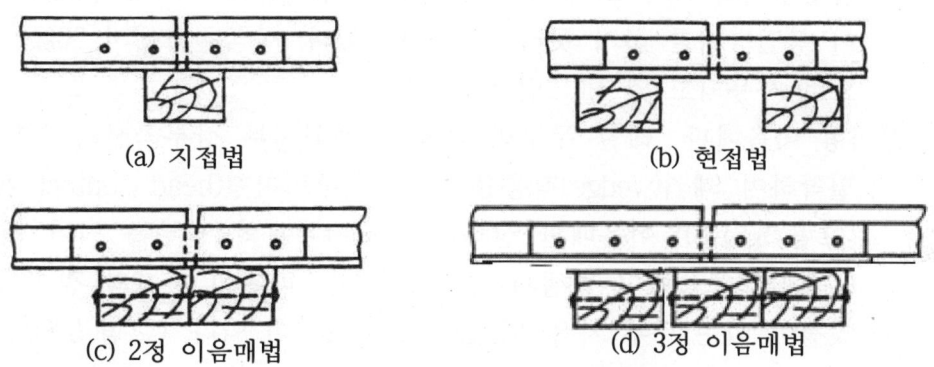

(a) 지접법　　　　　　　　　(b) 현접법

(c) 2정 이음매법　　　　　　(d) 3정 이음매법

그림 5.50 이음매의 지지법

(3) 2정 이음매법(two tie joint) : 지접법에서 지지력부족을 보강하기 위하여 2개의 보통침목을 병설하고 보울트로 체결하여 사용하던가 횡폭의 1개 침목을 사용하여 지지면적을 배가시킨 것이다. 도상다지기작업이 다소 곤란하나 레일 끝 처짐과 이음매부의 처짐을 어느 정도 방지할 수 있어 이음매판에 무리가 덜 간다.

(4) 3정 이음매법(three tie joint) : 현접법과 지접법을 병용한 것으로 침목 3정이 동일지지를 유지하기 곤란하며 이음매판이 다른 것 보다 긴 것을 사용한다.

5.11.20 이음매판

1) 이음매판의 작용

이음매판은 휨응력이 작용하므로 단면 2차 모멘트가 큰 형상이어야 한다. 레일 높이와 두부폭으로 인하여 제한을 받아 임의설계가 불가능하다. 온도변화에 의한 레일두부의 신축을 극도로 구속하지 않도록 보울트 구멍(bolt hole)에 약간 여유를 두고 레일과의 접촉면은 레일 복부에서 공극을 둠으로서 이음매판은 충격하중을 비교적 적게 부담하도록 하며 레일 신축에 대하여도 무리가 없게 한다.

2) 이음매판의 종류

이음매판은 단면형상, 볼트수, 역학적작용에 따라 다음과 같이 분류한다.

(1) 이음매판 단면형상에 의한 분류

① 단책형 이음매판(flut splice bar) : 구형단면의 강판으로 제작되어 레일두부에서 저부로 힘의 전달이 유효한 구조이나 노치(notch)가 없어 복진방지를 하지 못하는 결점이 있다. 한국철도에서 50kg 레일용으로 사용되고 있다.(그림 5.51(a))

② I형 이음매판 : 레일 두부의 하부와 레일저부 상부곡선의 2부분에서 밀착하여 쐐기(wedge)작용을 하는 두부밀착형(head contact type)과 (그림 5.51(b)) 이음매판 상하부의 접촉부분의 일부를 띄어 레일 목(수)에 집중응력이 발생치 않으므로 이음매판의 마모와 절손이 적은 잇점이 있는 두부 자유형(head free type)이 있다. (그림 5.51(c))

③ L형(앵글형) 이음매판(angle splice plate) : 단책형에 하부 플랜지(lower flange)를 붙여 단면증가를 시켜 강도를 높인 구조로서 플랜지를 레일 저부의 상면에 밀착토록 하여 횡압저항이 크고 노치(notch)에 스파이크를 박아 복진방지를 할 수 있다. L형은 단책형에 비하여 단면적의 증가가 용이하므로 단책형은 레일강성의 10~20% 정도에 불과한데 L형 25~30%정도나 되고 강도와 강성을 어느 정도는 증대시킬 수 있다.

(a) 단책형　(b) 단부접촉형　(c) 두부자유형　(d) L 형

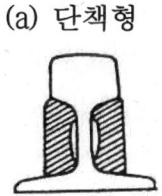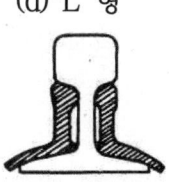

그림 5.51 보통 이음매판

(2) 이음매판 볼트수에 의한 분류
  ① 4공형 : 이음매판 볼트를 4개 사용하는 형으로 길이가 짧다.
  ② 6공형 : 이음판 볼트를 6개 사용하는 형으로 길이가 길다. 이음매판 과 레일의 접촉마찰에 의한 이음매 저항은, 레일의 장척화에 따라 증대시킬 필요가 있다. 이를 위해 최소한의 마찰면적 및 길이가 필요하다.

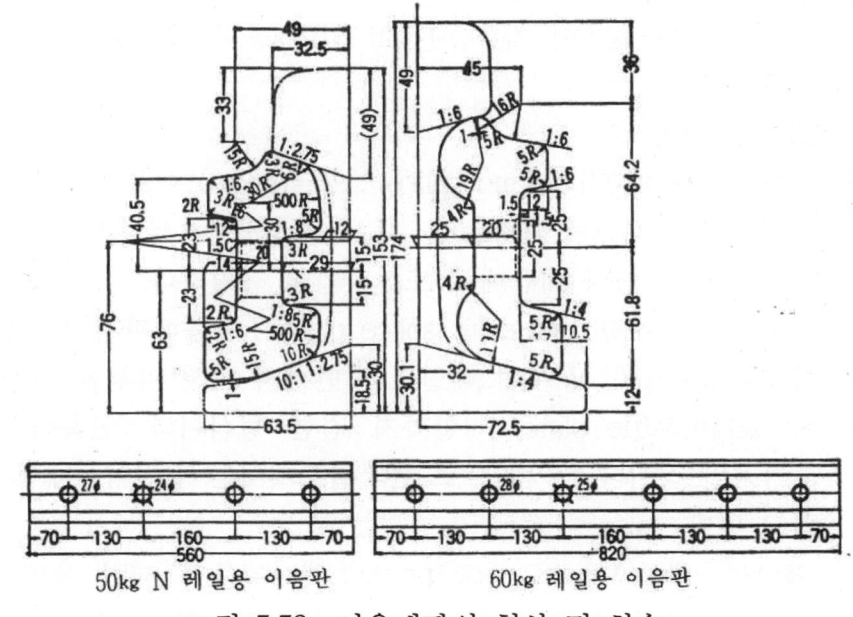

그림 5.52 이음매판의 형상 및 치수

6개의 볼트를 사용하면, 레일과 이음매판의 접촉압력은 4공형에 비해 커진다. 또한 볼트가 어느 하나가 이완되도, 다른 볼트가 보강작용을 한다. 그러나 이음

매판의 저항 moment는 길이보다 단면적에 관계된다. 또한 볼트의 긴체력이 지나치면 레일복부의 상·하부에 큰 인장력을 주어 악영향을 미친다. 더구나 이음매판이 지나치게 길면, 볼트를 체결했을 때, 중앙부 턱아래만 마모되어 레일에 밀착이 좋지 않고, 이음매판의 양단은 간격이 벌어지는 경향이 생긴다. 이와같은 장·단점 및 경제성등을 고려해서 일반적으로 중량레일에는 6공형, 50kgN레일 이하에는 4공형 이음매판이 쓰여진다.

  (3) 역학적작용에 의한 분류

    ① 두부접촉형(head contact type) : 이음매판을 조립했을 때, 이음매판이 레일두부와 레일저부의 상부곡선의 두 부분에서 밀착하여 쐐기(wedge) 작용을 하는 형이다. 이음매판과 레일과의 접촉면의 각도, 즉 이음매판의 각도는 볼트를 체결했을 때 쐐기 작용을 위해 적당한 경사를 유지해야 한다.

    ② 두부자유형(head free type) : 이음매판이 상하부의 접촉부분의 일부를 띄어 놓으면 레일 목(首)에 집중응력이 발생치 않으므로 이음매판의 마모와 절손이 적은 이점이 있어 중량레일(60kg) 이음매판으로 사용된다.

  (4) 기타 이음매판

    ① 본자노 이음매판(bonzano splice) : 앵글(angle) 이음매판 중앙에서 앵글하부플랜지(lower flange)를 다시 연직방향으로 꾸부려 보강한 것으로 강도는 크나 이음매부 도상작업이 불편하다.

    ② 연속식 이음매판(continuous splice plate) : 이음매판의 하부(플랜지)를 아랫쪽으로 180° 꾸부려 레일의 저면까지 싸서 강성을 크게 하고 타이 플레이트(tie plate) 역할까지 겸한 형식이다. 연속식이음매판은 효과적인 것이나 고가이므로 한국철도에서는 절연이음매에 일부사용하고 있다.

    ③ 웨버이음매판(weber splice plate) : 궤간외측의 레일 측면에 목괴를 삽입하여 진동을 완화시키고 이음매판 볼트의 이완을 예방하기 위한 것이다.

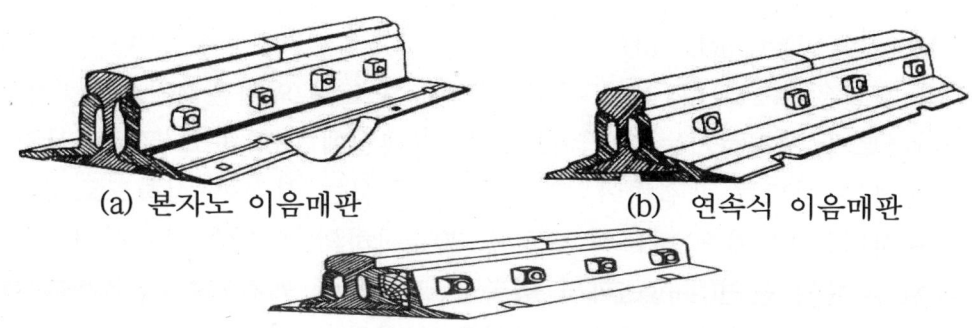

(a) 본자노 이음매판　　(b) 연속식 이음매판
(c) 웨버 이음매판
그림 5.53 이음매판의 종류

3) 이음매 부속품

레일의 이음매판이 확고한 작용을 하기 위하여는 보울트가 단단히 조여져야 하며 레일의 온도신축에 지장을 주지 않는 정도라야 한다.

(1) 이음매판 볼트(track bolt)

볼트의 두부는 구형과 4각형 2종이 있으며 30kg, 37kg 레일용 이음매판 보울트의 두부직하부 단면은 이음매판의 보울트 구멍보다 약간 작은 타원형으로 되어 있어 이 부분이 이음매판의 타원형 보울트 구멍에 들어가 보울트의 회전을 방지하도록 하였다. 50kg 레일용 볼트의 두부는 4각형으로 되어 있어 이음매판 외측의 상하부 돌기에 걸리도록 하여 볼트의 회전을 방지하고 있다.

보울트의 직경은 보울트의 구멍직경보다 2~2.6mm가 작으며 길이는 체결후 6mm정도의 여유가 있어야 한다. 이음매판 볼트의 조임정도는 레일이 온도신축에 대해 길이 방향으로 이동가능하도록 조인다. 볼트의 조임정도는 다음 표 5.20의 체결력 표준에 의한 토크(torque)로 조이며 한국철도에서는 볼트의 정도와 경도를 높이기 위하여 열처리를 하여 사용하고 있다.

표 5.20 이음매볼트 체결력

종　　　별	30kg용	37kg용	40kg용	50kg 또는 50kg N용
보 통 볼 트	1,600kg·cm	2,000kg·cm		3,500kg·cm
열처리볼트	2,000kg·cm	3,500kg·cm	4,000kg·cm	5,000kg·cm

(2) 이음매판 너트(track nut)

너트의 재질은 볼트보다 약간 연질의 것이 좋으나 외형은 4각형과 6각형이 있고 6각너트가 체결하기는 편리하므로 경량레일에 사용하고 50kg이상의 레일에 사용하는 너트는 체결력이 크고 터널내에서는 부식이 심하므로 4각 너트가 유리하다. 이음매판 너트의 위치는 30kg이하의 레일에서는 레일 두부마모에 의한 차륜의 윤연(flange)과의 접촉을 고려하여 궤간외측에 전부를 배치하고 37kg, 50kg레일에서는 차륜의 탈선을 고려하여 궤간내외에 교호로 배치한다.

(3) 록크 너트 왓셔(lock nut washer)

열차진동과 레일의 고주파진동에 의한 이음매부의 긴체력을 감소시키는 너트의 이완을 방지하기 위하여 록크너트가 쓰여진다. 와셔의 기능은 적정한 볼트의 장력을 주고, 이음매판볼트와 이음매판 사이의 완충역할을 하고, 너트의 회전 풀림 및 너트장력의 불균형을 방지한다. 재질은 탄력좋은 고급 스프링강이 쓰이고 있다.

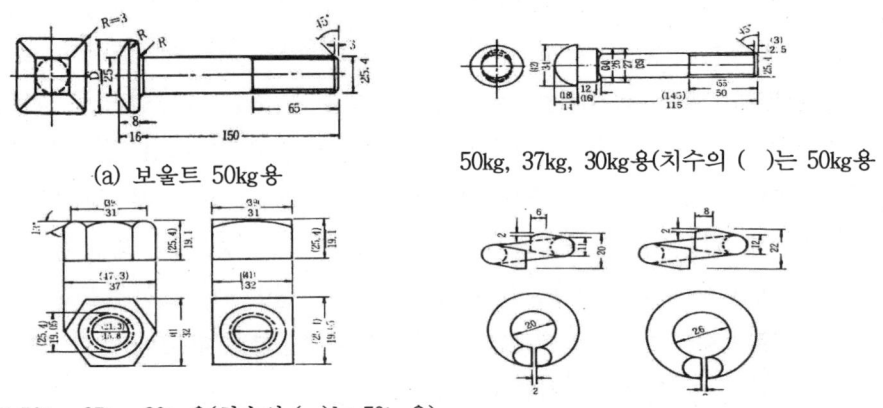

그림 5.54 이음매 부속품(단위 : mm)

5.11.21 이음매부 유간

레일이음매부는 기온의 변화에 따라 신축하므로 적당한 간격을 둘 필요가 있다. 이것을 이음매부 유간이라 한다. 레일이음매 유간은 레일 온도변화의 범위, 레일강의 팽창계수 및 레일 길이에 의해 계산 설정한다. 레일온도는 밤중이나 흐린날에는 대기온도와 큰 차이가 없으나, 일광의 직사를 받으면 하절에 대기온도보다 20℃가량 높고 동절엔 대기온도와 별차없다. 레일을 자유로 신축할 수 있다고 가정하고 레일온도 60˜(-15℃), 레일팽창계수 β =0.0000114라 하면 레일길이 L=10m에 대한 최대소요유간 e=B.t.L= 0.0000114×{60-(-15)}×10×10³ =8.6(mm)이다. 그러나 실제부설레일에 대하여는 이음매판과 레일간의 마찰저항, 레일과 침목간의 체결저항, 침목과 도상간의 도상저항 등이 있으므로 20m 25m레일의 실제 e는 12mm로 된다.

하계에 온도상승으로 이음매유간이 0으로 된 후 팽창에 대항하는 것은 그 축방향력이며 도상저항도 이에 가세한다. 그러나 어느 정도를 지나면 궤광(軌框, track frame)은 횡방향으로 좌굴(buckling) 또는 장출현상을 일으킨다. 따라서 레일 작업과 이음매부 작업등은 혹서, 혹한을 피하여야 한다.

5.11.22 특수 이음매(special rail joing)

1) 본드 이음매(bonded joint)

레일을 자동신호기의 전기회로(궤도회로, track circuit)로 사용할 경우, 또는 전철구간에 있어서 레일을 전차전류의 귀선으로 이용할 때 보통이음매 구조로서는 전기저항이 크므로 레일의 양단을 동선으로 연결하여 전기적으로 완전히 결합시킨다.

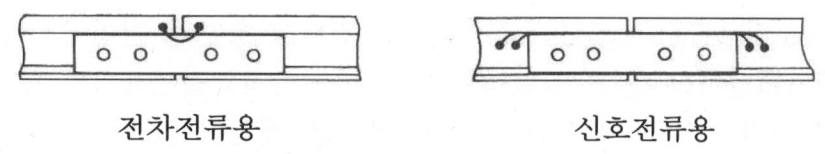

전차전류용   신호전류용

그림 5.55 본드이음매

2) 절연 이음매(insulated joint)

레일을 전기적 구역으로 분할키 위하여 이음매를 전기적으로 절연하여야 할 개소에 사용한다. 절연재는 레일과 이음매판 보울트 주위 및 유간에 직접 화이버(fiber) 또는 합성수지(prastic) 및 기타의 재료로 된 절연재를 삽입하여 전기를 절연시킨다.

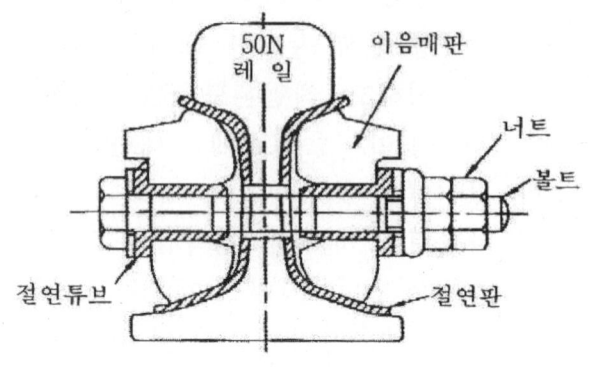

그림 5.56 절연 이음매

3) 이종레일의 이음매(step joint or cranked splice)

단면이 서로 다른 2종의 레일을 연결할 때 이형 이음매판(cranked splice plate)을 사용하며 어떤 것은 이음매판 하면에 돌기가 있는 깔판을 레일 하면에 병용한다. 경우에 따라서는 이음매판 대신 중계레일(taper rail or transition rail)을 삽입할 때도 있다. 중계레일은 이종레일을 단조하여 1회(길이 5~10m 정도)로 한 것이나 근래에는 엔크로스드아크 용접(enclosed arc welding)을 하여 사용한다.

4) 접착절연레일(glued insulated rail)

레일절연을 강화하기 위하여 강력한 접착제로 레일과 이음매판을 접착하여 레일 축력(longitudinal forcein rail), 충격에 견디고 충분한 절연성을 갖는 레일을 접착절연레일이라 한다. 일반적으로 사용되는 접착절연레일의 종류는 보통 레일 및 열처리 레일(HH340, HH370)의 50N, 60 레일이 있으며 주로 직선구간에 사용된다. 고속철도에서는 무절연 궤도 회로를 사용하여 인접 회로와의 분리를 전기적으로 구분하는 회로구분 경계구간에 동조 유니트(共振回路)를 사용하여 특정 주파수에서 레일이 임피던스(inpedance)와 공진이 되도록 하여 임피던스가 최대 또는 최소가 되도록 한 것이다. 전면(全面) 접착형의 특수이음매와 레일과 사이에 열경화성 에폭시 수지와 글라스크로스(glass cross)로 이루어지는 접착층을 형성하여 레일절연에 이용하는 볼트, 너트, 레일형(形) 등을 사용하여 조립·제작한다.

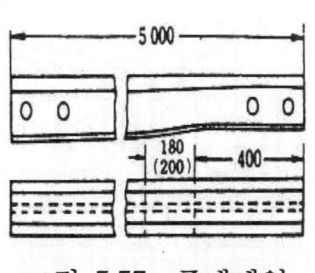
그림 5.57 중계레일

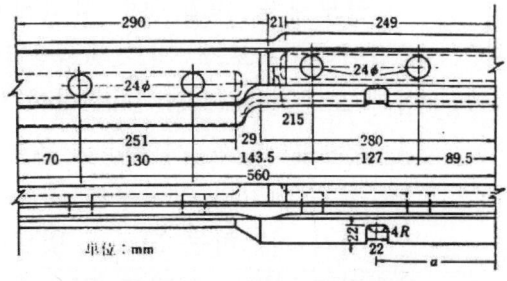
그림 5.58 이형 이음매판

5) 용접 이음매(welded joint)

레일을 연속용접하여 기계적인 이음매를 없게 한 것을 용접이음매라 하며 다음과 같은 용접법이 쓰여지고 있다.

(1) 후레쉬 벗트 용접(flash-but welding) : 용접할 2개의 레일단부를 약 2mm 띄어 전류를 통하게 한 후 양단부를 접촉과 분리를 반복하여 전류회로를 단락시키면 전기저항이 일어난다. 이 전기저항으로 발생되는 열에 의하여 접합단부를 가열한 후 양모재를 밀착시켜 강압하여 융접시킨다. 이 방법은 강도의 균일성이 높은 용접방법으로서 기계적으로 제반작업이 이루어지므로 단시간에 용접을 할 수 있다. 기계장치, 전원설비가 대규모로 되며 보통은 공장내에 용접기를 정치시켜야 하나, 일부는 차량에 설비를 탑재하여 장치의 이동을 가능케 하는 방법도 있다.

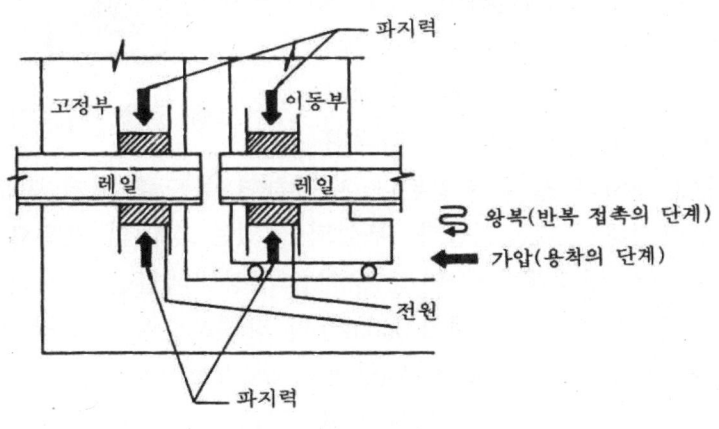
그림 5.59 후레쉬 벗트 용접

(2) 가스압접(gas pressure welding) : 산소, 아세칠렌(aectylene) 또는 프로판가스(propane gas)등으로 양레일의 단부를 가열해서, 적열하여 용융시키면

서 양모재를 가압하여 용접시키는 방법이다. 크로스 벗트(closed butt)법과 오픈 벗트(open butt)법이 있으나 한국철도에서 시행하고 있는 가스압접은 레일의 양단부를 처음부터 밀착시켜 가열하는 크로스 벗트법이 사용되고 있다. 일례로 50kg레일에서 19t으로 가압하며 장치는 비교적 간단하므로 현장에서 용접할 수 있고, 장치의 신뢰도가 높다.

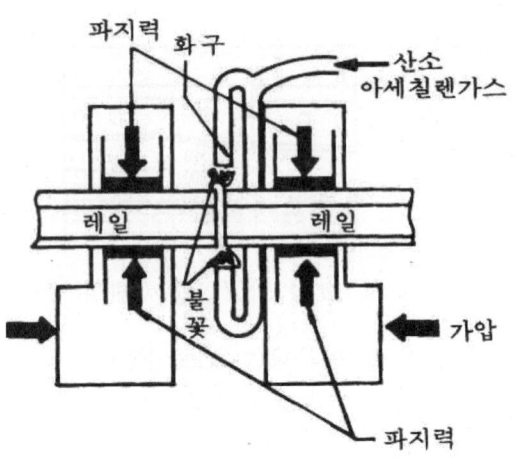

그림 5.60 가스 압접 용접

(3) 테르미트 용접(thermit welding) : 이 용접방법은 양레일을 예열해서 간극에 테르미트(tehrmit)라고 칭하는 산화철과 알미늄(alminium)의 분말을 혼합한 용제를 점화하여 가열시킴으로서 화학반응에 의하여 용융철분을 유리시키며 이때에 발생하는 고열로 용접하는 것이다. 예열구로부터의 가스로 예열하여, 도가니 내의 테르미트에 점화한다. 테르미트는 환원반응을 일으킨다. 용제가 녹아서 도가니 저공으로 흘러내려

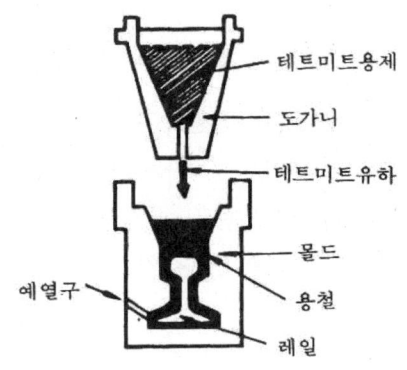

그림 5.61 테르미트 용접

몰드중에 레일과 같이 용접된다. 냉각하면 몰드를 제거 여분을 그라인다 등으로 삭정하여 다듬질한다. 부설되어 있는 상태의 레일에 대하여 시행하는 것으로, 공장내에서 미리 수백m의 장대레일을 제작하여 현장에 수송하여 현장에서 용접하여 1,000m급의 장대레일을 부설할 때 채용된다.

(4) 엔크로즈 아크(전호)용접(enclosed arc welding) : 이 용접법은 양레일단부에 용접봉에 의한 전류를 통해서 발생시킨 아크(arc)열에 의해 레일단을 적열시킨 용접봉으로 용접한 것이다. 다른 용접방법에 비해 제품의 신뢰도가 약간 떨어진다. 용접시간이 많이 걸려 작업능률이 저조하며 열차회수가 많은 선에서는 현장용접이 불가능하다. 장비는 저렴하나 인공작업이

므로 강도의 균일성보장이 어렵다. 한국철도에서 절연접착레일, 이형레일 제작에 쓰여지고 있다.

(5) 레일신축이음매(expansion joint) : 우리나라의 대기온도를 여름철에 +40℃, 겨울철에 -20℃라 하면 레일의 온도변화는 최대 60~80℃ 정도이므로 중립 온도에서 최대레일을 부설하면 실제온도변화는 ±(30~40)℃를 대상으로 하면 된다. 장대레일은 그 연장에 구애됨이 없이 양단부의 50~100m 정도가 신축하게 되므로 레일 단부의 최대신축량은 20~30mm정도가 된다. 따라서 정척레일의 유간으로는 처리하기 곤란하므로 레일신축이음매를 사용하거나 완충레일을 사용하여야 한다. 신축이음매의 구조는 온도변화에 따라 레일길이 방향의 이동이 원활한 입사각이 없는 포인트와 비슷하며 각국에서 쓰여지고 있는 것은 그림 5.62과 같다 (a) 양측둔단중복형은 프랑스, (b) 결선싸이드 레일(side rail)형은 벨지움, (c) 편측첨단형은 한국, 이탈리아, 일본, (d) 양측첨단형은 네델란드, 스위스, (e) 양측둔단맞붙이기형은 스페인에서 사용하고 있다. (f) 편측첨단부곡선형은 곡률을 이용하여 궤간을 일정하게 유지하며 탄성적으로 밀착시켜 결선부분없이 온도신축이 가능케한 것이다. 미국, 독일에서는 레일신축이음매를 사용하지 않고 완충레일을 사용하고 있다.

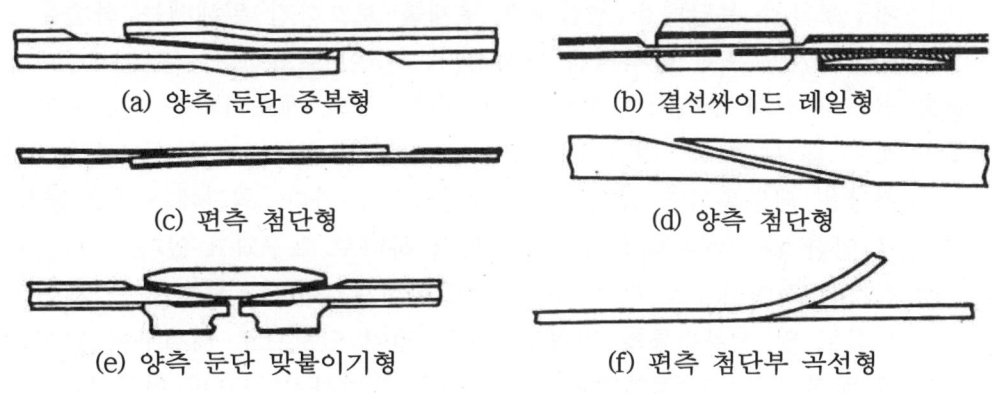

(a) 양측 둔단 중복형   (b) 결선싸이드 레일형

(c) 편측 첨단형   (d) 양측 첨단형

(e) 양측 둔단 맞붙이기형   (f) 편측 첨단부 곡선형

그림 5.62 신축이음매 종류

5.11.23 레일의 체결

1) 레일체결장치의 역할과 기능

  (1) 역할 : 레일을 침목위 소정위치에 고정시키는 것을 레일 체결(rail fastening)이라 한다. 레일을 침목 또는 다른 레일 지지구조물에 결속시키

는 장치를 레일 체결장치(rail fastening device)라 한다. 레일 체결장치는 레일에 가해지는 각종 부하요소, 즉, 레일상하방향, 레일좌우방향, 레일종방향의 하중 또는 작용력, 여기에 수반된 회전력, 충격력 및 진동에 저항할 수 있어야 한다. 좌우레일을 항상 바른 위치로 유지시켜야 하며, 이와 같은 부하요소를 침목, 도상등 하부 구조에 전달 또는 차단하는 역할을 한다.

(2) 기능 : 레일체결장치는 상기 역할을 효과적으로 달성하기 위해서는 다음과 같은 기능 및 조건을 구비해야 한다.

① 부재의 강도, 내구성 : 각종하중에 대해 충분한 강도를 가지고 내구성이 있을 것. 일반적으로 체결장치는 각부재로 결합 구성되어 있으므로 강도가 균일해야 한다.

② 궤간확보 : 가장 기본적인 것으로 어떤 체결장치에 있어서도 불가결한 기능으로 이 경우, 단순한 수평하중뿐만 아니라 레일 경사(레일 경좌, tilting of cant rail)에 대해서도 억제기능이 필요하다.

③ 레일 체결력 : 레일의 체결력 즉, 레일을 누르는 힘, 레일의 복진방지, 레일 신축 및 레일축력의 규제, 레일 부상 등은 궤도의 안정성에 관계되는 것으로 항상 일정한 레일을 누르는 힘을 유지하여야 한다.

④ 하중의 분산과 충격의 완화 : 레일 체결장치의 부재자체 및 침목 등 지지구조물의 부담력을 경감시켜 부재를 보호하기 위해서는 하중을 넓게 분산시키고 또한 충격력을 완화시키는 것이 필요하다.

⑤ 진동의 감쇠, 차단 : 도상의 열화, 유동 등의 궤도파괴는 진동으로 인한 것이 대부분이다. 레일에 일어나는 진동은 침목, 도상 등 하부 구조에 전달을 되도록이면 감쇠 또는 차단시켜야 한다. 최근에는 구조물진동으로 인한 환경공해 대책이 주요기능의 하나로 요구되고 있다.

⑥ 전기적 절연성능의 확보 : 레일은 일반적으로 각종 신호 또는 제어의 궤도회로 및 전차전류의 귀회로로 구성되어 있으므로 체결부에 있어 레일과 하부구조물과 절연저항의 신뢰성을 유지하지 않으면 안된다.

⑦ 조절성 : 스랙(slack), 레일 마모등에 대해, 궤간은 조정되어야 한다. 특히 최근 슬래브(slab) 궤도등의 직결궤도 구조에서는 종래도상이 발전 시공시의 위치조정, 궤도 틀림의 보수를 주로 체결부가 받게 되어 이 조절성도 주요한 기능에 하나다.

⑧ 구조의 단순화 및 보수성력화 : 부설수량이 대단히 많으므로 시공, 보수

제작이 용이해야 한다. 따라서 부품, 형상의 단순화, 유지관리의 성력화, 사용조건, 예를 들면 레일 침목종별 등의 변경에 대한 부재의 실용, 호환성을 고려할 필요가 있다.

2) 레일 체결장치의 종류

레일 체결장치는, 체결방식에 의해 대별하면 표 5.21과 같이 일반체결(단순체결)과 직선용, 곡선(급곡선)용, 급기울기용 등으로 분류된다. 보통으로 궤도구조(특히 침목구조)에 의해 구분된다. 따라서 구체적인 체결장치의 구조는 궤도조건과 궤도구조의 조합에 의해 여러 종류 여러 모양의 것이 고안되어 있으나, 실용적으로는 레일, 침목형상, 치수 등의 물리적제약, 하중과 기능도 감안해서, 종별의 통일화를 시킬 필요가 있다.

표 5.21 체결력 방식에 의한 분류

종 별	세 별	요 지	체결력방식
일반체결 (단순체결)	스파이크체결	강성적으로 레일을 누름	
	나사스파이크 체결	상 동	상 동
	타이플레이트 병용체결	체결강화를 한 것	
탄성체결	단 순 탄 성	레일을 위에서 탄성적으로 누르는 것	
	이 중 탄 성	레일의 상하방향에서 탄성적으로 누르는 것	
	실 전 탄 성	레일의 상하좌우에서 탄성적으로 누른다.	
	다 중 탄 성	탄성체결을 한 것	

3) 일반체결

(1) 개못(dog spike) : 이 체결방법은 가장 단순한 오래전부터 사용되어 온 대표적인 것으로 개못(dog spike)에 의해 체결하는 것이다. 두부가 ㄱ자형으로 구부러져 레일의 저부를 누르게 되어 있으며 그 형상이 개머리를 닮아 개못이라 한다. 개못의 길이는 박은 후 못의 첨단이 침목하단면에서 15mm정도가 되는 것이 양호하다. 보통 레일의 궤간내외측에 팔자형으로 4개를 박는다.

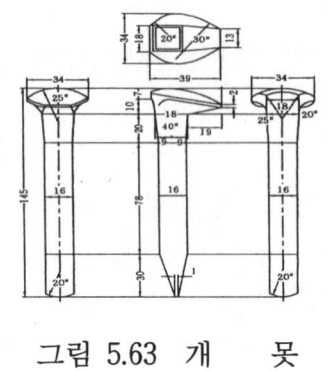
그림 5.63 개 못

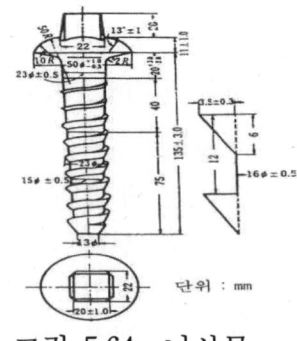
그림 5.64 나사못

궤간내측의 개못은 주로 레일이 궤간외측으로 경사함으로 생기는 레일 저부의 부상을 방지하고, 궤간외측의 개못은 주로 궤간확대를 방지한다. 개못 체결은 구조가 간단하고, 작업이 용이하여 값이 싼 이점이 있으나 궤간확보가 주목적이다. 체결강도는 침목의 개못 지지력, 지압력에 지배된다. 개못의 부상저항력은 수종에 따라 다르나 1개당 1,500~2,000kg 정도이며 횡방향지지력은 부상 저항보다 약간 적다. 개못은 다음과 같은 단점이 있다. 지지력이 비교적 적고, 개못 주위의 침목 섬유가 손상되고 부패되기 쉽고 한번 박았던 것을 뽑았다 다시 박으면 저항력이 떨어진다.

(2) 나사 못(screw spike) : 나사 못은 스크류 스파이크, 스크류 보울트라고도 하며 개못의 지지력을 증대시키기 위한 것이다. 인발저항력은 개못의 1.5~2.5배 정도이고 내구력도 크나, 박기와 뽑기에 품이 많이 들여, 침목의 천공위치가 개못보다 정확을 요하므로 노력이 더드는 단점이 있다. 동일개소에서 여러번 뽑기와 박기를 하여도 침목을 손상치 않으며 곡선부와, 분기부 및 통과 Ton수가 많은 선로에 쓰여진다.

4) 탄성체결(Elastic Fastening or Flexible Fastening)

열차가 주행할 때 레일에 발생하는 고주파(매초 1,000회정도) 진동이 궤도파괴의 원인이 되므로 이 진동을 흡수시키기 위하여 탄성이 풍부한 체결방법을 고안하였다. 탄성있는 레일못, 스프링크맆(spring clip) 외에 타이패드(tie pad) 등을 사용하여 열차의 충격과 진동을 흡수완화하고 레일이 침목에 박히는 것과 소음을 방지한다. 탄성크맆만으로 체결하는 것을 단탄성 체결(single elastic fastening)이라 하며, 고무제의 타이패드(tie pad)를 깔고 상하쌍방에서 체결하는 것을 이중탄성체결(double elastic fastening)이라하고 이들은 궤도구조근대화에 필요불가결의 중요한 부분이다. 탄성체결구의 특징은

   (1) 레일 압력에 따른, 레일의 안정성을 얻을 수 있고 열차로부터의 진동과 충격을 흡수완화한다.
   (2) 레일과 침목의 항상 압착상태에 있으므로 레일의 복진을 방지하고 횡압력에도 유효하게 저항한다.
   (3) 타이 패드를 사용하면 침목수명을 연장시킬 수 있다.
   (4) 궤간의 틀림, 레일 두부의 경사, 레일 마모등에 대하여 효과적이다.
   (5) 높은 진동수의 진동이 흡수되기 용이하므로 침목이하의 동적부담력을 완화하고 궤도의 동적 틀림을 경감시킨다.
   (6) 궤도보수노력의 절감과 소음의 흡수가 어느 정도 가능하다.
   (7) 콘크리트 침목 및 콘크리트 도상의 탄성부족을 보충할 수 있다.
   (8) 타이 패드의 전기절연성에 의한 레일과 침목과의 절연을 확보할 수 있다.
   (a) 탄성체결의 종류 : 체결장치는 침목의 재질과 형상, 열차운전조건 및 선로보수방법에 따라 각 국별로 특수성을 고려하여 유리한 형식으로 택하여 사용하고 있으며 그 종류는 다음 그림 5.65와 같은 여러 형태가 있다.
   (b) 각국의 탄성레일 체결장치
   ① 한국철도 : 한국철도에는 KRF 66-1형 및 KRF 66-2형이 사용되어 왔으나 최근 위 두가지 형을 조합개량한 그림 5.66(a) 및 그림 5.109와 같은 P.C 체결장치와 pandroll 크맆이 쓰여지고 있다.

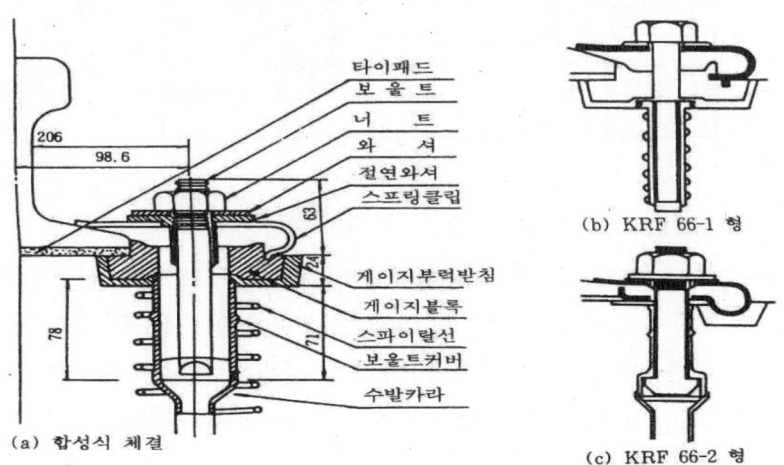

그림 5.65 탄성체결의 종류

② 독일국철 : 독일국철의 대표적인 레일 체결장치로 K형레일 체결장치는 타이플레이트를 이용한 대단히 견고한 구조이다. 목침목에는 K형, 콘크리트 침목에는 HM형이 표준구조로 쓰여진다.

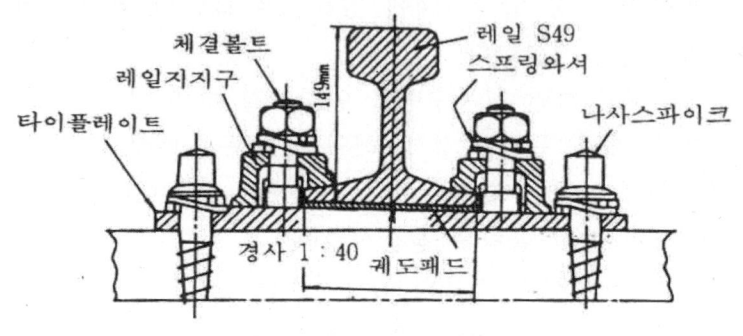

그림 5.66 독일국철 K형 체결장치

③ 일본철도 : 5형레일 체결장치는 일본철도에서 본격적으로 실용된 최초의 형식으로 주요선구에 사용되고 있다.

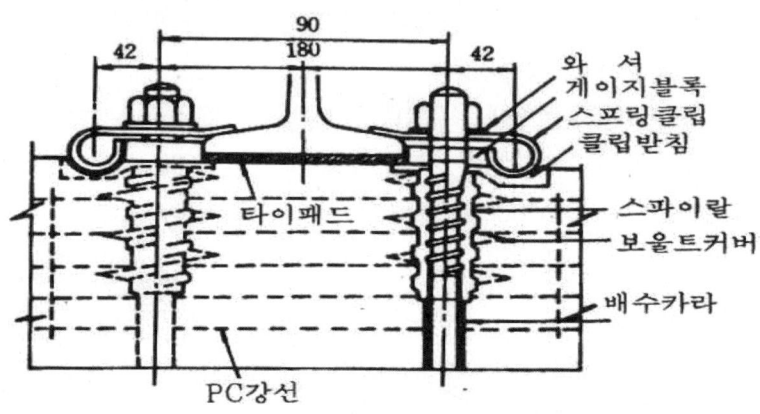

그림 5.67 일본 철도 레일 체결장치

④ 영국철도 : 팬드롤(pand roll)형의 레일 체결장치로 특수한 형상으로 절곡한 사스프링을 침목에 매몰시킨 숄더(shoulder)에 팬드롤크립을 끼워 레일을 체결하는 방법이다. 20여년전 우리나라에 도입되어 전국철도에 사용되고 있으며 PR형이 먼저 도입되었으나 현재는 체결력과 복진저항력이 강화된 e형이 사용되고 있다. 볼트를 사용하지 않는 것이 특징이다.

페스트 클립   e-플러스

그림 5.68 팬드롤1형 레일체결장치

⑤ 프랑스국철 : 프랑스국철의 특징은 개발당초부터 일관해서 판스프링, 나사볼트를 주체로 해서 이루어져 있다. NABLA형은 콘크리트 침목용으로 프랑스국철의 대표적인 레일 체결장치이다.

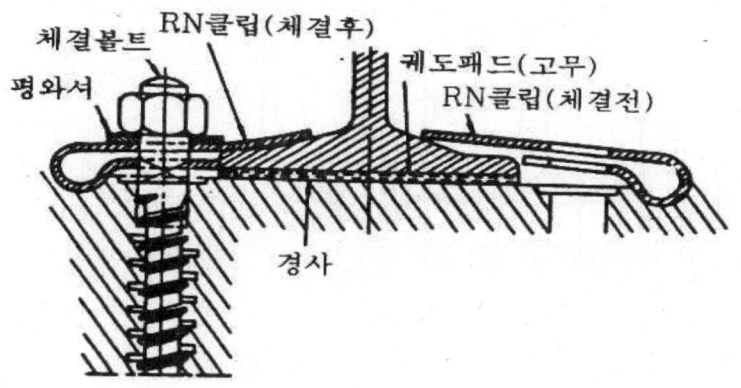

그림 5.69 NABLA 체결장치(P.C 침목용)

⑥ 스웨덴 : 레스요 홀스식(lesjofors spike)이 사용되고 있다.

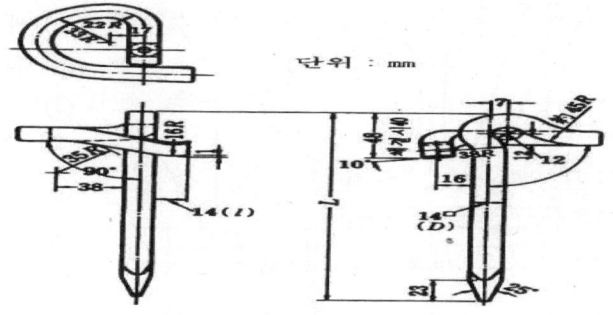

그림 5.70 레스요 홀스식 스파이크

⑦ 보솔로 System 300 체결구 : 도상과 침목 일체 매립형 콘크리트도상 궤도구조에 RC Twin-Block형 침목을 철근거더로 연결한 경량침목에 방진성을 확보하기 위한 대책으로 사용되는 체결구다. 방진체결구는 6mm 두께의 레일패드(EVA)와 베이스 플레이트 16mm, 방진패드(PUR) 11mm 등으로 구성되며 침목 매립길이는 130mm이다.

⑧ 보솔로 System-UTS체결구 : 도상과 침목 일체 매립형 콘크리트 도상 제도구조에 단독 침목 블록 침목에 유동방지 철근을 사용하여 매립한 도시철도용으로 개량된 체결구로 방진체결구는 6mm 두께의 레일패드(EVA)와 베이스 플레이트 10mm, 방진패드 14mm 등으로 구성되며 침목매립 깊이는 130mm이다.

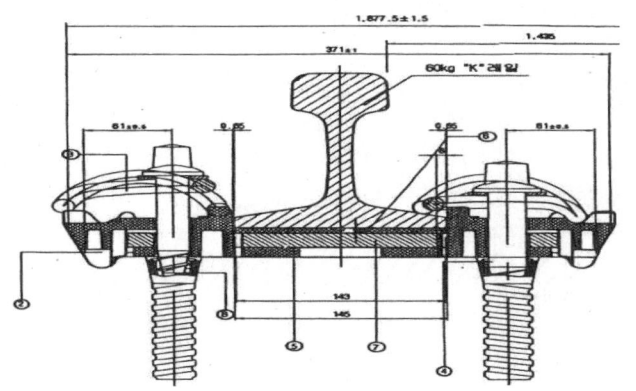

② 가이드플레이트
③ 텐션 크램프
④ 매립전
⑤ 방진패드
⑥ 레일패드
⑦ 베이스플레이트
⑧ 나사 스파이크

그림 5.71 보솔로 시스템 300

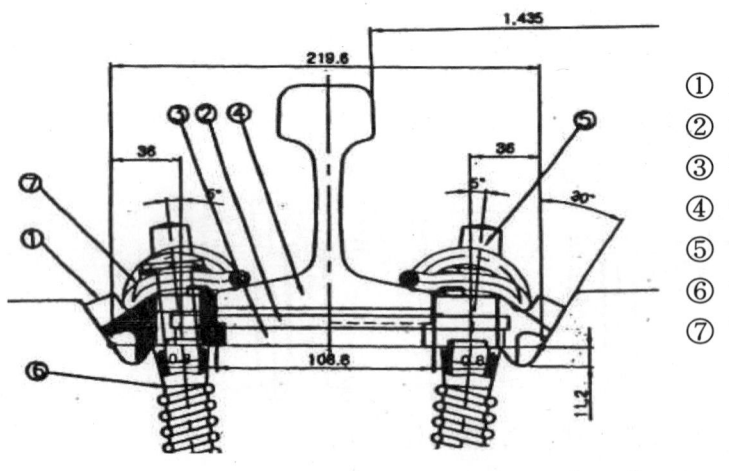

① 가이드플레이트
② 베이스 플레이트
③ 플레이트 패드
④ 레일패드
⑤ 나사 스파이크
⑥ 매립전
⑦ 텐션 크램프

그림 5.72 보솔로 시스템 UTS

5) 궤도패드(track pad) : 궤도패드는 타이 패드(tie pad)라고도 하며 레일과 침목사이, 타이 플레이트와 침목사이, 레일과 타이 플레이트 사이에 삽입하는 완충판으로, 레일로부터의 진동감쇠 충격완화 하중분산, 복진저항의 증가, 전기연록등의 역할을 한다. 재질은 양질의 고무 또는 합성고무를 주성분으로 하고 패드의 성능향상에 필요한 배합제와 카아본 블랙(cabon black)을 넣어 경화 성형제작하며 그 형상과 크기는 궤도 구조에 따라 각각 서로 다르다.

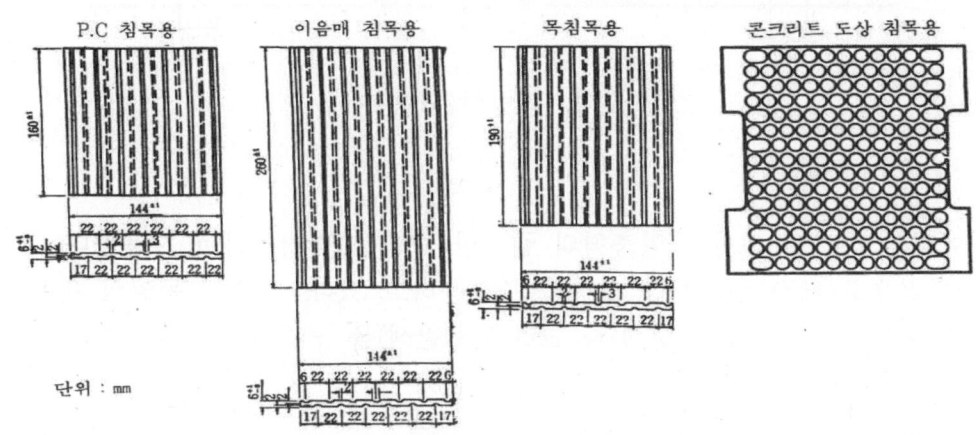

그림 5.73 타이패드

두께는 한국과 일본은 6mm, 프랑스는 4.5mm이고 패드의 앞뒤에는 길이 방향으로 줄홈 또는 지그재그(Zigzag)형으로 홈을 파서 패드가 하중을 받고 압축될 때 고무가 자유로이 변형하여 그 재질을 보호함과 동시에 스프링작업을 주게 된다.

현재 한국철도에서 사용되고 있는 타이패드는 인장강도가 150kg/㎠ 이상, 신율이 250% 이상이며 탄성계수가 30kg/㎠ ~ 50kg/㎠이다.

6) 특수체결구

(1) 종방향 활동체결구

교량에서 장대레일화를 하고자할 때 거어더의 신축이 레일의 축력에 영향을 미치지 않게하기 위하여 사용한다.

체결구와 레일이 밀착되지 않도록 하여 종방향으로는 레일이 자유 신축하게 하며, 횡방향, 상향으로는 구속한다.

거어더 신축에 따라 축력이 추가되지 않으나 레일절손시에는 개구량이 확대되기 때문에 사용구간의 길이를 제한해야 한다.

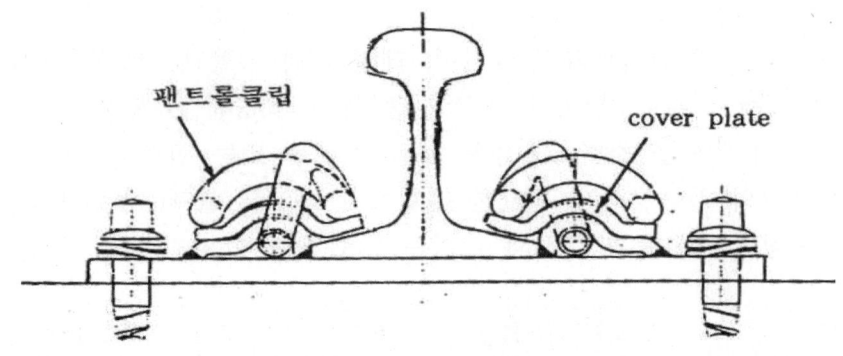

그림 5.74 종방향 활동 체결구

(2) 교량용 체결구

거어더의 신축에 의한 레일축력의 급격한 증가를 막기위하여 사용한다. 교량용은 일반적으로 체결력을 하향 조정하여 사용하고 있다. 일례로 독일의 경우 보슬로 체결구는 일반구간용(검정색)과 교량용(노란색)을 구분하여 사용하고 있다.

5.11.24 타이 플레이트(좌철)

레일의 체결을 강화하기 위하여 레일과 침목사이에 삽입하는 철판으로서 목침목의 수명연장책으로 사용되고 있으며 레일로부터 하중을 광범위하게 침목에 전달하여 레일박힘을 경감하고 침목의 내구연한을 증가시킨다. 또 레일 횡압에 저항하여 궤간의 틀림을 적게 하고 침목의 공혈손상을 방지하며 타이플레이트 상면의 레일받침부는 1/20~1/40의 경사를 붙여 레일 두부의 마모를 감소시키고 횡압력에 대한 레일의 안전성을 증대시킨다. 또한 타이플레이트는 연질 목침목도 사용가능 하게 할 수 있는 장점이 있다. 레일 저부에 충격이 저부를 손상시키며 레일못이 부상하면 소음을 내고, 레일못을 재차박을 때 위치이동이 곤란하다. 레일갱환, 침목갱환, 궤간정정 등의 작업이 번잡해지며 재료가 비싼 단점도 있다. 수송량이 많은 중요선, 기울기선, 분기부, 교량 등에 효과적이다. 타이플레이트는 일반적으로 스파이크로 레일과 침목에 직접 체결시키는 방법을 많이 쓰고 있으며 별도로 탄성체결겸용으로 사용하기도 한다.

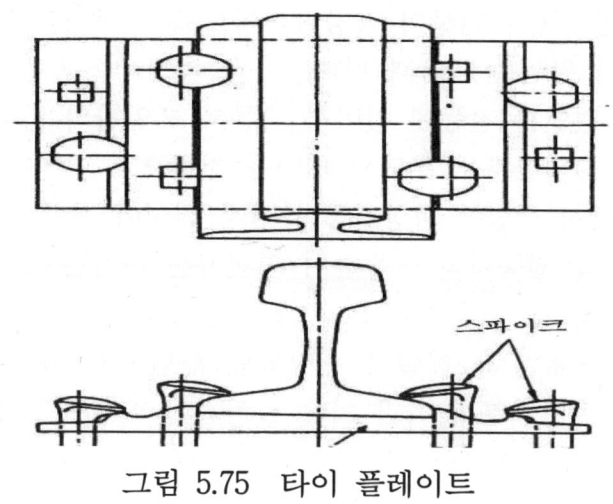

그림 5.75 타이 플레이트

5.12 궤도의 부속설비

5.12.1 복진방지장치

1) 복진(creeping)

복진(creeping)이란 열차의 주행과 기온변화의 영향으로 레일이 전후방향으로 이동하는 현상을 말하며 레일체결장치가 불충분할 때는 레일만이 밀리고 체결력이 충분할 때는 침목까지 이동하여 궤도가 파괴되고 장력이 발생한다. 이 복진 현상은 동절기에 심하고 복진이 발생하면 침목배치가 흐트러지고 도상이 이완되고, 궤간에 틀림이 오고, 이음매 유간이 고르지 못하게 된다. 이음매유간이 과소하게 되면 레일에 장출이 생겨 열차사고가 일어나기 쉽다.

(1) 복진이 일어나는 개소 : 복진이 일어나는 개소는 일정치 않으며 동일 개소라 하더라도 불규칙적이므로 일률적으로 표현할 수는 없으나 대략 다음과 같다.

① 열차방향이 일정한 복선구간　② 급한 하기울기
③ 분기부와 곡선부　　　　　　　④ 도상이 불량한 곳
⑤ 열차제동회수가 많은 곳
⑥ 교량전후의 궤도탄성 변화가 심한 곳
⑦ 운전속도가 큰 선로구간

(2) 복진 원인 : 복진 현상이 각양각색이므로 그 원인 규명은 대단히 곤란하나 주된 원인은 다음과 같다.
  ① 열차의 견인과 진동에 있어서 차륜과 레일간의 마찰에 의한다.
  ② 차륜이 레일단부에 부딪쳐 레일을 전방으로 떠민다.
  ③ 열차주행시 레일에 파상진동이 생겨 레일이 전방으로 이동되기 쉽다.
  ④ 기관차 및 전동차의 구동륜이 회전하는 반작용으로 레일이 후방으로 밀리기 쉽다.
  ⑤ 온도상승에 따라 레일이 신장되면 양단부가 양측레일에 밀착한 후 레일의 중간부분이 약간 치솟아 차륜이 레일을 전방으로 떠민다.

2) 복진 방지
레일의 복진을 방지하려면 레일과 침목간, 침목과 도상간 마찰저항을 크게 하여야 하며, 복진방지방법으로 다음과 같다.
  (1) 레일과 침목의 체결력을 강화한다. L형 이음매판(angle bar)의 놋지(notch)의 부분에 개못을 박아서 레일이 밀리는 힘을 이음매침목에 전달케 하고 침목은 도상저항의 가세를 받아 복진방지효과를 얻도록 한다. 또한 탄성체결장치를 사용하여 레일과 침목간의 체결을 확고히 하고 풍부한 탄성을 활용함과 동시에 매개침목의 도상저항으로 복진을 방지한다.
  (2) 레일 앵커(rail anchor)를 부설한다. : 레일 앵커는 안티크리퍼(anti creeper)라고도 하며 복진방지의 쇠붙이로서 레일의 저부에 장치하여 복진방향의 침목 측면에 닿도록 한다. 따라서 침목이 고정되어 있어야 효과가 있다.

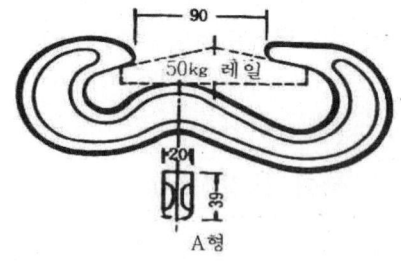 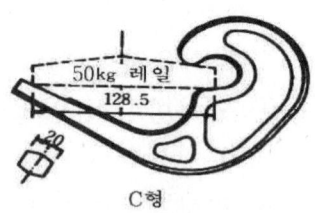

그림 5.76 레일앵커

레일 앵커를 레일저부에 고착시키는 방법은 레일 앵커자신이 스프링작용에 의하는 것과 쐐기의 작용을 이용하는 것 등이 있고 재래식으로는 체결력을 이용한 것도 있다. 레일 앵커는 체결력이 강하고 설치와 철거가 용이하며 반복하중에 견디고 염가라야 한다. 레일앵커는 연간 밀림량이 25mm 이상 되는 구간에 설치하며 1개소에 집중시키는 것 보다는 분산시키는 것이 효과적이며 궤도 10m당 8개를 표준으로 하며 밀림양의 종류에 따라 그 수량을 증가하되 최대 16개로 한다.
  (3) 침목의 이동을 방지한다. : 복진 방지장치는 침목에다 긴착시켜 침목자체의 이동을 방지하여야 한다.
    ① 이음매전후의 수개의 침목을 계재로 연결하여 수개의 침목의 도상저항을 협력시킨다.
    ② 이음매침목에 상접시켜 복진방향과 반대측에 말뚝을 막는다.
    ③ 이음매침목에서 궤간외에 팔자형으로 2개의 지재(버팀바리)를 설치하는 것이며 실례는 드물고 레일 앵커부설이 불가능한 때 사용된다.

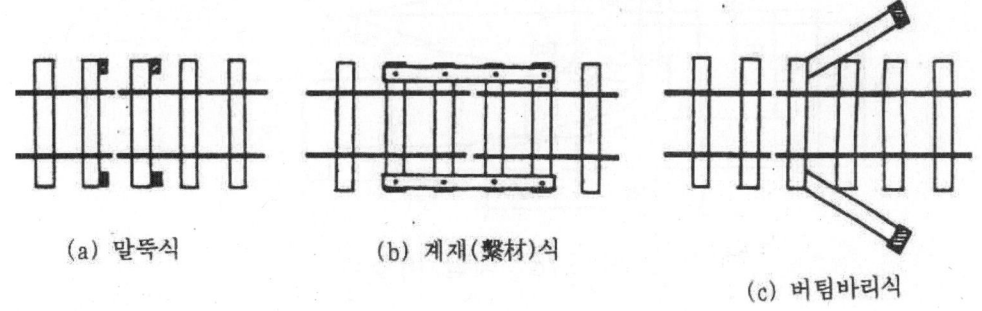

(a) 말뚝식   (b) 계재(繋材)식   (c) 버팀바리식

그림 5.77 침목이동방지

5.12.2 레일버팀쇠(rail brace)

레일 체결부의 강도가 불충분하면 레일에 작용하는 횡압에 의해 개못의 솟아오름 및 못구멍의 확대등이 일어나 궤간틀림을 일으킨다. 레일에 작용하는 횡압력은 곡선에서 크고, 특히 타이플레이트를 사용하지 않은 곡선부에서는 레일의 경좌현상을 가져오게 되므로 레일을 궤간의 외방에서 지지할 필요가 있다. 이 지지물을 레일 버팀쇠(지재)라 한다.

레일 버팀쇠는 곡선외측뿐만 아니라 내측에도 쓰여진다. 레일 버팀쇠는 철제와 목제가 있고 보통은 목제지재(wood chock, chack)에서 곡선부에는 궤간내외부에 철제 또는 목제지재(wood strut or wood chock)를 부설하며 곡선반경이 적으면 간격을 적게 하여 많은 지재를 사용하고 곡선반경이 크면 간격을 크게 하여 못으로 침목에 고정시킨다. 분기기에는 차륜충격이 심하므로 궤간확보가 곤란하여 매침목에 강철제의 견고한 레일 버팀쇠를 설치하여야 한다.

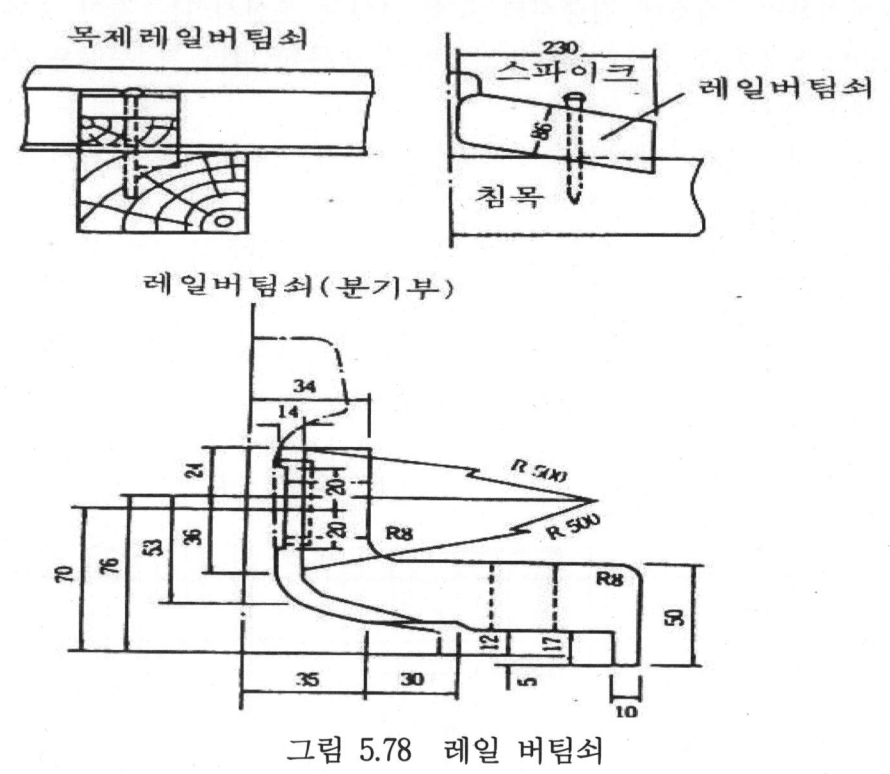

그림 5.78 레일 버팀쇠

5.12.3 게이지 타이롯트(궤간계재)

종침목구간이나 분기기입구에서 궤간확대 경향이 많으므로 좌우레일을 연결시켜 궤간확보를 하기 위하여 게이지 타이 롯드를 사용하고 자동신호구간에서는 좌우레일을 전기적으로 절연하는 구조로 하여야 한다.

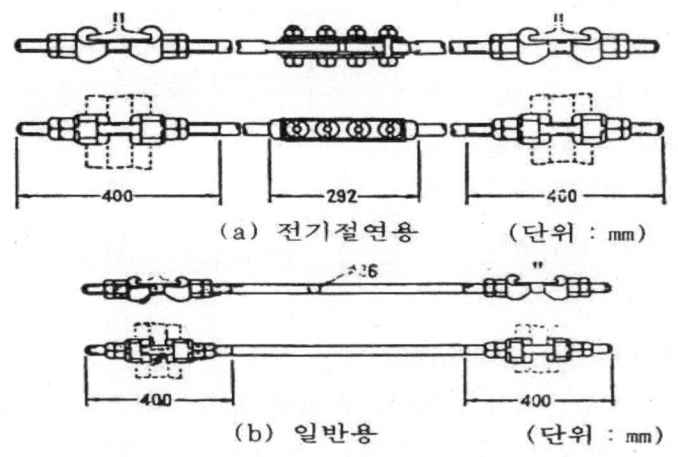

그림 5.79 게이지 타이롯드

5.12.4 게이지 스트러트(궤간지재)

게이지 스트러트(gauge strat, 궤간지재)는 분기기의 크로싱부에서 궤간의 축소를 방지하기 위하여 사용된다.

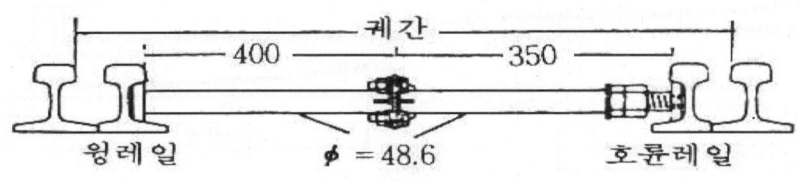

그림 5.80 게이지 스트러트

5.12.5 호륜레일(guard rail)

열차주행시 차량의 탈선을 방지하고, 만일 탈선했을 경우에도 대사고를 내지 않도록 하며 그 외에 차륜의 윤연로의 확보와 레일의 내측 또는 외측에 일정간격으로 부설한 별개의 레일을 일반적으로 호륜레일이라 하며, 부설하는 장소에 따라 탈선방지레일, 교량호륜레일, 안전레일로 분류된다.

1) 탈선방지레일

급곡선부에서는 외궤에 횡압이 작용하여 레일에 편마모가 심하고 차륜의 플랜지가 마찰에 의하여 외궤에 올라 타는 경향으로 탈선(derailing)하기 쉽다. 그러므로 반경이 적은 곡선의 내궤에 탈선방지용 호륜레일을 부설한다. 본선과 탈선방지레일의 두부내측간격은 그 곡선의 스랙 +65mm로 한다.

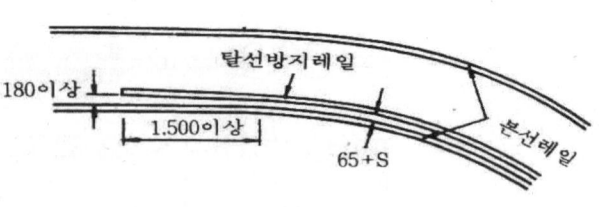

그림 5.81 탈선방지 레일

2) 교량호륜레일(bridge guard rail)

교량위 또는 교량부근에서 차량이 탈선할 경우 차량이 교량아래로 떨어지는 중대한 사고를 방지하고 탈선차량을 본선쪽으로 유도하여 사고피해를 최대한도로 억제키 위한 것이며 본선레일의 내측 또는 외측에 일정간격으로 교량전장에 중고레일을 부설한다. 그러므로 탈선방지레일과는 그 기능이 다르며 안전레일과 목적이 같고, 급곡선과 급기울기선중에 있는 교량전부와 직선중에 있는 교량 18m 이상의 교량에 부설한다. 한국철도에서는 그림 5.82와 같은 구조 및 부설방법이 쓰여지고 있다.

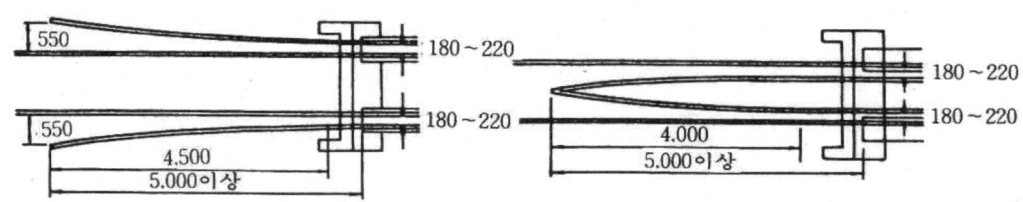

그림 5.82 교량호륜레일

3) 안전레일(safety rail)

높은 축제 또는 고가선에서 열차탈선의 경우에 큰 사고를 일으킬 염려가 있으므로 피해를 최소한도로 줄이기 위해 위험개소에는 탈선된 차륜을 유도하기 위하여 본선레일과 180mm 간격으로 부설하는 레일을 안전레일이라 이른다.

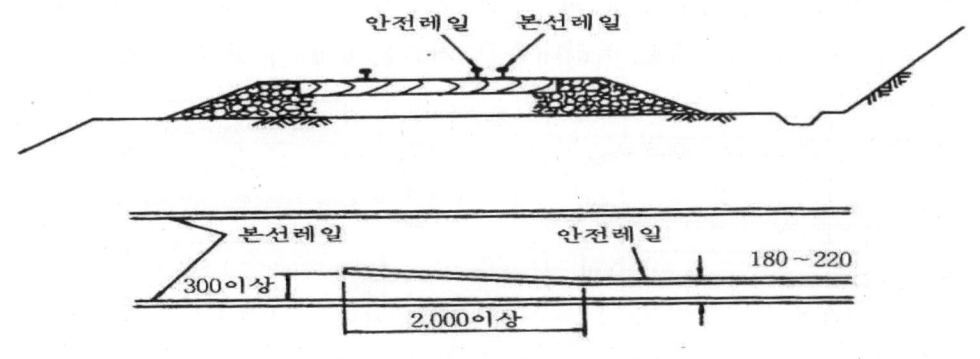

그림 5.83 안전레일

 호륜레일의 위치는 내궤쪽이거나 외궤쪽으로 차량이 탈선하였을 때의 피해 정도를 비교하여 결정한다. 낙하개소, 적설개소에는 탈선방지레일 또는 안전레일을 궤간외측에 부설한다. 이 탈선방지레일은 본선레일과의 간격은 65㎜+스랙의 치수로 부설하며, 안전레일의 높이는 본선레일과 같은 높이의 것을 사용한다.

5.12.6 마모방지레일(antiwear of rail)

 급곡선부의 외궤레일의 두부내측은 차륜에 의한 마모가 심하므로 마모방지레일을 곡선내궤의 외측에 부설한다. 이때의 본선레일과 마모방지용레일과의 간격은 탈선방지용 레일보다 좁아야 효과가 있으며 마모방지레일의 부설은 그림 5.84와 같이 한다.

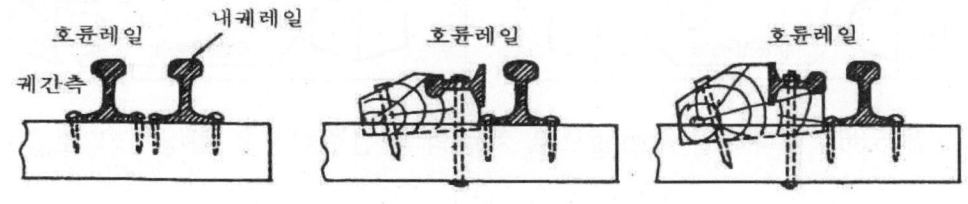

그림 5.84 마모방지레일

5.12.7 건널목 호륜레일

 건널목, 공장내 정거장내의 통로등 사람과 차량이 횡단하는 개소에는 통행이 편리하도록 본선레일의 머리면과 같은 높이로 건늠설비를 한다. 이러한 장소에서는 차륜의 윤연로(flange way)를 보호키 위하여 호륜레일을 부설하며 직선구간의 본선과 호륜레일 머리내측간 거리는 65mm가 표준이다.

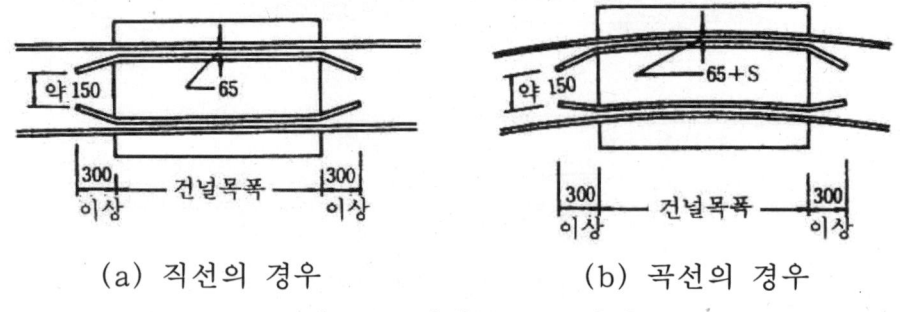

(a) 직선의 경우　　　　　　(b) 곡선의 경우

그림 5.85 건널목 호륜레일

5.12.8 주행성 향상 두부처리

급곡선부에는 외측레일과 내측레일간 차륜이 통과할 때 내외측 레일의 길이차에 비하여 차륜의 직경차가 현저히 작기 때문에 내측레일에서 차륜이 공전을 하게 된다. 이 경우 차륜공전시 발생하는 소음과 레일의 접촉부분 마모는 주행성을 악화시키며 레일 등 궤도 재료의 수명을 단축시킨다. 이 경우 내측레일의 두부를 그림 5.86과 같이 Adzing하여 곡선의 주행성을 향상시키며 이는 일반적으로 곡선반경이 100m이하인 경전철 및 급곡선인 지하철에서 적용한다.

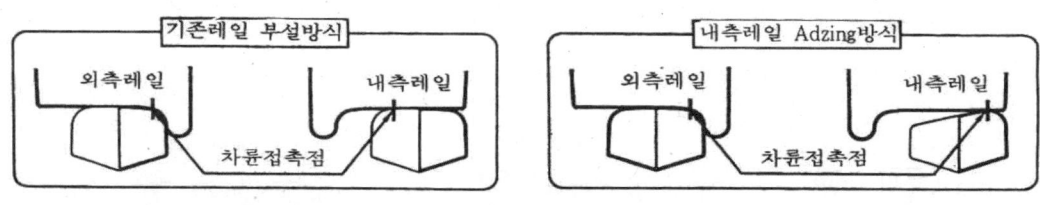

그림 5.86 내측레일 Adzing으로 차량의 곡선주행성을 향상시킨 모습

5.12.9 교량상 궤도설비

교량상 궤도설비중에서 제일중요한 것은 교량침목을 소정위치에 고정시키는 것이다. 일반적으로 교항상에 직접 침목을 부설하는 특수설비를 필요로 한다.

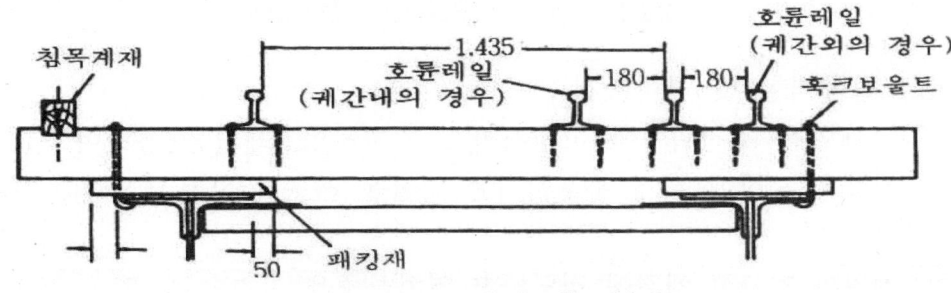

그림 5.87 교량의 궤도설비

1) 훅크 볼트(hook bolt)

침목을 거더에 정착시키기 위해 훅크 볼트가 사용된다. 훅크 볼트는 침목 1개에 대하여 2개의 훅크 볼트가 사용되고 침목과 거더를 간단히 마찰력에 의해 긴결시키는 것으로 열차의 진동에 의해 너트(nut)가 이완되기 쉬우므로 이완방지를 강구한 수종의 훅크 볼트가 채택되고 있다.

2) 침목계재(guard timber)

침목계재는 교량침목이 훅크볼트만으로서는 고정되기 어려우므로 침목양단에 각재, 철판, 앵글, 중고레일 등으로 된 계재를 병용하여 교량침목의 이동을 방지한다.

일반적으로 각재가 많이 사용되고 있으며 각재저부를 교량침목상부가 들어갈 수 있게 홈을 파고 못을 박아 침목의 고정을 확실하게 하고 계재는 주약재를 사용하여야 한다.

3) 보판(planking)

작업원의 통행 또는 작업에 편리하도록 궤간내에 폭 약 30cm의 보판을 설치한다.

4) 대피소(refuge)

장대교량에는 작업원이 열차 통과중 일시 대피할 필요가 있어 30～50m의 간격으로 대피소를 설치한다.

5) 교측보도

장대 교량 또는 투시가 불량한 교량에서는 안심하고 작업과 대피를 할 수 있도록 교량편측에 폭 약 1m의 보도를 설치한다.

5.13 침   목(tie, sleeper)

5.13.1 침목역할 및 구비조건

침목은 레일을 소정위치에 고정시키고 지지하며, 레일을 통하여 전달되는 차량의 하중을 도상에 넓게 분포시키는 역할을 하는 것으로서 구비조건은 다음과 같다.

  (1) 레일과 견고한 체결에 적당하고 열차하중을 지지할 수 있을 것
  (2) 강인하고 내충격성, 완충성이 있을 것
  (3) 저면적이 넓고, 동시에 도상다지기작업이 편리할 것
  (4) 도상저항(침목의 종·횡이동)에 대한 저항이 클 것
  (5) 재료구입이 용이하고 가격이 저렴할 것
  (6) 취급이 간편하고 내구연한이 길 것
  (7) 전기절연성이 양호할 것

표 5.22 침목의 기초특성 비교

항 목	단 위	합성침목	후나침목	항 목	단위	합성침목	후나침목
비 중	-	0.67~0.82	0.65~0.84	내전(건조)	kV	50	8
굴곡강도	kg/cm²	1,420	800	압(습윤)	〃	40	1이하
굴곡 탄성율	〃	8.1×10⁴	7.1×10⁵	절연(건조)	〃	1.6×10¹³	6.6×10⁷
압축강도	〃	580	400	저항(습윤)	〃	1.4×10⁹	5.9×10⁴
전단강도	〃	100	120	스파이크 인발저항	kgf	2,800	2,500
경 도	H_B	28	17	나사스파이크저항	kgf	6,500	4,300
흡수량	mg/cm²	3.3	137.0				

5.13.2 침목의 종류

침목은 사용목적, 재질, 부설법 등에 따라 다음과 같이 분류한다.

1) 사용목적에 의한 분류
  (1) 보통침목(common tie) : 보통궤도에 일반적으로 사용하는 침목으로 침목에 기본이다.

(2) 분기침목(switch tie) : 분기기에 사용하는 특수한 침목으로 보통침목보다 형상 치수가 크다.

(3) 교량침목(bridge tie) : 거더위에 직접사용하는 것으로 보통 침목보다 형상치수가 크고 유도상교량에는 사용되지 않는다.

(4) 이음매침목(joint tie) : 레일 이음에 개소에 사용되는 침목으로 보통 침목보다 폭이 넓다.

(5) 신축용 침목 : 장대레일 신축부에 사용되는 특수침목이다.

표 5.23 목침목의 종류와 크기

종 별	치 수(cm)	부 피(m^3)
보 통 침 목	높이 폭 길이 15×24×250	0.090
분 기 침 목	15×24×280	0.101
	15×24×310	0.112
	15×24×340	0.122
	15×24×370	0.133
	15×24×400	0.144
	15×24×430	0.155
	15×24×460	0.166
교 량 침 목	23×23×250	0.132
	23×23×275	0.145
	23×23×300	0.159
이음매 침목	15×30×250	0.113

2) 재질에 의한 분류

(1) 목침목

① 소재침목 : 목재를 주약하지 않고 그대로 사용하는 것

② 주약침목 : 노후하기 쉬운 목재는 방부처리를 하여 사용한다.

(2) 콘크리트 침목(concrete tie)

① 철근콘크리트 침목(reinforce concrete tie)

② P.C콘크리트 침목(prestressed concrete tie)

한국철도에서는 두문자를 따서 P.C 침목이라 한다.

(3) 철침목(metalic tie)

(4) 조합침목(composite tie)

철재, Concrete 또는 목재등의 조합으로 만든 침목

3) 특수목적에 의한 분류
   (1) 유니온(연결,통일, H형)침목(union tie or tie of H-typed)
      철근과 강선을 조합하여 만든 침목이며, 외형으로는 일자형 침목 2개를 도상자갈 저항대로 연결하여 만든 침목이며, 유도상자갈용 침목의 도상횡저항력과 종저항력을 획기적으로 증대시켜 열차의 주행안전성을 확보하기 위해 개발된 침목이며 H형침목 또는 유니온 (연결, 통일, H형) 침목이라 한다.

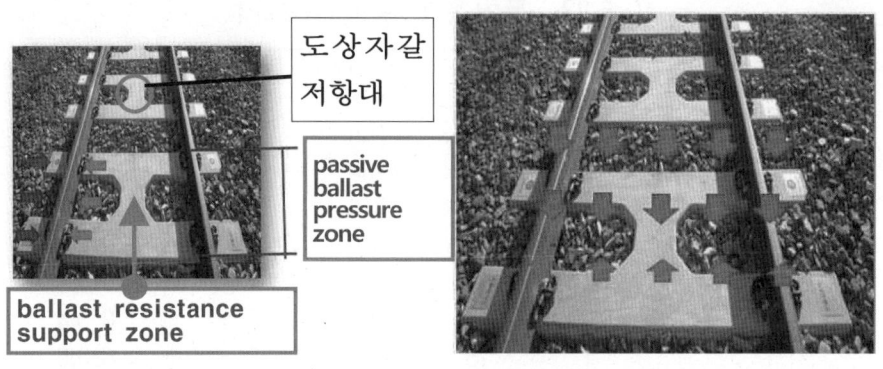

   (a) 유니온(H형)침목 횡저항력   (b) 유니온(H형)침목 종저항력
   그림 5.88 유니온(연결,통일, H형)침목

3) 부설법에 의한 분류
   (1) 횡침목 : 레일의 직각으로 나란히 부설한 것으로 궤간의 보호 및 하중분포를 시킬 수 있다. 가장 일반적으로 사용되는 형상이다.
   (2) 블록침목(block tie) : 짧은 침목을 좌우레일 별로 부설한 것으로 침목 주체는 궤간확보를 할 수 없으나, 콘크리트 도상구간이나, 좌우의 블록이 개개로 고정된 것과 같이 쓰여진다. 단침목으로도 부르고 있다.
   (3) 종침목(longitudual sleeper) : 횡침목과 반대로 레일방향과 나란히 부설하는 것으로 탄갱, 검사갱과 같이 궤간내에 공간이 필요한 경우에 사용된다. 침목의 폭을 넓게 하여 보통도상에 사용하는 나라도 있다. 레일방향의 도상저항도 큰 이점을 이용한 것이나, 종방향의 도상저항이 적다. 특수한 게이지 타이(gauge tie)에 의해 궤간의 확보를 고려해야 하는 결점이 있다.

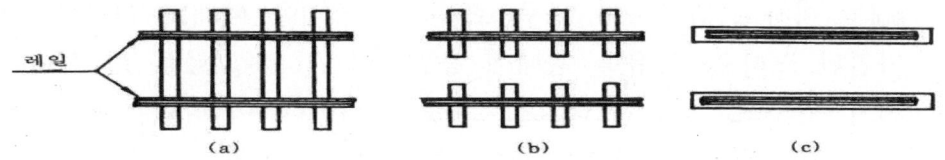

그림 5.89 침목 부설법

5.13.3 목침목(wooden tie)

목침목은 일반적으로 가장 많이 쓰이는 침목으로 재질이 단단한 수종을 채택하여 사용한다. 한국철도에서는 우리나라에서 생산되는 참나무, 낙엽송 등은 목재 규격이 작고 다량생산이 되지 않아 사용되지 못하고 동남아산의 케루잉, 기암, 셀레강바루, 캠파스 등의 수종을 수입하여 사용하고 있는 실정이며, 목침목의 장단점은 아래와 같다.

1) 장 점
  (1) 레일의 체결이 용이하고 가공이 편리하다.
  (2) 탄성이 풍부하며 완충성이 크다.
  (3) 보수와 교환작업이 용이하다.
  (4) 전기절연도가 높다.

2) 단 점
  (1) 자연부식으로 내구연한이 비교적 짧다.
  (2) 하중에 의한 기계적 손상을 받기 쉽다.
  (3) 증기기관차의 경우 화상과 소상의 우려가 있다.
  (4) 충해를 받기 쉬우며 주약해서 사용해야 한다.
  (5) 갈라지기 쉽다.

3) 방부처리방법

침목의 수명을 연장하기 위한 방법으로 소재를 제재하여 침목면에 자상, 예비방지처리, 완전건조(야적시 3개월 이하), 개못위치에 예비천공(preboring), 할열방지의 강재링 투입 등을 한 후에 크레오소트와 중유를 각각 50%(용적비)를 혼합하여 주약처리법을 많이 사용하고 있으며 방법은 다음과 같다.

  (1) 베셀법(Bethell Process) : 1838년 John Bethell(영국인)이 고안한 것으로

크레오소트유의 침윤농도를 크게 하기 위하여 처음에 관내압력에 600 mmHg 이하로 감압하여 나무 조직속의 공기를 빼내고 다음에 60℃로 가열된 크레오소트유를 관내에 충만시켜 7~10kg/㎠로 30~90분 가압시켜 주입하고 남은 크레오소트유를 제거한다. 이 방법은 다른 방법보다 주입농도가 보통침목 1개당 주입량은 12~13kg로 제일크고 1공정엔 약 4시간 걸리며 단단한 종류에 이용한다.

(2) 로오리법(Lowry Process) : 1906년 C.B Lowry(미국인)가 고안한 것으로 베셀법과 같이 사전에 배기를 하지 않고 바로 주약관에 가열한 크레오소트유를 충만시켜 주입작업을 하는 방법으로 가압에서 최후배기까지의 공정은 베셀법과 동일하다. 보통침목 1개당 주입량은 6~10kg정도이고 1공정에 약 3시간 40분 정도로서 많은 수종에 적용된다.

(3) 류우핑법(Rueping Process) : 독일의 Halsberg회사에서 고안한 것으로 1900년경에 주약을 시작하였으며 한국, 독일, 미국, 일본 등에서 사용하고 있다. 이 방법은 베셀법과는 반대로 처음에 관내에 압축공기를 보내 약 3kg/㎠에서 30분 이상 침목내의 공기를 압축시키고 그 상태에서 약 80℃로 가열된 크레오소트유를 충만시켜 10~15kg/㎠으로 180분 이상 가압하여 주입시킨다. 최종 배기는 전기한 베셀법과 동일하고 보통침목 1개당 주입량은 약 13kg 정도이며 취급조작이 편리하고 연질목재에 적용된다.

(4) 블톤법(Boulton Process) : 소재목재를 건조시키는 방법으로서 건조되지 않은 침목을 관내에 넣고 주입용 크레오소트유를 유면이 관용적의 80%정도로 되게 하고 기름의 온도를 80℃ 이상으로 유지한 후 약 400mmHg로 감압한 후 약 8~10시간 지속시킨다. 온도와 감압으로 침목내부의 수분은 수증기로 되어 크레오소트유 속에서 상승하여 파이프를 통하여 콘덴서(codenser)에서 냉각된다. 냉각된 물을 분리기로 함유하고 있는 크레오소트유를 분리시켜 계량탱크에서 계량하여 탈수상태를 파악한다. 이 인공건조법에 의하면 약 100kg/㎠ 정도의 탈수가 가능하므로 한국과 같이 목침목 수입후 자연건조기간을 갖지 못하고 급하게 주약하여야 할 실정에서는 적당한 공법이라 생각된다.

표 5.24 침목에 쓰여지는 수종

구 분		수 종
한 국	국 산	낙엽송, 참나무
	열 대 산	케루잉(아피톤), 캠파스, 카폴, 세령강바루, 기암(야칼), 말라스, 퀴일,
	북 미 산	비텍스 단풍나무, 다그라스화, 햄록
일 본	제 1 종	밤나무, 편백나무, 노송나무 외 8종
	제 2 종	졸참나무, 느티나무 외 17종
	제 3 종	너도밤나무, 소나무, 느릅나무 외 40종
독일, 영국		소나무, 너도밤나무, 떡갈나무, 낙엽송, 기타 구주적송
불란서, 미국		떡갈나무, 졸참나무, 너도밤나무, 소나무 졸참나무, 소나무

4) 목침목의 수종

목침목으로서는 밤나무와 같이 견질 부패되지 않는 것이 바람직하나, 목재 자원이 풍부하지 못하므로 연질에 것에는 타이플레이트를 사용하고, 부패하기 쉬운 것은 방부제를 주입하는 등의 수단을 강구 사용한다. 목침용의 수종은 광범위하다. 각국에서 쓰여지는 수종은 표 5.25와 같고 한국철도에서는 목침목 규격에 따라 사용하고 있다.

표 5.25 목침목 교환원인별조사

경 환 원 인	%
부 패	60.4
레 일 박 힘	15.4
할 열 (割 裂)	12.4
레 일 못 자 리 불 량	10.6
절 손	1.2

(일본철도조사)

5) 목침목의 수명

목침목의 내구년한은 침목이 선로에 부설되어 사용후 그 기능을 할 수 없게 되어 교환하기 까지의 연수를 말한다. 침목의 평균 내구년수는 동시에 부설된 침목의 내구년한의 누계를 구하여 이것을 부설수로 나누는 것에 의하여 구해진다. 침목 소재의 수종과 제작조건, 부설장소의 선로조건, 환경조건과 열차운전 상태, 보수의 양부 등, 극히 많은 인자의 영향을 받는 외에 전술한 침목 양부의 판정은 특정한 기구를 이용하는 것이 아니고 판정자의 직감이나 표면관찰에 의하여 결정되므로 각종 조건별로 침목의 평균 내구년수를 정확하게 파악하기는 곤란하다.

그러나, 침목 교환은 선로보수 작업 중에서 큰 비율을 차지하고 있어 필요한 교환 수량을 정확하게 파악하는 것은 중요한 일이므로 일본에서는 표 5.26과 같은 선로조건, 통과 톤수별의 내구 년수가 제안되어 있으나 현재 이용하고 있는 내구수명은 극히 대략적인 것으로 표 5.32와 같다. 같은 모양으로 내구수명에 대하여 독일국철은 견목침목궤도 40년, 연목침목궤도 30년, 네덜란드국철은 소나무 20~25년, 너도밤나무 30~40년, 떡갈나무 40~50년으로 하고 있다.

표 5.26 목침목의 내구년한 및 불량률의 예(일본)

항 목		1급선	2급선	3급선	4급선	측선
내구 수명	내구 년수(년)	15	20	20	25	30
	평균 열화율(%)	6.7	5.0	5.0	4.0	3.3
	허용 불량률의 상한(%)	12.0	12.0	13.0	15.0	16.0
	불량률의 관리 목표(%)	6.0	6.0	7.0	8.0	10.0

5.13.4 콘크리트 침목(concrete tie)

콘크리트침목은 1880년 프랑스에서 고안되었으며 그 후 각국에서 개량개발되었으나 본격적으로 사용하게 된 것은 2차대전 이후이며 목재자원의 결핍이 자극이 되어 본격적으로 실용화되게 되었다. 종래 철근콘크리트의 문제점이었던 레일의 체결장치, 전기절연도, 자중의 경량화, 강도의 확보, 탄성 부족을 이중탄성체결장치로 보완하는 등 콘크리트침목의 단점을 대부분 해결되어 본격적으로 사용되었다. 콘크리트침목은 철근콘크리트 또는 P.S콘크리트를 사용하고 있으나 일반적인 장단점은 다음과 같다.

1) 장 점
 (1) 부식의 염려가 없고 내구연한이 길다.
 (2) 차중이 커서 궤도 안정성이 좋기 때문에 궤도 틀림이 적다.
 (3) 기상작용에 대한 저항력이 크다.
 (4) 보수비가 적게 소요되어 경제적이다.

2) 단 점
 (1) 중량이 무거워 취급이 곤란하고 부분적 파손이 발생하기 쉽다.

(2) 균열(crack) 발생의 염려가 크다.
(3) 충격에 약하다.
(4) 전기절연성이 목침목보다 못하다.

3) 철근콘크리트 침목(reinforced concrete tie)

1920년경 미국의 Brown 침목, 독일의 석면사용침목, 프랑스의 Calot침목 등이 제작되었고 한국철도에도 1940년경 경부선의 안양과 천안부근에 각각 1km 여를 시험부설하였으나 레일 체결부의 손상, 과중한 자중, 균열의 발생 등 숙명적인 결함으로 사용가치를 잃고 말았다.

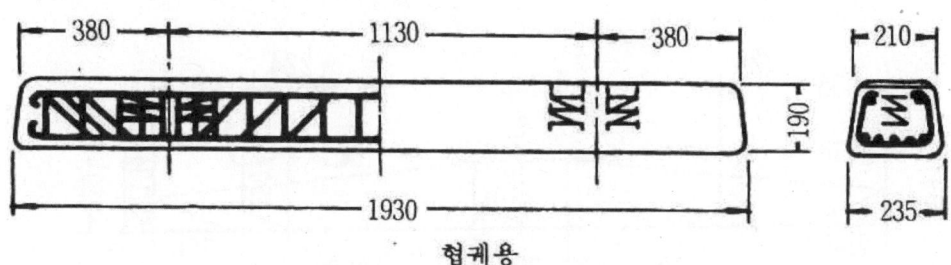

협궤용

그림 5.90 철근콘크리트침목(단위 : mm)

4) PC 침목(prestressed concrete tie)

침목은 열차하중에 의하여 국부적인 상하 벤딩(bending)으로 인장응력을 받으나 콘크리트의 인장강도는 극히 적어 보통 콘크리트 침목으로서는 균열이 발생하는 결점이 있으므로 PS콘크리트와 탄성체결 장치의 고안으로 종래의 약점을 대폭 보강하여 PC침목이 양산되어 목침목 자원의 애로를 타개하였고 프랑스, 영국, 독일의 각국에서 연구 발전시켰으며, 한국철도에서는 1958년부터 사용하였다.

콘크리트 침목은 제조방법에 따라 철근콘크리트 침목(reinforced concrete tie, P.C침목), 프리스트레스트 콘크리트 침목(prestressed concrete tie, P.C침목)으로 구분되나 P.C침목이 많이 사용된다. P.C침목은 예응력(pre-stress)을 주는 시기에 따라 프린텐숀 공법(pre-tensioning method)에 의한 침목과 포스트텐숀 공법(post-tensioning method)에 의한 침목으로 구분된다.

(1) 프리텐숀 공법(pre-tension method) : 긴장 아밧트멘트(abutment)에 P.C 강선을 병렬하고 소정의 인장력을 준 상태에서 콘크리트를 넣고 양성

하여 경화된 후 거푸집(mould)외측의 강선을 절단하므로서 P.C강선과 콘크리트와의 부착력에 의하여 침목에 압축응력을 도입시키는 것이다. 이 공법은 한국, 영국, 프랑스, 일본 등에서 사용되고 있다.

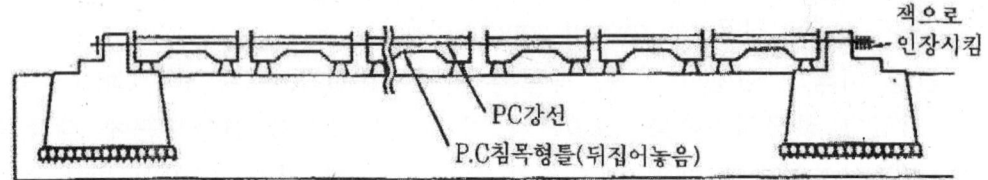

그림 5.91 Pretention P.C 침목제조원리도

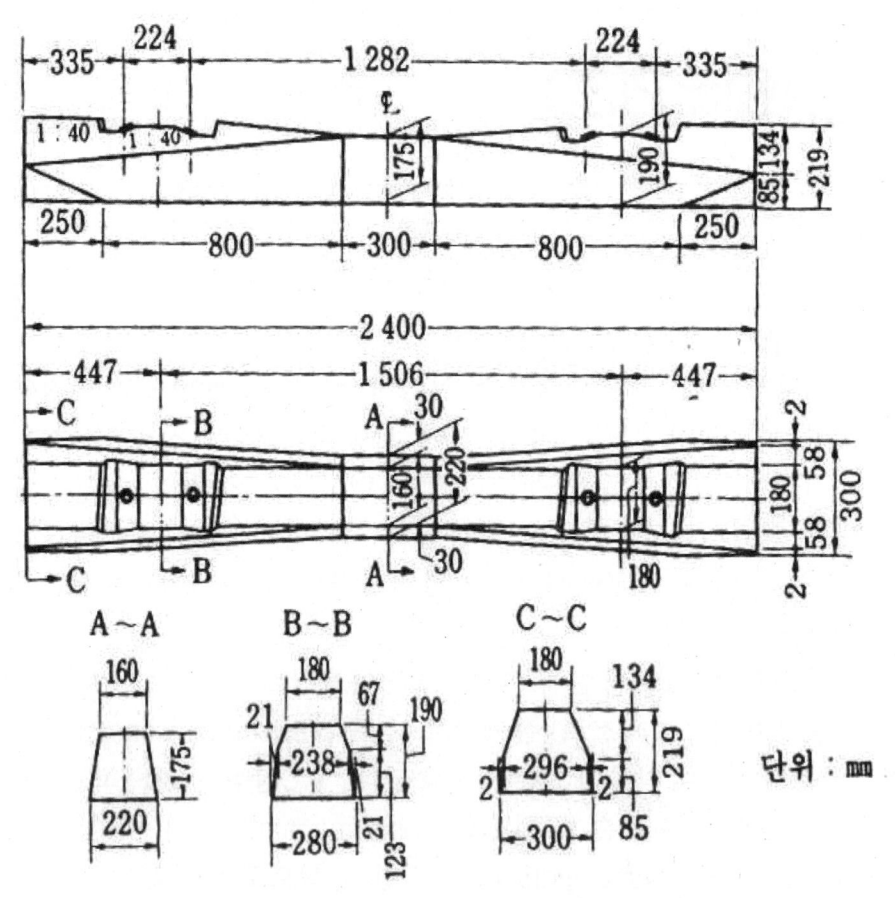

그림 5.92 P.C 침목

(2) 포스텐숀 공법(post-tensioning method) : P.C 강봉이 콘크리트에 부착

되지 않도록 한 후에 콘크리트가 경화한 후 P.C 강봉에 인장력을 주어 콘크리트에 압축응력을 도입시키는 공법이다

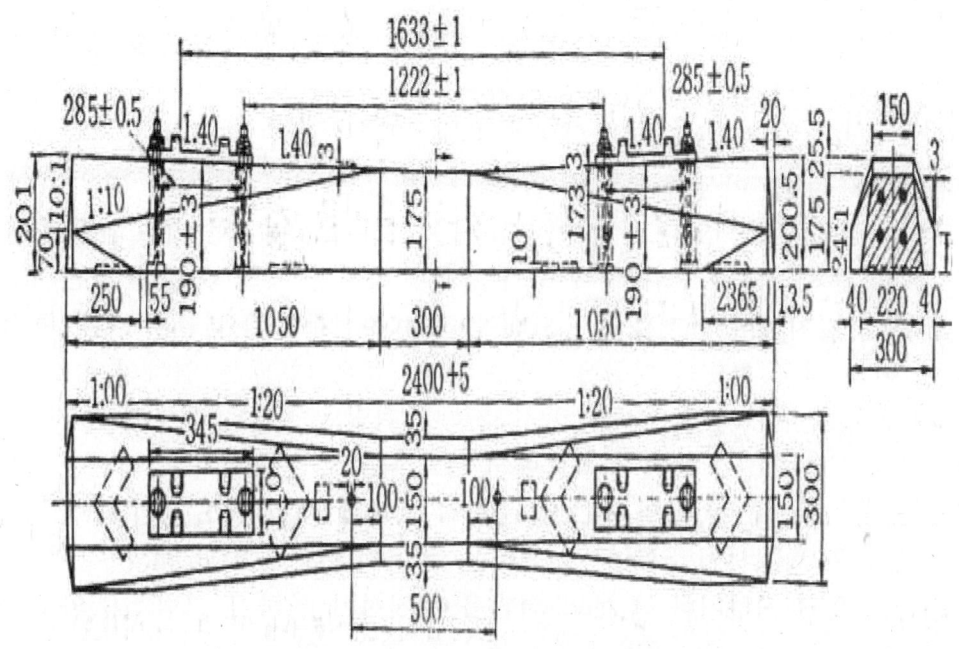

그림 5.93 독일의 B58(DW)형 P.C침목

따라서, P.C 강봉 끝 부분에 정착(定着, anchor)장치가 필요하며 압축응력 도입후는 P.C 강봉과 콘크리트와의 틈에는 특수한 시멘트 페이스트(cement paste)를 주입시켜 부착력이 작용할 수 있도록 하는 것이다. 이 공법은 독일, 벨지움, 일본 등에서 사용되고 있다.

(3) P.C 침목의 특징

① 설계하중에 대하여 균열(crack)을 완전히 방지시킬 수 있으며, 혹시 과대하중으로 균열이 발생하였어도 P.C 강선의 탄성한계내에서는 실사용상 지장이 없다.
② 철근콘크리트 침목보다 단면이 적으므로 자중이 적고 재료를 절약할 수 있다.
③ 수입목침목에 비하여 가격에 대차가 없다.
④ 목침목 보다 중량이 커서 궤도의 안전도가 높다.

5.13.5 유니온(연결,통일, H형)침목

1) 유니온(연결,통일, H형)침목의 개발목적

1970년대 이후 자동차산업의 급속한 발달로 철도산업이 사양화되자 세계 각국의 철도관련 전문가와 철도운영회사들은 위기의식을 느껴, 자동차와 경쟁에서 살아남기 위해 고속열차의 개발에 박차를 가해왔다. 최근 이러한 노력에 의해 고속열차는 300 km/h 이상의 속도를 달성하게 되었으며 고속열차의 경우 주행안전성이 매우 중요하게 되었다. 주행안전성을 보장하기 위해서는 철도차량과 시설, 신호, 전철, 운전 등 시스템측면에서 대응해야 하지만 제일 중요한 것은 열차의 차량을 직접 지지하며 안전하게 유도해야 하는 시설부분의 역할이 매우 중요하다.

이에 따라 각국 철도의 시설유지보수 담당자들은 더 빠른 열차의 속도에 대응하고 더 무겁고, 더 빠른 고속열차의 축중에 견딜 수 있는 선로의 안전성 확보와 궤도의 강성증대를 위하여 목침목에서 PC침목으로 중량화하고 레일은 37kg 레일에서 50kg, 또는 60kg 레일 등으로 중량화를 진행해 왔다.

궤도틀림을 방지하기 위하여 과거에는 침목외측에 그림 5.94와 같이 나무말뚝 또는 앵글을 설치하거나, 침목의 복진을 방지하기 위하여 그림 5.95와 같이 앵커 또는 개못을 설치하는 방법이 일반적으로 적용되었다. 그러나 이러한 방법들은 열차의 고속화에 따른 선로의 부담력 증대와 궤도파괴에 대한 충분한 대책이 되지 못했다. 또한 기존 자갈도상 궤도에서는 기존 PC침목에 자갈보충 또는 자갈더돋기에 의한 도상저항력의 증대에는 어느 정도 한계가 있을 수밖에 없었다. 통상적으로 도상자갈 더돋기에 의한 도상횡저항력의 증대는 도상횡저항력이 (400~500 kgf/m) 일 경우 약 20% (80~100 kgf/m) 증가된다고 알려져 있다. 또, 지금까지 개발된 도상자갈용 침목은 온도변화에 따른 레일의 좌굴 및 장출에 저항하는 침목의 무게와 도상자갈과의 마찰력등에 의한 도상저항력에는 한계가 있다는 것이 명확해졌다.

예외적으로 도상자갈용 침목 중 도상횡저항력을 획기적으로 증대시킨 레다(Ladder 사다리) 침목이 있었지만 이 침목은 종침목에 해당된다. 따라서 현재 대부분의 선로에서 사용되는 침목은 횡침목이기 때문에 호환성이 좋지 않으며, 대형보선용 기계작업시에도 별도의 레다침목용 보선기계가 필요하다. 그리고 이 침목의 결정적인 취약점은 도상자갈용의 경우 도상횡저항력은 우수하나 도상 종저항력이 약하다는 문제점이 있다. 그리고 중간 좌우를 연결하는 연결대가 철로 되어 있어 장기간 사용할 경우 부식의 염려도 상존하고 있다.

(a) 충북선

(b) 경부선 신동~지천

그림 5.94 곡선외측 말뚝박기(방향틀림 방지용)

(a) 스파이크(개못) 증타

(b) 앵카설치

그림 5.95 궤간확대방지 스파이크 추가 증타 및 복진방지용 앵카설치

 궤도강성의 증대에는 레일의 중량화나 장대화보다는 침목의 강성증대가 절대적인 영향을 미친다. 목침목은 60 kgf, 80 kgf, 100 kgf, 120 kgf 등의 무게를 중량화함으로써 침목의 도상종저항력과 도상횡저항력을 증대시켜 궤도의 강성을 강화해왔으며, 더욱 더 철도침목은 발전되어 목침목에서 콘크리트 침목으로 다시 철근 콘크리트 침목으로 발전되어왔다. 최근에는 PC침목(2,352 N=240 kgf)이 개발되어 널리 보급되었다. 그러나 초창기 PC침목은 체결장치에 문제가 있어 이것을 해결하기 위하여 한성식, 동아식에서 합성식으로 그리고 숄더를 이용한 코일스프링식 체결장치를 채용하게 되었다. 이러한 콘크리트계 침목은 무게가 220~240 kgf이나 되어 인력으로 4명이 1조가 되어야 교환을 할 수 있었고 기계화 교환작업을 시행한 지도 1990년 이후 부터이기 때문에 자갈도상구간에서 더 무거운 침목의 개발이나 사용은 어려운 것처럼 여겨졌다.

(a) 좌굴

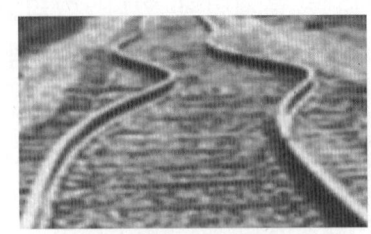
(b) 장출

그림 5.96 궤도좌굴 및 장출

그림 5.97 궤도좌굴 및 장출방지 물뿌림

좌굴에 저항하는 도상자갈의 저항력에는 한계가 있으며 시간이 지날수록 열차하중 등에 의해 자갈이 마모되고 침하되어 침목의 도상횡저항력과 종저항력이 약화되어 결국에는 궤도틀림으로 진전된다. 이러한 취약구간에는 잦은 유지보수를 필요로 하게 되고 보수가 적기에 이루어지지 못할 경우에는 레일의 좌굴 또는 장출로 이어지게 되어 열차 탈선사고로 연결될 수 있다. 그러나 기존궤도를 도상자갈 더돋기를 통한 자갈보충 등의 방법으로는 자갈을 너무 많이 보충하면 열차에 접촉되므로 자갈더돋기 높이에도 한계가 있다. 또한 자갈더돋기를 높게 할 경우 침목교환 시 어려움을 겪게 된다.

침목의 궤도강성강화에 일조를 해온 PC침목 궤도에서도 그림 5.96과 같이 선로의 좌굴 및 장출을 방지하기 위하여 자갈을 보충하거나 도상자갈 더돋기 그리고 목침목구간 보다는 발생하는 빈도는 낮지만 침목외측에 말뚝 또는 앵글설치, 여름철에 레일의 온도가 높아져 그림 5.97과 같이 궤도틀림이 발생될 때는 선로 변에 묻어 둔 대형물통의 물을 이용하여 레일에 물을 뿌리거나 자체 준비한 호수 및 대형물통을 탑재한 차량으로 레일에 물을 뿌려 늘어난 레일을 복원시키기도 한다. 또한 그 범위가 방대하고 대기온도가 계속 상승중인 때에는 인근의 소방차를 동원하여 선로를 관리하고 있다. 그러나 이것은 선로를 근본적으로 안전하게 관리하는 데에는 많은 문제점들이 내재되어 있다. 열차순회 및 도보순회 등을 통하여 이러한 개소를 사전에 발견하면 다행이지만 그렇지 못하여 2007년 8월 경부선 삼랑진~원동 등, 2015년 중앙선 화물열차 탈선사고 등 선로 장출이 일어나는 경우가 종종 발생하고 있다. 따라서 기존 PC침목 구간에서는 도상횡저항력 및 도상종저항력을 현재보다 획기적으로 증대시키는 것은 현실적으로 어려우므로 도상의 횡저항력 및 종저항력 증대를 위해 침목의 구조변경을 통한 새로운 침목의 개발이 필요하게 되었고, 실용화를 위해 새로운 형태의 침목구조해석방법과 침목의 특성에 관한 개발 및 연구를 필요로 하였다. 이러한 제 문제점들을 해결하기 위하여 개발을 시작한 침목이 H형 침목이다.

유니온(연결,통일)침목의 개발목적은 자갈궤도에서 발생되는 문제점을 해결할 수 있는 H형 침목의 장점을 이용하여 도상자갈용 궤도의 안전성을 향상시키고자 하는 데 있다. 즉 목침목의 부패로 인한 빈번한 교환 작업 및 크레오소트유에 의한 환경문제, 침목의 도상종저항력 및 도상횡저항력의 확보를 위한 앵커설치, 궤간확대 및 방향틀림 방지를 위하여 타이플레이트 외측에 스파이크 추가 설치, 여름철 온도상승으로 인한 선로의 좌굴 및 장출을 방지하기 위하여 자갈을 보충하거나 도상자갈 더돋기 시행 및 침목외측에 말뚝 또는 앵글설치 등 많은 문제점들을 해결하고 열차의 안전운행을 위협하고 있는 요인들로부터 열차운행안전을 확보하기 위해 개발을 시작하였다.

 2) 유니온(연결,통일, H형)침목 개발
2010년 한국철도공사에서는 고속철도의 개통과 자체 철도차량기술개발에 이어 궤도기술을 대표하는 유니온(H형) 철도침목을 철도공사 사업개발본부 사내벤처팀에 재직중 김해곤부장에 의해 순수 국내기술로 개발함으로써 세계철도산업을 선도하는 명실상부한 철도선진국이 되었다. H형 침목이 개발되어 충북선 상선 오근장역 부근에 50m 시험부설을 비롯하여 서울역, 부산역, 대전역, 동대구, 광주, 목포, 밀양, 김천, 구포 등 홍보용 침목부설 등 14개소(급곡선 포함) 이상 부설하였다.
 유니온(H형) 철도침목의 장점은 기존 PC침목에 비해 침목의 횡저항력을 획기적으로 증대시키고, 유지보수가 용이하며, 내구성, 안전성, 경제성 등 비용절감을 목적으로 개발하였다. 개발된 H형 침목은 선로의 안전성을 획기적으로 개선할 수 있도록 개발한 침목이며, 자갈도상량을 줄일 수 있어 석산을 개발하는 등의 환경파괴를 저감하므로 환경친화적이며 내구성이 뛰어나다.

H형 침목의 가장 큰 특징은 기존 PC침목에 비해 침목사이의 도상자갈저항대가 있어 침목의 도상횡저항력과 종저항력을 증대시키고, 하절기 온도상승으로 인한 장대레일의 좌굴 및 장출 현상도 방지할 수 있으며, 기존 PC침목보다 안정성, 내구성이 뛰어나고 유지보수가 용이하여 유지보수비용을 획기적으로 절감할 수 있다. 또한 건설비도 초기건설비를 기존 철도침목에 비해 절약할 수 있다.

3) 현장부설

H형 침목의 안전성, 시공성, 대형보선장비 및 인력에 의한 유지보수 가능 여부, 현장 적용성 검증 및 성능 평가를 위해 2010년 9월 7일 충북선 (상선) 21k400~21k450 구간에 50 m를 시험 부설하였으며 아무런 문제가 없는 것으로 확인되었다. 궤광의 강성과 도상종·횡저항력을 동시에 증대시킬 수 있는 새로운 형태의 침목은 기존 일자형 침목 두 개의 중앙부를 연결한 H형태이며, 구조해석 및 설계 그리고 실내 성능테스트를 통해 자갈도상 침목으로서의 우수한 성능을 확보하였으며 국가철도공단에서 실시한 궤도용품 인증시험을 마쳤다. 이 H형 침목의 현장부설 및 현장 성능시험을 통해 현장 적용성을 평가하였으며 경제성 분석을 시행한 H형 침목의 성능평가 결과는 다음과 같다.

ㄱ. H형 침목을 적용한 궤도의 횡방향 및 종방향 강성을 해석적으로 평가한 결과, 기존 PC침목 궤도의 비하여 레일의 횡방향 및 종방향 강성이 각각 1.4배와 1.3배 증가하는 것으로 평가되었다.
ㄴ. 열차운행에 따른 침목의 최대 연직변위를 평가한 결과, H형 침목이 기존 PC침목에 비해 약 2.5배 정도 작은 수직변위를 나타냈다. 이는 H형 침목의 도상저항연결대에 따른 침목의 일체화와 중량화에 따라 궤도의 강성이 증대되었으며, 열차 하중분산 역할에 따른 진동의 감소로 작은 변위가 발생한 것으로 판단된다.

(a) Existing tie remove

(b) H-tie arrange

(c) Rail arrange

(d) Ballast supplement

(e) MTT and RE working

(f) Complete view

그림 5.98 유니온(연결,통일, H형)침목 부설절차(충북선 오근장역 남쪽)

ㄷ. H형 침목이 적용된 궤도의 도상종·횡저항력을 평가한 결과, H형 침목이 적용된 궤도가 기존 PC침목 궤도에 비해 도상횡저항력은 1.6~1.8배 또는 1.8~2.15, 도상종저항력은 1.5배 크게 평가되었다. 즉 H형 침목이 적용됨으로 인해 궤광과 자갈사이의 마찰력이 증가되고 궤광의 휨강성 역시 증가되었음을 알 수 있다.

ㄹ. H형 침목 적용에 따른 유지보수비 절감효과를 분석한 결과, 기존 PC침목에 비해 33%정도의 궤도틀림이 발생한다는 조건을 적용하면 연간 1 km당 상당한 유지보수비용의 절감이 예상된다.

ㅁ. H형 침목 궤도의 강성 증가로 인한 도상자갈의 재료비, 살포비, 고르기 비용의 절감효과를 분석한 결과, 기존 PC침목 궤도에 비해 1 km당 상당한 비용이 절감된다.

ㅂ. H형 침목 궤도는 기존 PC침목 궤도에 비해 궤광의 강성과 도상저항력이 크므로 기존 PC침목 궤도에 적용되는 도상자갈 더돋기 작업이 불필요하다. 더돋기 작업을 시행하지 않는 경우에 대한 노반폭 감소량을 분석한 결과, 평균 노반폭 대비 약 300~400 mm를 축소할 수 있다.

5.13.6 철침목(metel tie or steel sleeper)

철침목(steel tie)은 철도초기 1860년경 영국에서 시험적으로 쓰여졌고, 그 후 독일, 스위스에서 많이 사용되었다. 목침목의 주약방부가 보급되어 차차 사용량이 감소되었으며, 철침목의 장·단점은 다음과 같다.

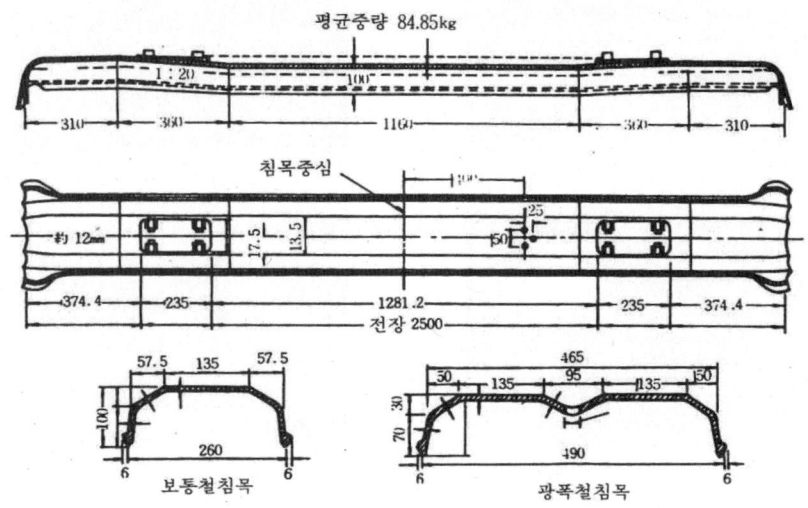

그림 5.99 철침목(단위 : mm)

1) 장 점
   (1) 재질이 강인하므로 내구연한이 길다.
   (2) 레일의 체결력이 견고하고 도상저항이 크다.
   (3) 궤간 캔트(cant) 유지가 확실하므로 궤도 보수비가 적다.
   (4) 잔존가격이 타종에 비하여 고가이다.

2) 단 점
   (1) 고가이다(콘크리트 침목의 약 2배)
   (2) 습지 특히 해안지대에서는 부식하기 쉽다.
   (3) 레일의 체결장치가 복잡하다.

(4) 궤도회로를 구성하는 곳에서는 별도의 절연장치가 설치되어야 한다.
(5) 방식을 고려하여야 한다.

5.13.7 조합침목(composite tie)

철근콘크리트 침목 이외에, 철재와 콘크리트 또는 목재와 철재등의 이종의 재료를 조합해서 각재료의 장점을 발휘할 수 있도록 만든 침목을 조합침목, 합성침목 또는 집성침목이라 한다. 프랑스의 Vagneux 침목, P.S 침목, Michels 침목, 미국의 Kimball 침목, 이탈리아의 P.S 침목 등이 있다

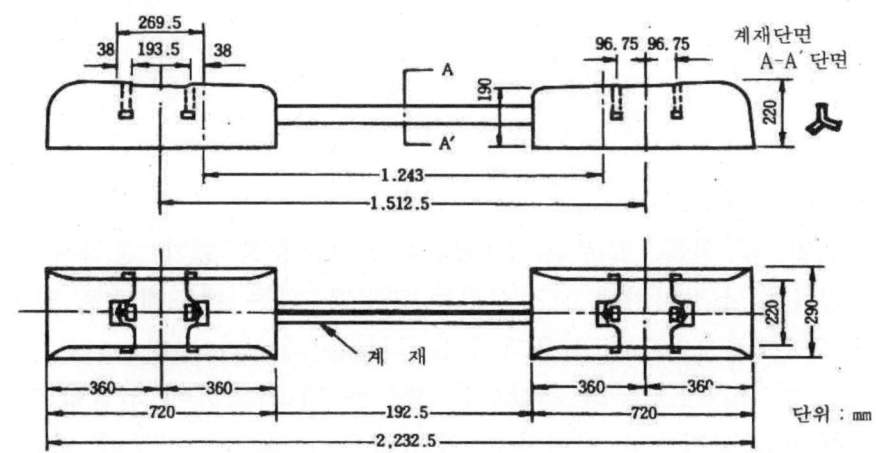

그림 5.100 R.S. 콘크리트침목

5.13.8 침목의 배치

침목의 배치간격은 열차하중의 대소, 곡선반경 및 기울기의 대소에 밀접한 관계가 있다. 부담력의 대소에 의한 침목의 배치본수와 중심간격이 정해진다. 횡침목방식의 경우 특히 유도상구간에 있어서는 침목의 부담력과 도상작업에 필요한 최소한도의 간격을 고려 배치간격을 정할 필요가 있다. 70<V≤120, V≤70 속도에서 P.C 침목의 경우 장척 및 장대레일 부설시에는 10m당 17정으로 할 수 있다.

반경 600m 미만의 곡선, 20‰이상의 기울기, 중요한 측선, 기타 노반연약등 열차의 안전운행에 필요하다고 인정되는 구간에는 표 5.27에 배치수를 증가할 수 있다. 콘크리트궤도에서의 침목배치정수는 10m당 16정을 표준으로한다.

표 5.27 침목배치정수

침목종별	본		선		측 선	비 고
	150<V≤200	120<V≤150	70<V≤120	V≤70		
P.C 침목	17	17	16	16	15	10m당
목 침 목	17	17	16	16	15	〃
유니온침목 (H형침목)	8	8	8	8	7	〃
교량침목	25	25	25	25	18	〃

5.14 도   상(ballast)

5.14.1 도상의 역할

도상은 레일 및 침목으로부터 전달되는 열차하중을 넓게 분산시켜 노반에 전달하고 침목을 소정위치에 고정시키는 역할을 하는 궤도재료로 일반적으로 쇄석, 사리 또는 콘크리트가 사용되며 그 역할은 다음과 같다.

(1) 레일 및 침목으로부터 전달되는 하중을 널리 노반에 전달할 것
(2) 침목을 탄성적으로 지지하고, 충격력을 완화해서 선로의 파괴를 경감시키고 승차기분을 좋게 할 것
(3) 침목을 소정위치에 고정시키며 경질이고 수평마찰력(도상저항)이 클 것
(4) 궤도틀림 정정 및 침목갱환 작업이 용이하고 재료공급이 용이하며 경제적일 것

5.14.2 도상의 종류와 재료(kind of ballast materials)

도상(ballast)은 자갈 도상과 콘크리트 도상으로 대별하며, 자갈 도상은 보통도상과 보조도상으로 구분되고, 일반쇄석과 친자갈이 쓰여진다. 도상은 반복 열차하중을 받는대로 노반에 매립해서 변위를 일으켜 궤도틀림의 원인이 된다. 특히 노반이 연약한 경우에 뚜렷하다. 일반적으로 도상두께를 충분히 확보하고 보통도상의 밑에 막자갈, 자갈, 연탄재 등으로 보조도상을 부설, 배수를 좋게 한다.

한편, 터널내 등 누수가 있는 곳, 어두운 곳이나 작업환경이 나쁘고, 보수작업이 곤란한 장소에서는 자갈도상 대신 콘크리트 또는 R.C침목으로 직접 지지하는 콘크리트 도상을 설치 보안노력을 경감한다.

1) 도상재료의 구비조건
   (1) 견질로서 충격과 마찰에 강할 것
   (2) 단위중량이 크고, 능각이 풍부하고, 입자간의 마찰력이 클 것
   (3) 입도가 적정하고 도상작업이 용이할 것
   (4) 점토 및 불순물의 혼입률이 적고 배수가 양호할 것
   (5) 동상(凍上) 풍화에 강하고, 잡초육성을 방지할 것
   (6) 양산이 가능하고 값이 쌀 것

2) 재료의 종류
   (1) 깬자갈(쇄석, crushed stone) : 화강암, 안산암, 규암, 석영반암 등 경암을 쇄석기(cursher)로 파쇄한 것으로 능각이며 탄성이 풍부하고, 하중을 분산시키는 효과와 도상저항력이 크다. 입경이 22.4~63mm 이내로 대소립이 적당히 혼합된 것으로 지지력이 크며 도상재료중 가장 우수하여 가장 많이 사용하고 있다.
   (2) 친자갈(gravel) : 강자갈, 산자갈, 바닷자갈을 체질하여 적당한 입도를 맞춘 자갈로서 값이 싸서 재료구입이 용이하나 마찰력이 적어 근래에는 많이 사용하지 않고 있다.
   (3) 광재(slag) : 용광로의 부산물인 괴재(clinker)를 파쇄하여 사용하며 암회색은 견고하고 치밀하여 양질이나 회백색은 다공질로 배수가 불량하고 연질이므로 나쁘다. 양산이 곤란하여 능각(稜角)이 너무 지나쳐 침목손상이 크며 제철소 소재지의 일부지역에 사용된다.
   (4) 석탄재(cinder) : 증기기관차, 화력발전소 및 공장의 보일러(boiler)에서 발생하는 것을 사용한다. 수류식 재처리장치에서 발생하는 미분을 포함치 않은 것은 배수도 비교적 양호하므로 동상방지용 또는 보조도상으로 사용되나 일반적으로 특별선, 중요치 않은 측선과 응급재료로 충당된다.
   (5) 막자갈(pit run) : 모래가 섞인 체질하지 않은 것으로 수해응급, 특별선,

건설선에서 노반이 안정되지 않아 도상침하의 우려가 있을 때에 한하여 사용된다.

3) 입도와 물리적 성질

철도공사의 도상자갈은 63mm체를 100% 통과하고 22.4mm체 통과량(중량비)이 5% 이내의 것으로 대소립이 다음 범위내로 혼합되도록 규정하고 있으며 그 입도표준 및 물리적 성질은 표 5.28 표 5.29 과 같다.

표 5.28 도상자갈의 입도

구 분	판체의 호칭 치수 (mm)	표준체를 통과한 것의 중량비(%)					
		10	22.4	31.5	40	50	63
깬 자 갈		0	0~5	5~35	30~65	60~100	100

품질관리 : KSF2501 골재의 시료채취 방법

표 5.29 도상자갈의 물리적 성질

종 류	품 명	단 위 용적중량 (t/m^3) 이 상	마 모 율 (%) 이 하	내압강도 (kg/cm^2) 이 상
도 상 자 갈	깬자갈 (22.4~63mm)	1.4	25	800
시 험 방 법		KSF 2505 골재의 관위용적 중량시험	KSF 2508 로스엔젤레스 시험기 사용	KSF 2519 석재의 압축강도시험

5.14.3 도상의 단면형상(ballast section)

도상의 횡단면의 표준은 그림 5.101과 같으며 시공기면 위에 사다리꼴로 형성된다. 도상의 기능은 침목저면의 압력을 될 수 있으면 균등하게 노반에 분포시키는데 필요한 도상 두께와 침목 길이방향의 도상저항을 확보하기 위한 침목마구리로부터 도상어깨까지의 견폭, 또한 열차의 진동에 따른 도상붕괴가 일어나지 않을 물매가 요구된다. 도상두께는 침목의 형상치수, 침목간격, 도상재료의 하중분산성, 열차하중의 크기 및 노반의 지지력에 의해 결정된다. 또한 횡방향 도상 저항력을 위한 필요한 어깨폭의 유효폭은 사용된 도상재료의 석질 침목의 노출량에 따라 다르나 고속선은 50cm 이상, 일반철도는 45cm로 하고 있다. 도상의 두께는 당해선로구간의 열차하중과 속도, 통과톤수, 등급에 따라 각국이 서로 다르나 대략 침목하면에서 25~35cm정도이며 고속선과 일반철도의 도상두께는 아래 표 5.30과 같다. 또 도상자갈의 기울기는 열차의 진동과 안식각을 고려하여 1:1.5~1:2.0정도로 한다.

표 5.30 도상 치수 종별

등급 \ 종별	시공기면 폭(A) (m)	도상아래 폭(B) (m)	도상의 폭 (C) (m)	도상두께 (D) (m)	도상어깨폭 (E) (m)	비탈 기울기 (S)
230 <V≤ 350	자갈 9.00 콘크리트 8.50	6.40	3.60	자갈 0.35이상 콘크리트 0.25이하	0.50	1:1.8
120 <V≤ 230	8.00	5.10	3.30	0.30	0.45	1:1.8
70 <V≤ 120	7.00	5.00	3.30	0.27	0.45	1:1.8
V≤ 70	6.00	4.92	3.30	0.25	0.45	1:1.8

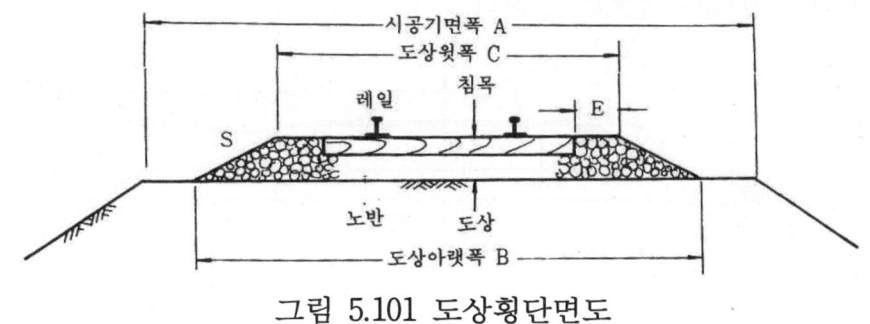

그림 5.101 도상횡단면도

5.14.4 도상의 강도

도상의 양부는 궤도의 안전도를 지배하며, 궤도틀림발생량, 보수노력비, 진동가속도, 승차기분등에서 평가하여야 한다. 깬자갈은 친자갈에 대하여 40~50%정도의 보수노력이 절감된다고 하며 도상두께가 클수록 보수노력은 적게 든다. 도상의 강도를 표시하는데 궤도역학적인 계산에서는 도상계수(ballast coefficient)를 사용한다.

$K = p/r$ K : 도상계수(kg/cm³) p : 도상반력(kg/cm²) r : rm 점의 탄성침하(cm)

K는 도상재료가 양호하고, 다지기가 충분하며 노반이 견고 할 수록 큰 값이

된다. 또한 재하면의 형상과, 재하의 속도, 기타 조건 등에 의하여 틀리나 기준치는 다음과 같다.

K=5kg/cm² 불량노반   K=9kg/cm² 양호노반   K=13kg/cm² 우량노반

5.14.5 보조도상(sub ballast)

수송량이 큰 선로에는 도상의 두께를 크게 해서 압력을 노반에 균등하게 분포시키기 위해, 또는 연약노반, 습지 등에서 배수를 충분히 하기 위해서 보통도상 하부에 두께 20cm 정도의 보조도상(sub ballast)층을 두어 이를 보조도상이라 하며 보통도상에 해당한 상부층을 상층도상(top ballast)이라 하고 이와 같은 구성법을 2층도상이라 한다.

점토질의 깎기개소와 노반의 배수불량개소에서는 분니현상(water pump)이 일어나기 쉽고 한랭지에서는 동상이 되므로 시공기면상에 보조도상을 설치하여 피해를 예방하거나 또는 시공기면을 더 깊이 깎아 자갈을 매입하고 측구에 의하여 배수상태를 양호하게 한다.

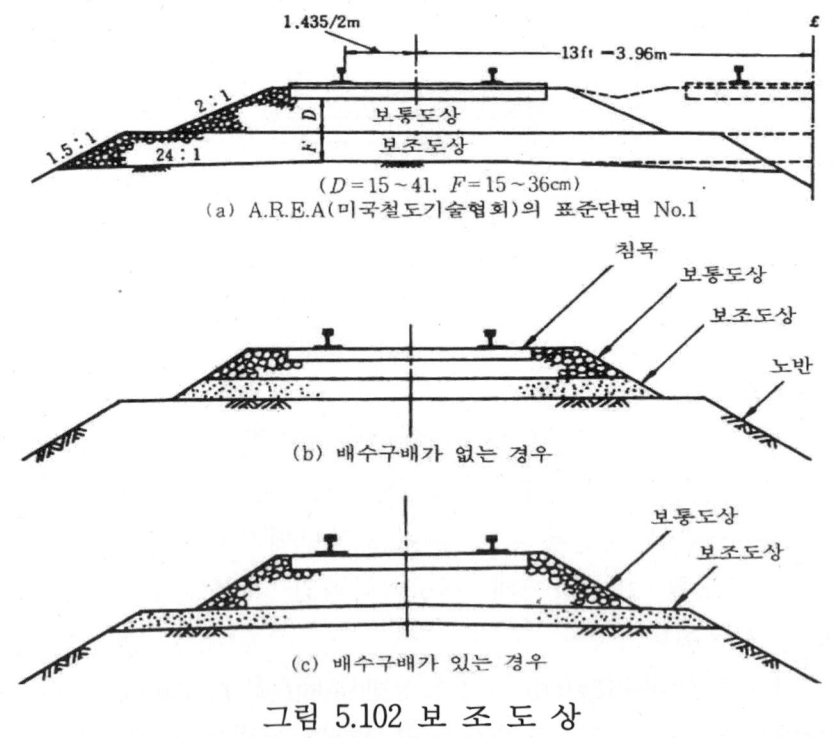

그림 5.102 보 조 도 상

5.14.6 콘크리트 도상(concrete bed)

1) 콘크리트도상의 필요성

도상부분을 콘크리트로 대체한 것을 말하며 목침목을 일정한 규격으로 절단하여 레일을 부설하는 경우와 콘크리트도상에 직접 레일을 체결하는 방법이 있다. 콘크리트 도상은 보수작업이 불편한 지하철도와 장대터널 건널목등에 사용되어 왔으나 보수주기를 연장하고 고강도의 목적으로 근래에는 도시철도, 고속철도 및 일반철도터널에 많이 채택하고 있다.

2) 콘크리트도상의 장단점

 (1) 장 점
  ① 도상다짐이 불필요하므로 보수노력이 경감된다.
  ② 배수가 양호하여 동상이 없고 잡초발생이 없다.
  ③ 도상의 진동과 차량의 동요가 적다.
  ④ 궤도의 세척과 청소가 용이하다.
 (2) 단 점
  ① 궤도의 탄성이 적으므로 충격과 소음이 크다.
  ② 건설비가 크고 레일이 파상마모될 우려가 있다.
  ③ 레일 이음매부의 손상, 침목갱환, 도상파손시 수선이 곤란하다.

3) 레일의 탄성체결

콘크리트도상은 탄성이 부족하므로 단침목은 도상으로부터 유리하거나 궤도와 차량에 진동을 발생시키기 쉽다. 이를 보충하기 위하여 최근에는 탄성체결법이 비약적으로 발전되어 양호한 결과를 얻고 있다. 탄성체결장치와 고무제 패드(Pad)로 탄성을 충분히 갖게 할 수 있어 종래의 목재단 침목 사용이 콘크리트 도상에 직결시키는 무침목식으로 전환하게 되었다.

지하철이나 장대터널등의 보수배수가 곤란한 노선등에는 콘크리트도상에 직접콘크리트 단침목을 놓은 구조로 그림 5.103과 같이 하고 있다. 그 후에 탄성체결장치를 개발, 장대레일화에 의해 이런 종류의 문제를 해소하고, 궤도 틀림이 적어, 보수가 거의 불필요하게 된 것이 최대 이점으로 최근의 지하철에서 기본구조로 하고 있다. 콘크리트 도상은 고가교·Tunnel등의 콘크리트 구조물에 쓰이고 있다. 건설비가 자갈도상의약 5배의 높은 가격이며, 또한 재래선에서의 개축은 수십일간의 운전휴상을 필요로 하기 때문에, 일반노선에서 채용은 어렵다. 최근 고속선의 신선건설에 적용하고 있다.

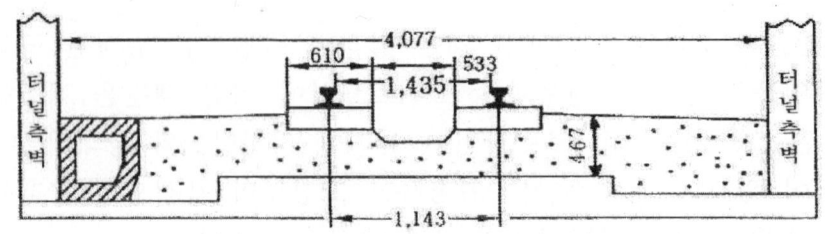

그림 5.103 Tunnel의 콘크리트 도상

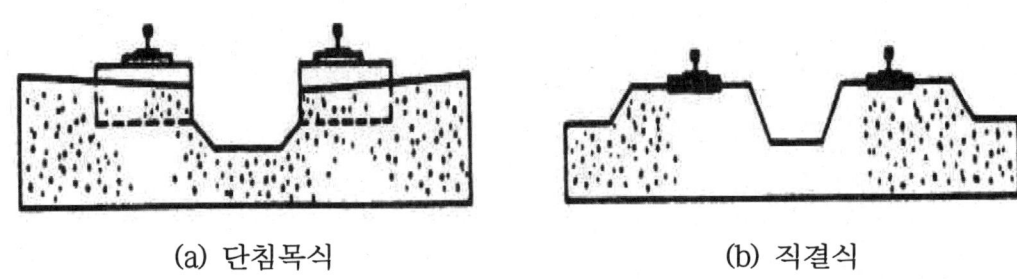

(a) 단침목식   (b) 직결식

그림 5.104 콘크리트 도상

4) 슬래브 궤도(slab track)

슬래브궤도는 그림 5.105와 같이 레일을 지지하는 프리캐스트 콘크리트 슬래브(pre cast concrete slab)(궤도슬래브)와 콘크리트 노반과의 사이에 완충재 CAM을 충전시킨 궤도 구조이다.

열차의 고속화, 열차회수의 증가로 궤도강도의 고수준화가 요청되며 열차의 과밀화로 궤도 보수작업은 한계에 달하고 생산구조의 변화로 중노동의 기피 및 부족현상 때문에 금후 궤도보수에 많은 문제를 제기하고 있어 생력화 궤도로서 바라스트레스(ballastless) 궤도가 활발히 연구되어 경제적 안전적인 콘크리트 슬래브 궤도가 출현하여 일본의 신칸센에서 대대적으로 사용하기에 이르렀다.

일본 신칸센의 슬래브 궤도 구조는 레일을 지지하는 프리캐스트 콘크리트의 궤도슬래브와 바닥콘크리트간에 조정 및 완충을 겸하는(CAM) 시멘트 아스팔트 모르터로 충전하여 전면을 지지하게 되어 있다.

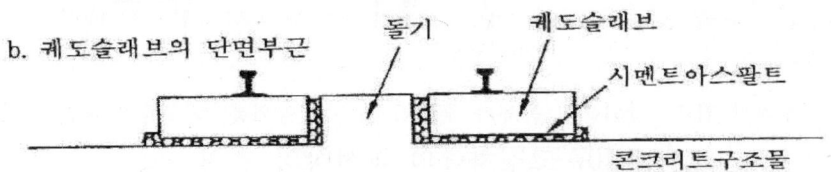

그림 5.105 슬래브 궤도

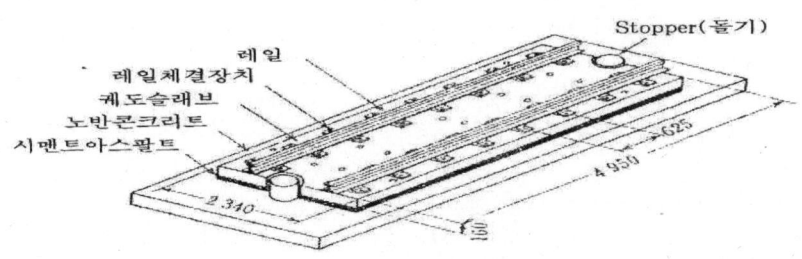

그림 5.106 슬래브 궤도 전체 개념도

5.15 슬랙(slack)의 이해

5.15.1 슬랙의 이해

고정 2, 3축차가 곡선을 통과할 때 필요로 하는 슬랙(slack)량을 구하기 위해서는, 먼저 차축이 곡선궤도상에 어떤 위치로 주행하는가를 검토할 필요가 있다. 그 대표적인 위치는 그림 5.107에서 보는 바와 같다.

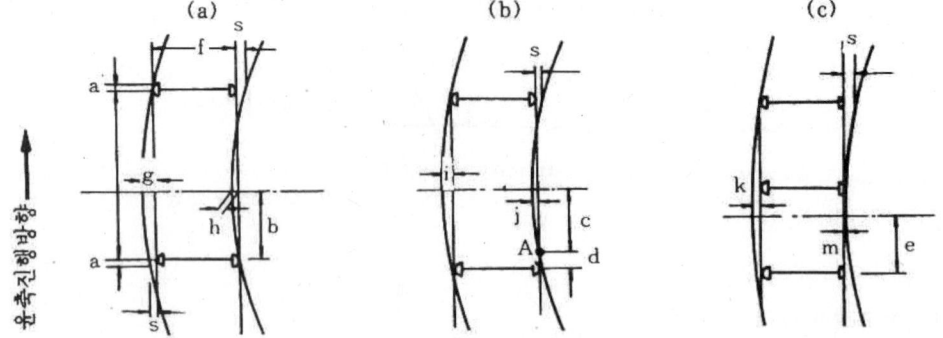

앞외륜, 후내륜이 후란지 접촉   앞외륜의 몸체가 후란지 접촉   앞외륜, 중내륜이 후란지 접촉

그림 5.107 고정차축의 곡선상의 위치

$$S = g - h \qquad s = i + j \qquad S = h - m$$

$$g = \frac{(1+c-b)^2}{2(R+\frac{G}{2})} \qquad i = \frac{(1+c-d)^2}{2(R+\frac{G}{2})} \qquad h = \frac{(1-e)^2}{2(R+\frac{G}{2})}$$

$$h = \frac{(b+a)^2}{2(R-\frac{G}{2}-s)} \qquad j = \frac{C^2}{2(R-\frac{G}{2}-S)} \qquad m = \frac{(\frac{1}{2}-1)^2}{2(R-\frac{G}{2}-S)}$$

$$S \fallingdotseq \frac{(1+a-b)^2-(b-a)^2}{2R} \quad S \fallingdotseq \frac{(1+a-c-d)^2-c^2}{2R} \quad S \fallingdotseq \frac{(1+a-e)^2-(\frac{1}{2}-a-1)}{2R}$$

그림 5.107 (a)는 그 축차의 앞 외륜과 뒤 내륜이 레일의 플랜지를 접촉하면서 주행하는 경우(c)는 3축차의 앞 외륜과 가운데 내륜이 플랜지에 접촉하는 경우이다. 여기서 소요 슬랙량 S를 근사계산하면,

1) 2축차, 앞외 뒤 내륜 플랜지 접촉의 경우

$$S \fallingdotseq \frac{(1+a-b)^2-(b-a)^2}{2R} = \frac{1}{2R}(1+2a-2b)$$

2) 2축차, 앞 외륜의 플랜지 접촉의 경우

$$S \fallingdotseq \frac{(1+a-c-d)^2-C^2}{2R}$$

3) 3축차, 전 외륜, 중 내륜 플랜지 접촉의 경우

$$S ≒ \frac{(1+a-e)^2 - (\frac{1}{2}-a-e^2)}{2R}$$

2축차의 차륜이 통과하는 선로에서 슬랙을 최소로 할 수 있다면, 이론상의 식 $S ≒ \frac{1}{2R}(1+2a-2b)$에서 $b = \frac{\ell}{2}$이면 $S = \frac{2\ell}{R}$

3축차의 경우는 $\ell = \frac{\ell}{2}$이고, a^2은 무시하면 $S = \frac{\ell^2 + 4a\ell}{8R}$

위 식중의 a는 플랜지가 레일면 밑으로 들어가기 위한 차축중심에서 생각한 축거보다 길거나, 또한 짧은 값이다.

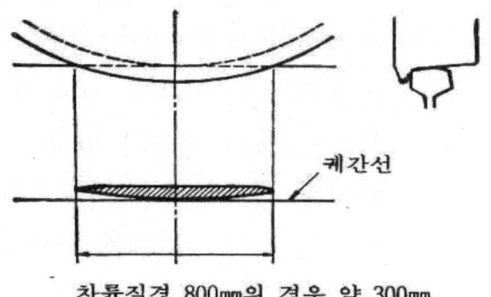

차륜직경 800mm의 경우 약 300mm

그림 5.108 레일두부와 차륜의 관계

차륜플랜지가 마모되어 정비한계에 도달해도 수직에 대해 17°까지 직립마모가 진행되면 그 치수는 약 배가 된다. 그러나 그 때는 차륜플랜지 외면거리가 마모로 단축되기 때문에 슬랙량의 결정에는 고려할 필요가 없다.

1) 슬랙의 설정 순서
  (1) 곡선반경 300m이하의 곡선에는 다음 산식 또는 슬랙 표에 의하여 슬랙을 붙여야 한다. 슬랙은 30mm 이하로 한다(개정 2015.3.19).

  $$S = \frac{2,400}{R} - S'$$

  여기서 S=슬랙(mm)
    R=곡선반경(m)
    S'=현장사정에 따라 결정되는 상수(0~15mm)
  (2) 슬랙은 캔트의 체감과 같은 길이로 곡선의 내궤측에서 체감한다. 일반 철도에서 슬랙의 최대지수 및 S'값의 산출근거
   ① 슬랙의 최대치 (30mm)
    차륜두께 : 130mm, 차륜간거리 : 1,352~1,356mm, 플랜지두께 : 23~34mm
    차륜이 궤간사이로 빠지지 않으려면,

- 차축의 최소거리 : 1,352+130+23=1,505mm
- 궤간의 최대거리 : 1,435(궤간)+30(슬랙)+10(보수공차)=1,475mm

  따라서 1,505-1,475=30mm이므로 이 정도의 가동여유를 두기 위하여 30mm로 제한했다.

② 조정치(S')를 0~15mm로 한 사유

차륜 최대거리 : 1,356+(34×2)=1,424mm

궤간에서 여유 : 1,435-1,424=11mm의 여유가 있다.

차량제작시 좌우동 여유가 6~10mm이므로 최소치인 6mm를 취하면 11+6=17mm의 여유가 있다.

궤간의 선로정비규칙 최소치인 -2mm를 취하면 17-2=15mm

따라서 S'=0~15mm를 취하였다.

2) 슬랙량 관련 기준 검토

곡선반경에 따른 슬랙적용, 슬랙 최대값 선정 등을 검토하기 위하여 UIC, 일본 그리고 국내 기준을 검토하였다. UIC 710 기준은 곡선반경에 따라서 레일 안측면 사이의 폭(width of the track between the inner faces of the rails)을 다음과 같이 정하고 있으며 곡선반경 150m 이하에서 슬랙을 적용하고 있다.

① 175 > R ≥ 150m : 1435mm   ② 150 > R ≥ 125m : 1440mm
③ 125 > R ≥ 100m : 1445mm

일본에서는 보통철도의 슬랙은 곡선반경과 해당곡선을 주행하는 차량의 고정축거(B) 및 축 수 등을 고려하여 다음과 같이 정하고 있다.

④ 2축 차량이 주행하는 구간 $S=1000\dfrac{B^2}{2R}-n$

⑤ 이외 구간 $S=1000\dfrac{9B^2}{32R}-n$

여기서 S : 슬랙의 상한치(mm)

B : 해당곡선을 주행하는 차량의 최대 고정축거(미터)

R : 곡선반경(미터) n : 가동 여유분(mm)

슬랙의 최대값은 1972년 3월 제20호 규정에 의해 25mm로 되었으나, 1987년에 20mm로 변경되었고, JR에서는 유지보수 공사 등의 기회마다 순차적으로 축소하고 있다.

표 5.31 국내 일반철도의 슬랙

곡선반경 (m)	슬랙 S(mm)		곡선반경 (m)	슬랙 S(mm)	
	최소 ($S'=15$)	최대 ($S'=0$)		최소 ($S'=15$)	최대 ($S'=0$)
90 ≤ R < 120	12	27	300 ≤ R < 350	0	8
120 ≤ R < 170	5	20	350 ≤ R < 400	0	7
170 ≤ R < 190	0	14	400 ≤ R < 500	0	6
190 ≤ R < 210	0	13	500 ≤ R < 600	0	5
210 ≤ R < 250	0	11	600 ≤ R	0	4
250 ≤ R < 300	0	9			

국내의 도시철도 표준화 기준에서는 슬랙 감소추세를 반영하였는데 표준 전동차의 축거(2.1m)를 반영하여 슬랙량이 계산되었다. 대차 전후의 접촉점간 거리에 0.6을 두어 고정축거 l의 여유값 1.5는 과다하다고 판단하였으며 이를 중복으로 판단하여 계산하였다. 슬랙량 계산식에서는 확대궤간은 반경 300m 이하의 곡선 내측에 두되, 확대궤간의 치수는 다음 산식에 의한 값 이하로 정하였다.

$$S = \frac{1250}{R} - S' \tag{5.6}$$

여기서, S : 확대궤간 (mm)

R : 곡선반경 (m)

S' : 조정치 (mm, 0~4mm)

도시철도 건설규칙에 의하면 확대궤간(슬랙)의 최대값은 24mm를 초과해서는 안 된다고 규정하고 있다. 또한 도시철도 선로시스템 표준규격(안) 및 해설편에서는 선로시스템의 확대궤간을 합한 궤간의 총 확대량은 30mm를 초과해서는 안 되는 것으로 규정하고 있다.

3) 슬랙의 효과

슬랙을 축소할 경우의 그 효과를 확인하기 위해 일본에서는 주행안정성에 관한 시뮬레이션과 각종 현차 주행시험 및 유지보수량을 조사하였다. RTRI의 시뮬레이션 결과(1984년)에 의하면 슬랙을 축소할 때 좌우가속도 일정하였던 반면, 횡압은 미세하게 증가하였고, 윤중변동률은 미소하게 감소하였다. 현차 주행 시험(EF58, EF60, EF65)을 R=400m 곡선에서 수행하여 궤도에서 윤중 및 횡압을 측정하였는데 평균적으로 횡압은 슬랙 70mm가 되면 횡압이 감소하였다. 205계 전차시험과 콘테이너 열차시험을 400m ≤ R ≤ 600m에서 슬랙을 5mm 축소하여 시험을 했는데 횡압의 절댓값 측면에서 검토한 결과 큰 차이는 없었다.

1970년부터는 3년간 산요오 본선을 시작으로 R=300m, 600m의 곡선에서 슬랙을

5~10mm 축소한 경우 유지보수량을 조사하였다. 그 결과 현장상태가 일정하지 않아 측정 값의 분산은 있었지만 레일 마모량과 궤간 틀림 진행 측면에서 검토하였을 때 개선되는 경향이 있었다.

5.16 각국의 설정 캔트

5.16.1 각국의 최대설정캔트

캔트가 설정되어 있는 곡선부에서 차량이 정지한 경우 혹은 곡선부를 서행으로 주행하는 경우에는 균형캔트가 0이므로 설정캔트가 그대로 캔트 초과량이 된다. 이러한 경우에는 외측으로부터의 풍하중에 의한 차량의 내측 전도에 대한 안전과 차체 경사에 의한 승객의 승차감을 고려하여 최대설정캔트를 설정할 필요가 있다.

기존 건설규칙에서는 안전율 3.5와 레일 면으로부터 차량 무게 중심까지의 높이를 기존선에 대해서는 2,000mm와 고속선에 대해서는 1,800mm를 식 (5.16)에 적용하여 각각 최대설정캔트를 160mm와 180mm로 규정하여 적용하고 있다.

이와 관련하여 국외의 최대설정캔트와 관련된 규정을 살펴보면 다음과 같다. ENV 13803-1:2002(유럽)에서는 최대설정캔트 한계값(C_{lim})을 아래의 사항을 고려하여 다음 표와 같이 규정하고 있다.

- 승차감 감소
- 캔트가 클 경우 작업차와 무게중심이 높은 특수열차의 불안전성 증가 및 고속열차와 저속열차의 속도차가 큰 곡선구간에서 초과캔트 증가

표 5.32 ENV 13803-1:2002의 최대설정캔트 한계값

구 분 (속도 : km/h)	I 혼용선 80 ≤ V ≤ 120	IIa 혼용선 120 < V ≤ 160	IIb 혼용선 160 < V ≤ 200	III 여객차량 속도로 설계된 혼용선 200 < V ≤ 300	IV 여객차량 속도로 설계된 혼용선 V ≤ 230 (또는 250) (틸팅차량)	V 여객전용 고속선 250 ≤ V ≤ 300
추천 한계값a (mm)	160	160	160	160	160	160
최대 한계값a (mm)	180	180	180	180	180	200
[a] 급곡선에서 비틀림 강성이 큰 화물차의 탈선을 방지하기 위하여 캔트는 다음 한계값으로 제한되어야 함 $C_{lim} = \dfrac{R-50}{1.5}$ (mm)						

- 승강장 근처에서의 캔트는 110mm이하여야 함. 기타 건넘선, 교량과 터널과 같은 제한적 환경에서는 캔트 제한치를 설정할 수 있음

UIC 703R:1989(국제철도연맹)에서는 아래의 표와 같이 최대설정캔트 한계값을 규정하고 있다.

표 5.33 UIC 703R:1989(유럽)의 최대설정캔트 한계값

구 분 속도(km/h)		I 80~120			II 120~200			III ≤250				IV 250~300	
								FS		DB		SNCF	
		표준	최대	극한	표준	최대	극한	표준	최대	표준	최대	표준	최대
C(mm)	일반궤도구간	150	160	-	120	150	160	125	-	65	85	180	-

• 극한값(exceptional values) : 위의 조건에서 안전 및 승차감 확보가 가능한 특수 열차에 대해서 예외적으로 적용되는 한계값

Ril 800.0110(독일)에서는 최대설정캔트 한계값(C_{lim})으로 자갈궤도인 경우 160mm, 슬래브궤도인 경우에는 170mm, 승강장에서는 100mm로 적정한계값을 규정하고 있다. TSI(유럽)에서는 최대설정캔트 한계값(C_{lim})으로 180mm를 적용하고 있다. 鐵道に關する技術基準(철도에 관한 기술기준: 일본)에서는 곡선부에서 열차 정지시 내측 전복에 대한 안전성을 고려하여 안전율 3을 적용 아래와 같은 공식에 의해 최대설정캔트 한계값(C_{lim})을 규정하고 있다.

$$C_{lim} = \frac{G^2}{6H} \tag{5.18}$$

아래의 표는 국내·외 최대설정캔트 한계값을 비교한 것이다. 이상에서 알 수 있는 것처럼 최대설정캔트 한계값으로 국내·외 기준 대부분 160mm와 180mm을 적용하고 있다.

표 5.34 국내·외 최대설정캔트 비교

기준	최대캔트(mm)
현행기준	1-4급선 : 160, 고속선 : 180
ENV 13803-1:2002	추천값 : 160 최대값 : 180(혼용선, 80≤ V ≤300), 200(여객전용고속선 250 ≤ V ≤300)
鐵道に關する技術基準a	표준궤 : 200, 신간선 : 220
Ril 800.0110 (적정한계값)	자갈도상 궤도 : 160 콘크리트도상 궤도 : 170 승강장 : 100
TSI	180

[a] 열차중심높이 $H=1.7m$, 표준궤 $G=1,435mm$, 신간선 $G=1,500mm$ 및 안전율

1) 적용

우리나라는 기존 건설규칙과 유사한 값을 적용하고 있는 ENV 13803- 1:2002(유럽) 규정을 참조하여 일반철도와 고속철도에 대해서 160㎜을 적용하였다. 다만, 콘크리트 도상 궤도를 채택하는 고속철도 전용선에 한하여 180㎜로 규정하였다. 이는 콘크리트 도상 궤도는 궤도안정성이 자갈도상 궤도에 비하여 높고 고속철도 전용선인 경우 무게중심이 일반 열차에 비하여 낮기 때문에 곡선반경이 작게 되도록 하여 경제적인 설계를 하도록 하였다.

2) 부족캔트

부족캔트 결정에 미치는 가장 중요한 요소는 곡선부 주행시 승객이 느끼는 원심가속도 즉, 궤도면에 평행한 횡가속도 성분 $\overline{MR}=p$이다.

$$a_q = \frac{V^2}{R} - \frac{gC}{G} \tag{5.19}$$

여기서 a_q : 부족캔트에 의한 원심가속도

V : 열차속도 R : 곡선반경 g : 중력가속도

C : 설정캔트 G : 궤간(좌우접촉점간 거리)

이 식에서 중력가속도 g=9.8m/sec², 좌우 접촉점간 거리 G=1,500㎜라 하고, 각 기호의 단위를 맞추면,

$$a_q = \frac{V^2}{12.96R} - \frac{C}{153} \tag{5.20}$$

여기서 a_q : 부족캔트에 의한 원심가속도(m/sec²)

V : 열차속도(km/hr) R : 곡선반경(m) C : 설정캔트(㎜)

설정캔트 식으로부터 부족캔트 C_d를 정리하면 아래의 식과 같다

$$C_d = 11.8 \frac{V^2}{R} - C \tag{5.21}$$

식 (5.21)을 캔트 C로 정리하고, 이를 식 (7-12)에 대입하여 불평형 횡가속도로 나타내면 아래의 식과 같다.

$$a_q = \frac{C_d}{153} \leq a_{q,lim} \tag{5.22}$$

여기서 a_q : 부족캔트에 의한 원심가속도(m/sec²)

C_d : 부족캔트(㎜)

$a_{q,lim}$: 허용 원심가속도(m/sec²)

ENV 13803-1:2002(유럽)에서는 부족캔트 한계값($C_{d,lim}$)을 아래의 사항을 고려하여 다음 표와 같이 규정하고 있다.

- 궤도안전성 - 유지보수 경제성 - 승차감

표 5.35 ENV 13803-1:2002의 부족캔트 한계값

교통 구분 (속도 km/h)		추천 한계 값[a] [mm]		최대 한계 값[mm]	
		화물열차	여객열차	화물열차	여객열차
I 혼용선 80≤ V≤120	R<650m	110	130	130	160
	R≥650m	110	150	130	165
II a 혼용선 120< V≤160		110	150	160d	165
II b 혼용선 160< V≤200		110	150	160d	165
III 여객열차속도로 설계된 혼용선 200< V≤300	200< V≤250	100	100	150d	150
	250< V≤300	80	80	130c	130[c]
IV 여객열차속도로 설계된 혼용선 V≤230(또는 250) (틸팅 열차)	V≤160	110	160[b]	160d	180[b]
	160< V≤200	×	140	×	160
	200< V≤230	×	120	×	160
	230< V≤250	×	100	×	150
V 여객전용고속선 250≤ V≤300	V=250	×	100	×	150
	V>250	×	80	×	130[c]

주1 부족캔트는 추천 한계 값보다 20mm이하의 작은 값을 적용하여야 한다.

주2 상기표는 기존선(화물열차나 여객열차가 동일 궤도를 사용하는 경우 속도 향상 또는 속도최적화를 위해서)과 신선 모두 상업 운행되는 유럽 철도에서 사용된 최대한계값을 대부분 포함하고 있다.

주3 전술한 값은 속도 80km/h 이상에 대해 부족캔트가 점진적으로 증가하는 경우에 대해서만 적용하여야 한다. 부족캔트가 급격히 변화하는 경우(측면 가속 돌발 적용)에는 분기선에 대한 첨단과 크로싱에 대한 구체적인 규칙들이 ENV 13803-2:2006에서 고려되었다.

[a] 연결궤도에 대한 부족캔트는 명시된 바와 같아야 한다.

[b] 이러한 부족캔트 한계는 저축부하와 감소된 스프링 하중량 및 저 롤링 계수와 같은 특별한 기계적 특성을 가진 전용열차 형태에 적용되어야 한다.

[c] 콘크리트도상 궤도인 경우 250km/h 이상 속도에 대해서 부족캔트 한계값을 150mm로 적용할 수 있다.

[d] 이러한 값은 여객 열차와 유사한 성능을 가진 특별한 기계적 특성을 가진 화물전용 열차에만 적용한다.

여기서 부족캔트에 의해 발생하는 불평형 횡가속도 a_q와 차량 바닥면에서의 가속도 a_i와의 관계는 다음 식과 같으며, 이때 바닥면에서의 최대 허용 가속도는 1.0m/sec² 에서 1.5m/sec² 까지로 규정하고 있다. 아래의 식에서 s는 열차의 롤링 강성계수(=0.4, 특수한 경우 0.2~0.25 까지 감소)이다.

$$a_i = (1+s)a_q \quad (5.23)$$

UIC 703R:1989(국제철도연맹)에서는 아래의 표와 같이 부족캔트 한계값을 규정하고 있다.

표 5.36 UIC 703R:1989(유럽)의 부족캔트 한계값

구 분 속도(km/h)		I 80~120			II 120~200			III ≤250				IV 250~300	
								FS		DB		SNCF	
		표준	최대	극한	표준	최대	극한	표준	최대	표준	최대	표준	최대
C_d(mm) a_q(m/sec²)	일반 궤도 구간	80 0.53	100 0.67	130 0.86	100 0.67	120 0.80	150 1.00	121 0.81	- -	40 0.27	60 0.40	50 0.33	100 0.67
C_d(mm) a_q(m/sec²)	분기부	60 0.40	80 0.53	120 0.80	60 0.40	80 0.53	100 0.67	- -	- -	- -	- -	50 0.33	100 0.67

• 극한값(exceptional values) : 위 조건에서 안전 및 승차감 확보가 가능한 특수열차에 대해서 예외적으로 적용되는 한계값

독일에서는 부족캔트 한계값($C_{d,lim}$)으로 130mm를 적정한계값으로 적용하고 있다. 한편, TSI(유럽)의 부족캔트 한계값은 아래 표와 같다.

표 5.37 TSI(유럽)의 부족캔트 한계값

속도(km/h)	I [a]		II	III
	추천값(mm)	최대값(mm)	최대값(mm)	최대값(mm)
$V \leq 160$	160	180	160	180
$160 < V \leq 200$	140	165	150	165
$200 < V \leq 230$	120	165	140	165
$230 < V \leq 250$	100	150	130	150
$250 < V \leq 300$	100	130 [b]	-	-
$300 < V$	80	80	-	-

[a] 제한조건 때문에 추천값을 만족하지 못하는 경우 최대값 적용
[b] 슬래브 궤도인 경우 150mm 적용

철도에관한 기술기준(일본)에서는 곡선부에서 주행시 외측 전복에 대한 안전성을 고려하여 안전율 4를 적용 아래의 공식에 의해 부족캔트 한계값($C_{d,lim}$)을 규정하고 있다.

$$C_{d,lim} = \frac{G^2}{8H} \tag{5.24}$$

또한 부족캔트 한계값 결정시 추가로 바람에 의한 전복 안전성, 불평형가속도에 의한 승차감, 궤도강도(줄틀림의 급격한 진전 검토) 등을 고려하고 있다. 승차감에 대한 부족캔트 한계값(입석승객에 대한 불평형 횡가속도 1.0m/sec²)은 아래의 표와 같다.

표 5.38 도에 관한 기술기준(일본)의 승차감을 고려한 부족캔트 한계값

불평형 횡가속도(m/sec)	표준궤 $G=1,435$(mm)	신간선 $G=1,500$(mm)
1.0	115	120

본 개정(안)에서는 일반철도의 경우 기존 건설규칙의 부족캔트 한계값 100mm를 준용하였으나, 고속철도에 대해서는 향후의 속도 향상 및 승차감 향상을 위하여 80mm로 감소된 값으로 규정하였다. 다만 콘크리트도상 궤도를 채택하는 고속철도 전용선에 한해서 궤도안정성이 자갈도상 궤도에 비하여 크기 때문에 110mm로 하였다.

(2) 초과캔트

일반적으로 곡선구간에서 열차의 최대운행속도와 최소운행속도 사이에 큰 차이가 있을 수 있다. 이 경우 다음과 같은 초과캔트가 발생 할 수 있다.

$$C_e = C - 11.8 \frac{V_{min}^2}{R} \tag{5.25}$$

일반적으로 설계자는 부족캔트를 최소화하기 위하여 어느 정도까지는 캔트를 증가시킨다. 그러나 이러한 캔트의 증가는 저속 열차에 대해서 초과캔트를 유발시키며, 이에 따라 곡선 내측 레일에 대한 준 정적하중의 증가를 초래한다. 즉 내측 레일에 대한 횡방향 하중이 수직하중에 비례해서 증가하며, 결과적으로 레일의 마모를 촉진시킨다. 따라서 설계자는 캔트와 부족캔트, 초과캔트에 대해서 최적의 조건이 되도록 노력하여야 한다.

기존 건설규칙에서는 초과캔트에 대한 기준이 정립되어 있지 않았다. 그러나 유럽을 중심으로 상기와 같은 이유로 초과캔트에 대한 기준을 적용하고 있다. ENV 13803-1:2002(유럽)에서는 초과캔트 한계값($C_{e,lim}$)으로 다음과 같이 규정하고 있다.

- 추천 한계 값 : 110mm

- 최대 한계 값 : 130mm(여객열차 : 초과캔트가 110mm를 초과해서는 안됨)

UIC 703R:1989(국제철도연맹)에서 규정하고 있는 초과캔트 한계값은 아래의 표와 같다.

표 5.39 UIC 703R:1989(유럽)의 초과캔트 한계값

구 분 속도 (km/h)	I 80~120			II 120~200			III ≤250				IV 250~300	
							FS		DB		SNCF	
	표준	최대	극한	표준	최대	극한	표준	최대	표준	최대	표준	최대
C_e(mm)	-	50	70	90	70	90	110	100	-	50	70	-	110

• 극한값(exceptional values) : 위의 조건에서 안전 및 승차감 확보가 가능한 특수열차에 대해서 예외적으로 적용되는 한계값

본 개정(안)에서는 열차의 운행속도(V_o)에 대해 ENV 13803-1:2002(유럽)의 추천 한계 값 110mm를 참고하여 개정(안)의 초과캔트 한계값으로 적용하였다.

(3) 분기기내 곡선, 그 전 후의 곡선, 측선과 그 밖에 캔트를 부설하기 곤란한 개소에 있어서 열차의 주행안전성을 확보한 경우에는 캔트를 두지 않을 수 있도록 하였다.

(4) 캔트체감은 직선 또는 곡선체감을 하여야 하며 체감길이는 다음과 같도록 하였다.

① 완화곡선이 있는 경우 : 완화곡선 전체 길이

② 완화곡선이 없는 경우(곡률이 급격이 변화하는 경우)

이러한 경우에 대한 鐵道에 關する技術基準(일본)의 캔트체감 기준은 3점지지 탈선 사례를 참조하여 정립되었다. 3점지지로 인한 탈선사고 조사 결과 한쪽 바퀴 부상량을 20mm 이내로 제한하도록 하였다. 일본에서는 평면성틀림 한계를 9mm로 보고, 캔트체감에 의한 평면성 틀림의 한계값을 20-9=11mm로 하고 있다. 이렇게 하면 차량의 고정축거에 따라 캔트체감길이의 최소값을 다음과 같이 결정할 수 있다.

$$\frac{C}{L_1} = \frac{d_a}{A} \tag{5.26}$$

$$L_1 = \frac{A}{d_a} C \tag{5.27}$$

여기서 A : 차량의 고정축거

d_a : 3점지지 탈선방지를 위한 평면성 틀림한계, d_a = 20-9 = 11mm

기존 건설규칙에서도 국내의 당시 차량의 최대 고정축거 4.75m, 최소 플랜지 깊이 25mm, 평면성틀림 한계 9mm에 안전율 2.0을 적용하여 캔트변화량의 600배를 캔트체감 길이로 결정하였으며, 차량의 최대 고정축거의 축소에도 불구하고 안전측 개념으로 이 값을 그대로 적용하고 있다.

본 개정(안)에서는 완화곡선이 없는 경우 캔트체감 방법 및 길이로 직선체감의 경우 기존 건설규칙을 준용하였으며, 이에 곡선체감의 경우를 추가하여 캔트의 최급 기울기가 1/600 이하가 되도록 캔트체감 길이를 제안하였다. 또한 곡선부에서 캔트를 체감하는 경우 3점지지에 의한 윤중감소에 곡선부 횡압이 더해져 주행 안전상 불리한 조건이 되므로 직선부에서 체감하는 것을 원칙으로 하였으며, 기존선 개량 등으로 부득이한 경우에는 곡선부에서 체감할 수 있도록 하였다.

5.16.2 캔트공식 유도

1) 이론 캔트공식 : 캔트량은 곡선반경과 그 곡선을 통과하는 열차의 설계속도에 의하여 정한다. 원운동을 하고 있는 물체의 원심력(F)는 다음과 같다.

$$F = M \frac{V^2}{R} \quad \cdots\cdots\cdots ①$$

여기서 F : 원심력   R : 곡선의 반경

M : 물체의 질량 $= \frac{W}{g}$ V : 물체의 원주속도

궤도상을 주행하는 차량의 원심력의 합력의 크기 L 및 레일면에 있어서 궤도 중심 편심량 b를 구하면

$$L = \sqrt{F^2 + W^2} = \sqrt{(M \times \frac{V^2}{R})^2 + (Mg)^2}$$

$$= M \times \sqrt{(\frac{V^2}{R})^2 + g^2} \quad \cdots\cdots\cdots ②$$

$$b = H(\frac{V^2}{R \cdot g} - \frac{C}{G}) \quad \cdots\cdots\cdots ③$$

$$J = \frac{b}{G} = \frac{M}{G}(\frac{V^2}{R \cdot g} - \frac{C}{G}) \quad \cdots\cdots\cdots ④$$

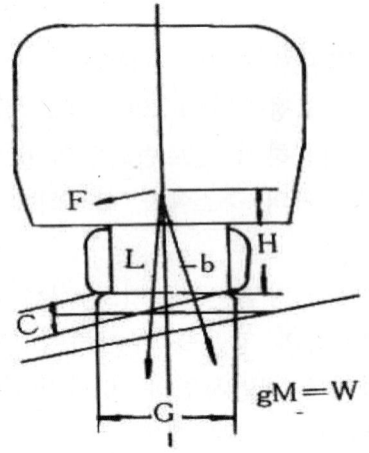

그림 5.114 캔트와 외력

W : 차량중량
M : 차량의 질량
g : 중력가속도 9.8m/sec^2
G : 좌우차륜접촉점간 거리
C : 캔트
V : 열차속도
H : 중심의 높이
J : 편심률(G와 b의 비)
b : 편심량

$V = \text{km/h}, R = \text{m}$로 표시하여 H와 G·C와 G를 각각 같은 단위로 환산하면

$$\frac{V^2}{R \cdot g} = \frac{(\frac{1,000}{60 \times 60} \cdot V)^2}{9.8R} = \frac{(\frac{1,000}{3,600} V)^2}{9.8R}$$

$= \dfrac{V^2}{127 \cdot R}$ 을 ④식에 대입

$$\therefore J = \frac{H}{G} \left(\frac{V^2}{127 \cdot R} - \frac{C}{G} \right) \cdots\cdots\cdots\cdots\cdots\cdots\cdots\cdots\cdots\cdots\cdots\cdots\cdots ⑤$$

③식에 b=0일 때 차량에서 가해지는 합력이 궤도중심을 통과하게 된다. 이때의 속도를 평형속도라 하며, 평형속도를 위한 캔트량을 평형캔트라고 한다.

$$C_0 = \frac{GV^2}{R \cdot g} = \frac{GV^2}{127 \cdot R} \cdots\cdots\cdots\cdots\cdots\cdots\cdots\cdots\cdots\cdots\cdots\cdots\cdots ⑥$$

⑥식에서 G=1,500mm를 대입하면

$$C_0 = \frac{1,500 V^2}{127 \cdot R} \fallingdotseq 11.8 \frac{V^2}{R} \cdots\cdots\cdots\cdots\cdots\cdots\cdots\cdots\cdots\cdots\cdots\cdots\cdots ⑦$$

고로 ⑦식이 한국철도, 일본, 독일 등에서 사용하고 있는 캔트공식이며, 이 식으로 구한 캔트량이 평형속도가 되는 열차에 대해서는 가장 이상적이나, 어느 곡선이건 통과열차 속도와 선로상태가 일정하지 않으므로 이 이론식을 그대로 적용할 수는 없다.

현장실정에 따라 캔트량을 구할 수 있도록 조정량을 둔다. 즉 이론공식

$C_0 = 11.8 \frac{V^2}{R}$ 에서 고속 및 저속열차에 대한 불균형과 승차감을 고려하여 조정량 C'를 감하기로 한 것이다. 고로

캔트공식 $C = 11.8 \frac{V^2}{R} - C'$ ···⑧

    C : 적정캔트량

    C' : 조정량(0 ~ 100mm)

이때 C'의 최대값을 100mm로 한 것은 안전율과 승차감을 고려하여 허용캔트 부족량을 100mm로 한 것이다. 이 100mm의 값은 차량이 곡선상을 통과할 때 발생하는 과잉 원심력으로 인한 불쾌감과 차량안전이 차량중심선과 궤간 중심선과 편의가 104mm이내에 있을 때는 열차가 안전하고 승차기분이 좋다고 정한 것이다.

  (2) 최대캔트량 결정 : 최대 캔트량을 160mm 정한 것은 아래와 같다.

    ① 정차중 차량의 전복한도

$$\tan \theta = \frac{\frac{G}{2}}{H} = \frac{C_1}{G}$$

$$C_1 = \frac{\frac{G}{2} \times C}{H} = \frac{G^2}{2 \cdot H} \quad \cdots\cdots\cdots\cdots ⑨$$

    G : 좌우차륜 접촉점간의 거리

    H : 레일면에서 차량중심까지의 거리 2,000mm를 대입하면

$$\therefore C = \frac{1,500 \times 1,500}{2} \times 2,000 = 563 \text{mm}$$

즉 정차중 캔트가 563mm일 때 차량이 전도한다는 뜻이다. 여기서 안전율을 고려한 최대 캔트량을 160mm로 한 것이므로

안전율 $= \frac{C_1}{C} = \frac{563}{160} = 3.5$이다.

그러므로 최대 캔트량 160mm는 어떠한 차량도 정차중 전복에 대하여 안전하다.

    ② 안전율과 차량중심의 방향 : 그림 5.115에서 정차중 차량의 캔트 때문에 경사가 된다. 차량의 중심, W의 방향이 그림 5.116과 같이 궤도중심에서 X만큼 내궤도측에 편의된다고 하면, 다음 식이 성립된다.

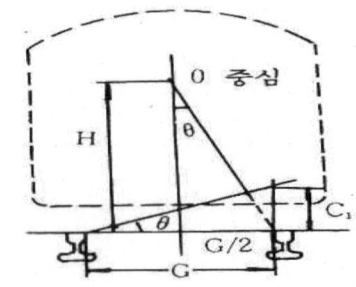

그림 5.115 정차 차량중심방향

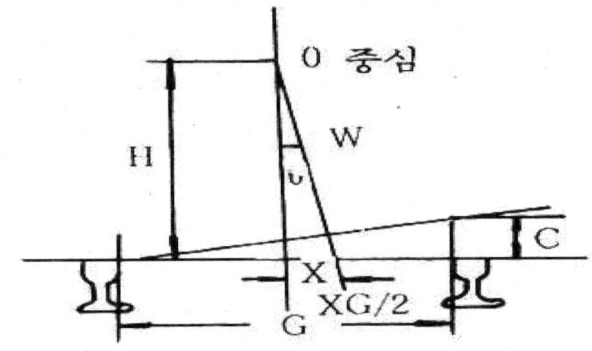

그림 5.116 차량중심방향과 궤도중심관계

$$\tan \theta = \frac{X}{H} = \frac{C}{G}$$

$$\therefore X = \frac{C \cdot H}{G} \quad \cdots\cdots\cdots\cdots\cdots\cdots\cdots\cdots\cdots\cdots\cdots\cdots\cdots ⑩ \quad X : 편의거리$$

H : 레일면에서 차량중심까지의 거리 2,000mm

C : 최대 캔트량 : 160mm

G : 좌우차륜 접촉점간 거리 1,500mm 대입하면

$$\therefore X = \frac{160 \times 2,000}{1,500} = 213 \text{mm}$$

즉, C=160mm일 때 편의거리 X=213mm는 좌우 차륜 접촉점간 거리 G=1,500mm에 대하여 1/7.0 해당하므로 중앙3분점(Middle Third)내에 있음을 알 수 있다. 다시 말하면,

$$X = 213\text{mm} \fallingdotseq \frac{G}{7.0} = \frac{1}{3.5} \times \frac{G}{2} \quad \cdots\cdots\cdots\cdots\cdots\cdots\cdots\cdots\cdots\cdots\cdots ⑪$$

식이 성립되므로 캔트량 $\frac{560}{3.5} = 160$일 때, $X = \frac{G}{7.0}$ 가 됨을 알 수 있다. ⑪식은

안전율 3.5일 때 정차중 차량의 중심방향은 궤도중심에서 X, $\frac{G}{2}$의 $\frac{1}{3.5}$ 만큼 편의되는 것이다.

⑪ 식에서 안전율을 S라 하면

$$X = \frac{1}{S} \times \frac{G}{2} = \frac{G}{2 \cdot S} \quad \cdots\cdots\cdots\cdots\cdots\cdots\cdots\cdots\cdots\cdots\cdots\cdots\cdots\cdots\cdots ⑪'$$

⑪'을 ⑩ 식에 대입하면

$$\frac{G}{2 \cdot S} = \frac{C \cdot H}{G} \qquad \therefore S = \frac{G^2}{2 \cdot C \cdot H} \quad \cdots\cdots\cdots\cdots\cdots\cdots\cdots\cdots ⑫$$

⑫ 식은 정차중 차량이 캔트에 의하여 경사되는 안전율을 구하는 식이 된다.

부족캔트량 C′ = 100mm에 대하여

편의량 $X = 100 \times \frac{2,000}{1,500} = 133$mm

$S = 1,500 \times \frac{1.500}{2 \times 100 \times 2,000} = 5.6$가 된다.

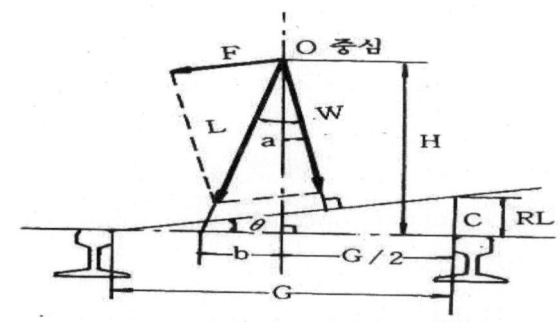

그림 5.117 차량중심과 원심력의 합력관계

(3) 열차속도와 전복에 대한 안전율 : 정차중 차량중심방향 W는 궤도중심에서 내궤측에 있으나 차량이 주행할 때는 그림 5.117과 같이 원심력 F가 작용하므로 W와 F의 합력 L의 방향이 궤도중심에 가까이 일치하면 균형속도가 된다. 속도가 향상되면 외궤도 위로 가기 때문에 합력 L이 바깥 궤도위에 올 때 열차속도에 의한 전복한계가 된다.

그림 5.117에서 b값을 구하면

$$\tan(a-\theta) = \frac{b}{H} \qquad \therefore b = H \cdot \tan(a-\theta) \quad \cdots\cdots\cdots\cdots\cdots\cdots\cdots ⑬$$

$$\tan(a-\theta) = \frac{\tan a - \tan\theta}{1 + \tan a \cdot \tan\theta} (\tan 감법정리)$$

tan a · tanθ ≒ 0로 하면 b ≒ H · (tan a − tanθ)가 되므로

$$\tan\theta = \frac{C}{G} = \frac{V_o^2}{127 \cdot R} \quad \cdots\cdots\cdots\cdots\cdots\cdots\cdots\cdots\cdots\cdots\cdots\cdots\cdots\cdots\cdots\cdots ⑭$$

$$\tan a = \frac{F}{W} = \frac{V^2}{127 \cdot R} \quad \cdots\cdots\cdots\cdots\cdots\cdots\cdots\cdots\cdots\cdots\cdots\cdots\cdots\cdots\cdots\cdots ⑮$$

$$\therefore b = H \cdot \left(\frac{V^2}{127 \cdot R} - \frac{V_o^2}{127 \cdot R}\right) = H \cdot \frac{(V^2 - V_o^2)}{127 \cdot R} \quad \cdots\cdots\cdots\cdots\cdots\cdots\cdots ⑯$$

  V : 열차속도   Vo : 평균속도

$b = \dfrac{G}{2 \cdot S}$ 를 ⑯식에 대입하면 $\dfrac{G}{2 \cdot S} = H \cdot \dfrac{(V^2 - V_o^2)}{127 \cdot R}$

$$\therefore \frac{1}{2 \cdot S} = \frac{H}{G} \cdot \frac{(V^2 - V_o^2)}{127 \cdot R} \quad \cdots\cdots\cdots\cdots\cdots\cdots\cdots\cdots\cdots\cdots\cdots\cdots\cdots\cdots ⑰$$

⑰식을 변형하면 $S = \dfrac{G}{2 \cdot H} \cdot \left(\dfrac{127 \cdot R}{V^2 - V_o^2}\right) \cdots\cdots\cdots\cdots\cdots\cdots\cdots\cdots ⑱$

$$S = \frac{G}{2 \cdot H} = \frac{1}{\dfrac{V^2}{127 \cdot R} - \dfrac{C}{G}} \quad \cdots\cdots\cdots\cdots\cdots\cdots\cdots\cdots\cdots\cdots\cdots\cdots\cdots ⑲$$

⑱, ⑲식은 캔트설정속도(평균속도)보다 빠른 속도로 주행하는 열차전복에 대한 안전율 식이다.

$$\frac{V^2 - V_o^2}{127 \cdot R} = \frac{G}{2 \cdot S \cdot H}$$

$$\therefore V^2 - V_o^2 = \frac{127 \cdot R \cdot C}{2 \cdot S \cdot H}$$

고로 $V^2 = \dfrac{127 \cdot R \cdot C}{2 \cdot S \cdot H} + V_o^2 \cdots\cdots\cdots\cdots\cdots\cdots\cdots\cdots\cdots\cdots\cdots\cdots ⑳$

캔트와 안전율을 알고 있을 때 열차 최고속도를 구하는 일반식은 ⑳식과 ⑭식에 의하여

$$V^2 = \frac{127 \cdot R \cdot G}{2 \cdot S \cdot H} + \frac{127 \cdot R \cdot C}{G} = 127 \cdot R \left(\frac{G}{2 \cdot S \cdot H} + \frac{C}{G}\right)$$

고로 $V = \sqrt{127 \cdot R \left(\dfrac{G}{2 \cdot S \cdot H} + \dfrac{C}{G} \right)}$ .... ㉑

  V : 열차속도(최고속도) H : 레일면에서 차량중심까지 거리
  R : 곡선반경   G : 좌우 차량접촉간의 거리
  S : 안전율   C : 설정 캔트량

다음, 열차속도 V가 평균속도 Vo보다 적을 때 ⑳식이 다음과 같이 된다.

$$V^2 = V_o^2 - \dfrac{127 \cdot R \cdot G}{2 \cdot S \cdot H}$$

고로

$V = \sqrt{127 \cdot R \left(\dfrac{C}{G} - \dfrac{G}{2 \cdot S \cdot H} \right)}$ .... ㉒

⑲식에 의하면

$S = \dfrac{G}{2 \cdot H} \cdot \dfrac{1}{\dfrac{C}{G} - \dfrac{V^2}{127 \cdot R}}$ .... ㉓

(4) 최고캔트와 열차속도

㉑식에 의하여 산출하면

○ C=160mm, 안전율 S=4일 때, H=2,000

  $V = \sqrt{127 \cdot R \left(\dfrac{1,500}{2 \times 4 \times 2,000} \right) + \dfrac{160}{1,500}}$

  $= 5.05\sqrt{R}$

○ C=160mm, 안전율 S=6.4일 때, H=2,000

  $= \sqrt{127 \cdot R \left(\dfrac{1,500}{2 \times 6.4 \times 2,000} + \dfrac{160}{1,500} \right)}$

  고로, $V = 4.54\sqrt{R}$ (km/H) .... ㉔

(5) 곡선구간 열차제한속도

○ 캔트 c=0일 때 ㉑식에 대입하면

  $V = \sqrt{127 \cdot R \left(\dfrac{1,500}{2 \times 6.4 \times 2,000} + \dfrac{0}{1,500} \right)}$

  $= 2.61\sqrt{R}$

  고로, $V = 2.61\sqrt{R}$ (km/H) .... ㉕

㉒식이 성립되므로 설정 캔트량 C에 따라 ㉑식에 대입하면 된다.

(6) 역 캔트일 때 속도제한 : 차량의 중심방향W는 역 캔트일 때 그림 5.118에서 궤도중심보다 외궤측 b가 된다. 차량이 주행하면 원심력이 작용하므로 합력L는 외궤측에 편의하여 외궤상에 온다. 이때 다음 식이 성립한다.

$$\tan\theta = \frac{b}{H} = \frac{C}{\sqrt{G^2-C^2}} \fallingdotseq \frac{C}{G}$$

$$\therefore b = \frac{C \cdot H}{G} \qquad F = \frac{W \cdot V^2}{127 \cdot R}$$

$$\sqrt{H^2-b^2} \fallingdotseq H \qquad \text{로 하면}$$

$$\frac{F}{W} = \frac{\frac{G}{2}-b}{H} \text{를} \quad \frac{\frac{W \cdot V^2}{127 \cdot R}}{W} = \frac{\frac{G}{2}-\frac{C \cdot H}{G}}{H}$$

$$\frac{V^2}{127 \cdot R} = \frac{\frac{G}{2}-\frac{C \cdot H}{G}}{H} \qquad \text{고로}$$

$$V = \sqrt{127 \cdot R(\frac{G}{2 \cdot H}-\frac{C}{G})} \quad \cdots\cdots\cdots\cdots ㉖$$

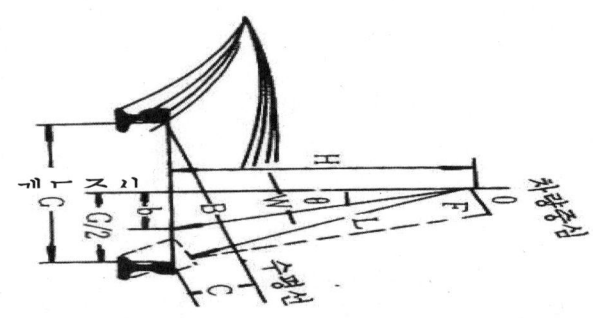

그림 5.118 차량의 중심방향 W와 역캔트

㉖식은 역캔트 곡선을 통과하는 열차가 탈선전복할 때 구하는 식이다. 안전율 S를 고려하면 $\frac{G}{2H}$ 를 $\frac{G}{2 \cdot S \cdot H}$ 로 대입하면

$$V = \sqrt{127 \cdot R(\frac{G}{2 \cdot S \cdot H}-\frac{C}{G})} \quad \cdots\cdots\cdots\cdots ㉗$$

R : 곡선반경　　S : 안전율 7.0　　G : 좌우차량접촉점간의 거리(1,500)
H : 차량의 중심높이 2,000mm

C : 역캔트(mm)를 ㉗식에서 대입하면 역캔트량이 발생한 선로상태의 열차제한속도를 구하는 것이다.

(7) 설정속도를 산정하는 식
① 최고속도를 설계속도로 하는 방법
  $Vd = Vmax$ Vd : 설계속도   Vmax : 최고속도
② 통과속도의 평균치를 산술평균하는 방법
  $$Vd = \frac{Vmax + Vm}{2}$$
  Vm : 평균속도   N : 열차수   Vmax : 최고속도   V : 열차별 열차속도
  Vd : 설계속도
  $$Vd = \frac{\sum \cdot V^2}{N}$$
③ 열차종별 평균방법
  ㉠ 일반자승평균법
  $$Vd = \sqrt{\frac{V_1^2 + V_2^2 + V_3^2 + V_4^2 \cdots \cdots V_n^2}{N}} = \sqrt{\frac{\sum V^2}{N}}$$
  ㉡ 열차종별 자승평균법
  $$Vd = \sqrt{\frac{n_1 V_1^2 + n_2 V_2^2 + n_3 V_3^2 + n_4 V_4^2 \cdots \cdots nV^2}{N}} = \sqrt{\frac{\sum nV^2}{\sum N}}$$
  V : 대표열차속도   n : 종류별 열차수
  ㉢ 특정가중 자승평균법
  $$Vd = \sqrt{\frac{4\sum V^2 + \sum V^2}{4N + n}}$$
  V : 여객열차속도   V : 화물열차속도
  N : 여객열차수   n : 화물열차수
  ㉣ 충격가중 자승평균법
  $$Vd = \sqrt{\frac{\sum nV^2(1 + \frac{V}{100})}{\sum n(1 + \frac{V}{100})}}$$
  V : 대표열차속도   n : 종류별 열차수
  ㉤ 최대최소 자승법
  $$Vd = \sqrt{\frac{V_1^2 + V_2^2}{2}}$$

V_1 : 최대속도 $\qquad$ V_2 : 최소속도

ⓑ 종류별 열차평균속도의 자승평균법

$$Vd = \sqrt{\frac{V_A^2 + V_B^2 + V_C^2 + V_D^2}{4}}$$

V_A : 특급열차의 평균속도 $\qquad$ V_B : 통과여객열차의 평균속도
V_C : 정차여객열차의 평균속도 $\qquad$ V_D : 통과화물열차의 평균속도

(8) 열차하중 평균값

$$Vd = \sqrt{\frac{\sum W \cdot V^2}{\sum W}}$$

W : 각 열차하중 $\qquad\qquad$ V : 각 열차의 평균속도

표 5.42 각국의 캔트량 산출공식

국 명	캔 트 공 식	최대캔트량	최대캔트 부족량
미 국	$C = 0.00066DV^2(in), V = mile/h$ 미터법으로 $C = 11.3\frac{V^2}{R}$	150mm	76mm
영 국	$C = \frac{GV^2}{127R} \quad V = mile/h$	150	89-51
불 란 서	$\frac{0.5 \times 11.8 V^2}{R} < C < \frac{0.7 \times 11.3}{R}$	180 (실용 160)	150 (실용 130)
일 본	일반 $C = 10\frac{V^2}{R}$, $V = $ 최대속도 최소 $C = 8\frac{V^2}{R}$ 신간선 $C = 11.8\frac{V^2}{R}$	협궤 115 광궤 170 최대 180	100
독 일	표준 $C = 8\frac{V^2}{R}$, $V = $ 최대속도 최소 $C = 11.8\frac{V^2}{R} - 90$	150	100
스 위 스	$C = \frac{8(V+5)^2}{R}$	150	121-96
오스트랄리아	$\frac{9\frac{V^2}{R}}{1 + 0.025\frac{V^2}{R}} < C < \frac{13\frac{V^2}{R}}{1 + 0.025\frac{V^2}{R}}$	150	90 (실용 60)
한 국	$11.8\frac{V^2}{R} - C'$, $C' = 0 \sim 100$	160	100

< 참 고 문 헌 >

1. 丸山弘志, 深澤義朗, 土木技術者のための 鐵道工學, 丸善株式會社, 東京, 1981.
2. 天野光三, 前田泰敬, 三輪利英, 鐵道工學, 丸善株式會社, 東京, 1984.
3. 天野光三, 鐵 道, 彰國社, 東京, 1971.
4. 八十島義之助, 鐵道軌道, 技報堂, 東京, 1967.
5. 紫田元良, 鐵道工學, コロナ社, 東京, 1977.
6. 沼田實, 鐵道工學, 朝倉書店, 東京, 1977.
7. 西籠達夫, 神谷牧夫, 新鐵道工學, 森北出版株式會社, 東京, 1980.
8. 加藤八洲夫, レール, 日本鐵道施設協會, 東京, 1978.
9. 湯本幸丸, 保線用機械, 交友社, 東京, 1980.
10. 鄭然澤, 李德光, 電氣鐵道, 東明社, 서울, 1980.
11. 小林勇, 鐵道保線施工法, 山海堂, 東京, 1978.
12. 文敎部, 철도차량일반, 대한교과서주식회사, 서울, 1984.
13. 渡邉勇, 鐵道保線施工法, 山海堂, 東京, 1978.
14. 森島宗太郎, 鐵道工學, 森北出版株式會社, 東京, 1978.
15. 電氣學會通信敎育會, 電氣鐵道, 電氣學會, 東京, 1983.
16. 土木陸士, 櫻澤正, 新軌道の 設計, 山海堂, 東京, 1983.
17. 宮原良夫, 雨宮盧二, 鐵道工學, コロナ社, 東京, 1979.
18. 北岡寬太郎, 軌道の 設計, 山海堂, 東京, 1971.
19. 交通部, 交通統計年報, 交通部 輸送政策局, 서울, 1988.
20. 線機械硏究 グループ, 保線機械便覽, 日本鐵道施設協會, 東京, 1979.
21. 大山松次郎, 電氣鐵道講義案, オーム社, 東京, 1981.
22. 金義一, 運轉理論, 廷文社文化株式會社, 서울, 1983.
23. 稻田金次郎, 小澤, 稻田修, 電氣鐵道, コロナ社, 東京, 1976.
24. 鐵道廳, 保線關係規程, 鐵道廳, 서울, 1988
25. 文敎部, 信號保安, 大韓敎科書株式會社, 서울, 1984.
26. 原日吉治, わかりやすい 線路の 構造, 交友社, 東京, 1977.
27. 金子博治, 軌道工學の 設計施工と 契約, 交友社, 東京, 1983.
28. 密和賀男, 秋葉信一, 緩和曲線の 整正, 交友社, 東京, 1983.
29. 安田鶴雄, 交叉法による 曲線整正法, 交友社, 東京, 1984.
30. 軌道管理硏院 グループ, 鐵道線路の 保守管理, 日本鐵道施設協會, 東京, 1982.
31. 小川利一, なんでもわかる 保線の 實務, 交友社, 東京, 1982.
32. 日本國有鐵道 スラブ軌道硏會, スラブ軌道の 設計施工, 社團法人 日本鐵道施設協會, 東京, 1971.
33. 北方常治, 分岐器と EJ, 社團法人 日本鐵道施設協會, 東京, 1973.
34. 神谷範男, 渡邊幹夫, 保線作業の 計算實例と その解說集, 交友社, 東京, 1983.
35. 分岐器硏究 グループ, 分岐器 ハンドブック, 日本鐵道施設協會, 東京, 1981.
36. 佐々木直樹, 新幹線の スラブ軌道, 日本鐵道施設協會, 東京, 1979.
37. 中央鐵道學園, 新幹線の 保安, 交友社, 名古屋 東京, 1975.
38. 池田 本, 松田忠義, 楠見務, 停車場の 計劃と設計, 山海堂, 東京, 1984.
39. 鐵道敎育硏究會, 線 路, 交友社, 東京, 1980.
40. 深澤義朗, 小林茂樹, 新幹線の 保線, 日本鐵道施設協會, 東京, 1981.
41. 本間 傳, 丕原正和, 北村 章, 北井良吉, 線路鋪設の 調査計劃, 山海堂, 東京, 1969.
42. 宮本俊光, 渡邊偕年, 線路軌道の 設計管理, 山海堂, 東京, 1980.
43. 菅原槳, 鐵道保線防災用語辭典, 山海堂, 東京, 1980.
44. 松原健太郎, 新幹線の 軌道, 日本鐵道施設協會, 東京, 1975.

45. 大橋英弘, 伊東考え, 岩崎高明, 青木一二三, 鐵道路盤構造, 吉井書店, 東京, 1981.
46. 町田富士, 堀內義郎, 片瀨貴文, 西村昭三, 新幹線の 計畫と 設計, 山海堂, 東京, 1970.
47. 神谷牧夫, 宮下邦彥, 小山內政廣, 保線實務 ポケットブック, 山海堂, 東京, 1985.
48. 佐藤裕, 軌道力學, 鐵道現業社, 東京, 1972.
49. 神谷進, 鐵道曲線, 交友社, 名古屋, 1982.
50. 丹羽俊彥, 弓原正和, 北木璋, 北井良吉, 線路鋪設の 設計施工, 山海堂, 名古屋, 東京, 1971.
51. 龜田弘行, 柏谷增男, 星野鐵雄, 朴生振, 新鐵道 システム工學, 山海堂, 名古屋, 1984.
52. American Railway Engineering Association, Manual of Recommended practice, ARE A Illinosi, 1964.
53. 尹益相, 鐵道工學, 共和出版社, 서울, 1970.
54. N.L.ARORA, Transportation Engineering, New India publishing House, jullunder, 1977.
55. 菅原孝助, 統計の 利用と 保線管理, 交友社, 名古屋, 1969.
56. 交友社, 施設六法保線關係主要規程集, 交友社, 名古屋, 1982.
57. NHK 取材班, 世界の 鐵道, 日本放送出判協會, 東京, 1972.
58. 坂芳雄, 椎名公一, 保線機械と 使用法, 山海堂, 東京, 1971.
59. 石橋忠良, 鐵道橋(II) コソクリート構造, 山海堂, 東京, 1984.
60. 中央鐵道學院, 分岐器の, 組立と 計算法, 交友社, 名古屋, 1967.
61. 伊地知堅一, ロソグレール作業, 鐵道現業社, 東京, 1967.
62. 中條隆一郎, 速度と 保線, 鐵道現業社, 東京, 1968.
63. 池田俊雄, 室町忠彥, 路線土質調査, 山海堂, 東京, 1967.
64. William, W.HAY, Railroad Engineering, John Wilev & Sons, New York, 1982.
65. 森島宗太郎, 鐵道工學, 森北出判株式會社, 東京, 1968.
66. 佐藤吉彥, 梅原利之, 線路工學, 日本鐵道施設協會, 東京, 1987.
67. 金子度尙, 緩和曲線の 延伸, カネコ計測工業株式會社, 東京, 1984.
68. C.L.Heeler, British Railway Track, The Permanent Way Institution, 1979.
69. 高橋寬, 海外の地下鐵建設, 日本鐵道施設協會, 東京, 1970.
70. 施設局保線課用材硏究 グループ, 用材資料總覽, 日本鐵道施設協會, 東京, 1981.
71. 朴商朝, 鐵道工學, 文運堂, 서울, 1966.
72. 黑田武定, 岡田信次, 鐵道工學, ァルス, 東京, 1939.
73. 平井喜久松, 岡田信次, 鐵道工學, 常磐書房板, 東京, 1925.
74. 停車場線路配線硏究會, 停車場線路配線 ハソトブック, 吉井書店, 東京, 1982.
75. 金正玉, 鐵道施設, 韓國鐵道技術協力會, 서울 1981.
76. 大韓土木學會, 土木工學 헨드북, 大韓土木學會, 서울, 1983.
77. 李鍾得, 保線工學, 鐵道專門大學, 서울, 1988.
78. 李鍾得, 서울地下鐵安全管理과 事故事例調査 및 對策樹立硏究, 韓國産業經濟硏究院, 서울, 1987.
79. 軌道材料硏究 グループ, 締結裝置便覽, 日本鐵道施設協會, 東京, 1981.
80. 高橋寬, 鐵道騷音振動對策の 硏究, 日本鐵道施設協會, 東京, 1977.
81. 日本國有鐵道 鐵道技術硏究所, スラブ 軌道の 施工要領, 日本鐵道施設協會, 東京, 1978.
82. 日本國有鐵道施設局土木課, 落石對策の 手引, 日本鐵道施設協會, 東京, 1978.
83. 李鍾得, 鐵道工學, 鐵道專門大學, 서울, 1988.
84. 李鍾得, 保線機械, 鐵道專門大學, 서울, 1988.
85. 山下廣行野竹和夫, リニァモーターカー開發の 現狀, 日本土木學會誌, Vol.74, 東京, 1989.
86. 日本國有鐵道 鐵道辭典(上, 下), 교통협력회, 東京, 1958.
87. 鐵道廳, 長大레일, 鐵道廳, 서울, 1966.
88. 石井幸孝, 入門鐵道車輛, 交友社, 名古屋, 1977.
89. Raymond F.YATES, Making and Operating Model Railroad, Appletan-Contury Crofte, INe New York 1983.
90. Hamilton Ellis, Four Main Lines, George Allon and Unwin LTD London 1950.

91. 朴德祥, 고속鐵道建設技術세미나 韓國産業經營院 1992.
92. 朴辰模 崔康潤 韓國騷音振動工學會誌, 第3卷 第2號, 1993.
93. 申鐘瑞 李熙賢 韓國騷音振動工學會誌, 第3卷 第2號, 1993.
94. 運轉設備研究會, 運轉設備 日本鐵道運轉協會, 1979.
95. 松平精 高速鐵道의 研究, 日本鐵道技術研究所, 1967.
96. 韓國高速鐵道建設公團, 高速鐵道핸드북, 韓國高速鐵道建設公團 1993. 2.
97. 李熙賢 金吉相 高速鐵道에서의 振動解析에 관한 研究, 高速鐵道技術研究報告 Vol.1, 1992.
98. 朴辰模 崔康潤 高速鐵道와 關聯된 騷音分析을 위한 調査研究, 高速鐵道技術研究報告 Vol.1, 1992.
99. 梅原利之, 宮本 潔 線路作業 日本鐵道施設協會, 東京, 1986. 11.
100. 白澤照雄 リニア中央新幹線, 教育社, 東京, 1989.
101. 菱沼好奇, 信號保安鐵道通信入門, 中央書院, 東京, 1991.
102. 申鐘瑞 外國高速電鐵視察, 鐵道廳 서울; 1989.
103. 新幹線運轉研究會, 新版 新幹線, 日本鐵道運轉協會, 東京, 1985.
104. 鐵道綜合技術研究所, レール締結裝置類仕樣書 研友社, 東京, 1993.
105. 久保田 博, 鐵道工學ハンドブック, 株グランプリ, 1995. 9.
106. 李鍾득, 鐵道工學槪論 鐵道專門大學 1996. 3.
107. 停車場線路配線研究會, 新停車場線路配線 ハンドブック, 吉井書店 1995. 7.
108. Esveld, C. : "Modern Railway Track" MRT-Productions (1989).
109. ェスベルド, 佐藤吉彦 : "最新鐵道軌道" 日本機械保線(株) (1994).
110. 須田征男, 長門彰, 德岡研三, 三浦重 : "新しい線路" 日本鐵道施設協會 (1997).
111. 宮本昌幸 : "車輛の脫線メカニズム" 鐵道總研報告 10-3 (1996. 3).
112. 伊藤孝之 : "鐵道路盤におけるバラスト貫入現象に關する研究" 岐阜 工業高等專門學校紀要 30 (1995)
113. 內田雅夫, 石川達也, 名村明, 高井秀之, 三輪雅史 : "軌道狂い進みに着目した有道床軌道の新しい設計法" 鐵道總研報告 9-4 (1995. 4).
114. Sato. Y. : "New Track Maintenance on Canrergence Theory of Track Irregularity" 5 IHHRC (1993. 6).
115. Grassie, S.L. & Kalousek, J. : "Rail Corrugation : Characteristics, Causes and Treatments" Proc. Instn. Mech. Engrs. 207 (Part F) (1993).
116. 西本正人, 東澤英二, 長戸正二, 小倉英章 : "急曲線外軌側のレール波狀摩耗の實態調査" 第49回土木學會年次學術講演會 (1994. 9).
117. Hempelmann, K., : "Short Pitch Corrugation on Railway Rails - A Linear Model for Prediction-" Fortschritt Berichte VDI 12-231 (1994).
118. 安藤勝敏 : "歐米における最近の省力化軌道構造" 日本鐵道施設協會誌 35-1 (1997. 1).
119. Sato, Y., : "Optimumu Track Elasticity for High Speed Running on Railway" S-Tech 93, A4-3-(2) (1993. 11).
120. Sato, Y., : "Design of Rail Head Profiles with full Use of Grinding" Wear 144 (1991).
121. Rhodes, D. : The Application of Highly Non-linear Load-Deflection Characteristics in Optimising the Design of Rail Pads" REI 4 (1995).
122. Sato, Y. & Miwa, M. : "Measurement and Analysis of Track Irregularity on Superp-high Speed Train-TRIPS" Vehicle-Infrastructure Interaction Ⅳ (1996. 6).
123. 佐藤吉彦 : "輪重變動に關聯した軌道ばね減衰係數の同ばね係數に對する關係" 土木學會第50回年次學術講演會 Ⅳ-273 (1995. 9).
124. 內田雅夫, 三浦重, 高井秀之, 長藤敬晴 : "在來線軌道構造に對應した軌道構造と軌道管理" 鐵道總研報告 8-3 (1994. 3).
125. 內田雅夫, 小倉英章 : "曲線通過時の列車荷重の一般化に關する檢討" 鐵道總研報告 6-11 (1992. 11).
126. 久保田 博, 鐵道工學ハンドブック, 株グランプリ, 1995. 9.
127. 한국고속철도건설공단, 서울-부산간 경부고속철도 제3, 4, 6공구궤도공사 실시설계보고서 2000. 7.
128. 佐藤吉彦, 新軌道力學, (株) 鐵道現業社, 東京 1997. 7. 30.

129. 田中宏昌, 磯浦克數 東海道 新幹線の 保線, 日本鐵道施設協會, 1999. 2.
130. 上浦正樹順長誠小野用滋, 鐵道工學, 森北出判株式會社, 2000. 4. 30.
131. 최 훈, 철도산업의 혁명, 자원평가연구원(주) 2005. 3. 21
132. 서사범, 개정2판 선로공학 북갤러리, 2006. 1. 10
133. 서울메트로9호선주식회사, 서울특별시 도시철도9호선 1단계구간(상부부분) 민간투자사업 실시설계보고서(궤도분야), 2006. 1
134. (주)해외철도기술협력협회, 최신세계의 철도, (주)교세이, 2005. 6
135. 고속철도기술연구회, 신간선, 신해당 2003. 10. 26
136. Dr. Ing, Edgar Darr, Feste Fahrbahn, Eurail Press 2006
137. (사)한국철도학회, 한국철도건설 100년사, 홍진씨엔씨 주식회사, 2005. 12. 30
138. Dr. Bernhard Lichtberger, Track Compendium, Eurail Press, 2005
139. 井口雅一, 新交通システム, 朝倉書店, 1989. 5. 20
140. 鐵道綜合研究所, 鐵道構造物等設計標準, 同解說
    省力化 軌道用土構造物, 丸善株式會社, 1999. 12. 25
141. 한국철도기술연구원, 경량전철기술, 도서출판 명신, 2001. 5. 31
142. 이덕영, 이안호, 송달호 경량전철개론, 노해출판사, 2006. 5. 15
143. 국토해양부, 2008년도 교통안전 년차보고서, 휘문인쇄, 2008. 8
144. 국토해양부, 철도건설규칙(안) 해설서. 2008. 11. 8
145. 국토해양부, 철도업무편람. 2009. 3
146. 한국철도시설공단 호남고속철도 설계지침(안) <철도편> 2008. 1
147. 박재영, 홍원석, 전병록. 철도신호공학. 동일출판사. 2005. 8. 20
148. 김양수, 유해출. 전기철도공학. 동일출판사. 1999. 4. 1
149. 국토해양부, 철도건설규칙. 2009. 9. 1
150. 국토해양부, 철도의 건설기준에 관한 규정 2009. 9. 1
151. 철도경영 연수원, 이종득 고속철도궤도역학. 2002. 4
152. (주)동양사 철도경영연수원 고속철도궤도보수 I. II. III 2002. 2
153. 서사범. 궤도역학 1. 2009. 6. 30
154. 서사범. 궤도역학 2. 2019. 7. 6
155. 국토해양부 철도업무편람 2010. 7
156. 노해출판사 이종득 철도공학 2012. 11. 13
157. 한국철도시설공단 철도설계지침(궤도편) 2010. 8
158. 국토해양부 철도건설공사 전문시방서(궤도편) 2011. 12
159. 국토교통부 철도건설규칙 2013. 3. 23
160. 구미서관 세계의 철도교 2005. 4. 6
161. 국토교통부 철도의 건설기준에 관한 규정. 2013. 5. 16
162. 노해출판사 철도법령집. 2014. 8. 28
163. 한국철도시설공단, 공항철도(주). 한국철도공사 제52회 2014 철도통계연보. 2015. 7
164. 한국철도시설공단, 선로유지관리지침. 2015. 3. 19
165. 국토교통부 도시철도건설규칙 2014. 7. 8
166. 이종득 노해출판사 철도공학개론 2013. 2. 18
167. 한국철도공사 2014 철도사고 사례집 2014. 4
168. 한국철도공사 2016 철도사고 사례집(제15집) 2016. 8
170. 한국철도시설공단 철도설계지침 및 편람(1~7) 2012. 12
171. 한국철도공사 한국철도시설공단 제53회 2015 철도통계연보 2016

◈ 저자약력 ◈

우학 이종득

- 국립교통고등학교 토목과 졸업
- 한양대학교 공과대학 토목공학과 졸업(공학사)
- 한양대학교 공학대학원 토목공학전공 졸업(공학석사)
- 한양대학교 대학원 토목구조전공 졸업(공학박사)
- 철도청기술연구소·설계사무소 근무
- 철도청 대전, 영등포, 목포, 삼랑진시설관리사무소장 역임
- 철도기술연구소 연구관, 철도인력개발원 주임교수 역임
- 한국철도대학 교수 역임
- 한양대학교 겸임교수 역임
- 철도기술사, 건설안전기술사, 산업안전지도사
- 기술사출제위원
- (주)동림컨설탄트 부회장
- 플러스테라(주) 회장
- (주)승화기술정책연구소 이사장
- (재)한국건설품질연구원 회장
- 전 (주) 승화기술정책연구소 회장
- 현 엠와이씨앤엠 회장
- 한국철도공사 감사정책자문위원
- 국립한국교통대학교 명예교수

- 전문위원 : 총리실, 에너지관리공단, 인천국제공항공사, 서울메트로
  한국철도공사, 한국철도기술연구원, 과학기술부, 환경부,
  노동부, 건설교통부, 해양수산부,
  한국철도공사한국철도시설공단, 서울특별시, 부산광역시,
  대구광역시, 인천광역시광주광역시, 대전광역시, 서울메트로,
  서울도시철도 등
- 심의위원 : 건설교통부중앙설계, 교육인적자원부, 중소기업청, 서울특별시
  철도공사, 한국철도시설공단,
  한국산업안전연구원,시설안전기술공단, 건설기술연구원,
  한국교통연구원, 국토연구원, 한국건설교통기술평가원 광주광역시 등
- 자문위원 : 과학기술부, 환경부, 노동부, 건설교통부, 해양수산부, 한국철도
  공사한국철도시설공단, 서울특별시, 부산광역시, 대구광역시, 인
  천광역시광주광역시, 대전광역시, 서울메트로, 서울도시철도공사
  한국산업안전공단, 한국교통연구원, 한국철도기술연구원, 통계청 등
- 한국강구조학회 이사 역임
- 한국건설안전협회 감사 역임
- (사)한국철도학회 회장 역임
- 저술상 (사)한국철도학회 회장
- 황조근정훈장 수훈

◈ 저 자 약 력 ◈

공학박사
중광 김 해곤

- 1967~1973년 예림초등학교 졸업
- 1973~1976년 밀양중학교 졸업
- 1976~1979년 세종고등학교 졸업
- 1982~1985년 철도전문대학 졸업
- 1985~1989년 부산외국어대학교 일어과 졸업
- 1995~2000년 부산대학교 행정대학원 행정학과 졸업
- 1999~2005년 부산대학교 산업대학원 토목공학과 졸업
- 2001~2003년 동경대학교 법학정치학과 졸업
- 2007~2009년 부산대학교 정치학과 박사과정 수료
- 2005~2010년 한국방송통신대학교 법학과 졸업
- 2010~2014년 충남대학교 토목공학과 박사 졸업
- 1986년 철도청 공무원
- 1994년 국비 해외 단기유학시험 합격
- 1994년 계장요원 등용자격시험 합격
- 1995년 일본철도총합기술연구소 국비 위탁연구원
- 1999년 국비 해외 장기유학시험 합격
- 2003년 철도청 구조개혁단
- 2003년 철도청 정책자문관실
- 2010년 사업개발본부 H형 철도침목 개발 부장
- 2011년 철도공사 철도연구원 철도기술연구처장
- 2012년 철도공사 대전 충남본부 천안시설사업소장
- 2013년 철도공사 대구본부 김천시설사업소장
- 2014년 철도공사 대전 충남본부 대전시설사업소장
- 2015년 철도공사 시설장비 사무소 서울장비사업소장
- 2017년 철도공사 대전 충남본부 천안시설사업소장
- 2018년 철도공사 시설장비 사무소 대전장비사업소장
- 2022년 현재 대한콘설탄트 철도부 부사장

(주요저서 및 자격증. 상장 등)
- 《철도사고 왜 일어나는가》 번역 출판
- 《사업창조의 노하우》 번역 출판
- 《2005년 한국철도건설100년사》 (2005) 원고집필 위원
- 철도토목산업기사 ◦ 철도토목기사 ◦ 일본어 능력 1급
- 디젤철도차량운전면허 ◦ 행정자치부장관 상장

◈ 저 자 약 력 ◈

공학박사 이 현정

- 국립 철도전문대학교 토목과 졸업
- 대전 한밭대학교 토목공학과 졸업(공학사)
- 우송대학교 대학원 철도환경공학 졸업(공학석사)
- 우송대학교 대학원 철도시스템학과 졸업(공학박사)
- 철도청 서울지방철도청 근무
- 철도청 순천지방철도청 장비과장, 철도청 감사실, 토목과 근무
- 한국철도시설공단 발족 T/F팀장 역임
- 한국철도시설공단 기준부장, 기준심사처장, 광역민자처장 역임
- 한국철도시설공단 호남본부장, 수도권본부장 역임
- 대한콘설탄트 철도부 사장 근무 중

(자격증)
- 측량기능사 2급, 토목기사 2급, 건설안전기사 2급, 철도기술사

(표창장)
- 산업포장
- 철탑산업훈장

◈ 저 자 약 력 ◈

공학박사 이 성 욱

- 국립 철도고등학교 토목과 졸업
- 서울과학기술대학교 토목공학과 졸업(공학사)
- 한양대학교 공학대학원 토목공학과 졸업(공학석사)
- 한양대학교 일반대학원 토목공학과 졸업(공학박사)
- 철도청 시설국 구조물 담당 사무관 역임
- 철도청 광주시설사무소 소장 근무 역임
- 한국철도공사 대전시설사무소장 역임
- 한국철도공사 연구개발센터 기술연구팀장 역임
- 한국철도공사 토목시설처장 역임
- 한국철도공사 시설장비사무소장 역임
- 한국철도공사 시설기술단장 역임
- 한국철도공사 수도권동부본부장 역임
- 한국철도기술연구원 수석연구원 역임
- (현)한국시설안전연구원장

(기타 경력)
- 국립 철도대학 철도토목과 강사
- 목원대학교 건축공학과 강사
- 충남대학교 토목공학과 강사
- 우송대학교 철도건설환경공학과 겸임교수
- 국토교통부 중앙설계심위위원
- 한국철도공사, 한국철도시설공단 설계자문위원
- 부산항 건설사무소 설계자문위원

(자격증)
- 철도기술사 건설안전기술사 방식관리사

◆ 저 자 약 력 ◆

시설본부장 신형하

- 제천고등학교 졸업
- 한국철도대학 철도토목과 졸업(전문학사)
- 부경대학교 토목공학과 졸업(공학사)
- 우송대학교 녹색철도대학원 철도공학과졸업(공학석사)
- 철도청 근무
- 국가철도공단 시설관리처장, 중앙선사업단장 역임
- 국가철도공단 영남·강원본부장 역임
- 국가철도공단 시설본부장

(자격증)
- 철도토목기사

신철도공학 (상)

1997년	3월 19일		인쇄
1997년	3월 25일	1쇄	발행
1999년	2월 25일	2쇄	발행
2000년	2월 25일	3쇄	발행
2001년	2월 15일	4쇄	전정판 발행
2001년	8월 10일	5쇄	전정판 발행
2004년	2월 23일	6쇄	전정판 발행
2007년	2월 23일	7쇄	개정 발행
2009년	9월 7일	8쇄	개정 발행
2013년	2월 18일	9쇄	발행
2014년	2월 13일	10쇄	발행
2017년	2월 15일	11쇄	발행
2022년	2월 24일	12쇄	전정판 발행

저 자	이종득·김해곤·이현정·이성욱·신형하
발 행 자	김해곤
발 행 처	광명출판사(대전시 서구 청사로 281)
이 메 일	khg776655@naver.com
F A X	0504-412-5776
등 록 일	2021.11.16.
등록번호	869-94-01504
인 쇄	㈜교학사
판 매 처	출판협동조합

값 30,000원

ISBN 979-11-978053-0-1

* 잘못 만들어진 책은 구입하신 서점에서 교환해드립니다.
* 이 책의 내용 일부 또는 전부를 무단복제 전재하는 것은 저작권법에 저촉됩니다.